冶金生产过程
质量监控理论与方法

徐金梧　等著

北　京
冶　金　工　业　出　版　社
2015

内容提要

本书结合冶金生产过程的特点，系统地介绍适用于钢铁企业的产品质量监控理论与方法，具体包括：数据样本和数理统计的基础知识、单变量统计过程控制、多变量统计过程控制、历史数据集的构造、生产过程的优化控制、非线性预测与诊断、全流程质量监控系统的框架等，并在此基础上结合生产实际数据给出应用实例。

本书可为钢铁企业从事产品质量分析的工程技术人员和其他科研人员提供指导和参考，同时也适合高等院校及相关科研单位的研究人员使用。

图书在版编目(CIP)数据

冶金生产过程质量监控理论与方法/徐金梧等著.—北京：冶金工业出版社，2015.5

ISBN 978-7-5024-6901-6

Ⅰ.①冶…　Ⅱ.①徐…　Ⅲ.①冶金—生产工艺—质量控制　Ⅳ.①TF1

中国版本图书馆 CIP 数据核字(2015)第 096825 号

出 版 人　谭学余
地　　址　北京市东城区嵩祝院北巷 39 号　邮编　100009　电话　(010)64027926
网　　址　www.cnmip.com.cn　电子信箱　yjcbs@cnmip.com.cn
责任编辑　戈　兰　唐晶晶　美术编辑　彭子赫　版式设计　孙跃红
责任校对　石　静　责任印制　李玉山
ISBN 978-7-5024-6901-6
冶金工业出版社出版发行；各地新华书店经销；三河市双峰印刷装订有限公司印刷
2015 年 5 月第 1 版，2015 年 5 月第 1 次印刷
787mm×1092mm　1/16；19.25 印张；465 千字；297 页
78.00 元

冶金工业出版社　投稿电话　(010)64027932　投稿信箱　tougao@cnmip.com.cn
冶金工业出版社营销中心　电话　(010)64044283　传真　(010)64027893
冶金书店　地址　北京市东四西大街 46 号(100010)　电话　(010)65289081(兼传真)
冶金工业出版社天猫旗舰店　yjgycbs.tmall.com
（本书如有印装质量问题，本社营销中心负责退换）

前　言

在我国钢铁工业从钢铁大国迈向钢铁强国的进程中，钢铁企业对高端产品的自主研发和高端产品质量的稳定性提出了迫切需求。高端产品的质量已成为钢铁企业市场竞争力的关键要素，尤其是钢铁行业在拓展产业服务链过程中，产品质量的稳定性成为企业核心竞争力。在市场竞争的五大要素——品种、质量、价格、服务和交货期中，决定竞争胜负的要素是质量。正如美国质量管理专家朱兰（J. M. Juran）于1994年在美国质量管理学会上所说的，20世纪以“生产力的世纪”载入史册，21世纪将是“质量的世纪”。

冶金、化工是典型的大型复杂流程工业，由功能不同但又相互关联、相互支撑、相互制约的各个工序和各种装置，通过工序间串联、并联方式集成后构成完整的复杂生产制备系统。针对冶金工业的特点，如何寻求工艺参数与产品质量间的统计规律，建立更加精准、适用性更强的质量控制模型；如何建立产品质量在线监控系统，实时检测产品质量状况，避免造成批量的质量判废；如何通过优化工艺流程和工艺参数，确保产品的质量、减少企业的经济损失，已成为我国钢铁工业重大的研究课题。

我国大型钢铁企业从20世纪末开始贯彻6σ质量管理标准，要求将传统的事后检验提升为对生产全过程的监控，采用基于统计过程控制的质量管理方法来提高产品质量。统计过程控制（Statistical Process Control，SPC）是一种借助数理统计方法的过程控制工具。统计过程控制实质上是建立工艺参数与质量指标间的统计规律，通过监测原料数据、各工序的工艺参数来推断目前的产品质量状况，诊断产品质量异常的原因，优化产品质量的控制。但是，由于受测量技术以及数据存储和分析技术的限制，传统的统计过程控制主要采用单变量统计过程控制方法，只对生产过程中的少数几个重要指标单独地实施统计过程控制，比如单变量休哈特控制图。

直到20世纪80年代，一些新的多元分析方法，如主成分分析、偏最小二乘法，尤其是基于核（kernel）的非线性分析方法取得了重大突破，将多变量统计分析方法融入传统的统计过程控制，形成了多变量统计过程控制的基本框架。主成分分析和偏最小二乘法采用多元投影方法，将工艺参数和质量数据从高维数据空间投影到低维特征空间，保留原始数据的特征信息，大大降低了多元统计分析中的复杂性，提高了分析过程的准确性，是一种高维数据分析处理的有效工具。最近几年，基于核函数映射的机器学习方法为解决多变量的非线性统计过程控制提供了新的途径。这些新的理论和方法为解决高维、强耦合、非线性的连续过程的多变量统计过程控制提供了有效的手段。

随着计算机系统、数据库技术的普及与应用，我国钢铁企业信息化系统中拥有了丰富的生产数据资源，从而也提出了采用各种数值分析方法对大量的工艺过程数据和产品质量数据进行全流程产品质量监控的迫切需求。目的是通过大量生产数据分析来揭示、总结生产过程的内在规律，为提高产品质量提供各种信息，从而把数据资源转化为企业的经济效益和产品质量优势，提高产品的市场竞争力。在大数据时代，如何从海量数据中提取出有价值的信息，从而完善产品质量管理体系，实现全流程产品质量在线监控，已成为全行业提高管理水平和经济效益的必然趋势。因此，建立适用于钢铁企业的产品质量监控理论与方法，研发全流程冶金产品质量分析与过程监控系统，对加速新钢种研发的进程、减少研发成本以及控制产品质量稳定性、提高产品的竞争力具有十分重要的现实意义。

本书结合冶金生产过程的特点，介绍了一些适用于钢铁企业的产品质量监控理论与方法，并结合生产实际数据给出应用实例。另外，还讨论了冶金全流程质量监控系统的基本框架，为钢铁企业从事产品质量分析的工程技术人员和其他科研人员提供一些指导和参考。本书第1章～第8章由徐金梧、黎敏撰写，第9章由何飞撰写，第10章由徐钢撰写，最后由徐金梧负责统稿。本书的研究内容和写作过程，包含了历届研究生和很多同事的研究成果，在此要特别感谢姚林、王建国、赵晨熙等博士和郑杰等硕士，以及吕志民教授、阳建宏副教授张文兴讲师等同事。书中的部分实例来源于钢铁企业的实际生产数据，在本书出版之际，作者愿向这些企业的科技工作者致以诚挚的谢意。

本书的出版得到了北京科技大学“十二五”教材建设基金的资助，本书的顺利出版还得到了冶金工业出版社的大力支持和帮助，感谢他们为本书所付出的心血和辛勤工作。

由于作者的学术水平有限，写作过程中难免存在不足之处，敬请读者批评指正。

作 者

2015年1月于北京科技大学

目　录

符 号 表

符　号	物 理 含 义
X	一元随机变量
$E(X)$	随机变量 X 的期望
$D(X)$	随机变量 X 的方差
$\boldsymbol{X}=(X_1, X_2, \cdots, X_p)$	p 元随机变量
$x_{(i)}$	第 i 个样本点（$i=1, 2, \cdots, n$）
x_j	第 j 个变量（$j=1, 2, \cdots, p$）
$x_i^{(l)}$	第 l 个子集（容量为 n）的 i 个样本点（$l=1, 2, \cdots, m$）
$\bar{x}_j$	第 j 个变量的样本均值
$\bar{x}^{(l)}$	第 l 个子集（容量为 n）的样本均值（$l=1, 2, \cdots, m$）
$R^{(l)}$	第 l 个子集（容量为 n）的极差（$l=1, 2, \cdots, m$）
s_j	第 j 个变量的样本标准差
s_{jk}	第 j 个变量和第 k 个变量的协方差
$\boldsymbol{S}$	样本的协方差矩阵
r_{jk}	第 j 个变量和第 k 个变量的相关系数
μ	总体的均值
σ	总体的标准差
$\boldsymbol{\Sigma}$	总体的协方差矩阵
ρ_{jk}	在总体中，第 j 个变量和第 k 个变量的相关系数
$N(\mu, \sigma^2)$	均值为 μ、方差为 σ^2 的一元正态分布
$N_p(\mu, \Sigma)$	均值为 μ、协方差矩阵为 Σ 的 p 元正态分布
$\chi^2(n)$	自由度为 n 的卡方分布
$W_p(n, \Sigma)$	自由度为 n、协方差矩阵为 Σ 的 p 维中心 Wishart 分布
$F(n, m)$	自由度为 n 和 m 的 F 分布
$\Lambda_p(n, m)$	自由度为 n 和 m 的 p 维 Wilks 分布
$\beta(n, m)$	自由度为 n 和 m 的 β 分布
$t(n)$	自由度为 n 的 t 分布

续表

符　号	物理含义
$T_p^2(n)$	自由度为 n 的 p 维 T^2 分布
α	显著性水平
C_p	过程能力指数
C_{pU}	上单侧过程能力指数
C_{pL}	下单侧过程能力指数
C_{pK}	偏移度为 K 时的修正过程能力指数
T_U、T_L	规范上下限
T_i^2	第 i 个样本点的 T^2 值
T_{ij}^2	第 i 个样本点的第 j 个变量 X_j 的 T^2 值
$T_{ij.k}^2$	第 i 个样本点在已知变量 X_k 时，变量 X_j 的 T^2 值
$\boldsymbol{l}_j$	第 j 个主方向向量（$j=1，2，\cdots，p$）
$\boldsymbol{L}$	主方向矩阵
$\boldsymbol{t}_j$	第 j 个主成分（$j=1，2，\cdots，p$）
$\boldsymbol{T}$	主成分矩阵
$\boldsymbol{E}_h$	提取 h 个主成分后的残差矩阵
CPV_h	前 h 个主成分的累计贡献率
$T^{2\mathrm{Hotelling}}$	霍特林 T^2 统计量
$T^{2\mathrm{PCA}}$	基于 PCA 的 T^2 统计量
SPE	平方预测误差统计量
$Contr_{ij}^T$	第 i 个样本点的第 j 个变量对 h 个主成分的总贡献值
$Contr_{ij}^{SPE}$	第 i 个样本点的第 j 个变量对 SPE 统计量的总贡献值
VIF_j	变量 X_j 的方差膨胀因子
$k(x，z)$	核函数
$\boldsymbol{\phi}: \boldsymbol{x} \to \boldsymbol{\phi}(\boldsymbol{x})$	从原始 $\boldsymbol{X}$ 空间到高维特征空间的映射
$\boldsymbol{K}$	核矩阵
$\xi_i，\xi_i^*$	松弛变量
$\boldsymbol{W}$	权值矩阵

1 绪　　论

随着我国制造业向高端化转型，用户对钢材的质量要求越来越高，指标越来越严格，钢铁产品的质量已成为钢铁企业市场竞争力的关键要素。尤其是钢铁行业在拓展产业服务链过程中，产品质量的稳定性成为企业核心竞争力。此外，我国钢铁企业由于产品质量不合格所造成的损失也十分惊人。据粗略估计，我国钢铁产品由于质量异议索赔和质量改判所造成的经济损失约为每吨钢 10 元，且高端产品因质量不合格所造成的经济损失将更加惨重。因此，有的学者认为：21 世纪是“质量的世纪”。

激烈的市场竞争促使企业更加关注质量问题，各个钢铁企业都在不断地努力提高产品的质量，越来越多的学者也开始研究提高产品质量的方法：寻求工艺参数与产品质量的关系，建立更加精准、适用性更强的质量预测与控制模型；建立产品质量在线监控系统，实时检测产品质量状况，一旦出现质量问题，及时找出引起异常的原因，避免造成批量的质量判废，减少企业的经济损失。目前钢铁企业在全流程产品质量监控中存在的主要问题有：

（1）生产过程中，存在产品质量不稳定、批次之间质量差异大、批次内质量波动大等一系列问题，尤其是高端产品对质量规范要求更加严格，如何确保产品质量的稳定性是钢铁企业需要解决的问题。

（2）在新产品开发过程中，如何解决各工序中质量设计、质量控制、质量检验、判定放行等一系列问题，成为企业实际生产中亟待解决的难题。

因此，建立适用于钢铁企业的产品质量监控理论与方法，研发冶金全流程产品质量分析与过程监控的实时系统，对加速新钢种研发的进程、减少研发成本以及控制产品质量稳定性、提高产品的竞争力具有十分重要的意义。

1.1　冶金生产过程的特点

冶金和化工是典型的大型复杂流程工业，由功能不同但又相互关联、相互支撑、相互制约的各个工序和各种装置及相关设备，通过工序间串联、并联方式集成后构成完整的复杂生产制备系统。针对这类大型流程工业的特点，解析多流程、多尺度、多装置间的相互关系，建立有效的质量预测与控制模型，寻求最优的质量控制策略，监控产品的生产过程状态，确保产品的质量，已成为我国钢铁工业重大的研究课题。

研究产品质量与生产过程参数的关系，建立产品质量监控模型对生产过程本质特性的研究和对实际生产中的过程控制、质量预测、质量诊断和工艺优化有着重要的现实意义。在实际生产中，产品质量受到操作水平、设备能力、原材料、工艺参数、生产环境等多方面因素的综合影响，产品质量的波动是不可避免的。而波动又分正常波动和异常波动两种，过程监控的目的就是要监控实际生产过程的质量波动状况，消除、避免异常波动，使生产过程处于正常波动范围之内。图1－1给出了影响产品质量的主要因素。

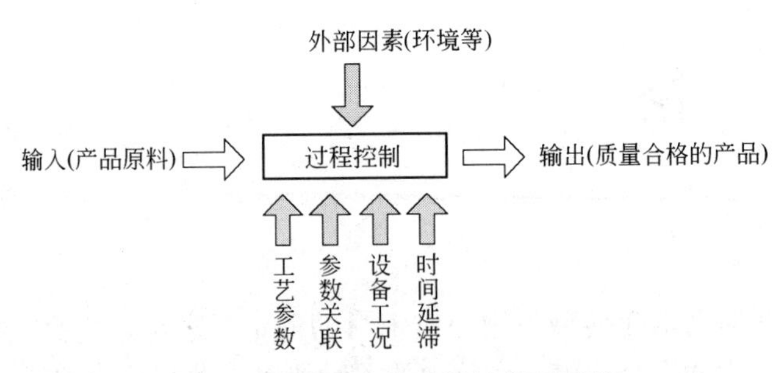

图1－1 影响产品质量的主要因素

（1）输入环节：主要是原料准备，如铁水、钢水成分，板坯质量等；

（2）外部因素：如环境温度、湿度、尘埃等，尤其对高端产品需考虑环境影响；

（3）工艺参数：设置合理的过程控制的工艺参数是确保产品质量的关键因素；

（4）参数关联：在非线性、强耦合情况下，需掌握工艺参数间及工艺参数与质量间的关系；

（5）设备工况：设备在服役过程中工况会发生变化，使产品质量出现偏移；

（6）时间延滞：在慢过程中，控制变量的瞬间变化存在时间滞后，需考虑延滞性。

在钢铁生产过程中，各工序将根据不同产品的质量要求制定多项质量规范要求，而影响这些质量规范的工艺参数也是多方面的，主要包括原料的各种参数、操作过程工艺参数等。如果将某一工序的生产过程看成是一个系统，则所有的工艺参数（包括原料参数）可作为系统的输入，产品质量指标作为系统的输出，而工艺装备的过程能力和工况、外部环境因素、操作人员水平等可视为系统的特征。产品质量的监控模型就是寻求在确定的系统特征下，建立生产过程中各种工艺参数与产品的各种质量指标之间的关系，即根据生产过程的输入输出数据建立质量监控系统的数学模型。但是，由于冶金生产过程的复杂性，常常难以建立系统的机理模型，因此基于实际生产数据建立统计过程质量控制模型成为必然的选择。

钢铁生产过程具有如下几个特点：

（1）多变量。生产过程中涉及的工艺控制变量和产品质量指标多达成千上万个，如轧制温度、速度、轧制力等工艺参数，力学性能、合金成分、组织结构、尺度精度、表面质量等质量指标。对于不同品种、规格、工序等需确定不同的工艺参数与质量指标。

（2）强耦合。由于变量间的耦合关系，一个变量发生变化时将会引起其他多个相关变量发生相应变化。另一种情况是，当一个工艺参数调整时，其他参数也需调整才能确保产品质量。例如，温度的变化引起轧制力的变化，而轧制力又影响了塑性变形率，反过来又引起温度的变化。

（3）非线性。生产过程中工艺参数间、质量指标间、工艺参数与质量指标之间往往存在着多重非线性关系，采用常规的线性分析方法会造成质量预测和质量诊断过程的偏差，因此，需要采用非线性分析方法。

（4）遗传性。上个工序出现的质量问题将会影响下个工序的产品质量，甚至本工序中前阶段的过程控制对下阶段的质量控制都会有影响。例如，铸坯的内部夹杂物和偏析对热轧板带的质量和组织性能带来影响，进而影响冷轧的产品质量。

（5）高速性。生产过程中带钢的轧制速度最高可达到20～30m/s，这对工艺参数控制的时效性和准确性提出了更高要求，也对质量监控系统的实时性提出了更高的要求。

（6）时变性。当装备工况、环境条件发生改变时，工艺参数和质量指标也会随之产生变化。尤其像转炉、连铸机、轧辊等装备随着服役时间的增加，其工况会产生细微的变化。

（7）多态性。不同的工艺流程、不同的装备，甚至同一型号，但不同的工艺装备，由于流程和装备自身的不同特性，具有不同的特征形态。因此在设定工艺参数时，必须考虑产品、工艺、装备本身的特点，才能制造出合格的产品。

实现精准、高效的产品质量监控需要具备一些必要的基本条件：

（1）数据采集（基础）。完整、准确、可靠、快捷地采集和整合工艺参数与质量数据，包括各种实时和离线工艺参数与质量数据，才能保证质量监控系统发挥其作用，成为企业质量在线监控、质量在线判定、质量分析与工艺参数优化等业务协同平台的数据支撑。

（2）分析方法（工具）。正确运用各种统计模型、机理模型和智能模型等分析方法和数学工具，包括各种数据预处理、质量预测、过程监控和质量诊断、分类与聚类、参数优化等算法。特别要注意，不同的分析方法适合于不同的对象和场合，这需要大量的实践经验和理论指导。

（3）专业知识（依据）。发挥不同工序冶金专家的知识和经验是必不可少的，尤其是在质量设计、规则的建立、质量标准的制定、质量判定等过程中，领域专家的参与是非常重要的。同时，冶金领域专家也应当借助各种新的数学分析方法，从大量数据分析中不断完善和丰富自己的专业知识。

随着计算机系统、数据库技术的普及与应用，钢铁企业信息化系统中拥有了丰富的生产数据资源，从而也提出了采用各种数值分析方法对大量的工艺过程数据和产品质量数据进行全流程产品质量监控的迫切需求。目的是通过大量生产数据分析来揭示、总结生产过程的内在规律，为提高产品质量提供各种信息，从而把数据资源转化为企业的经济效益和产品质量优势，提高产品的市场竞争力。在大数据时代，如何从每个钢铁企业每年所产生的几十TB海量数据中提取出有价值的信息，从而完善产品质量管理体系，实现全流程产品质量在线监控，已成为全行业提高管理水平的必然趋势。

1.2　质量监控技术的现状与发展趋势

世界经济正向全球一体化的方向发展，世界市场的竞争日趋激烈。在市场竞争的五大要素——品种、质量、价格、服务和交货期中，决定竞争胜负的要素是质量。正如美国质量管理专家朱兰（J. M. Juran）于1994年在美国质量管理学会上所说的，20世纪以“生产力的世纪”载入史册，21世纪将是“质量的世纪”。产品质量已成为工业生产中最为关注的核心竞争力之一。在实际的工业生产过程监测和产品质量控制中，很多情况下对工业过程机理的精确建模非常困难，而基于过程数据分析的各种统计方法和人工智能方法已被广泛应用于工业生产实践。

基于6σ的管理理念追求严格的质量管理，要求将传统的事后检验提升为对生产全过程的监控，并采用基于统计过程控制的质量管理方法。统计过程控制（Statistical Process Control，SPC）是一种借助数理统计方法的过程控制工具。它对生产过程进行分析评价，根据反馈信息及时判断出现异常因素的征兆，并采取措施消除其影响，使生产过程保持在受控状态，以稳定产品的质量。当生产过程仅受到偶然因素的影响时，过程处于受控状态；当过程中存在系统因素的影响时，过程可能处于失控状态。由于过程变量的波动具有统计规律性，当过程受控时，过程特性一般服从稳定的随机分布；失控时，过程变量的分布将发生改变。SPC 正是利用过程波动的统计规律性对生产过程进行分析和控制。

传统的统计过程控制采用单变量统计过程控制方法。在统计过程控制早期应用中，由于受测量技术以及数据存储和分析技术的限制，只对生产过程中的少数几个重要指标单独地实施统计过程控制，比如为这些指标建立单变量休哈特控制图。单变量统计过程监控主要有：休哈特控制图（测量变量对时间作图）、移动平均控制图（Moving Average，MA，测量变量的滑动平均值对时间作图）、指数加权滑动平均控制图（Exponentially Weighted Moving Average，EWMA，变量的指数加权滑动平均值对时间作图）、累积和控制图（Cumulative Sum，CUMSUM，测量值与目标值偏差的累加对时间作图）等。Thompson 和 Bissel 等对单变量统计过程监控方法做了详细的描述。但是，随着测量技术的发展，人们已经能够对越来越多的产品性能指标进行测量，同时用户对产品质量要求也越来越严格，这就要求对更多的产品质量指标和过程变量进行监控。若需要监控的多个过程变量之间存在相关性，仅仅采用多个单变量统计过程监控，其结果往往是不可靠的。原因是，变量之间耦合关系将改变基于变量间互相独立的休哈特图的统计分布规律。对于钢铁生产过程而言，由于变量之间必须满足能量流、物质流等各种内在的关系，相互之间往往存在着多重相关性，即当一个变量改变时，相关的其他变量也应做相应的调整才能确保质量指标达到规范要求。

将多变量统计分析方法融入传统的统计过程控制，形成了多变量统计过程控制的基本框架。多变量统计过程控制 MSPC（Multivariate Statistical Process Control）综合考虑各变量相关关系，实现多变量生产过程的质量监控。对多变量统计控制图的研究最早可以追溯到 20 世纪 40 年代中期。霍特林（Hotelling）于 1947 年针对多变量过程控制问题，首次提出了多变量 T^2 控制图，开创了多变量控制图研究与应用的先河。霍特林的多变量 T^2 控制图使用 T^2 统计量，在显著性水平 α 下，同时监控多个变量。T^2 控制图的基本原理是：如果多变量过程控制中没有异常点存在，则过程中各个样本点到均值的统计距离应该保持受控状态。随后，Healy 等人提出了适用于监控过程微小偏移的多变量累积和控制图（MCUSUM）及多变量指数移动平均控制图（MEWMA），推动了多变量统计控制图的进一步发展。

随着统计数据降维技术的发展，多变量统计控制图的研究出现了新的方向，过程控制的对象从基于距离的统计量，转向了一些基于统计降维技术构建的综合变量的统计量。利用统计降维的原理，Jackson 等人提出了基于主成分分析（Principal Component Analysis，PCA）方法的多变量统计控制图，随后又有人提出了基于偏最小二乘法（Partial Least Squares，PLS）的多变量统计控制图。主成分分析和偏最小二乘法采用多元投影方法，将工艺参数数据和质量数据从高维数据空间投影到低维特征空间，所得到的特征变量保留了原始数据的特征信息，摒弃了冗余信息，是一种高维数据分析处理的有效工具。对于高维且变量间具有强相关性的连续过程，基于大数据的多变量统计过程控制系统主要用于质量控制、过程监控、质量预测和质量诊断等。

由于钢铁生产过程本身的复杂性，工艺参数间、质量指标间、工艺参数与质量指标之间往往存在多重相关性，因此在工艺参数与质量指标间不可避免地存在着非线性的关系。采用常规的线性分析方法会造成质量诊断和质量预测过程的偏差，这时需要采用非线性分析方法。基于主成分分析、偏最小二乘法、独立分量分析等多变量统计过程控制方法均为线性方法。最近几年，核函数映射方法、非线性主元分析等为解决多变量的非线性统计过程控制提供了新的途径。例如，核主成分分析应用于多变量统计过程控制中，且针对生产状态随时间变化的情况，提出了加窗核主成分分析方法对生产过程进行监控；利用 T^2 图对热冲压成型过程的成品尺寸进行生产过程的监控，再利用贝叶斯神经网络方法给出过程参数与质量指标间的因果关系，达到质量诊断的目的。

为了进一步改善产品质量监控模型，王建国、黎敏等提出了基于流形学习的半监督核岭回归产品质量预测模型，解决了因数据缺失以及输入变量和输出变量之间的非线性映射关系造成的模型误差，提高了质量模型的泛化能力；提出了基于神经网络规则抽取方法的工艺规范优化技术，从生产数据中采用粒子群优化算法对产品质量模型中的过程控制参数进行迭代寻优，提取生产过程中工艺规范标准。何飞、徐金梧等提出了利用核主成分分析提取的 *SPE*（Squared Prediction Error）统计量监控生产过程方法，并分析了热轧带钢头部拉窄原因。此外，还提出了基于核费希尔判别的产品质量分类方法和基于核熵成分分析的生产过程聚类方法，解决了工艺参数间存在非线性耦合关系的生产过程状态识别和诊断问题，为产品改判和工艺规范的制定提供了新的方法。

1.3 本书各章节内容

结合冶金生产过程的特点，本书介绍了一些适用于钢铁企业的产品质量监控理论与方法，并结合生产实际数据给出应用实例，为钢铁企业从事产品质量分析的工程技术人员和其他科研人员提供一些指导和参考。本书各章节的主要内容如下：

第 1 章为绪论部分。概述了冶金生产过程的特点和质量监控技术的研究现状与发展趋势，最后给出了本书的结构安排。

第 2 章介绍数据样本的基础知识。首先，讨论了向量和矩阵的一些基本概念和运算规律，然后给出了数据矩阵、样本空间和变量空间以及数据预处理的一些基本方法，并用实际工业例子介绍如何应用这些方法。

第 3 章介绍数理统计的基础知识。介绍了数理统计的一些基本概念和在质量建模中常用的几个重要分布，以及参数估计和假设检验的基本原理，最后用一个实际工业例子分析了参数估计和假设检验在质量建模中的应用。

第 4 章讲述了产品质量监控中的单变量统计过程控制的相关内容。简单介绍统计过程控制的基本概念，并引出统计过程控制的两个主要方法：统计控制图和过程能力分析，在此基础上详述了统计控制图的原理和常用的控制图，此外对过程能力指数及其计算方法进行了分析讨论，并对实际工业数据进行分析，以加深对单变量统计过程控制的理解。

第 5 章通过讨论单变量统计过程控制存在的一些不足，引出了多变量统计过程控制的相关概念，并介绍了霍特林 T^2 控制图的基本原理和诊断原理，通过将 PCA 和 PLS 降维技术应用于多变量统计过程控制，提出了基于主元模型的多变量统计控制图和相应的异常诊断方法，并结合钢厂的实际生产数据，分析了多变量统计过程控制的基本步骤。

第6章介绍了历史数据集的构造方法。首先提出了历史数据集建立的整体框架，然后介绍数据采集的相关过程，并对历史数据集在建立过程中存在的数据多重相关性和自相关性问题进行详细的讨论，并给出异常点剔除的方法。

第7章介绍了生产过程优化控制的相关内容。从总体上提出了优化控制的几个环节和优化控制的流程，然后分别介绍了从生产数据中抽取工艺标准的方法、基于规则的工艺参数设定与优化、基于数据驱动的工艺参数动态调整、工艺流程优化等内容。

第8章介绍了非线性预测与诊断方法。首先给出了核函数的基本概念和基本原理，并详述了核主成分分析（KPCA）、核偏最小二乘（KPLS）、支持向量机回归（SVR）、流形半监督学习（SKRR）的基本原理，以及预测与诊断的流程，并对各种方法进行相应的实例应用分析。

第9章从实际生产过程的案例出发，介绍了质量检测、质量预测和质量诊断的相关内容，通过应用前面章节所介绍的方法，对冶金生产过程的质量监控形成了一个完整的分析流程。

第10章讨论了全流程质量监控系统的基本框架，并详述了质量监控与在线判定、质量分析与诊断、过程质量在线优化、人工判定与综合判定、产品质量卡建档、质量报表生成、质量追溯与诊断、系统仿真与质量优化等八个核心功能。

2 数据样本的基础知识

2.1 向量

2.1.1 向量的定义

由 n 个实数 x_1，x_2，…，x_n 组成的一个数组称为 n 维向量，记为

$$\boldsymbol{X}=\begin{bmatrix}x_1\\x_2\\\vdots\\x_n\end{bmatrix} \quad 或 \quad \boldsymbol{X}=(x_1,x_2,\cdots,x_n)^{\mathrm{T}}$$

n 维向量在几何上可表示为一个有方向的线段，向量可以进行数乘和加法运算。向量通过乘一个常数 c 来实现等比例伸长或缩短。如向量 $\boldsymbol{Y}=c\boldsymbol{X}=(cx_1,cx_2,\cdots,cx_n)^{\mathrm{T}}$（$c$ 为常数)，当 $c>1$ 时，向量 $\boldsymbol{Y}$ 是由 $\boldsymbol{X}$ 沿正方向伸长为原来的 c 倍得到的；当 $0<c<1$ 时，向量 $\boldsymbol{Y}$ 表示 $\boldsymbol{X}$ 沿正方向缩短为原来的 c 倍；当 $c<0$ 时，向量 $\boldsymbol{Y}$ 表示 $\boldsymbol{X}$ 沿反方向伸长或缩短原来的 c 倍。

两向量 $\boldsymbol{X}=(x_1,x_2,\cdots,x_n)^{\mathrm{T}}$ 和 $\boldsymbol{Y}=(y_1,y_2,\cdots,y_n)^{\mathrm{T}}$ 的和为

$$\boldsymbol{X}+\boldsymbol{Y}=\begin{bmatrix}x_1\\x_2\\\vdots\\x_n\end{bmatrix}+\begin{bmatrix}y_1\\y_2\\\vdots\\y_n\end{bmatrix}=\begin{bmatrix}x_1+y_1\\x_2+y_2\\\vdots\\x_n+y_n\end{bmatrix}$$

2.1.2 向量的长度

向量 $\boldsymbol{X}=(x_1,x_2,\cdots,x_n)^{\mathrm{T}}$ 的长度记为 L_X，其定义为

$$L_X=\sqrt{x_1^2+x_2^2+\cdots+x_n^2}$$

若令 $\boldsymbol{Y}=c\boldsymbol{X}$，取 $c=1/L_X$，则 $L_Y=|c|L_X$，得到长度为 1 且与 $\boldsymbol{X}$ 同方向的单位向量 $\boldsymbol{Y}=L_X^{-1}\boldsymbol{X}$。

2.1.3 向量的夹角

下面来考虑两个向量 $\boldsymbol{X}$ 和 $\boldsymbol{Y}$ 之间的夹角 θ。如图 2-1 所示，当 $n=2$ 时，设向量 $\boldsymbol{X}=(x_1,\ x_2)^{\mathrm{T}}$ 和 $\boldsymbol{Y}=(y_1,\ y_2)^{\mathrm{T}}$，它们与横坐标的夹角分别为 θ_1 和 θ_2，则这两向量之间的夹角为 $\theta=\theta_2-\theta_1$，且

$$\cos\theta=\cos(\theta_2-\theta_1)=\cos\theta_2\cos\theta_1+\sin\theta_2\sin\theta_1$$

$$= \frac{y_1}{L_Y}\frac{x_1}{L_X} + \frac{y_2}{L_Y}\frac{x_2}{L_X} = \frac{x_1y_1 + x_2y_2}{L_XL_Y}$$

式中，L_X 为向量 $\boldsymbol{X}$ 的长度，L_Y 为向量 $\boldsymbol{Y}$ 的长度。推广到 n 维向量也有相似的定义。引入两个 n 维向量 $\boldsymbol{X}$ 和 $\boldsymbol{Y}$ 的内积 $\langle \boldsymbol{X}, \boldsymbol{Y}\rangle$，其定义为

$$\langle \boldsymbol{X}, \boldsymbol{Y}\rangle = \boldsymbol{X}^{\mathrm{T}}\boldsymbol{Y} = \boldsymbol{Y}^{\mathrm{T}}\boldsymbol{X} = x_1y_1 + x_2y_2 + \cdots + x_ny_n = \sum_{i=1}^{n} x_iy_i$$

则 n 维向量 $\boldsymbol{X}$ 的长度 L_X、向量 $\boldsymbol{Y}$ 的长度 L_Y 以及两个向量 $\boldsymbol{X}$ 和 $\boldsymbol{Y}$ 的夹角 θ 都可以用内积来表示，即

$$L_X = \sqrt{\boldsymbol{X}^{\mathrm{T}}\boldsymbol{X}} = \sqrt{\langle \boldsymbol{X}, \boldsymbol{X}\rangle}$$

$$L_Y = \sqrt{\boldsymbol{Y}^{\mathrm{T}}\boldsymbol{Y}} = \sqrt{\langle \boldsymbol{Y}, \boldsymbol{Y}\rangle}$$

$$\cos\theta = \frac{x_1y_1 + \cdots + x_ny_n}{L_xL_y} = \frac{\boldsymbol{X}^{\mathrm{T}}\boldsymbol{Y}}{\sqrt{\boldsymbol{X}^{\mathrm{T}}\boldsymbol{X}}\sqrt{\boldsymbol{Y}^{\mathrm{T}}\boldsymbol{Y}}} = \frac{\langle \boldsymbol{X}, \boldsymbol{Y}\rangle}{\sqrt{\langle \boldsymbol{X}, \boldsymbol{X}\rangle}\sqrt{\langle \boldsymbol{Y}, \boldsymbol{Y}\rangle}}$$

当 $\boldsymbol{X}^{\mathrm{T}}\boldsymbol{Y}=0$ 且 L_X 和 L_Y 不为 0 时，$\cos\theta=0$，即当 $\boldsymbol{X}^{\mathrm{T}}\boldsymbol{Y}=0$ 时向量 $\boldsymbol{X}$ 和 $\boldsymbol{Y}$ 相互垂直。

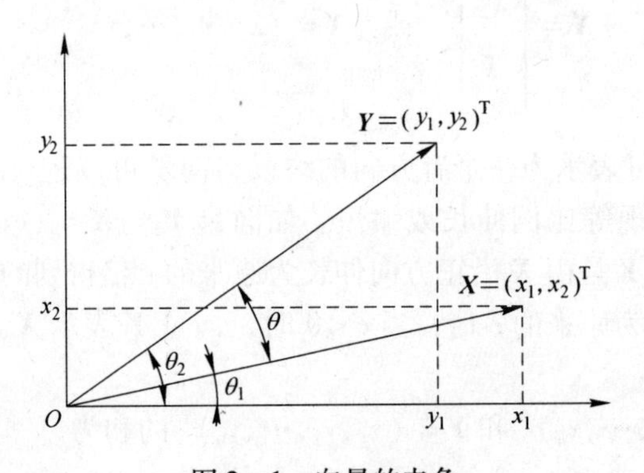

图 2－1 向量的夹角

2.1.4 向量的投影

向量 $\boldsymbol{X}$ 在向量 $\boldsymbol{Y}$ 上的投影记为 $\boldsymbol{X}_Y$，θ 为向量 $\boldsymbol{X}$ 与向量 $\boldsymbol{Y}$ 之间的夹角，d 为投影长度，如图 2－2 所示。

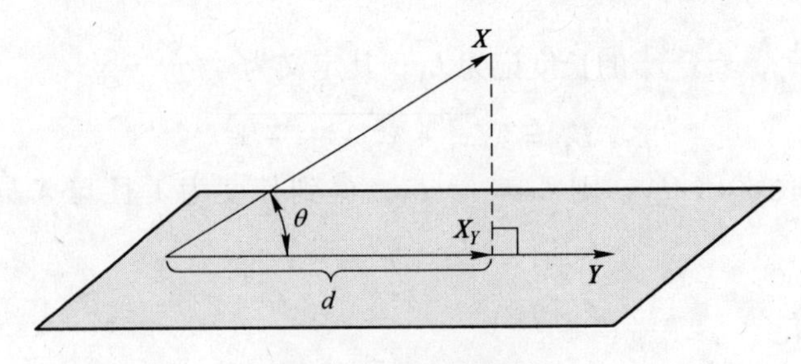

图 2－2 向量的投影

设 $\boldsymbol{X} = (x_1, x_2, \cdots, x_n)^{\mathrm{T}}$，$\boldsymbol{Y} = (y_1, y_2, \cdots, y_n)^{\mathrm{T}}$，向量 $\boldsymbol{X}$ 在向量 $\boldsymbol{Y}$ 上的投影为

$$\boldsymbol{X}_Y = d\frac{\boldsymbol{Y}}{L_Y} = L_X|\cos\theta|\frac{\boldsymbol{Y}}{L_Y} = \sqrt{\langle \boldsymbol{X},\boldsymbol{X}\rangle}\frac{\langle \boldsymbol{X},\boldsymbol{Y}\rangle}{\sqrt{\langle \boldsymbol{X},\boldsymbol{X}\rangle}\sqrt{\langle \boldsymbol{Y},\boldsymbol{Y}\rangle}}\frac{1}{L_Y}\boldsymbol{Y}$$

$$= \frac{\langle \boldsymbol{X},\boldsymbol{Y}\rangle}{\sqrt{\langle \boldsymbol{Y},\boldsymbol{Y}\rangle}}\frac{1}{L_Y}\boldsymbol{Y} = \frac{\boldsymbol{X}^{\mathrm{T}}\boldsymbol{Y}}{L_Y}\frac{1}{L_Y}\boldsymbol{Y}$$

其中，单位向量$\frac{1}{L_Y}\boldsymbol{Y}$表示向量$\boldsymbol{X}$在向量$\boldsymbol{Y}$上投影的方向，而向量$\boldsymbol{X}$在向量$\boldsymbol{Y}$上的投影长度为

$$d = \frac{|\boldsymbol{X}^{\mathrm{T}}\boldsymbol{Y}|}{L_Y} = L_X\left|\frac{\boldsymbol{X}^{\mathrm{T}}\boldsymbol{Y}}{L_XL_Y}\right| = L_X|\cos\theta|$$

（1）当$\theta<90°$时，$d=L_X\cos\theta$；

（2）当$\theta>90°$时，$d=-L_X\cos\theta$；

（3）当$\theta=90°$时，$d=0$。

2.2 矩阵

2.2.1 矩阵的定义

将$p\times q$个实数a_{11}，a_{12}，…，a_{pq}排列成一个如下形式的p行、q列的数据表

$$\boldsymbol{A} = \begin{bmatrix} a_{11} & a_{12} & \cdots & a_{1q} \\ a_{21} & a_{22} & \cdots & a_{2q} \\ \vdots & \vdots & & \vdots \\ a_{p1} & a_{p2} & \cdots & a_{pq} \end{bmatrix}$$

称$\boldsymbol{A}$为$p\times q$矩阵，常记作$\boldsymbol{A}=(a_{ij})_{p\times q}$，其中$a_{ij}$是第$i$行、第$j$列的元素，$a_{ij}$均为实数。

（1）若$q=1$，则称$\boldsymbol{A}$为p维列向量，记作a；当p维列向量的所有元素均为1时，常记为$\boldsymbol{1}_p$：

$$a = \begin{bmatrix} a_1 \\ a_2 \\ \vdots \\ a_p \end{bmatrix},\ \boldsymbol{1}_p = \begin{bmatrix} 1 \\ 1 \\ \vdots \\ 1 \end{bmatrix}$$

（2）若$p=1$，则称$\boldsymbol{A}$为q维行向量，记作

$$a^{\mathrm{T}} = (a_1,a_2,\cdots,a_q)$$

（3）若$\boldsymbol{A}$的所有元素全为零，则称$\boldsymbol{A}$为零矩阵，记作$\boldsymbol{A}=\boldsymbol{O}_{p\times q}$或$\boldsymbol{A}=\boldsymbol{O}$。若$\boldsymbol{A}$的所有元素全为1，称该矩阵为$\boldsymbol{J}$矩阵，显然$\boldsymbol{J}_{p\times q}=\boldsymbol{1}_p\boldsymbol{1}_q^{\mathrm{T}}$。

（4）若$p=q$，则称$\boldsymbol{A}$为p阶方阵，a_{11}，a_{22}，…，a_{pp}称为它的对角线元素，其他元素$a_{ij}(i\neq j)$称为非对角线元素。

（5）若方阵$\boldsymbol{A}$的对角线下方的元素全为零，则称$\boldsymbol{A}$为上三角矩阵，即$a_{ij}=0$，$i>j$。

（6）若方阵$\boldsymbol{A}$的对角线上方的元素全为零，则称$\boldsymbol{A}$为下三角矩阵，即$a_{ij}=0$，$i<j$。

（7）若方阵$\boldsymbol{A}$的所有非对角线元素均为零，则称$\boldsymbol{A}$为对角矩阵，简记为$\boldsymbol{A}=\mathrm{diag}(a_{11}$，$a_{22}$，…，$a_{pp})$。

（8）若p阶对角矩阵$\boldsymbol{A}$的所有p个对角线元素均为1，则称$\boldsymbol{A}$为p阶单位矩阵，记作$\boldsymbol{A}=\boldsymbol{I}_p$或$\boldsymbol{A}=\boldsymbol{I}$。

（9）若将矩阵$\boldsymbol{A}$的行与列互换，则得到的矩阵称为$\boldsymbol{A}$的转置，记作$\boldsymbol{A}^{\mathrm{T}}$，即

$$A = \begin{bmatrix} a_{11} & a_{21} & \cdots & a_{p1} \\ a_{12} & a_{22} & \cdots & a_{p2} \\ \vdots & \vdots & & \vdots \\ a_{1q} & a_{2q} & \cdots & a_{pq} \end{bmatrix}_{q \times p}$$

（10）若 $\boldsymbol{A}$ 是方阵，且 $\boldsymbol{A}^{\mathrm{T}} = \boldsymbol{A}$，则称 $\boldsymbol{A}$ 为对称矩阵，即 $a_{ij} = a_{ji}$。

2.2.2　矩阵的运算

若 $\boldsymbol{A} = (a_{ij})$ 为 $p \times q$ 矩阵，$\boldsymbol{B} = (b_{ij})$ 为 $p \times q$ 矩阵，则 $\boldsymbol{A}$ 与 $\boldsymbol{B}$ 的和定义为

$$\boldsymbol{A} + \boldsymbol{B} = (a_{ij} + b_{ij})_{p \times q}$$

若 c 为一常数，则它与 $\boldsymbol{A}$ 的积定义为

$$c\boldsymbol{A} = (ca_{ij})_{p \times q}$$

若 $\boldsymbol{A} = (a_{ij})$ 为 $p \times q$ 矩阵，$\boldsymbol{C} = (c_{ij})$ 为 $q \times r$ 矩阵，则 $\boldsymbol{A}$ 与 $\boldsymbol{C}$ 的积定义为

$$\boldsymbol{AC} = \left(\sum_{k=1}^{q} a_{ik} c_{kj}\right)_{p \times r}$$

从上述定义中容易得出如下的运算规律：

（1）$(\boldsymbol{A} + \boldsymbol{B})^{\mathrm{T}} = \boldsymbol{A}^{\mathrm{T}} + \boldsymbol{B}^{\mathrm{T}}$；

（2）$(\boldsymbol{AC})^{\mathrm{T}} = \boldsymbol{C}^{\mathrm{T}}\boldsymbol{A}^{\mathrm{T}}$；

（3）$\boldsymbol{C}(\boldsymbol{A} + \boldsymbol{B}) = \boldsymbol{CA} + \boldsymbol{CB}$；

（4）$\boldsymbol{A}\left(\sum_{a=1}^{k} \boldsymbol{B}_a\right) = \sum_{a=1}^{k} \boldsymbol{AB}_a$。

若 p 阶方阵 $\boldsymbol{A}$ 满足 $\boldsymbol{AA}^{\mathrm{T}} = \boldsymbol{I}$，则称 $\boldsymbol{A}$ 为正交矩阵。显然，$\sum_{j=1}^{p} a_{ij}^2 = 1(i = 1,2,\cdots,p)$，称 $\boldsymbol{A}$ 的 p 个行向量为单位向量；$\sum_{j=1}^{p} a_{ij}a_{kj} = 0(i \neq k)$，称 $\boldsymbol{A}$ 的 p 个行向量两两相互正交。又从 $\boldsymbol{A}^{\mathrm{T}}\boldsymbol{A} = \boldsymbol{I}$ 得：$\sum_{i=1}^{p} a_{ij}^2 = 1(j = 1,2,\cdots,p)$，$\sum_{i=1}^{p} a_{ij}a_{ik} = 0(j \neq k)$，即 $\boldsymbol{A}$ 的 p 个列向量也是一组相互正交的单位向量。例如，以下三个矩阵都是正交阵

$$\begin{bmatrix} 1 & 0 \\ 0 & -1 \end{bmatrix}, \begin{bmatrix} \frac{\sqrt{2}}{2} & \frac{\sqrt{2}}{2} \\ -\frac{\sqrt{2}}{2} & \frac{\sqrt{2}}{2} \end{bmatrix}, \begin{bmatrix} \frac{1}{\sqrt{3}} & \frac{1}{\sqrt{3}} & \frac{1}{\sqrt{3}} \\ \frac{1}{\sqrt{2 \times 1}} & \frac{-1}{\sqrt{2 \times 1}} & 0 \\ \frac{1}{\sqrt{3 \times 2}} & \frac{1}{\sqrt{3 \times 2}} & \frac{-2}{\sqrt{3 \times 2}} \end{bmatrix}$$

若方阵 $\boldsymbol{A}$ 满足 $\boldsymbol{A}^2 = \boldsymbol{A}$，则称 $\boldsymbol{A}$ 为幂等矩阵，例如

$$\begin{bmatrix} 1 & 0 \\ 0 & 1 \end{bmatrix}, \begin{bmatrix} 1 & 1 \\ 0 & 0 \end{bmatrix}, \begin{bmatrix} 1/2 & 1/2 \\ 1/2 & 1/2 \end{bmatrix}$$

对称的幂等矩阵称为投影矩阵。

2.2.3　行列式

p 阶方阵 $\boldsymbol{A} = (a_{ij})$ 的行列式定义为

$$|\boldsymbol{A}| = \sum_{j_1j_2\cdots j_p}(-1)^{\tau(j_1j_2\cdots j_p)}a_{1j_1}a_{2j_2}\cdots a_{pj_p}$$

式中，$\sum\limits_{j_1j_2\cdots j_p}$ 表示对1，2，…，p 的所有排列求和，$\tau(j_1j_2\cdots j_p)$ 是排列 j_1，j_2，…，j_p 的逆序的总数，称它为这个排列的逆序数。一个逆序是指对在一个排列中一对数的前后位置与大小顺序相反，即前面的数大于后面的数。例如，$\tau(3,1,4,2)=1+\tau(1,3,4,2)=1+2+\tau(1,2,3,4)=3$。

由行列式的定义可以得到如下的一些基本性质：

（1）若 $\boldsymbol{A}$ 的某行（或列）为0，则 $|\boldsymbol{A}|=0$；

（2）$|\boldsymbol{A}^{\mathrm{T}}|=|\boldsymbol{A}|$；

（3）若将 $\boldsymbol{A}$ 的某一行（或列）乘以常数 c，则所得矩阵的行列式为 $c|\boldsymbol{A}|$；

（4）若 $\boldsymbol{A}$ 是一个 p 阶方阵，c 为一常数，则 $|c\boldsymbol{A}|=c^p|\boldsymbol{A}|$；

（5）若互换 $\boldsymbol{A}$ 的任意两行（或列），则行列式的符号改变；

（6）若 $\boldsymbol{A}$ 的某两行（或列）相同，则行列式为0；

（7）若将 $\boldsymbol{A}$ 的某一行（或列）的倍数加到另一行（或列），则所得行列式不变；

（8）若 $\boldsymbol{A}$ 的某一行（或列）是其他一些行（或列）的线性组合，则行列式为0；

（9）若 $\boldsymbol{A}$ 为上三角矩阵或下三角矩阵或对角矩阵，则 $|\boldsymbol{A}|=\prod\limits_{i=1}^{p}a_{ii}$；

（10）若 $\boldsymbol{A}$ 和 $\boldsymbol{B}$ 均为 p 阶方阵，则 $|\boldsymbol{AB}|=|\boldsymbol{A}||\boldsymbol{B}|$。

设 $\boldsymbol{A}=(a_{ij})$ 为 p 阶方阵，将其元素 a_{ij} 所在的第 i 行和第 j 列划去之后所得（$p-1$）阶矩阵的行列式，称为元素 a_{ij} 的余子式，记为 M_{ij}。$A_{ij}=(-1)^{i+j}M_{ij}$ 称为元素 a_{ij} 的代数余子式。根据代数余子式的定义，有以下公式成立

$$|\boldsymbol{A}| = \sum_{j=1}^{p}a_{ij}A_{ij} = \sum_{i=1}^{p}a_{ij}A_{ij}$$

$$\sum_{j=1}^{p}a_{kj}A_{ij} = 0\ (k \neq i),\ \sum_{i=1}^{p}a_{ik}A_{ij} = 0\ (k \neq j)$$

2.2.4 逆矩阵

若方阵 $\boldsymbol{A}$ 满足 $|\boldsymbol{A}|\neq0$，则称 $\boldsymbol{A}$ 为非奇异矩阵或非退化矩阵；若 $|\boldsymbol{A}|=0$，则称 $\boldsymbol{A}$ 为奇异矩阵。若 $\boldsymbol{A}=(a_{ij})$ 是 n 阶非奇异矩阵，令 $\boldsymbol{B}=(\boldsymbol{A}_{ij})^{\mathrm{T}}/|\boldsymbol{A}|$，其中 $\boldsymbol{A}_{ij}$ 是 a_{ij} 的代数余子式，则有 $\boldsymbol{AB}=\boldsymbol{BA}=\boldsymbol{I}$，称 $\boldsymbol{B}$ 为 $\boldsymbol{A}$ 的逆，记作 $\boldsymbol{B}=\boldsymbol{A}^{-1}$。由于 $|\boldsymbol{B}|=1/|\boldsymbol{A}|\neq0$，所以 $\boldsymbol{B}$ 也是一个非奇异矩阵，且是唯一的。

逆矩阵具有如下的基本性质：

（1）$\boldsymbol{AA}^{-1}=\boldsymbol{A}^{-1}\boldsymbol{A}=\boldsymbol{I}$；

（2）$(\boldsymbol{A}^{\mathrm{T}})^{-1}=(\boldsymbol{A}^{-1})^{\mathrm{T}}$；

（3）若 $\boldsymbol{A}$ 和 $\boldsymbol{C}$ 均为 p 阶非奇异方阵，则 $(\boldsymbol{AC})^{-1}=\boldsymbol{C}^{-1}\boldsymbol{A}^{-1}$；

（4）$|\boldsymbol{A}^{-1}|=|\boldsymbol{A}|^{-1}$；

（5）若 $\boldsymbol{A}$ 是正交矩阵，则 $\boldsymbol{A}^{-1}=\boldsymbol{A}^{\mathrm{T}}$；

（6）若对角矩阵 $\boldsymbol{A}=\mathrm{diag}(a_{11},\ a_{22},\ \cdots,\ a_{pp})$ 非奇异（即 $a_{ii}\neq0$，$i=1,\ 2,\ \cdots,\ p$），则 $\boldsymbol{A}^{-1}=\mathrm{diag}(a_{11}^{-1},\ a_{22}^{-1},\ \cdots,\ a_{pp}^{-1})$；

（7）若 $\boldsymbol{A}$ 和 $\boldsymbol{D}$ 为非奇异方阵，则 $\begin{bmatrix} \boldsymbol{A} & \boldsymbol{O} \\ \boldsymbol{O} & \boldsymbol{D} \end{bmatrix}^{-1} = \begin{bmatrix} \boldsymbol{A}^{-1} & \boldsymbol{O} \\ \boldsymbol{O} & \boldsymbol{D}^{-1} \end{bmatrix}$。

2.2.5　特征值与特征向量

设 $\boldsymbol{A}$ 是 p 阶方阵，则方程 $|\boldsymbol{A}-\lambda\boldsymbol{I}_p|=0$ 的左边是 λ 的 p 次多项式。由多项式理论知道，该方程有 p 个根（可能有重根）。虽然 $\boldsymbol{A}$ 是实数矩阵，但方程的根可能为实数，也可能为复数，记作 λ_1，λ_2，…，λ_p，并称为 $\boldsymbol{A}$ 的特征值或特征根。若 λ_i 是方程 $|\boldsymbol{A}-\lambda\boldsymbol{I}_p|=0$ 的一个根，则（$\boldsymbol{A}-\lambda_i\boldsymbol{I}_p$）为奇异矩阵，故存在一个 p 维非零向量 $\boldsymbol{x}_i$，使得

$$(\boldsymbol{A}-\lambda_i\boldsymbol{I}_p)\boldsymbol{x}_i=0$$

即 λ_i 是 $\boldsymbol{A}$ 的一个特征值，而 $\boldsymbol{x}_i$ 称为相应的特征向量。一般取 $\boldsymbol{x}_i$ 为单位向量，即满足 $\boldsymbol{x}_i^{\mathrm{T}}\boldsymbol{x}_i=1$。

特征值和特征向量具有下述基本性质：

（1）$\boldsymbol{A}$ 和 $\boldsymbol{A}^{\mathrm{T}}$ 有相同的特征值。

（2）若 $\boldsymbol{A}$ 和 $\boldsymbol{B}$ 分别是 $p\times q$ 和 $q\times p$ 矩阵，则 $\boldsymbol{AB}$ 和 $\boldsymbol{BA}$ 有相同的非零特征值。

（3）若 $\boldsymbol{A}$ 为实对称矩阵，则 $\boldsymbol{A}$ 的特征值全为实数，p 个特征值按大小依次表示为 $\lambda_1\geqslant\lambda_2\geqslant\cdots\geqslant\lambda_p$。若 $\lambda_i\neq\lambda_j$，则相应的特征向量 $\boldsymbol{x}_i$ 和 $\boldsymbol{x}_j$ 必正交，即 $\boldsymbol{x}_i^{\mathrm{T}}\boldsymbol{x}_j=0$。

（4）若 $\boldsymbol{A}=\mathrm{diag}(a_{11}, a_{22}, \cdots, a_{pp})$，则 a_{11}，a_{22}，…，a_{pp} 为 $\boldsymbol{A}$ 的 p 个特征值，相应的特征向量分别为 $\boldsymbol{x}_1=(1, 0, \cdots, 0)^{\mathrm{T}}$，$\boldsymbol{x}_2=(0, 1, 0, \cdots, 0)^{\mathrm{T}}$，…，$\boldsymbol{x}_p=(0, 0, 0, \cdots, 1)^{\mathrm{T}}$。

（5）$|\boldsymbol{A}|=\prod_{i=1}^{p}\lambda_i$，即 $\boldsymbol{A}$ 的行列式等于其特征值的乘积。因此，$\boldsymbol{A}$ 为非奇异矩阵，当且仅当 $\boldsymbol{A}$ 的特征值均不为零；$\boldsymbol{A}$ 为奇异矩阵，当且仅当 $\boldsymbol{A}$ 至少有一个特征值为零。

（6）若 $\boldsymbol{A}$ 为 p 阶对称矩阵，则存在正交矩阵 $\boldsymbol{\Gamma}$ 及对角矩阵 $\boldsymbol{\Lambda}=\mathrm{diag}(\lambda_1, \lambda_2, \cdots, \lambda_p)$，将 $\boldsymbol{\Gamma}$ 按列向量分块，并记作 $\boldsymbol{\Gamma}=(\boldsymbol{l}_1, \boldsymbol{l}_2, \cdots, \boldsymbol{l}_p)$，其中 $\boldsymbol{l}_1$，$\boldsymbol{l}_2$，…，$\boldsymbol{l}_p$ 为矩阵 $\boldsymbol{A}$ 的特征值 λ_1，λ_2，…，λ_p 对应的 p 个相互正交的单位特征向量。矩阵 $\boldsymbol{A}$ 即有如下分解形式：$\boldsymbol{A}=\sum_{i=1}^{p}\lambda_i\boldsymbol{l}_i\boldsymbol{l}_i^{\mathrm{T}}$，并称此分解为 $\boldsymbol{A}$ 的谱分解。

特征值和特征向量是两个极为重要的概念，它们在主成分分析、偏最小二乘分析等多变量统计分析方法中起着重要的作用，常常要求出非负矩阵 $\boldsymbol{A}$ 的特征值和特征向量，其特征值都是非负的，可按大小依次记为 $\lambda_1\geqslant\lambda_2\geqslant\cdots\geqslant\lambda_p\geqslant0$。记 $\mathrm{rank}(\boldsymbol{A})=r$，若 $r=p$，则 $\lambda_1\geqslant\lambda_2\geqslant\cdots\geqslant\lambda_p>0$，相应的 p 个特征向量构成一组正交单位向量；若 $r<p$，则 $\lambda_1\geqslant\lambda_2\geqslant\cdots\geqslant\lambda_r>\lambda_{r+1}=\cdots=\lambda_p=0$，相应的 r 个特征向量构成一组正交单位向量。可以利用对数据矩阵 $\boldsymbol{A}$ 的特征值分解来提取数据内部所包含的主要信息，简化后续统计建模的复杂度，这将在后续章节中展开详细介绍。

2.3　样本空间

2.3.1　基本定义

在多变量统计分析中，首先要了解数据矩阵的基本构成。设有 p 个变量 X_1，X_2，X_3，…，X_p，对它们进行一次观察就得到一个样本点，进行 n 次观察就得到 n 个样本点。n 个样本点可以构成一个 $n\times p$ 维的数据矩阵 $\boldsymbol{X}_{n\times p}$

$$X_{n\times p}=\begin{bmatrix}x_{11} & x_{12} & \cdots & x_{1p}\\ x_{21} & x_{22} & \cdots & x_{2p}\\ \vdots & \vdots & & \vdots\\ x_{n1} & x_{n2} & \cdots & x_{np}\end{bmatrix}=\begin{bmatrix}\boldsymbol{x}_{(1)}^{\mathrm{T}}\\ \boldsymbol{x}_{(2)}^{\mathrm{T}}\\ \vdots\\ \boldsymbol{x}_{(n)}^{\mathrm{T}}\end{bmatrix}=(\boldsymbol{x}_1,\ \boldsymbol{x}_2,\ \cdots,\ \boldsymbol{x}_p) \tag{2-1}$$

当按行来观察数据矩阵 $\boldsymbol{X}$ 时，$\boldsymbol{X}$ 就是由行向量 $\boldsymbol{x}_{(i)}^{\mathrm{T}}=(x_{i1},\ x_{i2},\ \cdots,\ x_{ip})\in \boldsymbol{R}^p(i=1,\ 2,\ \cdots,\ n)$ 所构成的矩阵，通常把向量 $\boldsymbol{x}_{(i)}$ 称为第 i 个样本点，每个样本点都是 p 维的，即均可用 p 个变量来描述一个样本点。所有样本点所在的空间称为样本空间 $\boldsymbol{F}$，$\boldsymbol{F}$ 是一个 p 维欧氏空间。n 个样本点组成一个样本点集合 N_I，$N_I=\{\boldsymbol{x}_{(i)}\in\boldsymbol{R}^p\ (i=1,\ 2,\ \cdots,\ n)\}$。从而可以定义样本点集合的重心 $\boldsymbol{g}\in\boldsymbol{R}^p$，$\boldsymbol{g}=\frac{1}{n}\sum_{i=1}^{n}\boldsymbol{e}_i=(\bar{x}_1,\bar{x}_2,\cdots,\bar{x}_p)^{\mathrm{T}}\in\boldsymbol{R}^p$，其中 $\bar{x}_j=\frac{1}{n}\sum_{i=1}^{n}x_{ij}$。

当按列来观察数据矩阵 $\boldsymbol{X}$ 时，$\boldsymbol{X}$ 就是由列向量 $\boldsymbol{x}_j=(x_{1j},\ x_{2j},\ \cdots,\ x_{nj})^{\mathrm{T}}\in\boldsymbol{R}^n(j=1,\ 2,\ \cdots,\ p)$ 所构成的矩阵，通常称 $\boldsymbol{x}_j$ 为第 j 个变量向量，包含了第 j 个变量向量的 n 个观测值。所有变量向量所在的空间称为变量空间 $\boldsymbol{E}$，$\boldsymbol{E}$ 是一个 n 维的欧氏空间。p 个变量向量组成一个变量集合 N_J，$N_J=\{\boldsymbol{x}_j\in\boldsymbol{R}^n(j=1,\ 2,\ \cdots,\ p)\}$。

例如，表 2-1 为某钢厂冷轧带钢连续热镀锌线生产的镀锌板表面粗糙度的相关数据，这是一个 27×4 维的数据矩阵 $\boldsymbol{X}_{n\times p}$。该数据矩阵有 27 个样本点，每个样本点由板厚、轧制力、光整辊表面粗糙度、镀锌板表面粗糙度 4 个变量来描述，这 27 个样本点是一个 4 维的样本空间 $\boldsymbol{F}$。例如，第一个样本点为 $\boldsymbol{x}_{(1)}^{\mathrm{T}}=(0.99,\ 1420,\ 3.0,\ 1.26)$，第二个样本点为 $\boldsymbol{x}_{(2)}^{\mathrm{T}}=(0.79,\ 2050,\ 3.0,\ 1.20)$。

表 2-1 某钢厂镀锌板表面粗糙度的相关数据

样本编号	板厚/mm	轧制力/kN	光整辊表面粗糙度/μm	镀锌板表面粗糙度/μm
1	0.99	1420	3.0	1.26
2	0.79	2050	3.0	1.20
3	1.07	1370	3.0	1.37
4	0.69	1960	3.0	1.62
5	0.78	1750	3.0	1.55
6	0.69	1800	3.0	1.40
7	0.8	1400	3.0	1.49
8	0.69	1910	3.0	1.50
9	0.80	1380	3.0	1.20
10	0.89	1430	3.0	1.16
11	0.69	5750	2.4	1.60
12	0.69	2510	2.4	1.19
13	0.79	2590	2.4	1.23
14	0.41	1350	2.4	0.78
15	0.58	2380	2.5	1.30
16	0.69	1840	2.5	1.24

续表 2-1

样本编号	板厚/mm	轧制力/kN	光整辊表面粗糙度/μm	镀锌板表面粗糙度/μm
17	0.89	1570	2.5	1.31
18	0.69	1700	2.5	1.19
19	1.00	1700	2.0	1.20
20	1.07	1560	3.0	1.51
21	1.17	1670	2.4	1.44
22	0.89	1800	2.4	1.44
23	0.80	1900	2.4	1.40
24	0.739	2010	2.0	1.12
25	0.70	2450	2.0	1.15
26	0.80	2380	2.0	1.22
27	0.75	2360	2.0	1.21

2.3.2 样本点间的欧氏距离

在样本空间 $\boldsymbol{F}$ 中，可以定义内积

$$\langle \boldsymbol{x}_{(i)}, \boldsymbol{x}_{(k)} \rangle = \boldsymbol{x}_{(i)}^{\mathrm{T}} \boldsymbol{x}_{(k)} = \sum_{j=1}^{p} x_{ij} x_{kj}$$

由内积可以定义样本点 $\boldsymbol{x}_{(i)}$ 的模长 $\| \boldsymbol{x}_{(i)} \|$，有

$$\| \boldsymbol{x}_{(i)} \| = \sqrt{\boldsymbol{x}_{(i)}^{\mathrm{T}} \boldsymbol{x}_{(i)}} = \sqrt{\sum_{j=1}^{p} x_{ij}^2}$$

而两个样本点 $\boldsymbol{x}_{(i)}$ 与 $\boldsymbol{x}_{(k)}$ 之间的欧氏距离则为 $\boldsymbol{x}_{(i)} - \boldsymbol{x}_{(k)}$ 的模长

$$d(i,k) = \sqrt{(\boldsymbol{x}_{(i)} - \boldsymbol{x}_{(k)})^{\mathrm{T}} (\boldsymbol{x}_{(i)} - \boldsymbol{x}_{(k)})} = \sqrt{\sum_{j=1}^{p} (x_{ij} - x_{kj})^2} \tag{2-2}$$

上述两个样本点之间的距离是用欧氏距离来表示的。任意两个样本点 $P = (x_1, x_2, \cdots, x_p)$ 与 $Q = (y_1, y_2, \cdots, y_p)$ 之间的欧氏距离为

$$d(P,Q) = \sqrt{(x_1 - y_1)^2 + \cdots + (x_p - y_p)^2}$$

在只有两个变量 X_1、X_2 的情况下，样本空间中的样本点（x_{i1}，x_{i2}）与重心 $\boldsymbol{g} = (\bar{x}_1, \bar{x}_2)$ 之间的欧氏距离 d 计算式如下

$$(x_{i1} - \bar{x}_1)^2 + (x_{i2} - \bar{x}_2)^2 = d^2$$

如果距离 d 固定，则与重心距离相等的所有点可以用一个以重心为圆心、d 为半径的圆来表示，圆内任何点与重心间的距离均小于 d，如图 2-3 所示。

2.3.3 样本点间的统计距离

在大部分的统计问题中，欧氏距离往往是不能令人满意的。这是因为每个变量对欧氏距离的贡献值都是同等的。但在实际工业应用中，每个变量往往带有大小不等的随机波动，在这种情况下，合理的办法是对变量进行加权，使变化大的变量比变化小的变量拥有更小的权重系数。此外，欧氏距离还有一个缺点，当各个变量为不同量纲的尺度时，“距

离”的大小与变量的单位有关。例如，横轴 X_1 代表重量（以 kg 为单位），纵轴 X_2 代表长度（以 cm 为单位）。有四个点 A、B、C、D，它们的坐标如图 2－4 所示。

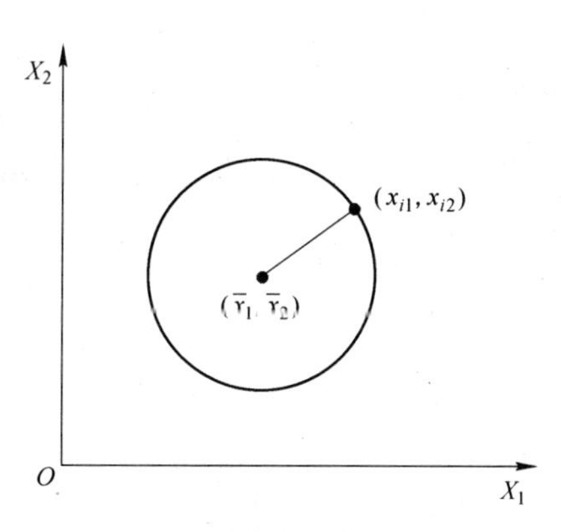

图 2－3 欧氏距离示意图

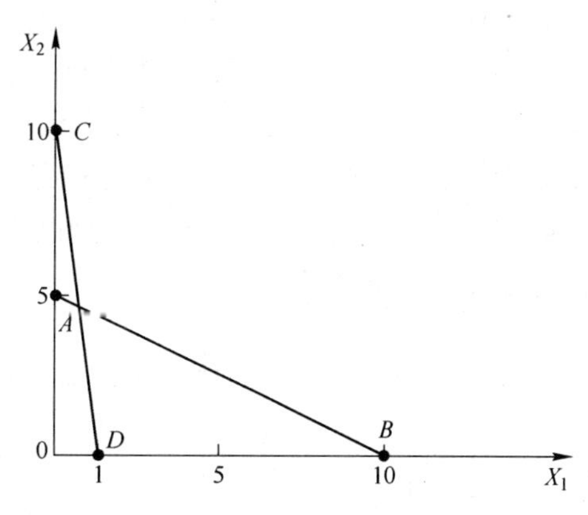

图 2－4 量纲对距离的影响示意图

这时

$$AB = \sqrt{5^2 + 10^2} = \sqrt{125}$$

$$CD = \sqrt{1^2 + 10^2} = \sqrt{101}$$

显然，AB 比 CD 要长。

设 X_2 以 mm 为单位，X_1 单位保持不变，此时 A 坐标为（0，50），C 坐标为（0，100），则

$$AB = \sqrt{50^2 + 10^2} = \sqrt{2600}$$

$$CD = \sqrt{1^2 + 100^2} = \sqrt{10001}$$

结果 CD 反而比 AB 长，这显然是不合理的。因此，有必要建立一种新的距离，这种距离应能够体现各个变量在方差大小上的不同，以及变量间的相关性，还要求距离与各变量所用的单位无关。由此可以看出，所选择的距离需依赖于样本方差和协方差，将新定义的这个距离称为“统计距离”。采用“统计距离”这个术语，以区别通常习惯用的欧氏距离。

设 $P=(x_1, x_2, \cdots, x_p)$、$Q=(y_1, y_2, \cdots, y_p)$ 是 p 个变量 $X_1, X_2, \cdots, X_p$ 的两次观测值，用 $s_1^2, s_2^2, \cdots, s_p^2$ 表示 p 个变量 $X_1, X_2, \cdots, X_p$ 的 n 次观测的样本方差，$s_1, s_2, \cdots, s_p$ 表示 p 个变量 $X_1, X_2, \cdots, X_p$ 的 n 次观测的样本标准差，则样本点 P 到样本点 Q 的统计距离定义为

$$d_t(P,Q) = \sqrt{\frac{(x_1 - y_1)^2}{s_1^2} + \frac{(x_2 - y_2)^2}{s_2^2} + \cdots + \frac{(x_p - y_p)^2}{s_p^2}} \tag{2-3}$$

所有与样本点 Q 的统计距离的平方为常数的样本点 P 构成一个椭球，其中心为 Q，其长、短轴平行于各变量轴。容易看到：

（1）若令 $y_1 = y_2 = \cdots = y_p = 0$，则可以得到样本点 P 到原点 O 的统计距离。

（2）若 $s_1 = s_2 = \cdots = s_p$，统计距离则等同于欧氏距离的计算结果。

（3）若 $Q = (y_1, y_2, \cdots, y_p) = (\bar{x}_1, \bar{x}_2, \cdots, \bar{x}_p) = \boldsymbol{g}$，则可以得到样本点 P 到重心 $\boldsymbol{g}$ 的统计距离。

考虑只有两个变量的情况下，讨论样本空间中的统计距离。在变量 X_1、X_2 不相关的情况下，样本空间中的样本点（x_{i1}，x_{i2}）距离重心 $\boldsymbol{g}=(\bar{x}_1, \bar{x}_2)$ 的统计距离 d_t 计算式如下

$$\frac{(x_{i1}-\bar{x}_1)^2}{s_1^2}+\frac{(x_{i2}-\bar{x}_2)^2}{s_2^2}=d_t^2$$

如果距离 d_t 为固定值，满足上面椭圆方程的所有点与重心之间的统计距离均相等（注：这里的统计距离并不是样本点到椭圆中心的欧氏距离），椭圆内任何点与重心间的统计距离均小于 d_t，如图 2－5 所示。

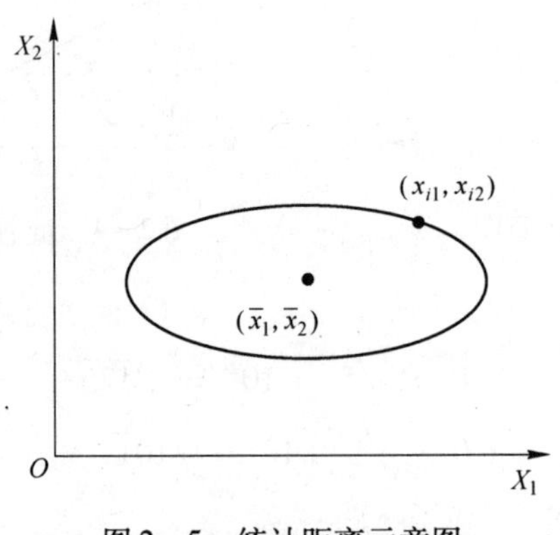

图 2－5　统计距离示意图

在变量 X_1，X_2 存在关联（相关）的情况下，如图 2－6 给出了相关变量 X_1、X_2 的散点图。为了构建统计距离，需要将椭圆旋转一定的角度，得到椭圆的一般化方程为

$$a_{11}(x_{i1}-\bar{x}_1)^2+a_{12}(x_{i1}-\bar{x}_1)(x_{i2}-\bar{x}_2)+a_{22}(x_{i2}-\bar{x}_2)^2=c$$

其中，a_{ij}满足 $a_{12}^2-4a_{11}a_{22}<0$，c 为常数。通过移动椭圆轴心至两个变量的重心处，并转动椭圆轴，使两个变量的分布情况仍保持不变，如图 2－7 所示。

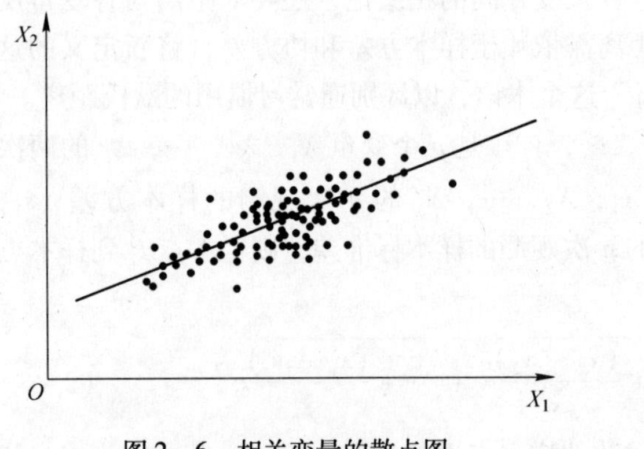

图 2－6　相关变量的散点图

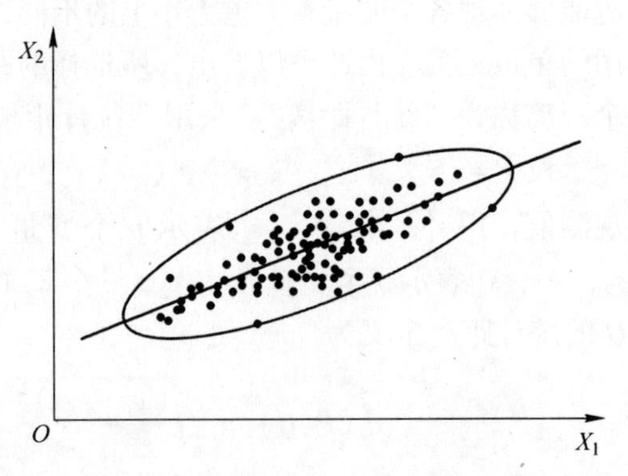

图 2－7　相关变量数据点的椭圆图

2.3.4　样本点间的马氏距离

如何求变量相关情况下的统计距离呢？最常用的一种统计距离是印度统计学家马哈拉诺比斯（Mahalanobis）于 1936 年引入的概念，称为“马氏距离”。下面先用一维的例子说明欧氏距离与马氏距离在概率上的差异。设有两个服从一维正态分布的总体 G_1：$N(\mu_1$，

σ_1^2）和 G_2：$N(\mu_2,\ \sigma_2^2)$。若有一个样本点位于图2－8中 A 点，点 A 距离哪个总体近些呢?

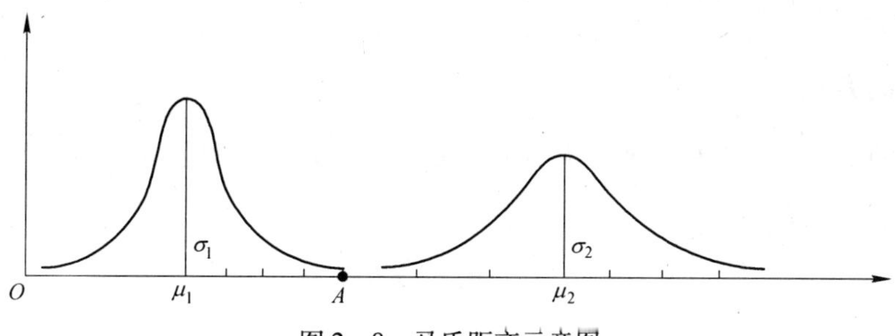

图2－8　马氏距离示意图

由图2－8可看出，从绝对长度来看，点 A 距左边总体样点近些，即点 A 到 μ_1 比点 A 到 μ_2 要近一些（这里用的是欧氏距离，比较的是点 A 与 μ_1 和 μ_2 值之差的绝对值）。但从概率观点来看，点 A 在 μ_1 右侧约 $4\sigma_1$ 处，而点 A 在 μ_2 的左侧约 $3\sigma_2$ 处，若以标准差的观点来衡量，点 A 离 μ_2 比离 μ_1 要近一些。因此，从概率角度来考虑，统计距离更合理。它是用坐标差的平方除以方差，转化为无量纲数，推广到多维就要乘以协方差矩阵 $\boldsymbol{\Sigma}$ 的逆矩阵 $\boldsymbol{\Sigma}^{-1}$，通过逆矩阵 $\boldsymbol{\Sigma}^{-1}$ 就可以求得椭圆一般化方程中的系数 a_{ij}。这就是马氏距离的概念，这一距离在多元统计分析中起着十分重要的作用。

设 $\boldsymbol{X}$、$\boldsymbol{Y}$ 是从均值向量为 $\boldsymbol{\mu}$、协方差矩阵为 $\boldsymbol{\Sigma}$ 的总体 G 中抽取的两个样本点，定义 $\boldsymbol{X}$、$\boldsymbol{Y}$ 两点之间的马氏距离为

$$d_m(\boldsymbol{X},\boldsymbol{Y}) = \sqrt{(\boldsymbol{X}-\boldsymbol{Y})^{\mathrm{T}}\boldsymbol{\Sigma}^{-1}(\boldsymbol{X}-\boldsymbol{Y})} \tag{2-4}$$

定义 $\boldsymbol{X}$ 与总体中心 G 的马氏距离为

$$d_m(\boldsymbol{X},G) = \sqrt{(\boldsymbol{X}-\boldsymbol{\mu})^{\mathrm{T}}\boldsymbol{\Sigma}^{-1}(\boldsymbol{X}-\boldsymbol{\mu})} \tag{2-5}$$

设 E 表示一个样本集，可以证明，马氏距离符合以下4条基本公理：

（1）$d_m(\boldsymbol{X},\ \boldsymbol{Y})\geqslant 0$，$\forall \boldsymbol{X},\ \boldsymbol{Y}\in \boldsymbol{E}$;

（2）$d_m(\boldsymbol{X},\ \boldsymbol{Y})=0$，当且仅当 $\boldsymbol{X}$，$\boldsymbol{Y}$;

（3）$d_m(\boldsymbol{X},\ \boldsymbol{Y})=d_m(\boldsymbol{Y},\ \boldsymbol{X})$，$\forall \boldsymbol{X},\ \boldsymbol{Y}\in \boldsymbol{E}$;

（4）$d_m(\boldsymbol{X},\ \boldsymbol{Y})\leqslant d_m(\boldsymbol{X},\ \boldsymbol{Z})+d_m(\boldsymbol{Z},\ \boldsymbol{Y})$，$\forall \boldsymbol{X},\ \boldsymbol{Y},\ \boldsymbol{Z}\in \boldsymbol{E}$。

2.4　变量空间

对于 $n\times p$ 维数据矩阵 $\boldsymbol{X}_{n\times p}$，按列来观察 $\boldsymbol{X}_{n\times p}$，它由 $\boldsymbol{x}_j=(x_{1j},x_{2j},\cdots,x_{nj})^{\mathrm{T}}\in R^n(j=1,2,\cdots,p)$ 列向量所构成。例如，在表2－1中，共有板厚、轧制力、光整辊表面粗糙度、镀锌板表面粗糙度4个变量（分别记为 X_1、X_2、X_3、X_4），每个变量都有27个观测值。由于向量 $\boldsymbol{x}_j$ 表示所有样本点在第 j 个变量上的取值分布，因此，在变量空间中，更关心变量的统计特征，如均值、方差、协方差、相关系数等。

2.4.1　变量的均值

$\bar{x}_j$ 表示所有样本点在第 j 个变量上的平均值，计算式为

$$\bar{x}_j = \frac{1}{n}\sum_{i=1}^{n} x_{ij} \tag{2-6}$$

通常，将 p 个变量的均值称为数据矩阵 $\boldsymbol{X}_{n\times p}$ 的重心 $\boldsymbol{g}$，可以反映出样本点集合 N_I 的平均水平。

2.4.2　变量的方差

变量 X_j 的方差表示相对于平均水平 $\bar{x}_j$，向量 $\boldsymbol{x}_j$ 变异的平均范围，常以 Var(·) 记为方差算子，计算式为

$$s_j^2 = \mathrm{Var}(\boldsymbol{x}_j) = \frac{1}{n}\sum_{i=1}^{n}(x_{ij} - \bar{x}_j)^2 \tag{2-7}$$

或

$$s_j^2 = \mathrm{Var}(\boldsymbol{x}_j) = \frac{1}{n-1}\sum_{i=1}^{n}(x_{ij} - \bar{x}_j)^2 \tag{2-8}$$

式中，s_j 表示的是变量 X_j 的样本标准差。

2.4.3　变量间的协方差

变量 X_j 与 X_k 之间的协方差用于评价变量 X_j 与 X_k 之间的相关性，常以 Cov(· ， ·) 表示协方差算子，计算式为

$$s_{jk} = \mathrm{Cov}(\boldsymbol{x}_j, \boldsymbol{x}_k) = \frac{1}{n-1}\sum_{i=1}^{n}(x_{ij} - \bar{x}_j)(x_{ik} - \bar{x}_k) \tag{2-9}$$

计算出所有变量之间的协方差，并按顺序排列，就得到如下的矩阵形式

$$\boldsymbol{S} = \begin{bmatrix} s_1^2 & s_{12} & \cdots & s_{1p} \\ s_{21} & s_2^2 & \cdots & s_{2p} \\ \vdots & \vdots & & \vdots \\ s_{p1} & s_{p2} & \cdots & s_p^2 \end{bmatrix}_{p\times p}$$

$\boldsymbol{S}$ 称为数据矩阵 $\boldsymbol{X}_{n\times p}$ 的协方差矩阵，可用符号 $\mathrm{Cov}(\boldsymbol{X}_{n\times p})$ 表示，$\boldsymbol{S}$ 有如下简算式

$$\boldsymbol{S} = \frac{1}{n}\boldsymbol{X}_{n\times p}^{\mathrm{T}}\boldsymbol{X}_{n\times p} - \boldsymbol{g}\boldsymbol{g}^{\mathrm{T}} \tag{2-10}$$

$$\boldsymbol{S} = \frac{1}{n-1}\boldsymbol{X}_{n\times p}^{\mathrm{T}}\boldsymbol{X}_{n\times p} - \frac{n}{n-1}\boldsymbol{g}\boldsymbol{g}^{\mathrm{T}} \tag{2-11}$$

在计算 s_j^2 和 s_{jk} 时，公式前面的系数有两种取法：$\frac{1}{n}$ 或 $\frac{1}{n-1}$。当样本点集合是随机抽取时，应取 $\frac{1}{n-1}$，这时 s_j^2 和 s_{jk} 是方差和协方差的无偏估计量；如果样本点集合不是随机抽取的，则这个系数可取 $\frac{1}{n}$，这是物理意义上的平均概念。本书后面计算样本的方差和协方差时都取 $\frac{1}{n-1}$。

2.4.4　变量间的相关系数

常以 r(· ， ·) 表示相关系数算子，计算式为

$$\mathrm{r}(\boldsymbol{x}_j, \boldsymbol{x}_k) = \frac{s_{jk}}{s_j s_k} = \frac{\mathrm{Cov}(x_j, x_k)}{\sqrt{\mathrm{Var}(x_j)\mathrm{Var}(x_k)}} \tag{2-12}$$

计算出所有变量之间的相关系数并按顺序排列，就得到相关系数矩阵 $\boldsymbol{R}$

$$\boldsymbol{R}=\begin{bmatrix}1 & r_{12} & \cdots & r_{1p}\\ r_{21} & 1 & \cdots & r_{2p}\\ \vdots & \vdots & & \vdots\\ r_{p1} & r_{p2} & \cdots & 1\end{bmatrix}_{p\times p} \tag{2-13}$$

$0\leqslant|r_{jk}|\leqslant 1$，$r_{jk}$是无量纲值，表示变量间的相关程度。$r_{jk}$越接近1，说明两个变量间的相关性越大。$r_{jk}>0$ 表示变量 X_j 与 X_k 正相关；$r_{jk}<0$ 表示变量 X_j 与 X_k 负相关；$r_{jk}=0$ 表示变量 X_j 与 X_k 不相关。由此可见，相比于协方差矩阵，r_{jk}具有更加直观的描述能力。

2.5 数据的预处理

2.5.1 中心化处理

数据的中心化处理是指将数据进行平移变换，即

$$x_{ij}^{*}=x_{ij}-\bar{x}_{j}\quad(i=1,2,\cdots,n;j=1,2,\cdots,p)$$

经过中心化处理后的数据的重心 $\boldsymbol{g}$ 与坐标原点 $\boldsymbol{O}$ 重合，这既不会改变样本点间的相互位置，也不会改变变量间的相关性。但中心化处理后，可以带来许多计算上的便利。

如果数据是中心化的，即重心 $\boldsymbol{g}=(\bar{x}_1,\ \bar{x}_2,\ \cdots,\ \bar{x}_p)^{\mathrm{T}}=(0,\ 0,\ \cdots,\ 0)^{\mathrm{T}}$，则方差、协方差等统计量的计算式可以简化成如下情况：

(1) $s_j^2=\mathrm{Var}(\boldsymbol{x}_j)=\dfrac{1}{n-1}\sum_{i=1}^{n}x_{ij}^2=\dfrac{1}{n-1}\boldsymbol{x}_j^{\mathrm{T}}\boldsymbol{x}_j$；

(2) $s_{jk}=\mathrm{Cov}(\boldsymbol{x}_j,\boldsymbol{x}_k)=\dfrac{1}{n-1}\sum_{i=1}^{n}x_{ij}x_{ik}=\dfrac{1}{n-1}\langle\boldsymbol{x}_j,\boldsymbol{x}_k\rangle=\dfrac{1}{n-1}\boldsymbol{x}_j^{\mathrm{T}}\boldsymbol{x}_k$；

(3) $r_{jk}=\mathrm{r}(\boldsymbol{x}_j,\boldsymbol{x}_k)=\dfrac{s_{jk}}{s_js_k}=\dfrac{\mathrm{Cov}(x_j,x_k)}{\sqrt{\mathrm{Var}(x_j)\mathrm{Var}(x_k)}}=\dfrac{\langle\boldsymbol{x}_j,\boldsymbol{x}_k\rangle}{\|\boldsymbol{x}_j\|\times\|\boldsymbol{x}_k\|}=\cos\theta_{jk}$。

其中，θ_{jk}为两个变量之间的夹角。

2.5.2 无量纲化处理

在实际工程应用中，不同变量的单位往往是不一样的。例如，表2-1的例子，板厚（mm）、光整辊表面粗糙度（μm）的单位是不一样的。在这样的情况下，如何计算两个样本点间的距离？若简单地使用欧氏距离则会造成结果的不准确，因为板厚的测量单位较大，坐标图上的变异就显得很大，而光整辊表面粗糙度的测量单位较小，在坐标图上的变异范围就很小。计算欧氏距离时，就会夸大板厚的作用，而忽略了光整辊表面粗糙度的作用。事实上，板厚的这种大的变异是由其测量单位较大造成的，而不能真正反映数据本身的变化情况，因此称这类大的变异方向为假变异方向。

为了消除这种假变异的不良影响，就要消除变量的量纲效应，使每一个变量都具有同等的表现力。数据分析中常用的消除量纲的方法，是对不同的变量进行所谓的压缩处理，使每个变量的方差均为1，即

$$x_{ij}^{*}=x_{ij}/s_j$$

这种量纲消除方法，可以让各个变量的方差都为1，得到的数据能更好地体现各个变

量之间的相互关系。

还有其他消除量纲的方法，如

$$x_{ij}^* = x_{ij}/\max(x_{ij})$$
$$x_{ij}^* = x_{ij}/\min(x_{ij})$$
$$x_{ij}^* = x_{ij}/\bar{x}_j$$

利用 $x_{ij}^* = x_{ij}/\bar{x}_j$ 这种无量纲方法，新得到的数据的均值均为 1，因而计算得到的方差可以准确地比较出各个变量的波动性大小。

同样，也可以使用“统计距离”的方法来消除量纲的影响，从而来计算两个样本点间的距离。

2.5.3 标准化处理

数据的标准化处理，是指对数据同时进行中心化处理和无量纲化处理，即

$$x_{ij}^* = \frac{x_{ij} - \bar{x}_j}{s_j} \tag{2-14}$$

标准化处理后得到的新数据矩阵记为 $\boldsymbol{X}_{n\times p}^* = (x_{ij}^*)_{n\times p} = (\boldsymbol{x}_1^*, \boldsymbol{x}_2^*, \cdots, \boldsymbol{x}_p^*)$。可以证明在变量空间 $\boldsymbol{E}$ 中，有如下几个性质：

（1）变量的方差均等于 1，即 $\mathrm{Var}(\boldsymbol{x}_j^*) = 1$。

$$\mathrm{Var}(\boldsymbol{x}_j^*) = \frac{1}{n-1}\|\boldsymbol{x}_j^*\| = \frac{1}{n-1}(\boldsymbol{x}_j^*)^{\mathrm{T}}(\boldsymbol{x}_j^*) = \frac{1}{n-1}\sum_{i=1}^{n}(x_{ij}^*)^2 = \frac{1}{n-1}\sum_{i=1}^{n}\frac{(x_{ij}-\bar{x}_j)^2}{s_j^2} = \frac{s_j^2}{s_j^2} = 1$$

所以，$\|\boldsymbol{x}_j^*\|^2 = (x_{1j}^*)^2 + (x_{2j}^*)^2 + \cdots + (x_{pj}^*)^2 = n-1$，即变量集合 N_J 内的点均分布在半径为 $\sqrt{n-1}$ 的超球面上。

（2）任意两个变量的协方差恰好等于它们的相关系数，即 $\mathrm{Cov}(\boldsymbol{x}_j^*, \boldsymbol{x}_k^*) = \mathrm{r}(\boldsymbol{x}_j^*, \boldsymbol{x}_k^*)$。

$$\mathrm{Cov}(\boldsymbol{x}_j^*, \boldsymbol{x}_k^*) = \frac{1}{n-1}\langle \boldsymbol{x}_j^*, \boldsymbol{x}_k^* \rangle = \frac{1}{\|\boldsymbol{x}_j^*\| \times \|\boldsymbol{x}_k^*\|} \times \langle \boldsymbol{x}_j^*, \boldsymbol{x}_k^* \rangle = \mathrm{r}(\boldsymbol{x}_j^*, \boldsymbol{x}_k^*)$$

所以，对于标准化数据，它的协方差矩阵 $\boldsymbol{S}$ 等于它的相关系数矩阵 $\boldsymbol{R}$，即

$$\boldsymbol{S} = \boldsymbol{R} = \begin{bmatrix} 1 & r_{12} & \cdots & r_{1p} \\ r_{21} & 1 & \cdots & r_{2p} \\ \vdots & \vdots & & \vdots \\ r_{p1} & r_{p2} & \cdots & 1 \end{bmatrix}_{p\times p}$$

（3）$\boldsymbol{x}_j^*$ 与 $\boldsymbol{x}_k^*$ 的相关系数等于 $\boldsymbol{x}_j$ 与 $\boldsymbol{x}_k$ 的相关系数，即 $\mathrm{r}(\boldsymbol{x}_j^*, \boldsymbol{x}_k^*) = \mathrm{r}(\boldsymbol{x}_j, \boldsymbol{x}_k)$。

综上所述，通过数据标准化处理，可以带来很多计算上的便利，因而标准化处理在统计建模中用得最为广泛。

2.6 应用举例

下面利用表 2-1 数据，对该数据矩阵分别计算各个统计量，以加深对数据矩阵的认识。

2.6.1 均值

计算板厚 X_1、轧制力 X_2、光整辊表面粗糙度 X_3、镀锌板表面粗糙度 X_4 这 4 个变量的

均值，如表 2－2 所示。

表 2－2　各个变量的均值

项　目	板厚 X_1/mm	轧制力 X_2/kN	光整辊表面粗糙度 X_3/μm	镀锌板表面粗糙度 X_4/μm
均值 $\bar{x}_j(j=1,2,3,4)$	0.798	1999.6	2.585	1.307

变量的均值代表各个变量的平均取值水平。从表 2－2 中可以看出：平均板厚为 0.798mm，平均轧制力为 1999.6kN，平均光整辊表面粗糙度为 2.585μm，平均镀锌板表面粗糙度为 1.307μm，从而得到样本点集合的重心 $\boldsymbol{g}^{\mathrm{T}}=(0.798,\ 1999.6,\ 2.585,\ 1.307)$。

2.6.2　方差

计算板厚 X_1、轧制力 X_2、光整辊表面粗糙度 X_3、镀锌板表面粗糙度 X_4 这 4 个变量的方差，如表 2－3 所示。

表 2－3　各个变量的方差

项　目	板厚 X_1/mm	轧制力 X_2/kN	光整辊表面粗糙度 X_3/μm	镀锌板表面粗糙度 X_4/μm
方差 $s_j^2(j=1,2,3,4)$	0.0263	706711	0.1490	0.0331

变量的方差代表每个变量的观测值偏离平均值水平的波动程度。但在表 2－3 中，由于各个变量的测度单位不同，难以评价哪个变量的波动性更大。例如，板厚方差为 0.0263mm²，轧制力方差为 706711kN²，并不能说明轧制力的波动性比板厚的大，因为二者的测度单位不一样，不具有可比性，因此需要消除量纲的影响。

2.6.3　协方差

针对表 2－1 中数据矩阵，利用公式 $\boldsymbol{\Sigma}=\frac{1}{n}\boldsymbol{X}_{n\times p}^{\mathrm{T}}\boldsymbol{X}_{n\times p}-\boldsymbol{g}\boldsymbol{g}^{\mathrm{T}}$ 计算得到变量间的协方差矩阵

$$
\boldsymbol{S}=\begin{bmatrix} 0.0263 & -37.1551 & 0.0099 & 0.0099 \\ -37.1551 & 706711 & -107.3519 & 38.9949 \\ 0.0099 & -107.3519 & 0.1490 & 0.0295 \\ 0.0099 & 38.9949 & 0.0295 & 0.0331 \end{bmatrix} \tag{2-15}
$$

协方差矩阵用于评价变量之间的相关性，数值越大，说明对应的两个变量之间的相关性越强。但受到各变量的量纲影响，协方差矩阵中的数值之间差别较大，并不能真实反映变量之间相关性的强弱。可以通过计算变量间的相关系数，或是将数据矩阵进行标准化处理后，再计算协方差矩阵，就可以准确地反映出变量间的相关性。

2.6.4　相关系数

针对表 2－1 中的数据矩阵，计算得到变量间的相关系数矩阵为

$$
\boldsymbol{R}=\begin{bmatrix} 1.0000 & -0.2723 & 0.1576 & 0.3393 \\ -0.2723 & 1.0000 & -0.3308 & 0.2548 \\ 0.1576 & -0.3308 & 1.0000 & 0.4196 \\ 0.3393 & 0.2548 & 0.4196 & 1.0000 \end{bmatrix} \tag{2-16}
$$

原始数据矩阵有 4 个变量，则相关系数矩阵 $\boldsymbol{R}$ 是一个 4×4 的对称阵，对角线上的值为 1，表示的是变量与自身的相关性。在计算结果中，光整辊表面粗糙度 X_3 和镀锌板表面粗糙度 X_4 的相关性最强，相关系数为 0.4196。由此可见，相关系数矩阵 $\boldsymbol{R}$ 相比于未经过标准化处理的协方差矩阵 $\boldsymbol{S}$ 而言，更能反映出变量之间的相关性。

2.6.5　欧氏距离

利用表 2－1 中样本 1、样本 2 和样本 4 作为示例，计算样本点之间的欧氏距离。

$$
\begin{aligned}
d(1,2) &= \sqrt{(x_{11}-x_{21})^2+(x_{12}-x_{22})^2+(x_{13}-x_{23})^2+(x_{14}-x_{24})^2} \\
&= \sqrt{(0.99-0.79)^2+(1420-2050)^2+(3.0-3.0)^2+(1.26-1.20)^2} \\
&= 630
\end{aligned}
$$

$$
\begin{aligned}
d(1,4) &= \sqrt{(x_{11}-x_{41})^2+(x_{12}-x_{42})^2+(x_{13}-x_{43})^2+(x_{14}-x_{44})^2} \\
&= \sqrt{(0.99-0.69)^2+(1420-1960)^2+(3.0-3.0)^2+(1.26-1.62)^2} \\
&= 540
\end{aligned}
$$

样本点间的欧氏距离表示变量之间邻近的几何关系。从计算结果可以看出：样本点 1 与样本点 2 之间的距离大于样本 1 与样本点 4 之间的距离，即 $d(1,2) > d(1,4)$。此外，还可以发现：第二个变量轧制力 X_2 在整个计算过程中起到了绝对作用，而其他变量在计算欧氏距离时起到的作用微乎其微，这主要是由于量纲不同所引起的。

2.6.6　统计距离

利用表 2－1 中样本 1、样本 2 和样本 4 作为示例，计算样本点之间的统计距离。其中，4 个变量 X_1、X_2、X_3、X_4 的 27 次观测的样本方差分别为 0.0263mm^2、706711kN^2、$0.1490\mu\text{m}^2$、$0.0331\mu\text{m}^2$（见表 2－3），由此可以计算出样本点间的统计距离为

$$
\begin{aligned}
d_t(1,2) &= \sqrt{\frac{(x_{11}-x_{21})^2}{s_1^2}+\frac{(x_{12}-x_{22})^2}{s_2^2}+\frac{(x_{13}-x_{23})^2}{s_3^2}+\frac{(x_{14}-x_{24})^2}{s_4^2}} \\
&= \sqrt{\frac{(0.99-0.79)^2}{0.0263}+\frac{(1420-2050)^2}{706711}+\frac{(3.0-3.0)^2}{0.1490}+\frac{(1.26-1.20)^2}{0.0331}} \\
&= 1.479
\end{aligned}
$$

$$
\begin{aligned}
d_t(1,4) &= \sqrt{\frac{(x_{11}-x_{21})^2}{s_1^2}+\frac{(x_{12}-x_{22})^2}{s_2^2}+\frac{(x_{13}-x_{23})^2}{s_3^2}+\frac{(x_{14}-x_{24})^2}{s_4^2}} \\
&= \sqrt{\frac{(0.99-0.69)^2}{0.0263}+\frac{(1420-1960)^2}{706711}+\frac{(3.0-3.0)^2}{0.1490}+\frac{(1.26-1.62)^2}{0.0331}} \\
&= 2.782
\end{aligned}
$$

统计距离的实质是以各变量方差的倒数作为权重系数，方差越大，则赋予该变量的权

重越小，这样就可以抑制波动较大的变量对统计分析结果的影响。此外，将方差作为权重系数也起到了消除量纲影响的作用。从计算结果可以看出：统计距离和欧氏距离差了几个数量级，而且 $d(1,2) < d(1,4)$，与欧氏距离的结果相反，这正是由于欧氏距离未考虑数据的波动性而导致的结果。

2.6.7 马氏距离

利用表 2－1 中样本 1、样本 2 和样本 4 作为示例，计算样本点之间的马氏距离。

$$d_m(1,2) = \sqrt{(\boldsymbol{x}_{(1)} - \boldsymbol{x}_{(2)})^{\mathrm{T}}\boldsymbol{S}^{-1}(\boldsymbol{x}_{(1)} - \boldsymbol{x}_{(2)})} = 1.391$$

$$d_m(1,4) = \sqrt{(\boldsymbol{x}_{(1)} - \boldsymbol{x}_{(4)})^{\mathrm{T}}\boldsymbol{S}^{-1}(\boldsymbol{x}_{(1)} - \boldsymbol{x}_{(4)})} = 3.848$$

马氏距离是统计距离的一种，在消除量纲影响的同时，也能准确反映出样本点之间统计上的邻近关系。由于统计距离没有考虑到变量之间的相关性，而马氏距离计算公式中的协方差矩阵 $\boldsymbol{S}$ 蕴含了变量之间的相关性，所以统计距离和马氏距离计算得到的结果会有一定的差别。确切地讲，式（2－3）的统计距离并没有考虑椭球倾斜的情况，马氏距离包括了椭球倾斜的情况。

2.6.8 无量纲化

在前面所计算的方差、协方差、欧氏距离中，都受到了量纲的影响，难以正确反映出样本之间的内在关系。为了消除量纲的影响，需要利用 2.5.2 节中介绍的方法对表 2－1 的数据进行无量纲化处理。

2.6.8.1 $x_{ij}^* = x_{ij}/\bar{x}_j$ 无量纲化处理

在对表 2－1 数据进行无量纲化的基础上计算出的结果如下：

协方差矩阵为

$$\boldsymbol{S} = \begin{bmatrix} 0.0414 & -0.0233 & 0.0048 & 0.0096 \\ -0.0233 & 0.1767 & -0.0208 & 0.0149 \\ 0.0048 & -0.0208 & 0.0223 & 0.0087 \\ 0.0096 & 0.0149 & 0.0087 & 0.0194 \end{bmatrix} \tag{2-17}$$

欧氏距离为

$$\begin{aligned} d(1,2) &= \sqrt{(x_{11}-x_{21})^2+(x_{12}-x_{22})^2+(x_{13}-x_{23})^2+(x_{14}-x_{24})^2} \\ &= \sqrt{(1.262-1.007)^2+(0.720-1.040)^2+(1.099-1.099)^2+(0.958-0.913)^2} \\ &= 0.405 \end{aligned}$$

$$\begin{aligned} d(1,4) &= \sqrt{(x_{11}-x_{41})^2+(x_{12}-x_{42})^2+(x_{13}-x_{43})^2+(x_{14}-x_{44})^2} \\ &= \sqrt{(1.262-1.364)^2+(0.720-0.695)^2+(1.099-1.099)^2+(0.958-1.042)^2} \\ &= 0.539 \end{aligned}$$

从计算结果中可以发现：

（1）计算出的协方差矩阵式（2－17）与相关系数矩阵式（2－16）所反映的变量之间正负相关性是一致的，但是所表现出的相关性大小上是不一致的，式（2－16）反映出 X_3 和 X_4 相关性最强，而式（2－17）反映出 X_1 和 X_2 之间的相关性最强。需要说明的是，若对数据进行标准化处理，而不是无量纲化处理，则协方差矩阵和自相关矩阵则是相等的。

（2）由于无量纲化后的数据各变量的均值均为1，各变量都是在同一平均水平上，所以计算出的协方差矩阵的对角线上的元素，即各变量的方差，能够反映出数据的波动性大小，轧制力 X_2 波动最大，镀锌板表面粗糙度 X_4 的波动最小。

（3）计算出的欧氏距离 $d(1,2) < d(1,4)$，大小关系与统计距离得出的结论是一致的，说明通过 $x_{ij}^* = x_{ij}/\bar{x}_j$ 无量纲化处理，可以较准确地反映出样本点之间的邻近关系。

2.6.8.2　$x_{ij}^* = x_{ij}/s_j$ 无量纲化处理

在对表2－1数据进行无量纲化的基础上计算出的结果如下：

协方差矩阵为

$$S = \begin{bmatrix} 1.0000 & -0.2723 & 0.1576 & 0.3393 \\ -0.2723 & 1.0000 & -0.3308 & 0.2548 \\ 0.1576 & -0.3308 & 1.0000 & 0.4196 \\ 0.3393 & 0.2548 & 0.4196 & 1.0000 \end{bmatrix} \tag{2-18}$$

欧氏距离为

$$\begin{aligned} d(1,2) &= \sqrt{(x_{11}-x_{21})^2+(x_{12}-x_{22})^2+(x_{13}-x_{23})^2+(x_{14}-x_{24})^2} \\ &= \sqrt{(6.099-4.867)^2+(1.689-2.439)^2+(7.772-7.771)^2+(6.551-6.591)^2} \\ &= 1.479 \end{aligned}$$

$$\begin{aligned} d(1,4) &= \sqrt{(x_{11}-x_{41})^2+(x_{12}-x_{42})^2+(x_{13}-x_{43})^2+(x_{14}-x_{44})^2} \\ &= \sqrt{(6.099-4.251)^2+(1.689-2.331)^2+(7.772-7.771)^2+(6.551-8.898)^2} \\ &= 2.782 \end{aligned}$$

从计算结果可以发现：

（1）计算出的协方差矩阵与相关系数矩阵是完全一致的，说明通过 $x_{ij}^* = x_{ij}/s_j$ 无量纲化处理后的数据，计算得到的协方差矩阵准确地反映各变量之间的相关性。

（2）计算出的欧氏距离与未经过无量纲化处理数据统计距离的结果是完全一致的，所以通过 $x_{ij}^* = x_{ij}/s_j$ 无量纲化方法，得到的数据可以直接用欧氏距离公式准确地描述样本点之间的邻近关系。

2.7　小结

（1）如果变量的单位不同或虽单位相同但各变量的变异性相差较大时，欧氏距离会造成误判。统计距离考虑到了变量之间相关性的影响，并且它不受变量单位的影响，是一个无量纲的数值，能更客观地反映变量间的差异性。

（2）对一个待分析的数据矩阵进行分析时，通常需要对其进行中心化处理、无量纲化处理或标准化处理等，其中，标准化处理用得最广泛。经过标准化处理的数据，可以准确地计算出样本点的距离、变量间的相关性等统计量，获得正确的分析结果，从而为后续的统计建模奠定基础。

3 数理统计的基础知识

数理统计是通过对随机现象有限次观测或对试验所得的数据进行归纳，找出这些数据中的内在规律，并对整体具有相应现象的数据规律做出推断的一门学科。数理统计是进行多元统计分析重要的数学基础，了解数理统计的相关基础知识，有利于掌握数据的统计分布特征，为建立准确的统计分析模型奠定基础。

本章主要包含以下几部分内容。首先，介绍总体与样本、随机变量与概率密度分布、数学期望与方差估计等基本概念。在此基础上，引入正态分布、χ^2 分布、F 分布、β 分布和 t 分布等重要的统计分布，并将其拓展到对应的多元统计分布中。然后，介绍参数估计和假设检验，主要包括总体期望/方差的点估计和区间估计、显著性水平和置信区间等内容。最后，通过分析实际生产数据来进一步加深对数理统计知识的理解。

3.1 基本概念

3.1.1 总体与个体

研究某个问题时，该对象的所有可能的观测结果称为总体，或把研究问题的全体称为总体，组成总体的每个元素称为个体。例如，如图 3 – 1 所示，在研究某批次带钢的质量时，该批次的 N 卷带钢就是一个总体，而其中的每卷带钢就是个体。在实际问题中，人们常用多个具体的参数指标来描述观察对象，例如，常用带钢的厚度、宽度和表面粗糙度等指标来研究带钢的质量，这时 N 卷带钢的厚度、宽度和表面粗糙度可以看成是一个总体，每一卷带钢的厚度、宽度和表面粗糙度就是具体的个体。

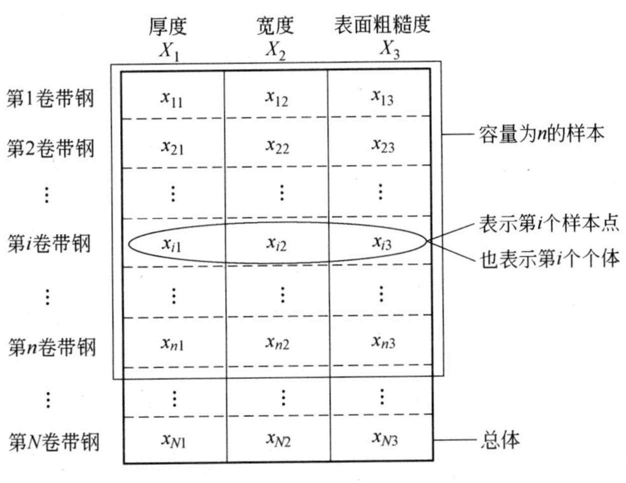

图 3 – 1　总体与个体示意图

通常，由于费用、时间等因素的限制，不可能针对总体中每个个体都进行研究。这时，常抽取总体中的 n 个（$n<N$）个体来进行研究，这里抽取的 n 个个体组成一个样本，样本中的每个个体称为该样本的样本点，n 称为样本容量。例如，如图 3－1 所示，抽取的 n 卷带钢就是一个样本，每一卷带钢对应为一个样本点。其实，个体和样本点没有本质上的区别，个体是相对于总体而言的，样本点是相对于样本而言的。

为了对总体和个体的概念有一个直观的认识，常用随机变量的概念来对其进行描述。所谓随机变量是指变量 X 的取值具有随机性，即事先不能确定变量 X 取值，它具有不确定性。通常，将总体理解为随机变量 X，它可以是一元也可以是多元的。如图 3－1 所示，所研究的总体为某批次的带钢，该总体是多元随机变量 $\boldsymbol{X}=(X_1,X_2,X_3)^{\mathrm{T}}$，第 i 卷带钢 $\boldsymbol{x}_{(i)}=(x_{i1},x_{i2},x_{i3})^{\mathrm{T}}$ 称为第 i 个个体。在该样本中，第 i 卷带钢 $x_{(i)}=(x_{i1},x_{i2},x_{i3})^{\mathrm{T}}$ 也称为第 i 个样本点。需要说明的是，一元随机变量通常用 X 表示，多元随机变量则用 $\boldsymbol{X}$ 表示。

由于个体之间差异性的存在，来自同一总体的每一个体并不能代表总体的另一个体。因此，我们不能利用个体对总体进行任何推断。但是，总体的概括性特征是相对稳定的。通常，将总体的这种概括性特征称为总体参数，如总体均值 μ、总体标准差 σ 等，通常用希腊字母来表示。总体参数可以通过总体中的样本进行估计，由样本计算得到的样本特征叫做样本统计量，如样本均值 $\bar{x}$、样本方差 s 等，通常用英文字母表示。由于总体是固定的，因此总体参数为常数，不会随着样本的改变而变化，但它们通常是未知的，只能通过估计来确定。样本统计量可以通过样本点计算得到，但是会随着每次抽取的样本的不同而变化。通常，用样本统计量来推断未知的总体参数，这就是统计推断。当然，样本提供的信息是有限的，如何依据样本信息来推断总体是统计推断需要解决的问题。要解决这个问题通常需要弄清楚总体分布、样本分布和抽样分布。

随机变量 X 的取值具有一定的随机性，同时也具有统计规律性，常将随机变量 X 的这种统计规律性称为 X 服从一定的分布，这个分布就是总体分布。样本数据所服从的分布称为样本分布，可以用样本分布来推断总体分布，也就是用样本统计量估计总体参数的过程。由于每次抽取的样本不同，样本统计量并不能完全精确地等于总体参数，于是就需要了解样本统计量的变化规律。假设对总体进行重复抽样，每次用同样的公式计算样本统计量，那么从这些样本中得到的统计量就构成了一个分布，该分布称为抽样分布。它只是一种理论上存在的分布，是由不同样本的统计量构成的。依靠抽样分布，就能够将实际观测到的样本结果与其他所有可能的样本结果进行比较，从而建立起一个样本与总体之间的联系，这就是统计推断的理论依据。

3.1.2　概率密度函数

随机变量的取值不仅具有随机性，而且还具有统计规律性，即可以确定 X 取某个值的概率或 X 在某一个区间内的取值概率，这种随机变量取值的统计规律代表了总体的分布特征。在实际工业生产中，产品质量指标和工艺参数都具有这种随机的分布特征，它们往往受各种不确定因素的影响，包括控制系统的不确定性和测量误差等。

随机变量 X 的概率分布函数（简称分布函数）定义为

$$F(a)=P(X\leqslant a) \tag{3-1}$$

它描述了随机变量 X 的统计规律性，即 $X\leqslant a$ 的概率。常用的随机变量有离散型和连续型两种，相应的概率分布分别称为离散型分布和连续型分布。

3.1.2.1 离散型分布

若随机变量 X 只取有限个或可列的值，则称 X 为离散型随机变量。设离散型随机变量 X 的可能取值为 a_1，a_2，…，取这些值的概率分别为 p_1，p_2，…，则称

$$P(X = a_k) = P_k \tag{3-2}$$

为 X 的分布列，它具有如下两个性质：

（1）$P_k \geqslant 0$，$k = 1$，2，…；

（2）$\sum\limits_{k=1}^{\infty} P_k = 1$。

因此，分布列表明在各个可能值之间分配的规律，而全部分布列之和为 1。它描述了离散型随机变量的统计规律性。X 的分布函数可表示为

$$F(a) = \sum_{a_k \leqslant a} P(X = a_k) \tag{3-3}$$

3.1.2.2 连续型分布

随机变量 X 的分布函数可以表示为

$$F(a) = \int_{-\infty}^{a} f(X) \mathrm{d}X \tag{3-4}$$

若上式对所有 $a \in R$ 成立，则称 X 为连续型随机变量，称 $f(X)$ 为 X 的概率密度函数，简称概率密度或密度函数。对 $f(X)$ 的连续点必有 $F'(X) = f(X)$，概率密度函数 $f(X)$ 具有如下两个性质：

（1）$f(X) \geqslant 0$；

（2）$\int_{-\infty}^{\infty} f(X) \mathrm{d}X = 1$。

概率密度函数描述了连续型随机变量的统计规律性。

3.1.3 数学期望和方差

若 X 为离散型随机变量，其分布列为 $P(X = a_k) = P_k$，则 X 的数学期望（或称均值）和方差分别定义为

$$\mu = E(X) = \sum_{k=1}^{\infty} a_k p_k \tag{3-5}$$

$$\sigma^2 = D(X) = E(X - \mu)^2 = \sum_{k=1}^{\infty} (a_k - \mu)^2 p_k \tag{3-6}$$

若 X 为连续型随机变量，其概率密度函数为 $f(X)$，则 X 的数学期望和方差定义为

$$\mu = E(X) = \int_{-\infty}^{\infty} X f(X) \mathrm{d}X \tag{3-7}$$

$$\sigma^2 = D(X) = E(X - \mu)^2 = \int_{-\infty}^{\infty} (X - \mu)^2 f(X) \mathrm{d}X \tag{3-8}$$

数学期望反映了随机变量 X 取值的平均水平，方差反映了随机变量 X 的可能取值在其均值周围的分散程度。方差越大，表明随机变量 X 在均值附近的波动性越大；反之，若方差越小，则说明随机变量 X 在均值附近的波动性越小。

随机变量 X 的方差可以利用其期望有如下简化算法

$$D(X) = E\{[X - E(X)]^2\} = E(X^2) - [E(X)]^2 \tag{3-9}$$

数学期望和方差是随机变量最重要的两个统计特征。方差的算术平方根 $\sigma = \sqrt{D(X)}$ 称为随机变量 X 的标准差。

3.2　几个重要分布

3.2.1　正态分布

正态分布是统计学中最重要的一个分布，它的应用极为广泛。它之所以如此重要，原因有三个：（1）许多随机现象近似服从正态分布；（2）根据中心极限定理，有不少统计量的极限分布为正态分布；（3）正态分布的理论较为完善，一些特有的性质便于数学上的处理。

若连续型随机变量 X 的概率密度函数为

$$f(X) = \frac{1}{\sqrt{2\pi}\sigma} e^{-\frac{(X-\mu)^2}{2\sigma^2}}, \quad -\infty < X < \infty \tag{3-10}$$

则称 X 服从正态分布，记作 $X \sim N(\mu, \sigma^2)$，其中参数 μ 是数学期望，σ 是标准差。正态分布族中最重要的一个成员是 $\mu = 0$、$\sigma = 1$ 的正态分布，称为标准正态分布。

正态分布的概率密度曲线如图 3－2 所示，曲线中有 68.26% 的数据点落在均值附近 $\pm 1\sigma$ 的区域内，有 95.46% 的点落在 $\pm 2\sigma$ 的区域内，绝大多数（99.73%）数据点都落在 $\pm 3\sigma$ 的区域内。数据点超出 $\pm 3\sigma$ 的区域的概率不到 0.3%。通常，若有点落在了 $\pm 3\sigma$ 的区域以外，可以认为这个点属于异常点，受到某种异常因素的影响。

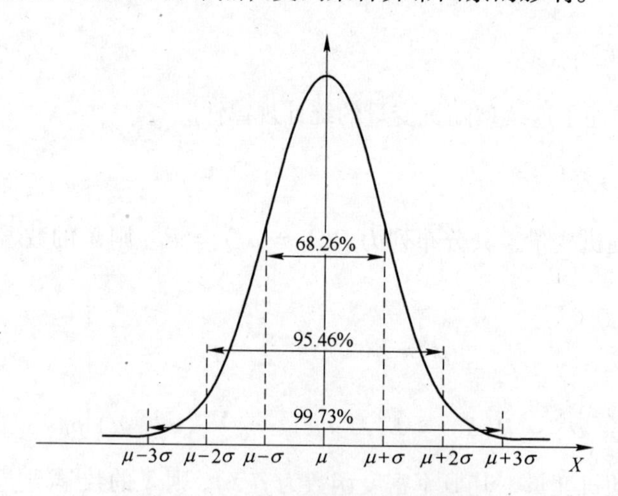

图 3－2　正态分布的概率密度曲线

将上面的一元正态分布的概率密度函数改写成以下的形式

$$f(X) = \frac{1}{(2\pi)^{1/2}\sigma} \exp\left[-\frac{1}{2}(X-\mu)^{\mathrm{T}}(\sigma^2)^{-1}(X-\mu)\right]$$

式中，用 $(X-\mu)^{\mathrm{T}}$ 代表 $(X-\mu)$ 的转置。按照随机变量 X 在一元正态分布情况下的概率密度函数，可以将上述表达式推广到多元正态分布的情况。

定义 3.1　若 p 元随机变量 $\boldsymbol{X} = (X_1, X_2, \cdots, X_p)^{\mathrm{T}}$ 的概率密度函数为

$$f(X_1,X_2,\cdots,X_p) = \frac{1}{(2\pi)^{p/2}|\boldsymbol{\Sigma}|^{1/2}}\exp\left[-\frac{1}{2}(\boldsymbol{X}-\boldsymbol{\mu})^{\mathrm{T}}\boldsymbol{\Sigma}^{-1}(\boldsymbol{X}-\boldsymbol{\mu})\right],\ \boldsymbol{\Sigma}>0 \qquad (3-11)$$

则称 $\boldsymbol{X}=(X_1,X_2,\cdots,X_p)^{\mathrm{T}}$ 服从 p 元正态分布，也称 $\boldsymbol{X}$ 为 p 元正态变量，记为：$\boldsymbol{X}\sim N_p(\boldsymbol{\mu},\boldsymbol{\Sigma})$，其中 $|\boldsymbol{\Sigma}|$ 称为协方差矩阵 $\boldsymbol{\Sigma}$ 的行列式。需要说明的是，p 元随机变量的概率密度函数实际是在 $|\boldsymbol{\Sigma}|\neq 0$ 时定义的。若 $|\boldsymbol{\Sigma}|=0$，此时不存在通常意义下的概率密度函数，但可以在形式上给出一个表达式，使有些问题可以利用这一形式对 $|\boldsymbol{\Sigma}|\neq 0$ 及 $|\boldsymbol{\Sigma}|=0$ 情况给出统一的处理。

当 $p=2$ 时，可得到二元正态分布的概率密度函数公式。设 $\boldsymbol{X}=(X_1,X_2)^{\mathrm{T}}$ 服从二元正态分布，则

$$\boldsymbol{\Sigma}=\begin{bmatrix}\sigma_{11} & \sigma_{12}\\ \sigma_{21} & \sigma_{22}\end{bmatrix}=\begin{bmatrix}\sigma_1^2 & \sigma_1\sigma_2\rho_{12}\\ \sigma_2\sigma_1\rho_{12} & \sigma_2^2\end{bmatrix},\qquad \rho_{12}\neq\pm 1$$

式中，σ_1^2、σ_2^2 分别是随机变量 X_1 与 X_2 的方差，ρ_{12} 是 X_1 与 X_2 的相关系数。此时

$$|\boldsymbol{\Sigma}|=\sigma_1^2\sigma_2^2(1-\rho_{12}^2)$$

$$\boldsymbol{\Sigma}^{-1}=\frac{1}{\sigma_1^2\sigma_2^2(1-\rho_{12}^2)}\begin{bmatrix}\sigma_2^2 & -\sigma_1\sigma_2\rho_{12}\\ -\sigma_2\sigma_1\rho_{12} & \sigma_1^2\end{bmatrix}$$

故 X_1 与 X_2 的概率密度函数为

$$f(X_1,X_2)=\frac{1}{2\pi\sigma_1\sigma_2(1-\rho_{12}^2)^{1/2}}\exp\left\{-\frac{1}{2(1-\rho_{12}^2)}\left[\frac{(X_1-\mu_1)^2}{\sigma_1^2}-2\rho_{12}\frac{(X_1-\mu_1)(X_2-\mu_2)}{\sigma_1\sigma_2}+\frac{(X_2-\mu_2)^2}{\sigma_2^2}\right]\right\}$$

若 $\rho_{12}=0$，那么 X_1 与 X_2 是独立的；若 $\rho_{12}>0$，则 X_1 与 X_2 趋于正相关；若 $\rho_{12}<0$，则 X_1 与 X_2 趋于负相关。

定理 3.1　设 $\boldsymbol{X}\sim N_p(\boldsymbol{\mu},\boldsymbol{\Sigma})$，则 $E(\boldsymbol{X})=\boldsymbol{\mu}$，$D(\boldsymbol{X})=\boldsymbol{\Sigma}$

定理 3.1 将正态分布的参数 $\boldsymbol{\mu}$ 和 $\boldsymbol{\Sigma}$ 赋予了明确的统计意义：参数 $\boldsymbol{\mu}$ 表示 p 元随机变量 $\boldsymbol{X}$ 的平均取值水平，参数 $\boldsymbol{\Sigma}$ 表示 p 元随机变量 $\boldsymbol{X}$ 的波动性以及 $\boldsymbol{X}$ 各个分量之间相关性程度。

多元正态分布有如下主要性质：

（1）若正态随机变量 $\boldsymbol{X}=(X_1,X_2,\cdots,X_p)^{\mathrm{T}}$ 的协方差矩阵 $\boldsymbol{\Sigma}$ 是对角阵，则 $\boldsymbol{X}$ 的各分量是相互独立的随机变量。

（2）若随机变量 $\boldsymbol{X}$ 服从多元正态分布，则它的任何一个分量子集仍然服从正态分布。反之，若随机变量 $\boldsymbol{X}$ 的任何边缘分布均为正态分布，并不能导出 $\boldsymbol{X}$ 服从多元正态分布。其中，分量子集表示随机变量 $\boldsymbol{X}$ 中的一部分变量所构成的集合，分量子集的分布称为边缘分布。

（3）多元正态随机变量 $\boldsymbol{X}=(X_1,X_2,\cdots,X_p)^{\mathrm{T}}$ 的任意线性变换仍然服从多元正态分布。

（4）若 $\boldsymbol{X}\sim N_p(\boldsymbol{\mu},\boldsymbol{\Sigma})$，则 $d_m^2=(\boldsymbol{X}-\boldsymbol{\mu})^{\mathrm{T}}\boldsymbol{\Sigma}^{-1}(\boldsymbol{X}-\boldsymbol{\mu})$。若 d_m 为定值，说明随着 $\boldsymbol{X}$ 的变化，将得到一个椭球面轨迹，此为 $\boldsymbol{X}$ 的概率密度函数的等值面。若 $\boldsymbol{X}$ 给定，则 d_m 表示随机变量 $\boldsymbol{X}$ 到平均值 $\boldsymbol{\mu}$ 之间的马氏距离。由此通过多元正态分布，可以进一步推广得到随机变量 $\boldsymbol{X}$ 中的各样本点间的马氏距离。

3.2.2　χ^2 分布

设随机变量 X_1，X_2，…，X_n 均服从 $N(0,1)$，且相互独立，则新的随机变量 $X = \sum_{i=1}^{n} X_i^2$ 所服从的分布称为卡方分布，记作 $X \sim \chi^2(n)$。

在实际应用中，可将卡方分布理解为：设总体 X 服从 $N(0,1)$，从该总体中抽取出 n 个随机样本点 x_1，x_2，…，x_n。因为在抽样前，x_i 的值是不能完全确定的，故可将 x_i 看作是一个随机变量，且 x_i 服从 $N(0,1)$。因此，随机变量 $X = \sum_{i=1}^{n} x_i^2$ 所服从的分布称为自由度为 n 的卡方分布。

卡方分布的概率密度曲线如图 3－3 所示。从图中可以直观看出，卡方分布不是对称的，且卡方分布的值不可能为负；随着自由度 n 的增加，卡方分布在形状上将趋近于正态分布。需要说明的是，自由度 n 通常是指待分析数据的样本点个数。

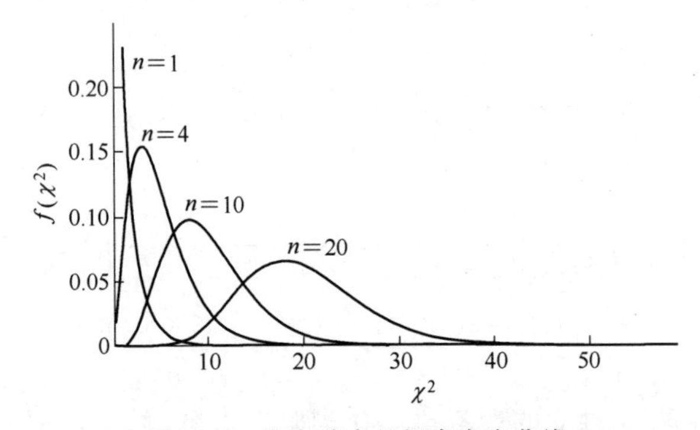

图 3－3　卡方分布的概率密度曲线

在一元正态总体 $N(\mu,\sigma^2)$ 中，从随机变量 X 中抽取出 n 个样本点 x_1，x_2，…，x_n，对应的均值为 $\bar{x} = \frac{1}{n}\sum_{i=1}^{n} x_i$，方差为 $s^2 = \frac{1}{n-1}\sum_{i=1}^{n}(x_i - \bar{x})^2$，由此得到的抽样分布有如下结果：

（1）$\bar{x}$ 和 s^2 相互独立。

（2）$\bar{x} \sim N\left(\mu,\frac{\sigma^2}{n}\right)$ 和 $\frac{(n-1)s^2}{\sigma^2} \sim \chi^2(n-1)$ 相互独立。

$\chi^2(n)$ 分布的均值和方差分别为

$$E(\chi^2(n)) = n \tag{3-12}$$

$$D(\chi^2(n)) = 2n \tag{3-13}$$

$\chi^2(n)$ 分布有两个重要的性质：

（1）若 $\chi_i^2 \sim \chi^2(n_i)(i = 1,2,\cdots,k)$，且相互独立，则

$$\sum_{i=1}^{k}\chi_i^2 \sim \chi^2\left(\sum_{i=1}^{k} n_i\right) \tag{3-14}$$

该性质称为相互独立的 χ^2 具有可加性。

（2）设 $\boldsymbol{A}_i$ 是 $n \times n$ 阶矩阵，$\boldsymbol{A}_i^{\mathrm{T}} = \boldsymbol{A}_i(i = 1,2,\cdots,m)$，$\boldsymbol{A} = \boldsymbol{A}_1 + \boldsymbol{A}_2 + \cdots + \boldsymbol{A}_m$，那么二次型 $\boldsymbol{X}^{\mathrm{T}}\boldsymbol{A}_1\boldsymbol{X}$，$\boldsymbol{X}^{\mathrm{T}}\boldsymbol{A}_2\boldsymbol{X}$，…，$\boldsymbol{X}^{\mathrm{T}}\boldsymbol{A}_m\boldsymbol{X}$ 互相独立地服从 $\chi^2(r_1)$，$\chi^2(r_2)$，…，$\chi^2(r_m)$ 的充要

条件是 $X^{T}AX$ 服从 $\chi^2(r)$，而且 $r=r_1+r_2+\cdots+r_m$，其中 $r(A)=r$，$r(A_i)=r_i$，这里 $r(\cdot)$ 表示矩阵的秩。这个性质称为 Cochran 定理，在方差分析中起着重要作用。方差分析是在存在随机干扰的情况下，把因素变化所产生的影响分离出来，进而做出因素变化对研究对象是否有显著性影响的推断。在实际问题中很多现象的变化是多因素共同作用的结果，因此方差分析就利用数学模型的可分解性，从总变异中分解出条件误差（组间）和随机误差（组内），并进行对比，从中找出影响试验结果的主要因素。从 Cochran 定理可以看出，对于 m 个影响因素，都独立地服从卡方分布，这就为总变异信息的分解提供了理论基础。

在多元统计中，χ^2 分布发展为 Wishart 分布。Wishart 分布是由统计学家 Wishart 为研究多元样本方差阵 $\boldsymbol{L}$ 的分布于 1928 年推导出来的，有人就将这个时间作为多元分析诞生的时间。Wishart 分布在多元统计中的作用与 χ^2 分布在一元统计中的作用类似，它可以由服从多元正态分布的随机向量直接得到，同时它也是构成其他重要分布的基础。

定义 3.2　对 p 元随机变量 $\boldsymbol{X}=(X_1,X_2,\cdots,X_p)^{T}$ 进行 n 次观察，得到一个容量为 n 的样本 $\boldsymbol{X}_{n\times p}$，记第 i 个样本点为 $\boldsymbol{x}_{(i)}=(x_{i1},\ x_{i2},\ \cdots,\ x_{ip})^{T}(i=1,\ 2,\ \cdots,\ n)$。设 $\boldsymbol{x}_{(i)}$ 相互独立，且 $\boldsymbol{x}_{(i)}\sim N_p(\boldsymbol{\mu}_i,\ \Sigma)$，则随机矩阵

$$\boldsymbol{W}=\boldsymbol{X}_{n\times p}\boldsymbol{X}_{n\times p}^{T}=\sum_{i=1}^{n}\boldsymbol{x}_{(i)}\boldsymbol{x}_{(i)}^{T} \tag{3-15}$$

所服从的分布称为自由度 n 的 p 元非中心 Wishart 分布，记为 $W\sim W_p(n,\ \Sigma,\ \boldsymbol{Z})$。其中，$n\geqslant p$，$\Sigma>\boldsymbol{0}$（即 Σ 为压定矩阵），$\boldsymbol{Z}=\sum_{i=1}^{n}\boldsymbol{\mu}_i\boldsymbol{\mu}_i^{T}=\sum_{i=1}^{n}[(\mu_{i1},\mu_{i2},\cdots,\mu_{ip})^{T}(\mu_{i1},\mu_{i2},\cdots,\mu_{ip})]$，$\boldsymbol{\mu}_i$ 称为非中心参数，当 $\boldsymbol{\mu}_i=0$ 时称为中心 Wishart 分布，记为 $\boldsymbol{W}\sim W_p(n,\ \Sigma)$。

由 Wishart 分布的定义知，当 $p=1$ 时，Σ 退化为 σ^2，此时中心 Wishart 分布就退化为 $\sigma^2\chi^2(n)$。由此可以看出，Wishart 分布实际上是 χ^2 分布在多维正态分布情形下的推广。在数理统计中，在非参数检验中经常用到 χ^2 统计量，如判断两个样本的方差是否一样，就需要构建 χ^2 统计量，利用 χ^2 分布对其进行检验。

3.2.3　*F* 分布

设一元随机变量 $X\sim\chi^2(n)$，$Y\sim\chi^2(m)$，且 X 与 Y 相互独立，随机变量 $F=\dfrac{X/n}{Y/m}$ 的分布称为自由度为 n 和 m 的 F 分布，记作 $F\sim F(n,\ m)$。

在实际应用中，可将 F 分布理解为：设一元随机变量 X 和变量 Y 都服从 $N(0,\ 1)$，分别对其进行 n 次和 m 次观察，得到样本容量分别为 n 和 m 的两个样本 $\mathbf{X}_n$ 和 $\boldsymbol{Y}_m$。根据卡方分布的定义，针对上述两个样本可以计算得到满足卡方分布的变量 X 和 Y，即 $X\sim\chi^2(n)$，$Y\sim\chi^2(m)$，且 X 与 Y 相互独立，则将新的随机变量 $F=\dfrac{X/n}{Y/m}$ 服从的分布称为自由度为 n 和 m 的 F 分布。

F 分布本质上是从满足一元正态分布 $N(\mu,\sigma^2)$ 的总体中分别抽取出容量为 n 和 m 的样本，两个样本的方差 $\dfrac{1}{n}\sum_{i=1}^{n}\left(\dfrac{x_i-\mu}{\sigma}\right)^2$ 与 $\dfrac{1}{m}\sum_{i=1}^{m}\left(\dfrac{y_i-\mu}{\sigma}\right)^2$ 之比即为 F 分布。F 分布的概率

密度曲线如图 3 - 4 所示。随着自由度 n 和 m 的增大，概率密度曲线的极值点变得越来越高，并且概率密度曲线的峰慢慢地向右移动。

通常，在 F 分布表中，只给出由右尾向左累加的概率为 α 时的临界值 F_α，如图 3 - 5 所示。α 是一个较小的正数，若给定 α，可查得临界值 $F_\alpha(n,\ m)$ 和 $F_\alpha(m,\ n)$。而由于 $1-\alpha$ 是一个接近于 1 的正数，因此 $F_{1-\alpha}(n,\ m)$ 不能通过 F 分布表直接查出，但可利用 F 分布的性质进行求解

$$F_{1-\alpha}(n,m) = \frac{1}{F_\alpha(m,n)} \tag{3-16}$$

先查得 $F_\alpha(m,\ n)$，再计算其倒数，即可得到 $F_{1-\alpha}(n,\ m)$。

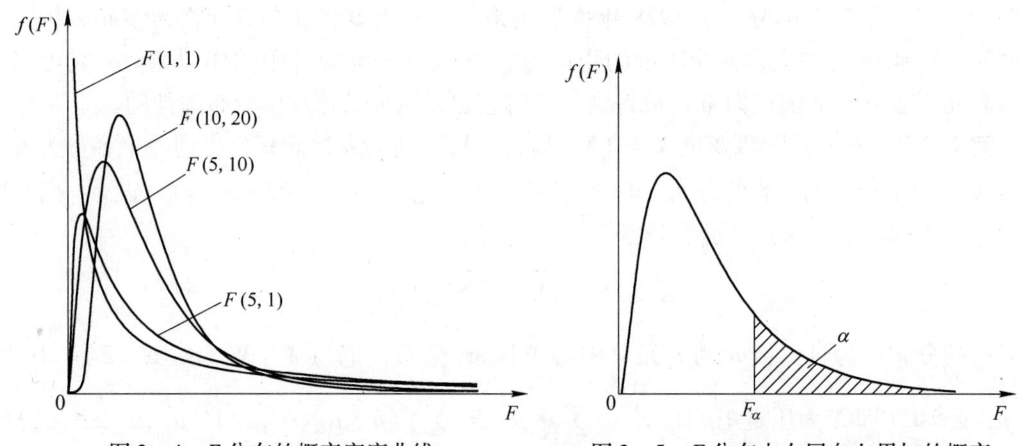

图 3 - 4　F 分布的概率密度曲线　　　图 3 - 5　F 分布由右尾向左累加的概率

由于 F 分布由两个方差的比构成，而多元正态分布总体 $N_p(\boldsymbol{\mu},\ \boldsymbol{\Sigma})$ 的变异由协方差矩阵确定，它不是一个数字，这就产生了如何用与协方差矩阵 $\boldsymbol{\Sigma}$ 有关的一个量来描述总体 $N_p(\boldsymbol{\mu},\ \boldsymbol{\Sigma})$ 的变异问题，它是将 F 分布推广到多元情形的关键。

描述 $N_p(\boldsymbol{\mu},\ \boldsymbol{\Sigma})$ 的变异度的统计参数称为广义方差。围绕这一问题产生了许多方法，主要包括以下几种：

（1）广义方差 $\triangleq |\boldsymbol{\Sigma}|$；

（2）广义方差 $\triangleq tr(\boldsymbol{\Sigma}) = \sum_{i=1}^{p} \sigma_i^2$，其中 $tr(\boldsymbol{\Sigma})$ 为 $\boldsymbol{\Sigma}$ 的迹，等于 $\boldsymbol{\Sigma}$ 主对角线元素之和；

（3）广义方差 $\triangleq (tr(\boldsymbol{\Sigma}))^{\frac{1}{2}} = \sqrt{\sigma_1^2 + \sigma_2^2 + \cdots + \sigma_p^2}$；

（4）广义方差 $\triangleq tr(\boldsymbol{\Sigma}) = \prod_{i=1}^{p} \sigma_i^2$；

（5）广义方差 $\triangleq |\boldsymbol{\Sigma}|^{\frac{1}{p}}$；

（6）广义方差 $\triangleq \max\{\lambda_i\}$，其中 λ_i 为 $\boldsymbol{\Sigma}$ 的特征根；

（7）广义方差 $\triangleq \min\{\lambda_i\}$，其中 λ_i 为 $\boldsymbol{\Sigma}$ 的特征根。

在以上各种广义方差的定义中，目前使用最多的是第一种，它是 T. W. Anderson 于 1958 年提出来的。下面根据第一种广义方差，仿照 F 分布的定义给出多元统计中的两个广义方差之比的统计量，称为 Wilks Λ 分布。

定义 3.3　对 p 元随机变量 $\boldsymbol{X} = (X_1,\ X_2,\ \cdots,\ X_p)^{\mathrm{T}}$ 分别进行 n 次和 m 次观察，得到

容量分别为 n 和 m 的两个样本 $\boldsymbol{X}_{n\times p}$ 和 $\boldsymbol{X}_{m\times p}$。对于这两个样本，设 $\boldsymbol{W}_1 \sim W_p(n, \boldsymbol{\Sigma})$，$\boldsymbol{W}_2 \sim W_p(m, \boldsymbol{\Sigma})$，$\boldsymbol{\Sigma}>0$（即 $\boldsymbol{\Sigma}$ 为正定矩阵），$n\geqslant p$，$m\geqslant p$，且 $\boldsymbol{W}_1$ 与 $\boldsymbol{W}_2$ 相互独立，则

$$\Lambda = \frac{|\boldsymbol{W}_1|}{|\boldsymbol{W}_1 + \boldsymbol{W}_2|} \tag{3-17}$$

所服从的分布称为第一自由度为 n、第二自由度为 m 的 p 元 Wilks Λ 分布，记为 $\Lambda \sim \Lambda_p(n, m)$。

在多元统计分析中，通常需要构建 F 统计量，利用 F 分布来进行假设检验，如是否可以用自变量的线性回归方程来解释因变量，这在统计回归建模中起到重要作用。

3.2.4　β 分布

设随机变量 $X\sim\chi^2(2n)$，$Y\sim\chi^2(2m)$，且 X 与 Y 相互独立，随机变量 $\beta=\frac{X}{X+Y}$ 的分布称为自由度为 n 和 m 的 β 分布，记作 $\beta\sim\beta(n, m)$。实际上，β 分布和 F 分布可以相互转换，即

$$\beta = \frac{X}{X+Y} = \frac{\frac{X}{Y}}{\frac{X}{Y}+1} = \frac{\left(\frac{X/2n}{Y/2m}\right)\cdot\frac{n}{m}}{\left(\frac{X/2n}{Y/2m}\right)\cdot\frac{n}{m}+1} = \frac{F\cdot\frac{n}{m}}{F\cdot\frac{n}{m}+1} \tag{3-18}$$

式中，由于 $X\sim\chi^2(2n)$，$Y\sim\chi^2(2m)$，故 $F=\left(\frac{X/2n}{Y/2m}\right)\sim F(2n,2m)$。

$\beta(n, m)$ 的均值和方差分别为

$$E(\beta) = \frac{n}{n+m} \tag{3-19}$$

$$D(\beta) = \frac{nm}{(n+m+1)(n+m)^2} \tag{3-20}$$

β 分布的概率密度曲线随参数的变化如图 3-6～图 3-8 所示。可以看到，在参数 $n=m$ 时，β 分布的概率密度曲线是左右对称的；在参数 $n>m$ 时，β 分布的概率密度曲线是偏右的；在参数 $n<m$ 时，β 分布的概率密度曲线是偏左的。

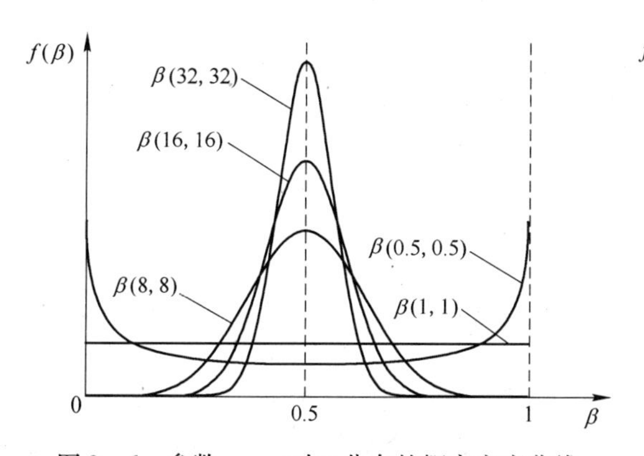

图 3-6　参数 $n=m$ 时 β 分布的概率密度曲线

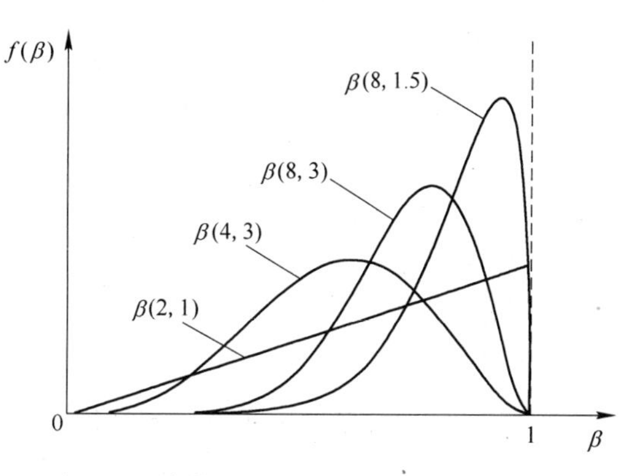

图 3-7　参数 $n>m$ 时 β 分布的概率密度曲线

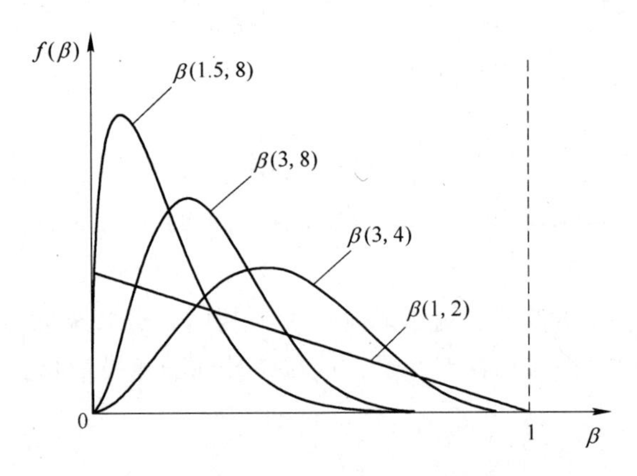

图 3－8　参数 $n<m$ 时 β 分布的概率密度曲线

由于 β 分布是随机变量 X 在［0，1］区间的分布，而且随着分布参数 n 和 m 的改变，概率密度曲线的形状也有所不同，因此通常可以利用 β 分布来获得在［0，1］区间上的各种概率的近似分布。

3.2.5　*t* 分布

设随机变量 $X \sim N(0,\ 1)$，$Y \sim \chi^2(n)$，且 X 与 Y 相互独立，则随机变量 $t=\dfrac{X}{\sqrt{Y/n}}$ 的分布称为 t 分布，记作 $t \sim t(n)$，其中参数 n 称为自由度，即为样本容量。随着自由度 n 趋向于无穷大，t 分布以标准正态分布为极限。当 $n \geqslant 50$ 时，一般无法在 t 分布表中查出分位点，这时可用分布 $N(0,\ 1)$ 替代分布 $t(n)$。t 分布的概率密度曲线如图 3－9 所示。从图中可以发现，t 分布和正态分布很相似，随着自由度 n 的增加，t 分布的概率密度曲线就越接近正态分布。当给定一个 α，查 t 分布表时，若是双边检验，则查 $t_{\alpha/2}(n)$；若是单边检验，则查 $t_{\alpha}(n)$。

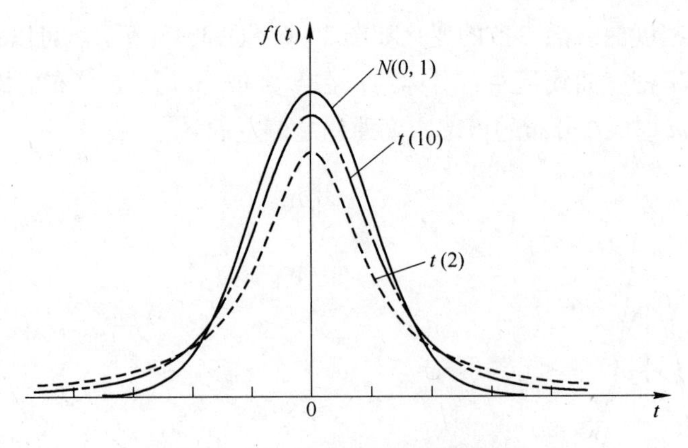

图 3－9　t 分布的概率密度曲线

在满足一元正态分布 $N(\mu,\ \sigma^2)$ 的总体中，对随机变量 X 抽取出容量为 n 的样本，样本点为 x_1，x_2，…，x_n，该样本的均值为 $\bar{x}$，样本的方差为 $s^2=\dfrac{1}{n-1}\sum_{i=1}^{n}(x_i-\bar{x})^2$。由抽样

分布可得：$\frac{\bar{x}-\mu}{\sqrt{\sigma^2/n}} \sim N(0,1)$ 和 $\frac{(n-1)s^2}{\sigma^2} \sim \chi^2(n-1)$。根据 t 分布的定义可知

$$t = \frac{\frac{\bar{x}-\mu}{\sqrt{\sigma^2/n}}}{\sqrt{\frac{(n-1)s^2}{\sigma^2}\Big/(n-1)}} = \frac{\bar{x}-\mu}{\sqrt{s^2/n}} \sim t(n-1) \tag{3-21}$$

上述推导过程即为统计量 $\frac{\bar{x}-\mu}{\sqrt{s^2/n}}$ 的抽样分布为 t 分布的证明，该结论在后续章节中多次被应用。t 分布为 $t=\frac{X}{\sqrt{Y/n}}$，如果将 t 平方，记 $T^2=\frac{X^2}{Y/n}$，则 $T^2 \sim F(1, n)$，即 $t(n)$ 分布的平方服从第一自由度为 1、第二自由度为 n 的中心 F 分布。将上述 F 分布的定义改写成

$$F = nX^{\mathrm{T}}Y^{-1}X$$

在多元统计中，仿照上式推广到 T^2 分布的定义如下：

定义 3.4 对 p 元随机变量 $\boldsymbol{X}=(X_1,X_2,\cdots,X_p)^{\mathrm{T}}$ 进行 n 次观察，得到一个容量为 n 的样本 $\boldsymbol{X}_{n\times p}$。对于该样本，有 $\boldsymbol{W} \sim \boldsymbol{W}_p(n, \boldsymbol{\Sigma})$，$n \geqslant p$，$\boldsymbol{\Sigma}>0$（即 $\boldsymbol{\Sigma}$ 为正定矩阵）。又观测到 p 元随机变量 $\boldsymbol{X}=(X_1, X_2, \cdots, X_p)^{\mathrm{T}}$ 的一个新样本点 $\boldsymbol{x}_{(n+1)}$，设 $\boldsymbol{x}_{(n+1)} \sim N_p(\boldsymbol{0}, c\boldsymbol{\Sigma})$，$c>0$，且 $\boldsymbol{x}_{(n+1)}$ 与 $\boldsymbol{W}$ 相互独立，则随机变量 T^2

$$T^2 = \frac{n}{c}\boldsymbol{x}_{(n+1)}^{\mathrm{T}}\boldsymbol{W}^{-1}\boldsymbol{x}_{(n+1)} \tag{3-22}$$

所服从的分布称为自由度为 n 的 p 元中心 T^2 分布，记为 $T^2 \sim T_p^2(n)$。T^2 分布是霍特林（Hotelling）于 1931 年由一元统计推广而来的，故 T^2 分布又称为 Hotelling T^2 分布。此外，霍特林在 T^2 分布的基础上，提出了 T^2 统计量，并应用于 T^2 统计控制中。

对 p 元随机变量 $\boldsymbol{X}=(X_1, X_2, \cdots, X_p)^{\mathrm{T}}$ 进行 n 次观察，得到一个容量为 n 的样本 $\boldsymbol{X}_{n\times p}$，记第 i 个样本点为 $\boldsymbol{x}_{(i)}=(x_{i1}, x_{i2}, \cdots, x_{ip})^{\mathrm{T}}(i=1, 2, \cdots, n)$，设 p 元随机变量满足 $\boldsymbol{X} \sim N_p(\boldsymbol{\mu}, \boldsymbol{\Sigma})$。下面讨论 T^2 统计量三种主要形式及其服从的分布：

（1）若多元正态分布的参数 $\boldsymbol{\mu}$ 和 $\boldsymbol{\Sigma}$ 均已知，则第 i 个样本点 $\boldsymbol{x}_{(i)}=(x_{i1}, x_{i2}, \cdots, x_{ip})^{\mathrm{T}}$ 的 T^2 统计量具备以下形式，并服从 χ^2 分布

$$T_i^2 = (\boldsymbol{x}_{(i)}-\boldsymbol{\mu})^{\mathrm{T}}\boldsymbol{\Sigma}^{-1}(\boldsymbol{x}_{(i)}-\boldsymbol{\mu}) \sim \chi^2(p) \tag{3-23}$$

（2）若多元正态分布的参数 $\boldsymbol{\mu}$ 和 $\boldsymbol{\Sigma}$ 均未知，通过样本 $\boldsymbol{X}_{n\times p}$ 得到 $\boldsymbol{\mu}$ 的估计值为 $\bar{\boldsymbol{x}}=(\bar{x}_1, \bar{x}_2, \cdots, \bar{x}_p)^{\mathrm{T}}$，$\boldsymbol{\Sigma}$ 的估计值为该样本的协方差矩阵 $\boldsymbol{S}$，则 $\boldsymbol{S}$、$\bar{\boldsymbol{x}}$ 与 $\boldsymbol{x}_{(i)}$ 并不独立，故样本 $\boldsymbol{X}_{n\times p}$ 中的第 i 个样本点 $\boldsymbol{x}_{(i)}=(x_{i1}, x_{i2}, \cdots, x_{ip})^{\mathrm{T}}$ 的 T^2 统计量具备以下形式，并服从 β 分布

$$T_i^2 = (\boldsymbol{x}_{(i)}-\bar{\boldsymbol{x}})^{\mathrm{T}}\boldsymbol{S}^{-1}(\boldsymbol{x}_{(i)}-\bar{\boldsymbol{x}}) \sim \frac{(n-1)^2}{n}\beta\left(\frac{p}{2},\frac{n-p-1}{2}\right) \tag{3-24}$$

（3）若多元正态分布的参数 $\boldsymbol{\mu}$ 和 Σ 均未知，通过样本 $\boldsymbol{X}_{n\times p}$ 得到 $\boldsymbol{\mu}$ 的估计值为 $\bar{\boldsymbol{x}}=(\bar{x}_1, \bar{x}_2, \cdots, \bar{x}_p)^{\mathrm{T}}$，$\boldsymbol{\Sigma}$ 的估计值为该样本的协方差矩阵 $\boldsymbol{S}$。设观测到随机变量 $\boldsymbol{X}=(X_1, X_2, \cdots, X_p)^{\mathrm{T}}$ 的一个新样本点为 $\boldsymbol{x}_{(n+1)}$，则 $\boldsymbol{S}$、$\bar{\boldsymbol{x}}$ 与 $\boldsymbol{x}_{(n+1)}$ 是相互独立的，故样本点 $\boldsymbol{x}_{(n+1)}$

的 T^2 统计量具备以下形式，并服从 F 分布

$$T_{n+1}^2 = (\boldsymbol{x}_{(n+1)} - \bar{\boldsymbol{x}})^{\mathrm{T}} \boldsymbol{S}^{-1} (\boldsymbol{x}_{(n+1)} - \bar{\boldsymbol{x}}) \sim \frac{p(n+1)(n-1)}{n(n-p)} F(p, n-p) \tag{3-25}$$

综上所述，为正确使用 T^2 统计量，需要清楚知道多元正态分布的参数特性，并在此基础上，选择合适的统计分布（χ^2 分布、β 分布或 F 分布）来逼近数据的分布特征。

3.3 参数估计

统计推断是指通过样本统计量来推断未知的总体参数。统计推断主要包括两部分内容：参数估计与假设检验。本节将介绍参数估计的相关内容。

期望和方差是描述总体统计特性的两个最重要的参数。利用样本对总体的期望和方差进行估计，是参数估计的重要内容之一。下面将围绕对期望和方差这两个数学统计特征的点估计和区间估计展开讨论。

3.3.1 总体均值的点估计

在实际工业生产中，往往用样本的期望值作为总体期望值的估计值。样本容量越大，估计越准确，这种做法已被大多数人所接受。虽然总体的期望值不可能事先知道，但是，由于样本 x_1，x_2，…，x_n 来自总体 X，且与总体 X 具有相同的概率分布，取统计量

$$\bar{x} = \frac{1}{n} \sum_{i=1}^{n} x_i$$

则 $\bar{x}$ 期望值为

$$E(\bar{x}) = E\left(\frac{1}{n} \sum_{i=1}^{n} x_i\right) = \frac{1}{n} \sum_{i=1}^{n} E(x_i) = E(X) = \mu \tag{3-26}$$

可见，当 $n \to \infty$ 时，用样本均值 $\bar{x}$ 作为总体均值 μ 的估计值没有“系统误差”，为无偏估计。由于实际上样本容量 n 是有限的，当采集来自同一总体的不同样本时，按以上方法求得的总体均值的估计值 $\bar{x}$ 是不完全相同的。但是，由于

$$D(\bar{x}) = D\left(\frac{1}{n} \sum_{i=1}^{n} x_i\right) = \frac{1}{n^2} \sum_{i=1}^{n} D(x_i) = \frac{D(X)}{n} = \frac{\sigma^2}{n} \tag{3-27}$$

因而样本容量 n 越大，样本均值的方差 $D(\bar{x})$ 越小，总体均值的估计值 $\bar{x}$ 越稳定集中分布在总体均值附近。

3.3.2 总体方差的点估计

用样本估计总体方差时，通常用于总体方差点估计的统计量为

$$s^2 = \frac{1}{n-1} \sum_{i=1}^{n} (x_i - \bar{x})^2 = \frac{1}{n-1} \sum_{i=1}^{n} (x_i^2 - 2x_i\bar{x} + \bar{x}^2) = \frac{1}{n-1}\left(\sum_{i=1}^{n} x_i^2 - n\bar{x}^2\right) \tag{3-28}$$

将 s^2 称为样本方差。根据 3.1.3 节中随机变量方差的简化算法，有

$$\begin{aligned} E(s^2) &= \frac{1}{n-1}\left(\sum_{i=1}^{n} x_i^2 - n\bar{x}^2\right) = \frac{n}{n-1}\{D(X) + [E(X)]^2\} - \frac{n}{n-1}\{D(\bar{x}) + [E(\bar{x})]^2\} \\ &= \frac{n}{n-1}\{D(X) + [E(X)]^2\} - \frac{n}{n-1}\left\{\frac{1}{n}D(X) + [E(X)]^2\right\} \\ &= D(X) = \sigma^2 \end{aligned} \tag{3-29}$$

可见，当 $n \to \infty$ 时，用样本方差 s^2 来估计总体方差 σ^2 也没有系统误差，是无偏估计量。

3.3.3 总体均值的区间估计

总体均值和方差在统计中是需要宏观把握的，但往往看不见、摸不着，虽然利用样本可对总体均值和方差进行点估计，但是估计结果随样本的不同会略有差别。因此，需要估计出总体均值和方差所在的范围，且希望该范围越小越好，这就是总体均值和方差的区间估计问题。既然是估计，当然有一定的风险，所估计的区间范围是以某个概率给出的。上述的问题可以看作是估计总体均值或方差在某个范围内的概率有多大；或者反过来说，当给定概率要求（通常为0.95）时，再估计出总体均值或方差所在的区间范围。

对总体均值 μ 和方差 σ^2 进行区间估计时，如果事先给定小概率 α，能找到一个区间 $[\hat{\theta}_1, \hat{\theta}_2]$，使得 $P(\hat{\theta}_1 \leqslant \theta \leqslant \hat{\theta}_2) = 1 - \alpha$，则称 $[\hat{\theta}_1, \hat{\theta}_2]$ 为参数 θ 的置信区间，$1 - \alpha$ 为置信度或置信水平。

下面先介绍总体均值 μ 的区间估计。对总体均值所在区间进行的估计，一般分为已知方差和未知方差两种情况，即已知方差 σ^2 时对 μ 进行区间估计和未知方差 σ^2 时对 μ 进行区间估计。

3.3.3.1 已知方差 σ^2 时对 μ 的区间估计

由于正态随机变量在生产过程中普遍存在，处于非常重要的位置，很多产品质量的控制指标都服从正态分布，因而这里重点研究正态随机变量的区间估计问题。对于总体均值的估计，所选用的统计量为 $\bar{x} = \frac{1}{n}\sum_{i=1}^{n} x_i$。

根据前面的计算结果：$E(\bar{x}) = \mu$，$D(\bar{x}) = \frac{\sigma^2}{n}$。为了求出总体均值的区间估计，我们先把统计量转变为服从标准正态分布的随机变量 z，然后根据给定的置信度 $1 - \alpha$（例如0.95），求出这个随机变量 z 所在的范围 $-z_{\alpha/2} < z < z_{\alpha/2}$，进而导出总体均值 μ 所在的范围。

在已知方差 σ^2 的情况下，随机变量 z 可以确定为

$$z = (\bar{x} - \mu) \Big/ \sqrt{\frac{\sigma^2}{n}} \sim N(0,1) \tag{3-30}$$

对于给定的置信度 $1 - \alpha = 0.95$，根据 z 的分布，可以求出 $z_{\alpha/2}$，使得 $P\{|z| \leqslant z_{\alpha/2}\} = 0.95$。利用标准正态分布表可以求得 $z_{\alpha/2} = 1.96$，从而

$$P\left\{|\bar{x} - \mu| \leqslant 1.96\sqrt{\frac{\sigma^2}{n}}\right\} = 0.95 \tag{3-31}$$

上式意义是：估计值与总体均值之差的绝对值的范围不超过 $1.96\sqrt{\frac{\sigma^2}{n}}$ 的可能性为0.95，也就是有95%的把握保证总体均值所在的区间为

$$\left[\bar{x} - 1.96\sqrt{\frac{\sigma^2}{n}}, \bar{x} + 1.96\sqrt{\frac{\sigma^2}{n}}\right] \tag{3-32}$$

当我们取置信度 $1 - \alpha = 0.99$ 时，用同样的方法计算出置信区间为

$$\left[\bar{x}-2.58\sqrt{\frac{\sigma^2}{n}},\ \bar{x}+2.58\sqrt{\frac{\sigma^2}{n}}\right] \tag{3-33}$$

通过上面两种置信度下置信区间的比较可以看出：置信区间的长度与置信度有关，置信度越高，即 $1-\alpha$ 的值越大，则置信区间越长。此外，置信区间的长度与样本容量有关，要使区间越小，则样本容量 n 要求越大，所付出的代价也就越高。对于解决实际问题，要具体分析，适量为止。

应该指出的是，对于不服从正态分布的随机变量，如果样本容量 n 足够大，仍可用上述方法估计总体均值。根据概率论中著名的中心极限定理，无论总体是什么样的随机变量，只要样本容量充分大（一般认为不小于30个），随机变量 $(\bar{x}-\mu)\Big/\sqrt{\frac{\sigma^2}{n}}$ 就近似地服从标准正态分布，因而仍可用上述方法来估计总体均值的置信区间。

3.3.3.2　未知方差 σ^2 时对 μ 的区间估计

由于生产过程中很多情况下并不知道总体方差 σ^2，这时可利用 σ^2 的无偏估计量 $s^2=\frac{1}{n-1}\sum_{i=1}^{n}(x_i-\bar{x})^2$ 来代替 σ^2，从而可用统计量

$$t=(\bar{x}-\mu)\Big/\sqrt{\frac{s^2}{n}}\sim t(n-1) \tag{3-34}$$

对总体均值 μ 进行区间估计。有关上面统计量服从 t 分布的证明可以参见3.2.5节，可以将 $(\bar{x}-\mu)\Big/\sqrt{\frac{s^2}{n}}$ 看作是对样本均值 $\bar{x}$ 的标准化，用 $\sqrt{\frac{s^2}{n}}$ 替代了 $\sqrt{\frac{\sigma^2}{n}}$，因而随机变量 $t=(\bar{x}-\mu)\Big/\sqrt{\frac{s^2}{n}}$ 不再服从正态分布，而是服从 t 分布。

对于给定的置信度 $1-\alpha=0.95$，查 t 分布表，可以求出 $t_{\alpha/2}$，使得 $P\{|t|\leqslant t_{\alpha/2}\}=0.95$，即

$$P\left\{|\bar{x}-\mu|\leqslant t_{\alpha/2}\sqrt{\frac{s^2}{n}}\right\}=0.95P\left\{|\bar{x}-\mu|\leqslant t_{\alpha/2}\sqrt{\frac{s^2}{n}}\right\}=0.95 \tag{3-35}$$

从而求得总体均值在置信度为0.95时的置信区间为

$$\left[\bar{x}-t_{\alpha/2}\sqrt{\frac{s^2}{n}},\ \bar{x}+t_{\alpha/2}\sqrt{\frac{s^2}{n}}\right] \tag{3-36}$$

上式表明有95%的把握可以保证总体均值落在上面的这个置信区间内。

3.3.4　总体方差的区间估计

通过样本可以对方差进行点估计，统计量为 $s^2=\frac{1}{n-1}\sum_{i=1}^{n}(x_i-\bar{x})^2$，当 $n\to\infty$ 时，该式为无偏估计量。但在实际问题中，往往还需要对总体方差 σ^2 所在的范围进行估计，即根据样本找出 σ^2 的置信区间。这对于研究生产过程的稳定性，控制产品的精度是很有必要的，尤其对于高端产品，需要各工序严格控制工艺标准，才能获得满足要求的产品。考虑到正态分布的总体特殊性，本节主要研究正态分布的总体方差的区间估计问题。根据实际需要，这里只介绍均值未知时的情况。

设$X \sim N(\mu, \sigma^2)$，x_1，x_2，…，x_n是它的一个样本，由于总体方差σ^2的真实值并不知道，尽管知道s^2是σ^2的无偏估计，但s^2与σ^2究竟差多少也无从可知。从3.2.2节中样本方差的性质可知

$$Y = \frac{(n-1)s^2}{\sigma^2} \sim \chi^2(n-1) \tag{3-37}$$

对于给定的置信度$1-\alpha=0.95$，查χ^2分布表，如图3-10所示，可以求出λ_1、λ_2，使得$P(\lambda_1 \leqslant Y \leqslant \lambda_2) = 0.95$，即

$$P\left\{\lambda_1 \leqslant \frac{(n-1)s^2}{\sigma^2} \leqslant \lambda_2\right\} = 0.95$$

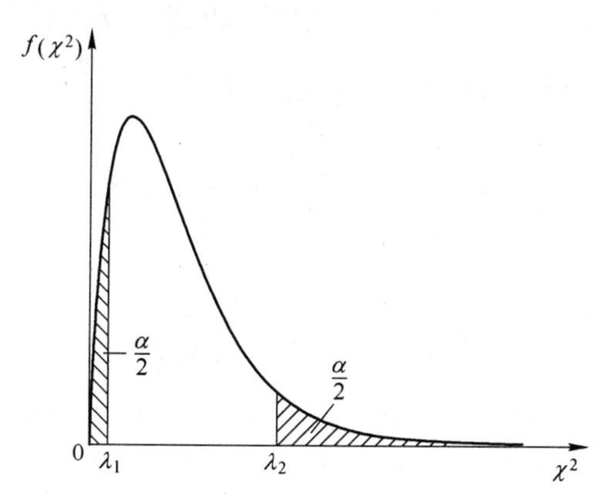

图3-10 χ^2分布概率示意图

因而可得置信度为0.95时，σ^2的置信区间为$\left[\frac{(n-1)s^2}{\lambda_2}, \frac{(n-1)s^2}{\lambda_1}\right]$，从而也可得到标准差$\sigma$的置信区间为$\left[\sqrt{\frac{(n-1)s^2}{\lambda_2}}, \sqrt{\frac{(n-1)s^2}{\lambda_1}}\right]$。

实例：利用表2-1中镀锌板表面粗糙度的数据（单位为μm）：1.26，1.20，1.37，1.62，1.55，1.40，1.49，1.50，1.20，1.16，1.60，1.19，1.23，0.78，1.30，1.24，1.31，1.19，1.20，1.51，1.44，1.44，1.40，1.12，1.15，1.22，1.21。完成如下计算：

（1）已知方差$\sigma^2=0.04\mu m^2$，在置信度$1-\alpha=0.95$时，估计镀锌板表面粗糙度的总体均值及其所在范围。

（2）未知方差σ^2，在置信度$1-\alpha=0.95$时，估计镀锌板表面粗糙度的总体均值及其所在范围。

（3）置信度$1-\alpha=0.95$时，估计镀锌板表面粗糙度的总体方差及其所在范围。

解：因为研究的总体是镀锌板表面粗糙度，设为随机变量X，样本点为x_1，x_2，…，x_{27}。计算其样本均值和样本方差分别为

$$\bar{x} = \frac{1}{27}\sum_{i=1}^{n} x_i = 1.31$$

$$s^2 = \frac{1}{26}\sum_{i=1}^{n}(x_i - \bar{x})^2 = 0.0331$$

（1）已知方差$\sigma^2=0.04\mu m^2$时，计算总体均值μ的点估计及区间估计。

首先，用样本均值 $\bar{x}$ 估计总体均值 μ 为：$\mu = \bar{x} = \frac{1}{27}\sum_{i=1}^{n} x_i = 1.31$；

然后，在置信度 $1-\alpha=0.95$ 时，利用标准正态分布表可以求得 $z_{\alpha/2}=1.96$，从而得总体均值 μ 的置信区间为

$$\left[\bar{x}-1.96\sqrt{\frac{\sigma^2}{n}},\ \bar{x}+1.96\sqrt{\frac{\sigma^2}{n}}\right]=[1.295, 1.325]$$

（2）未知方差 σ^2 时，计算总体均值的点估计及区间估计。

同样，用样本均值 $\bar{x}$ 估计总体均值 μ 为：$\mu = \bar{x} = \frac{1}{27}\sum_{i=1}^{n} x_i = 1.31$；

然后，在置信度 $1-\alpha=0.95$ 时，查自由度为 26 的 t 分布表，得 $t_{\alpha/2}=2.056$，且 $s^2 = \frac{1}{n-1}\sum_{i=1}^{n}(x_i-\bar{x})^2$，从而得到总体均值的置信区间为

$$\left[\bar{x}-t_{\alpha/2}\sqrt{\frac{s^2}{n}},\ \bar{x}+t_{\alpha/2}\sqrt{\frac{s^2}{n}}\right]=[1.238, 1.382]$$

（3）计算总体方差的点估计和区间估计。

首先，用样本方差 s^2 估计总体方差 σ^2 为：$s^2 = \frac{1}{26}\sum_{i=1}^{n}(x_i-\bar{x})^2 = 0.0331$；

然后，在置信度 $1-\alpha=0.95$ 时，查自由度为 26 的 χ^2 分布表，得 $\lambda_1=13.844$，$\lambda_2=41.923$，从而得到总体方差的置信区间为：[0.0205，0.0618]。

3.4　假设检验

上一节已经介绍了统计推断中的参数估计部分，本节将主要介绍统计推断中的另一个内容：假设检验。假设检验是先对总体参数提出一个假设，然后利用样本信息来判断这一假设是否成立。

3.4.1　零假设与研究假设

假设检验是根据样本对于统计模型的假设做出的接受或拒绝的推断。在用统计方法解决实际问题时，通常需要做出某个假设，然后再根据对试验样本分析的结果进行判断，决定是否接受这个假设。例如在工业生产的质量控制中，哪些因素会影响产品质量，这是经常会受到关注的问题。根据生产过程工艺规则或操作人员经验，可以对影响产品质量的因素提出假设，通过试验取得数据，并按照假设检验的方法，对样本数据进行分析。然后根据分析结果，判断哪些因素属于影响产品质量的主要因素，即接受假设，哪些因素不是，即拒绝该假设。

一个假设通常表示为 H，假设检验就是要在假设 H 成立的前提下，根据样本观测结果来判断是否有理由认为这个假设 H 成立，从而决定是接受还是拒绝假设 H。这种作为检验前提的假设称为零假设，一般用 H_0 表示，记作

$$H_0: \theta \in \Theta_0$$

若零假设被拒绝，就意味着要接受与之相反的另一假设，即研究假设（也称对立假设、备择假设）。研究假设是指在研究过程中希望得到支持的假设，研究假设一般用 H_1 表

示。通常零假设是受到保护的，没有充分的理由不能轻易被拒绝；而关于研究假设的态度则相反，没有充分的证据不能轻易被接受。

假设有不同的种类，如果一个假设只涉及参数的一个点，则称为简单假设。如果一个假设涉及一个参数，则称为单参数检验。在单参数检验中，又有单边假设和双边假设。

单边假设为

$$H_0:\ \theta \leqslant \theta_0$$
$$H_1:\ \theta > \theta_0$$

或

$$H_0:\ \theta \geqslant \theta_0$$
$$H_1:\ \theta < \theta_0$$

双边假设为

$$H_0:\ \theta = \theta_0$$
$$H_1:\ \theta \neq \theta_0$$

3.4.2 显著性水平

检验是对样本空间的一个划分，$\Theta_0 \cup \Theta_1 = \Theta$，$\Theta_0 \cap \Theta_1 = \varnothing$。当样本观测值落在 Θ_0 中时就接受零假设；当样本观测值落在 Θ_1 中时就拒绝零假设，而接受研究假设。这里 Θ_0 被称为接受域，Θ_1 被称为拒绝域。

对于一个特定的假设检验，总可以找到一个恰当的统计量，根据统计量的大小判断样本观察值对零假设的有利程度，并决定统计量的一个适当值，来划分接受域与拒绝域。这个统计量被称为检验统计量。

假设检验有发生错误的可能性。例如，如果零假设实际上是正确的，而检验结果却表示样本落在拒绝域，这时称假设检验发生了弃真错误。相反，如果零假设实际上是错误的，而检验结果却表示样本落在了接受域，这时称假设检验发生了存伪错误。

可以用发生这两种错误的概率来衡量假设检验的真实性。Neyman - Pearson 理论的检验准则是：事先指定一个小的正数 α，要求检验发生弃真错误的概率不超过 α，即满足上界

$$\sup_{\theta \in \Theta} P_0(X \in \Theta_1) \leqslant \alpha \tag{3-38}$$

该式表明，当零假设成立而由于样本点落在拒绝域导致发生错误的概率不超过 α，这里的 α 称为显著性水平。常用的显著性水平值为 0.01、0.05、0.1。显著性水平 α 的值越小，对零假设的保护程度就越大。

3.4.3 假设检验与置信区间的关系

设 $[\hat{\theta}_1,\ \hat{\theta}_2]$ 为参数 θ 在置信度 $1-\alpha$ 下的置信区间，即

$$P(\hat{\theta}_1 \leqslant \theta \leqslant \hat{\theta}_2) = 1 - \alpha, \forall \theta \in \Theta$$

对双边假设

$$H_0:\ \theta = \theta_0$$
$$H_1:\ \theta \neq \theta_0$$

对于显著性水平为 α 的检验，当 $\theta_0 \in [\hat{\theta}_1, \hat{\theta}_2]$ 时接受 H_0，当 $\theta_0 \notin [\hat{\theta}_1, \hat{\theta}_2]$ 时拒绝 H_0。接受域和拒绝域如图 3-11 所示。

置信区间的上下限与单边假设之间也有类似的对应关系。设 $\hat{\theta}_u$ 为参数 θ 在置信度 $1-\alpha$ 下的置信上限，即

$$P(\theta \leqslant \hat{\theta}_u) = 1 - \alpha$$

对单边假设

$$H_0:\ \theta \leqslant \theta_0$$
$$H_1:\ \theta > \theta_0$$

对于显著性水平为 α 的检验，当 $\theta_0 \leqslant \hat{\theta}_u$ 时接受 H_0，当 $\theta_0 > \hat{\theta}_u$ 时拒绝 H_0。接受域和拒绝域如图 3-12 所示。

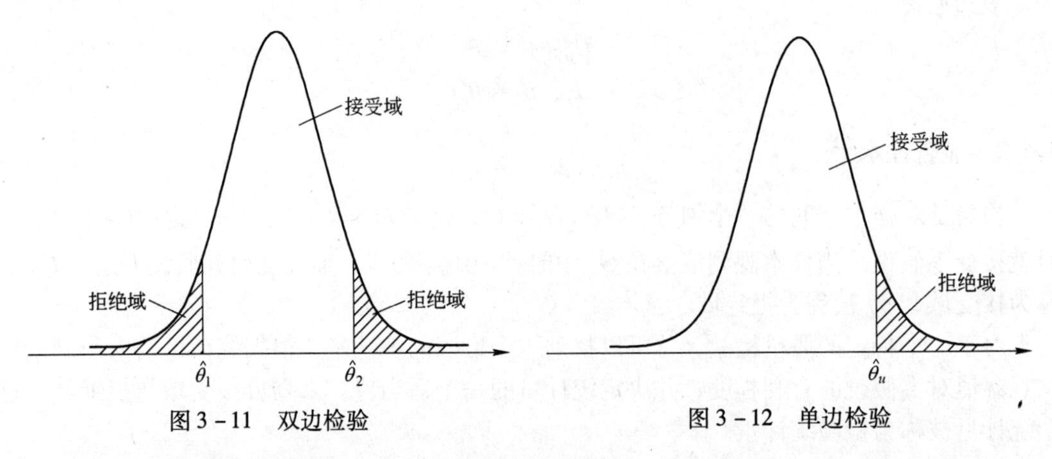

图 3-11　双边检验　　　　图 3-12　单边检验

下面以正态分布总体为例，介绍假设检验的步骤。

设 $x_1, x_2, \cdots, x_n$ 是取自正态分布 $N(\mu, \sigma^2)$ 总体 X 的样本，μ_0 为已知值。在正常情况下，应该有 $\mu \geqslant \mu_0$，但需检验 $\mu < \mu_0$ 是否成立，可以通过假设检验来确定该正态分布总体的均值。检验步骤如下：

（1）建立零假设和研究假设

$$H_0:\ \mu \geqslant \mu_0$$
$$H_1:\ \mu < \mu_0$$

（2）构建统计量，明确其分布。计算样本均值 $\bar{x}$ 和样本方差 s^2，通过如下方法构建统计量。

方差 σ^2 已知：构建统计量 $z = \dfrac{\bar{x} - \mu}{\sigma / \sqrt{n}} \sim N(0,1)$；

方差 σ^2 未知：构建统计量 $t = \dfrac{\bar{x} - \mu}{s / \sqrt{n}} \sim t(n-1)$。

（3）选定显著性水平 α，查统计量服从的分布表，得到置信限。

方差 σ^2 已知：查标准正态分布表，得到置信限为 z_α；

方差 σ^2 未知：查自由度为 $n-1$ 的 t 分布表，得到置信限为 t_α。

（4）计算出相应统计量的值。

方差 σ^2 已知：计算统计量为 $z_0 = \dfrac{\bar{x} - \mu_0}{\sigma/\sqrt{n}}$；

方差 σ^2 未知：计算统计量为 $t_0 = \dfrac{\bar{x} - \mu_0}{s/\sqrt{n}}$。

（5）进行统计推断：是否接受零假设。

方差 σ^2 已知：如果 $z_0 \leqslant -z_\alpha$，则拒绝 H_0；若 $z_0 > -z_\alpha$，则接受 H_0；

方差 σ^2 未知：如果 $t_0 \leqslant -t_\alpha$，则拒绝 H_0；若 $t_0 > -t_\alpha$，则接受 H_0。

3.5 应用举例

数理统计的相关知识在实际工业生产中的应用颇为广泛，最常用的就是假设检验。例如，在对实际工业数据建立多元线性回归模型后，需要对模型进行 F 检验和 t 检验，即分别对模型的线性关系和总体回归参数进行检验。下面以表 2－1 中的数据作为例子，分别进行 F 检验和 t 检验分析。

3.5.1 回归模型的线性关系检验——F 检验

在对样本数据 $\boldsymbol{X}_{n\times p}$ 建立回归模型时，假设因变量和自变量之间的关系是统计意义下的线性关系，现需要对这个假设进行检验，即检验：是否可以用 X_1，X_2，…，X_p 的线性回归方程来解释 Y。其中，X_i 表示自变量，代表实际生产过程中的工艺参数，如板厚、轧制力、光整辊表面粗糙度等变量；Y 表示因变量，代表实际生产过程中所关注的产品质量参数，如镀锌板表面粗糙度。按如下步骤进行 F 检验。

记 Y 关于 X_1，X_2，…，X_p 的总体回归参数为 $\beta_i(i=1, 2, \cdots, p)$，检验是否可以用 X_1，X_2，…，X_p 的线性回归方程来解释 Y，即检验总体回归参数 β_i 是否全为 0，因此可以得到 F 检验的零假设和研究假设分别是

$$H_0: \beta_1 = \beta_2 = \cdots = \beta_p = 0$$

$$H_1: \beta_1, \beta_2, \cdots, \beta_p \text{ 中至少有一个不为 } 0$$

F 检验的统计量为

$$F = \frac{SSR/p}{SSE/(n-p-1)} \tag{3-39}$$

式中，p 为自变量的个数，n 为样本容量，SSR 为拟合值与平均值的偏差平方和，SSE 为拟合值与样本值的残差平方和，可以证明 $SSR \sim \chi^2(p)$，$SSE \sim \chi^2(n-p-1)$。在此基础上，由 F 分布的定义可知，统计量 $\dfrac{SSR/p}{SSE/(n-p-1)}$ 服从自由度为 p 和 $n-p-1$ 的 F 分布，即

$$\frac{SSR/p}{SSE/(n-p-1)} \sim F_\alpha(p, n-p-1)$$

选取一个显著性水平 α，查 F 分布表，得到拒绝域的临界值 $F_\alpha(p, n-p-1)$，则可以按如下准则进行判断：

若 $F \leqslant F_\alpha(p, n-p-1)$，则接受 H_0 假设，认为 $\beta_1 = \beta_2 = \cdots = \beta_p = 0$，无法用 X_1，X_2，…，X_p 的线性回归方程来解释 Y；

若 $F > F_\alpha(p, n-p-1)$，则拒绝假设，认为 β_1，β_2，…，β_p 中至少有一个不为 0，可

以用 X_1，X_2，…，X_p 的线性回归方程来解释 Y，也就是模型通过了 F 检验。

结合表 2－1 中的数据，建立回归方程为 $Y=0.0595+0.4513X_1+0.000117X_2+0.2525X_3$，并计算得到统计量 $F=\dfrac{SSR/3}{SSE/(27-3-1)}=7.6383$。查 F 分布表，在显著性水平 $\alpha=0.05$ 时，$F_{0.05}(3,27-3-1)=3.0278$，$F>F_{0.05}(3,27-3-1)$，所以拒绝假设 H_0，接受假设 H_1，说明可以用 X_1，X_2，X_3 的线性关系来解释 Y，即建立的线性回归方程通过了 F 检验。

3.5.2　总体回归参数的检验——t 检验

在线性回归方程通过 F 检验后，还需要针对每一个自变量，检验每一个自变量对因变量的影响程度是否显著，也就是检验它的每一个总体回归参数 β_i 是否显著为 0，即做总体回归参数的 t 检验。例如，若分析轧制力（自变量，也为工艺过程参数）对镀锌板表面粗糙度（因变量，也为产品质量）的影响程度，那么就需要对轧制力和镀锌板表面粗糙度之间的回归参数进行 t 检验。其他工艺过程参数，如光整辊表面粗糙度、板厚等都可以做类似处理，从而获得每个工艺过程参数对产品质量的影响大小关系。经过上述分析，可以将对产品质量影响大的工艺过程参数保留，而将影响小的工艺过程参数去除，有利于提高回归模型的精度和计算效率。

对总体回归参数 $\beta_i(i=1,2,\cdots,p)$ 做 t 检验的零假设和研究假设分别是

$$H_0:\ \beta_i=0$$

$$H_1:\ \beta_i\neq 0$$

t 检验的统计量为

$$t_i=\frac{b_i-\beta_i}{s(b_i)}\sim t_{\alpha/2}(n-p-1)\quad (i=1,2,\cdots,p)$$

其中，b_i 是回归方程系数，作为总体回归参数 β_i 的估计量，$s(b_i)$ 为估计量 b_i 的标准差。计算式如下

$$s(b_j)=\sqrt{\frac{SSR}{n-p-1}c(i)}$$

式中，$c(i)$ 表示矩阵 $(\boldsymbol{X}_{n\times p}^{\mathrm{T}}\boldsymbol{X}_{n\times p})^{-1}$ 对角线上的第 i 个元素。

下面简要证明统计量满足 t 分布，即证明 $t_i=\dfrac{b_i-\beta_i}{s(b_i)}\sim t_{\alpha/2}(n-p-1)(i=1,2,\cdots,p)$。其中，$n$ 表示样本容量，p 表示自变量的个数，即待观测工艺参数的个数。

对于回归系数 b_i 有：$b_i\sim N(\beta_i,\sigma(b_i))$，从而 $\dfrac{b_i-\beta_i}{\sigma(b_i)}\sim N(0,1)$。由 3.2.5 节中的关于抽样分布的性质可知：$\dfrac{(n-p-1)s^2(b_i)}{\sigma^2(b_i)}\sim\chi^2(n-p-1)$。此外，根据 t 分布的定义 $t=\dfrac{X}{\sqrt{Y/n}}$，有

$$t_i=\frac{\dfrac{b_i-\beta_i}{\sigma(b_i)}}{\sqrt{\dfrac{(n-p-1)s^2(b_i)}{\sigma^2(b_i)}\Big/(n-p-1)}}=\frac{b_i-\beta_i}{s(b_i)}\sim t(n-p-1)\qquad(3-40)$$

我们要检验的是回归参数β_i是否为0，属于双边检验。选取一个显著性水平α，查t分布表，得到拒绝域的临界值$t_{\alpha/2}(n-p-1)$。由于假设β_i为0，所以将$\beta_i=0$、b_i和$s(b_i)$的值代入t统计量的计算式中，可以计算得到t_i，然后比较$|t_i|$和$t_{\alpha/2}(n-p-1)$的大小并按如下准则进行判断：

若$|t_i| \leqslant t_{\alpha/2}(n-p-1)$，则接受$H_0$假设，认为$\beta_i$显著为0，说明自变量$X_i$对$Y$无显著的解释能力，可以考虑从模型中删除$X_i$。

若$|t_i| > t_{\alpha/2}(n-p-1)$，则拒绝$H_0$假设，认为$\beta_i$显著不为0，说明自变量$X_i$对$Y$有显著的解释能力，也就是说总体回归参数$\beta_i$通过了$t$检验。

结合表2-1中的数据，计算得到每个回归系数估计量、回归系数的标准差和回归系数的t统计量，如表3-1所示。

表3-1　t检验结果

总体回归参数	β_1	β_2	β_3
回归系数估计量$b_i(i=1,2,3)$	0.4513	0.000117	0.2525
回归系数标准差$s(b_i)(i=1,2,3)$	0.1725	0.0000349	0.074
回归系数的t统计量$t_i(i=1,2,3)$	2.62	3.36	3.41

经查t分布表，在显著性水平$\alpha=0.05$时，$t_{0.025}(27-3-1)=2.07$，经比较可得：

(1) $t_1>t_{0.05}(27-3-1)$，故β_1拒绝假设H_0，接受H_1，说明板厚X_1对镀锌板表面粗糙度有一定影响。

(2) $t_2>t_{0.05}(27-3-1)$，故β_2拒绝假设H_0，接受H_1，说明轧制力X_2对镀锌板表面粗糙度影响显著。

(3) $t_3>t_{0.05}(27-3-1)$，故β_3拒绝假设H_0，接受H_1，说明光整辊表面粗糙度X_3对镀锌板表面粗糙度的影响显著。

从上面的分析中可以得出，板厚、轧制力和光整辊表面粗糙度这3个变量均通过了t检验，在回归分析中都应当保留。

3.6　小结

(1) 研究某个问题时，其对象的所有可能的观测结果称为总体，组成总体的每个元素称为个体。由于个体之间差异性的存在，需要通过样本统计量来推断未知的总体参数，称为统计推断。

(2) 统计推断主要包括两部分内容：参数估计与假设检验。其中，参数估计的核心内容是利用样本对总体的期望和方差进行估计；假设检验是先对总体参数提出一个假设，然后利用样本信息来判断这一假设是否成立。

(3) 正态分布是统计学中最重要的一个分布，记作$X \sim N(\mu,\sigma^2)$，标准正态分布记为$X \sim N(0,1)$。正态分布是进行“6σ”统计过程控制的数学基础。

(4) 随机变量$X \sim N(0,1)$，且相互独立，则随机变量$X=\sum_{i=1}^{n}X_i^2$的分布称为卡方分布，记作$X \sim \chi^2(n)$，Wishart分布是χ^2分布的多元推广。

（5）随机变量 $X \sim \chi^2(n)$，$Y \sim \chi^2(m)$，且 X 与 Y 相互独立，则随机变量 $F = \dfrac{X/n}{Y/m}$ 的分布称为 F 分布，记作 $F \sim F(n,m)$，Wilks 分布是 F 分布的多元推广。根据 F 分布，计算出对应的统计量进行 F 检验，用来判断回归模型中的线性关系，即是否可以用 X_1，X_2，…，X_p 的线性回归方程来解释 Y。

（6）设随机变量 $X \sim \chi^2(2n)$，$Y \sim \chi^2(2m)$，且 X 与 Y 相互独立，将随机变量 $\beta = \dfrac{X}{X+Y}$ 的分布称为自由度为 n 和 m 的 β 分布，记作 $\beta \sim \beta(n, m)$。由于 β 分布是变量 X 在［0，1］区间的分布，而且随着分布参数的改变，概率密度曲线的形状也有所不同，故可以通过 β 分布获得在［0，1］区间上的各种概率的近似分布。

（7）随机变量 $X \sim N(0,1)$，$Y \sim \chi^2(n)$，且 X 与 Y 相互独立，则随机变量 $t = \dfrac{X}{\sqrt{Y/n}}$ 的分布称为 t 分布，记作 $t \sim t(n)$，T^2 分布是 t 分布的多元推广。根据 t 分布，计算出对应的统计量进行 t 检验，用来判断回归模型中总体回归参数是否显著，即检验每一个自变量对因变量的影响程度。此外，T^2 统计法是工业实际生产中常用的统计过程控制方法，这将在本书的后续章节中详细介绍。

4 单变量统计过程控制

单变量统计过程控制是进行多变量统计过程控制的基础，本章将主要介绍单变量统计过程控制的相关内容。首先，简单介绍统计过程控制的基本概念，并引出统计过程控制的两个主要方法：统计控制图和过程能力分析。然后，详述统计控制图的原理和常用控制图，此外对过程能力指数及其计算方法进行分析讨论。最后，对实际工业数据进行分析，以加深对单变量统计过程控制的理解。

4.1 统计过程控制简介

4.1.1 统计过程控制的基本概念

统计过程控制 SPC（Statistical Process Control）始于20 世纪70 年代，由美国休哈特博士（W. A. Shewhart）提出。它可以帮助人们认识和了解工业生产过程中存在的问题，认识生产过程的内在特性、变化规律及寻找生产过程发生异常的原因，并在此基础上对生产过程进行再设计，进而改进现有的生产过程。因此，统计过程控制被看作是提高产品质量和生产效率的有效技术手段。

不管是军用领域，还是民用领域，统计过程控制都有广泛的应用。在第二次世界大战期间，美国军方在武器装备生产中大量应用统计过程控制，有效地提高了其战备能力，被认为是美军在二战中获胜的重要因素之一。在 20 世纪 80 年代，日本的汽车、家用电器、感光材料等许多产品以非常卓越的质量，击败了美国民用工业的竞争，在经济上取得了胜利。日本的崛起使得许多美国学者呼吁政府和工业界重视对统计过程控制技术的应用，其结果是 ISO9000 质量标准在 1987 年开始实施。现在 ISO 系列质量体系认证已经成为全球性的标准。近年来我国企业也开始重视产品质量的管理，并积极争取获得 ISO 系列质量体系的认证。由于产品质量在现代工业中的重要地位，统计过程控制已经在机械、纺织、汽车、电子产品等离散制造业得到了广泛应用，并正逐渐向冶金、化工和食品等流程型制造业中渗透。

统计过程控制主要是针对过程的平均水平及过程的分散度进行控制，而过程的分散度往往是影响产品质量的主要因素。在生产过程中，产品质量受到以下五大因素的影响：人员（Man）、机器（Machine）、原料（Material）、方法（Method）、测量（Measurement）和环境（Environment），通常用 5M1E 表示。在统计过程控制中，我们将产品质量定义为过程输出，而将 5M1E 等影响质量的因素称为过程输入。这些因素的变化往往会引起产品质量的波动，主要原因可分为偶然因素和异常因素两大类。由偶然因素造成的质量指标值的随机波动称为正常波动，当仅有偶然因素存在时，产品质量处于正常波动范围，可以认为生产过程处于受控状态。由异常因素造成的质量指标的波动称为异常波动，当异常因素的影响使质量指标值偏离规定的范围时，则认为生产过程处于失控状态。通过统计过程控制，可以判断出生产过程是否处于受控状态。当过程出现失控状态时，再进一步找出异常因素并消除它们对过程的影响，达到提高产品质量的目的。综上所述，统计过程控制可以完成以下工作：

（1）判断生产过程目前的运行状态，对产品质量状况进行跟踪检测；

（2）当出现产品质量波动时，对输入参数进行跟踪，以诊断哪些参数引起质量的波动；

（3）在输入参数预设定时，判断质量指标的预测值；

（4）当过程出现功能劣化时，分析质量指标的变化趋势；

（5）根据所了解的过程运行状况和历史数据，制定相应的工艺标准和质量规范，进而改进和优化过程及产品质量。

需要指出的是，统计过程控制是保持生产稳定顺行和提高产品质量的有效工具，但并不是医治生产中所有弊病的万能药，它需要根据生产工艺和反应机理，并利用过程操作人员的经验和知识对统计结果进行必要解释，并在此基础上加以合理运用，才能使统计过程控制取得良好的应用效果。

4.1.2　工业过程中的各种变化

工业过程中往往存在各种变化，这些变化按其产生的原因大体可以分为以下四类。第一类是噪声变化，即由于随机性而产生的相同生产条件和参数下所观察到的产品质量变化。第二类是由外界因素引起的变化，如环境温度或湿度变化所引起的变化。第三类是由过程本身原因引起的变化，如装备工况的劣化等。第四类是可在生产中找到原因的变化，如原材料变化、生产工艺参数的不正确设定等。统计过程控制的重要作用之一是监测、识别过程变化，帮助人们寻找引起过程变化的原因，这通常是利用各种统计过程控制图来实现的。

图 4－1～图 4－6 是在实际生产过程中经常遇到的几种变化。图 4－1 描述了一组产品质量指标的观测值。假设这些数据满足均值为 μ、标准差为 σ 的正态分布，那么大多数数据都应位于 $\mu\pm3\sigma$ 之间，图 4－1 中所显示的变化为随机变化。图 4－2 显示了产品质量指标均值随时间的变化。图 4－3 显示了相邻数据间存在的自相关关系。图 4－4 描绘了数据的周期性变化，这类变化通常由生产过程中的环境温度变化、装置或机器更换所引起的，如轧机换辊、转炉定期修补炉衬等。图 4－5 给出了趋势性变化，这类变化通常是由于生产设备状态劣化、轧辊的磨损等因素引起的。图 4－6 表示了突然跳跃性变化，这类变化通常是由原材料变化、设备突发故障或工艺参数修改所引起的。

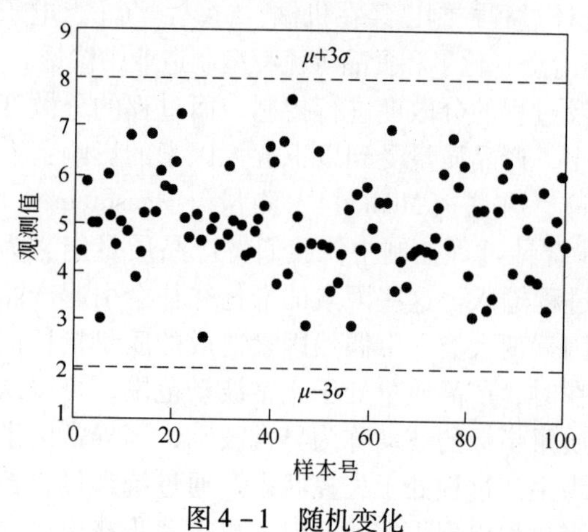

图 4－1　随机变化

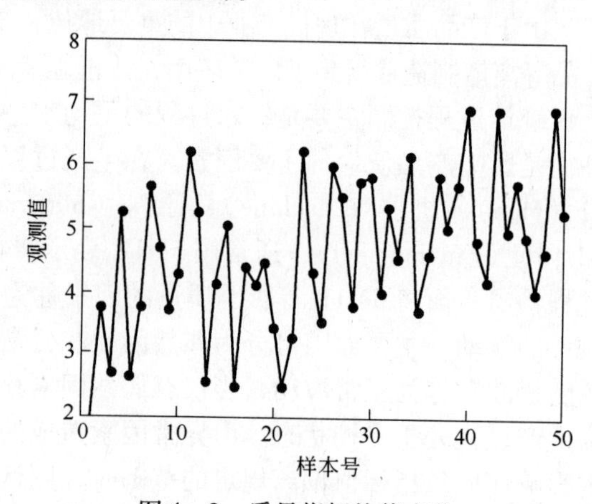

图 4－2　质量指标均值变化

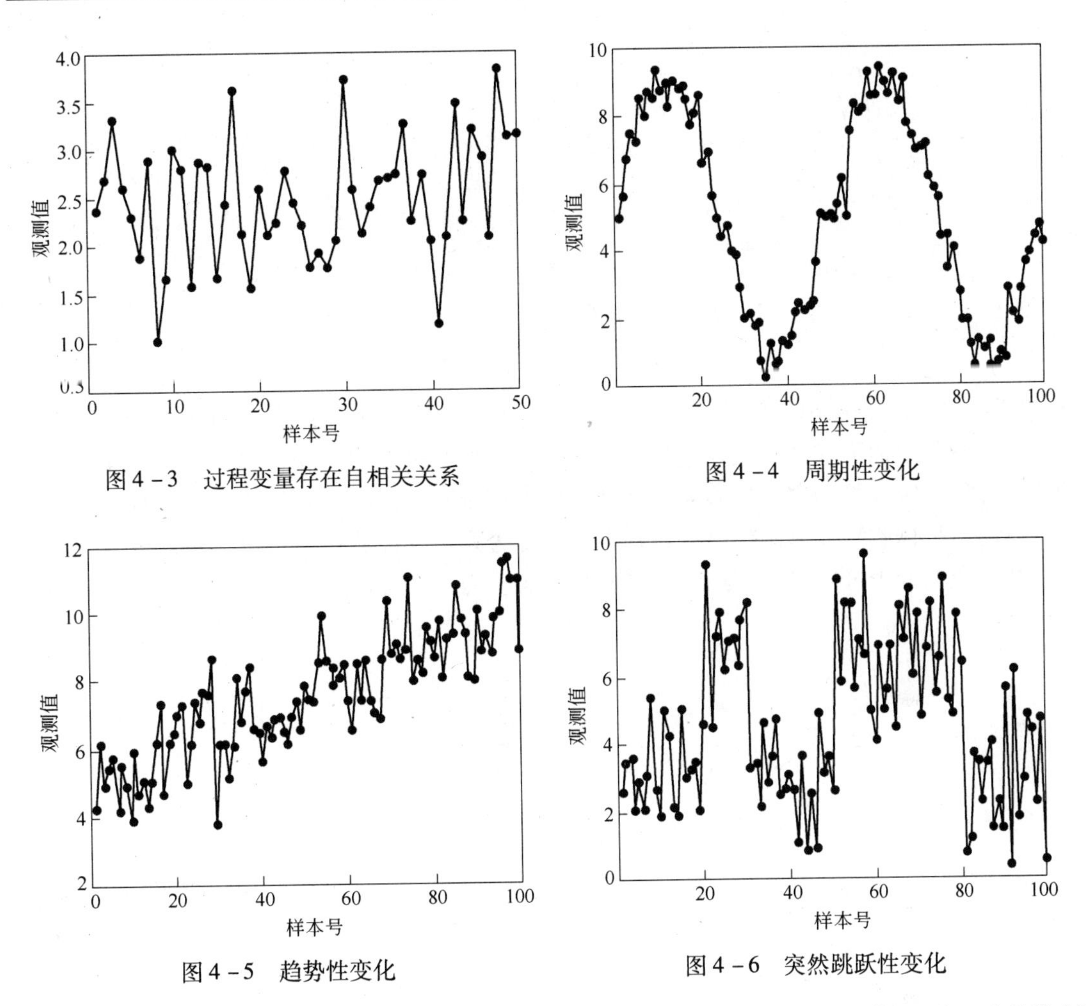

图 4－3　过程变量存在自相关关系

图 4－4　周期性变化

图 4－5　趋势性变化

图 4－6　突然跳跃性变化

用于统计过程控制中的方法有很多种，其中经常用到的主要是特征值监测、过程控制图和过程能力分析三种方法。

4.1.2.1　特征值监测

假设从生产过程中采集的数据服从某种分布（通常是正态分布），并具有一些内在的统计特性，如产品性能指标符合规定时，说明这个过程处于受控状态，其均值、方差的大小及分布曲线形状保持一致。当过程中存在异常因素引起的变化，即这个过程处于失控状态时，质量数据的均值、方差及分布曲线的形状会发生变化。图 4－7 分别表示了均值、方差及分布曲线形状发生改变的情况。从图中可以看出，均值变化意味着分布曲线的中心线发生了偏离，均值变大则向右偏离，若均值变小则向左偏离。方差的变化表示分布曲线高度的改变，方差越大，表明数据越分散，对应的分布曲线则越矮胖；反之，方差越小，说明数据越集中在均值附近，此时分布曲线就越瘦高。当生产过程出现异常情况时，分布曲线则由正态分布逐渐变为偏态分布。

用均值和方差来监测生产过程的状态是一种特征值监测方法。将特征值随时间的变化以图表的形式表示出来，并设定一定的控制范围，就变成了下面要介绍的控制图，所以控制图是特征值监测的一种更为形象的表示。

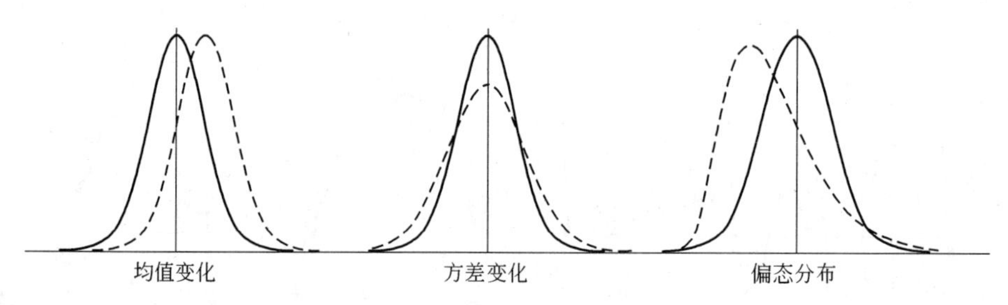

图 4 – 7　过程数据的均值、方差及分布曲线形状的变化

4.1.2.2　过程控制图

图 4 – 8 为一个简单的休哈特控制图。它是按时间顺序将过程数据画在图上，并同时画出上下控制限而形成的。只要过程的变化保持在控制限之内，就可以认为其变化是正常的，且过程在统计控制之下。假如数据点超出了控制限，说明有异常因素对过程产生了显著的影响。从休哈特控制图中可以辨别出过程是否处于受控状态，可以通过它监测生产过程参数和质量指标的变化，分析生产过程状态。有关控制图的详细介绍将在 4.2 节中讨论。

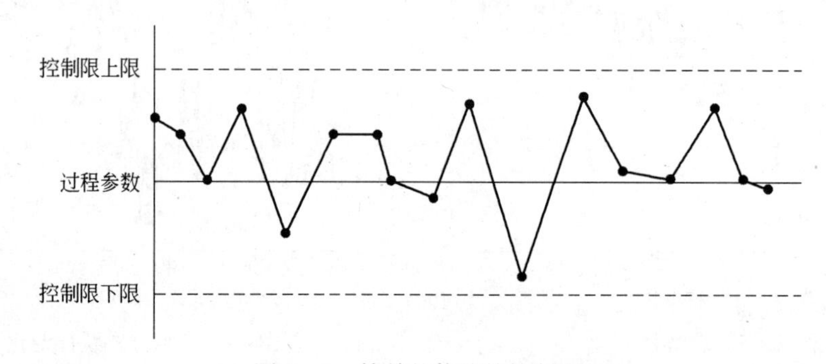

图 4 – 8　简单的休哈特控制图

4.1.2.3　过程能力分析

在统计过程控制中，把具有能生产出满足产品质量要求的工艺装备能力称为过程能力。过程能力表明了质量波动与质量标准之间的符合程度。图 4 – 9 给出了受控状态下过程能力的比较，在数据的分布曲线图上添加了质量标准的上下限。尽管这些过程都处于受控状态，但它们所表现出来的过程能力有较大差异。前面三条曲线代表了过程处于受控状态但过程能力不足，有一小部分产品超出了合格品的上限指标。后面三条曲线表明生产过程具有充足的过程能力，所有的产品都分布在质量标准的界限之内。显然，后三条曲线的方差小于前三条曲线的方差。一般情况下，质量指标分布的方差越小，质量波动的范围越小，过程能力就越高。

可以通过计算过程能力指数来定量评价受控过程的过程能力的强弱，以便及时对过程的工艺参数进行调整或者选用合适的工艺装备和调整工艺流程。过程能力指数小，说明该过程能力不足，则产品质量的合格率将难以得到保障，就需要改善工艺参数和调整工艺流程。反之，若过程能力指数较大，说明过程能力充足，则产品质量的合格率较高。但需要说明的是，并非过程能力指数越大越好，因为在充足的过程能力情况下，过程能力指数越大，所需要付出的生产成本必然增多，这时需调整工艺流程和改变工艺参数，在保证产品

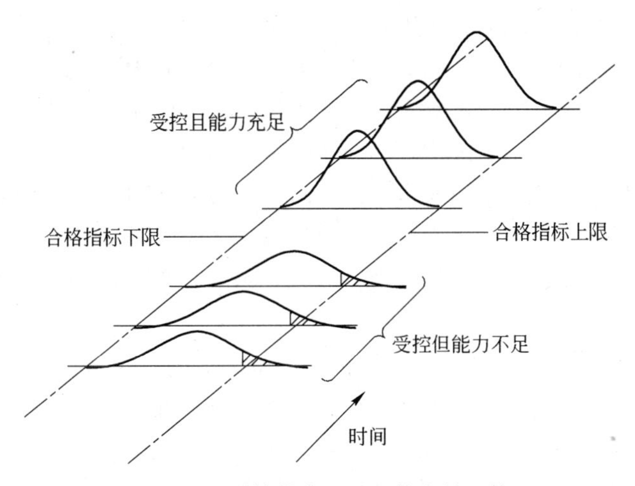

图4-9 受控状态下过程能力的比较

合格率的前提下，选择适当的过程能力，以达到最好的经济效益。有关过程能力指数的详细介绍将在4.3节中讨论。

4.2 统计控制图

4.2.1 控制图的定义

控制图是对监测数据加以测定、记录、展示，并从中进行控制管理的一种用统计方法设计的图。如图4-10所示，图中有中心线（Central Line，*CL*）、上控制限（Upper Control Limit，*UCL*）和下控制限（Lower Control Limit，*LCL*），此外还有按时间顺序抽取的样本统计量的数据点序列。*UCL*、*CL* 与 *LCL* 统称为控制限。若控制图中的数据点落在 *UCL* 与 *LCL* 之外，或数据点在 *UCL* 与 *LCL* 之间的非随机排列，则表明过程可能存在某种异常。

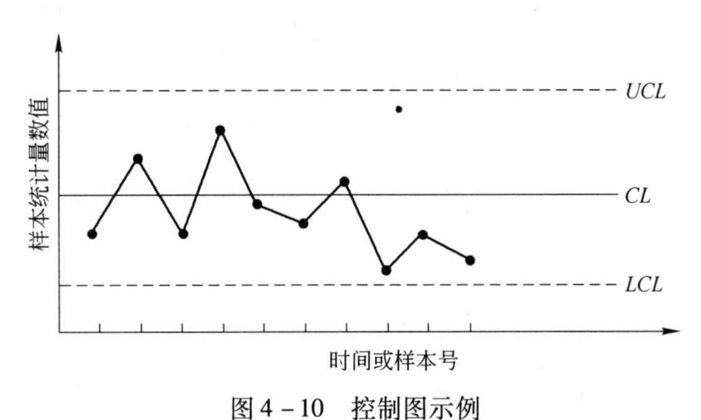

图4-10 控制图示例

4.2.2 控制图的基本原理

控制图的基本原理主要包括四个方面：正态性假定、$k\sigma(3\sigma)$ 准则、小概率事件不发生原理和统计推断思想。下面将介绍这四方面的内容。

4.2.2.1 正态性假定

正态性假定，是指绝大多数的生产过程在稳定状态，或者过程是在受控状态下，其特征指标服从正态分布。一般认为，正态性假定具有广泛的适用性，生产过程越是满足正态性假定，其统计过程控制的效果就越好。对于理论上并不服从正态分布的生产过程，通常用三种方法进行处理：（1）对过程数据进行数学变换，使变换后的数据服从或近似服从正态分布；（2）利用统计量的大样本性质，选择大样本下近似服从正态分布的特征进行统计过程控制；（3）按照过程数据内在的特征，对非正态性过程设计特定的统计过程控制图，并实施过程控制。实际应用中，可以依据单样本分布的 Kolmogorov – Smirnov 检验理论来判断一组数据是否服从正态分布。一般情况下，前两种方法的应用更为普遍。

4.2.2.2　$k\sigma(3\sigma)$ 准则

$k\sigma$ 准则是一个统计准则，统计控制图中控制限确定的理论依据就是 $k\sigma$ 准则。当某个过程服从正态分布 $N(\mu,\ \sigma^2)$ 时，$k\sigma$ 准则也称为 k 倍标准差准则。在一元正态分布情形下，一般取 $k=3$，即通常所说的 3σ 准则。在一元非正态或多元正态分布情形下，通常按照显著性水平 α，并结合统计量的实际分布给出相应的临界值 c_α 作为控制限，此临界值 c_α 与一元正态情形下的 $k\sigma$ 准则的含义一致。根据一元正态分布的概率性质，无论过程分布的均值和标准差 σ 具体取何数值，过程的观测值落在 $\mu\pm3\sigma$ 范围内的概率总是 99.73%，落在 $\mu\pm3\sigma$ 范围之外的概率则为 0.27%，而仅仅落在其中一侧之外，也即过程的观测值落在小于 $\mu-3\sigma$ 或者大于 $\mu+3\sigma$ 的范围内的概率仅为 0.135%，如图 4 – 11 所示。

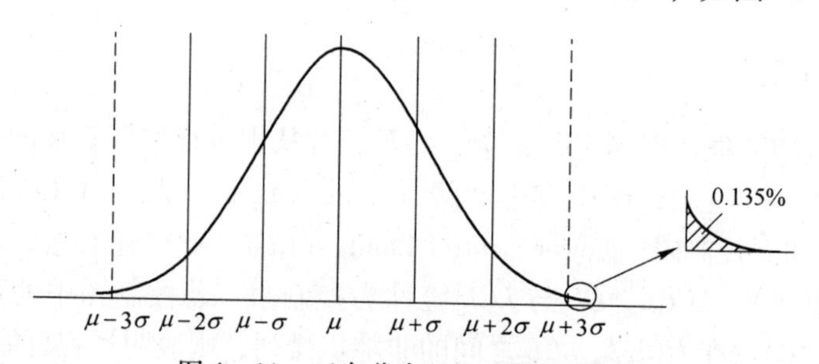

图 4 – 11　正态分布及 3σ 准则示意图

正态分布的这一性质对统计控制图的设计非常重要。休哈特正是基于这一性质提出了统计控制图的设计原理，如图 4 – 12 所示，$\mu+3\sigma$ 为控制上限 UCL，$\mu-3\sigma$ 为控制下限 LCL，μ 为中心线 CL。

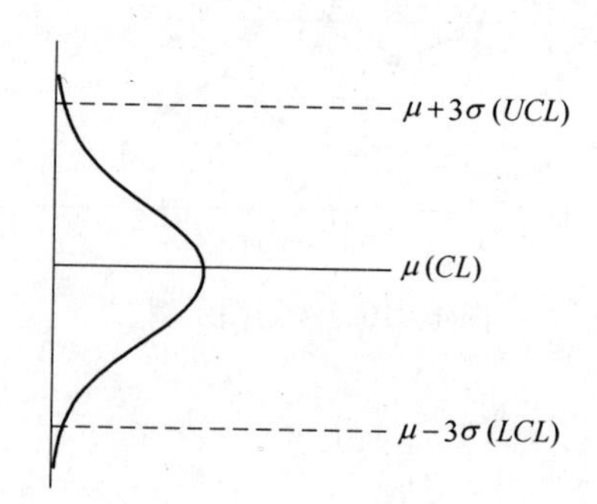

图 4 – 12　基于正态分布的统计控制图的形成过程

4.2.2.3　小概率事件不发生原理

小概率事件不发生原理，是指小概率事件在一次观察中是不会发生的。在一元正态分布情形下，根据3σ 准则，事件“过程特征的观测值落在$\mu \pm 3\sigma$ 范围之外”发生的概率仅为0.27%，这是一个小概率事件，其在一次观察中通常是不会发生的。不难看出，小概率事件不发生原理不同于一般的数学原理，它是一种基于统计原则的推理思想，存在犯两类错误的可能性。第一类错误：以真为假，虚发警报。第二类错误：以假为真，漏发警报。有关两类错误的详细讨论将在4.2.4节中介绍。实践表明，3σ 准则及由此制定的控制限是确保犯两类错误所造成损失较小的控制限，即犯第一类错误的概率$\alpha = 0.27\%$。

4.2.2.4 统计推断思想

统计推断思想认为，既然小概率事件在一次观察中是不会发生的，那么一旦在某个统计控制中出现了“小概率事件发生”的现象，就表明该过程发生了与预期不符的变化，或者说原先统计受控的过程中出现了引发产品质量发生变化的异常因素。统计推断思想是判定监控过程是否统计受控的理论基础，也是制定生产过程判稳准则和判异准则的理论基础。

4.2.3 常用控制图

根据单变量统计控制图所使用的过程特征的类型，可以将其分为计数值控制图和计量值控制图，前者又可以细分为计件值控制图和计点值控制图，如表4-1所示。

表4-1 常用单变量统计控制图的种类

数据特点		分布类型	所用控制图	简记
计数值	计件值	二项分布 $B(n,p)$	不合格品率控制图	p 控制图
			不合格品数控制图	np 控制图
	计点值	泊松分布 $P(\lambda)$	单位缺陷数控制图	u 控制图
			缺陷数控制图	c 控制图
计量值		正态分布 $N(\mu,\sigma^2)$	均值-极差控制图	$\bar{x}-R$ 控制图
			均值-标准差控制图	$\bar{x}-s$ 控制图
			单值-极差控制图	$x-R_s$ 控制图

根据中心极限定理，尽管某个随机变量自身并不服从正态分布，但由该随机变量的样本子集所生成的“均值”统计量却非常接近正态分布。这一特点使得基于正态分布假设建立的统计控制图技术，仍然可以推广到服从二项分布或泊松分布的场合，并建立起适用于监控相应过程特征的p 控制图、np 控制图、u 控制图和c 控制图。

p 控制图用于过程特征为不合格品率p 或合格品率$1-p$ 等计数指标的场合。值得注意的是，在将多个监测指标综合起来确定不合格品率的情况下，即使p 控制图显示异常，也往往很难找出导致异常发生的原因。因此，使用p 控制图时，应尽量选择重要的监测指标作为判断不合格品的依据。类似的计数值指标还有废品率、交货延迟率和差错率等。

np 控制图用于过程特征为不合格品数的场合。若 n 为样本容量，p 为不合格品率，则 np 为不合格品的个数。由于计算不合格品率需要进行除法运算，相对较为麻烦，因此在样本容量 n 相同的情况下，用 np 控制图进行过程监控比较方便。

u 控制图用于控制一台机器、一个部件、一定长度、一定面积或某个控制单元中出现的单位平均缺陷数目。例如，在厚度为 2mm 的钢板生产过程中，一批样品的面积是 $4m^2$，下一批样品的面积是 $4.5m^2$，则平均每平方米钢板表面缺陷数可用 u 控制图进行监控。

c 控制图用于控制一台机器、一个部件、一定长度、一定面积或某个控制单元中出现的总缺陷数。例如，铸坯裂纹数、板带内部夹杂物个数、带钢表面的缺陷数等。

从上述的分析中可以看出，对于计数值控制图（p 控制图、np 控制图、u 控制图和 c 控制图）是对产品质量的某个或某些特征进行监测，若有一个不满足相关要求，就判为不合格品，因而该类控制图在质量产生异常时，很难分析出究竟是哪些异常因素引起了质量波动。在对实际工业生产监控的过程中，不仅需要了解生产状态是否处于受控状态，更需要掌握引起生产过程失控的原因，这样才能及时调整生产工艺和控制参数，以最大程度地减小产品质量的不合格品数。相比于计数值控制图，计量值控制图除了能够监控生产过程是否受控，还能够提供更多关于过程失控的信息。为此，本书将重点讨论计量值控制图（$\bar{x}-R$控制图、$\bar{x}-s$ 控制图、$\bar{x}-R_s$ 控制图）。

假设生产过程中某一工艺参数为 X，进行 m 组采样，每组采样的观测值个数为 n，则共有 mn 个观测值，用 $x_1^{(l)}$，$x_2^{(l)}$，…，$x_n^{(l)}$（$l=1$，2，…，m）表示第 l 组采样的 n 个观测值。利用这些数据，可以计算出每组采样观测值的均值、均值标准差、极差和极差标准差，以及所有观测值的均值和标准差。利用这些统计量可以建立如下几种统计控制图进行统计过程分析和产品质量控制。下面将分别详细介绍三种常用的控制图。

4.2.3.1　均值－极差控制图

均值－极差控制图也称 $\bar{x}-R$ 控制图，这是最常用的，也是最重要的单变量控制图。它有两个明显的优点：（1）适用范围广。对于 $\bar{x}$ 控制图，若 X 服从正态分布，则 $\bar{x}$ 也服从正态分布。若 X 不服从正态分布，当样本大小 $n \geqslant 30$ 时，根据中心极限定理，仍可以认为 $\bar{x}$ 近似服从正态分布。对于 R 图（R 定义为组内最大值与最小值的极差），只要 X 不是非常不对称，则 R 的分布无大的变化，故适用范围广。（2）灵敏度高。由于 $\bar{x}$ 控制图的统计量是均值 $\bar{x}$，通过其平均作用，可以将 X 中由偶然因素所引起的波动抵消掉。而反映在 X 上的异常因素波动往往具有相同的特性，因而不会被 $\bar{x}$ 的平均作用抵消，因此 $\bar{x}$ 控制图检出异常因素波动的能力比较高。至于 R 控制图，其灵敏度则没有 $\bar{x}$ 控制图高。

A　确定 $\bar{x}-R$ 控制图的控制限

假设某一工艺参数 X 的总体服从均值为 μ、标准差为 σ 的正态分布，即 $X \sim N(\mu, \sigma^2)$。若定期抽取容量为 n 的子集 $x_1^{(l)}$，$x_2^{(l)}$，…，$x_n^{(l)}$（$l=1$，2，…，m），共抽取了 m 组，则每个子集的样本均值和样本极差可以按如下公式进行计算

$$\begin{aligned} \overline{x^{(l)}} &= \frac{1}{n}\sum_{i=1}^{n} x_i^{(l)} \\ R^{(l)} &= x_{\max}^{(l)} - x_{\min}^{(l)} \end{aligned} \tag{4-1}$$

式中，$x_{\max}^{(l)}$和 $x_{\min}^{(l)}$分别为 $x_1^{(l)}$，$x_2^{(l)}$，…，$x_n^{(l)}$（$l=1$，2，…，m）中的最大值和最小值。按

上式计算得 m 组子集的均值为 $\bar{x}_1$，$\bar{x}_2$，…，$\bar{x}_m$，极差为 R_1，R_2，…，R_m。

（1）当总体均值 μ 和标准差 σ 已知时，$\bar{x}$ 控制图的控制限为

$$
\begin{aligned}
UCL_{\bar{x}} &= \mu_{\bar{x}} + 3\sigma_{\bar{x}} = \mu + 3\sigma/\sqrt{n} \\
CL_{\bar{x}} &= \mu_{\bar{x}} = \mu \\
LCL_{\bar{x}} &= \mu_{\bar{x}} - 3\sigma_{\bar{x}} = \mu - 3\sigma/\sqrt{n}
\end{aligned}
\tag{4-2}
$$

（2）当总体均值 μ 和标准差 σ 未知时，需要先对其进行估计，估计步骤如下：

m 组子集的总均值为

$$
\bar{\bar{x}} = \frac{1}{m}\sum_{l=1}^{m}\bar{x}_l \tag{4-3}
$$

m 组子集的平均极差为

$$
\bar{R} = \frac{1}{m}\sum_{l=1}^{m}R_l \tag{4-4}
$$

由数理统计理论可以证明，总体均值 μ 和标准差 σ 的估计值为

$$
\hat{\mu} = \bar{\bar{x}}, \qquad \hat{\sigma} = \frac{\bar{R}}{d_2}
$$

式中，符号“^”表示估计值，d_2 为与子集容量 n 有关的常数，取值可参见表 4－2。此种情况下，$\bar{x}$ 控制图的控制限为

$$
\begin{aligned}
UCL_{\bar{x}} &= \mu + 3\sigma/\sqrt{n} = \hat{\mu} + 3\hat{\sigma}/\sqrt{n} = \bar{\bar{x}} - \frac{3\bar{R}}{d_2\sqrt{n}} = \bar{\bar{x}} + A_2\bar{R} \\
CL_{\bar{x}} &= \mu = \hat{\mu} = \bar{\bar{x}} \\
LCL_{\bar{x}} &= \mu - 3\sigma/\sqrt{n} = \hat{\mu} - 3\hat{\sigma}/\sqrt{n} = \bar{\bar{x}} - \frac{3\bar{R}}{d_2\sqrt{n}} = \bar{\bar{x}} - A_2\bar{R}
\end{aligned}
\tag{4-5}
$$

式中，$A_2 = \dfrac{3}{d_2\sqrt{n}}$，取值可参见表 4－2。

（3）对 R 控制图，其控制限确定方法如下：

令 $W = R/\sigma$，因为 X 服从正态分布，可以证明 $\sigma_W = d_3$，这是一个与子集容量 n 有关的常数。由此可得 R 控制图的标准差为 $\sigma_R = \sigma_W \cdot \sigma = d_3 \cdot \sigma$。此外，$\hat{\sigma} = \dfrac{\bar{R}}{d_2}$，故 σ_R 的估计量为

$$
\hat{\sigma}_R = d_3\frac{\bar{R}}{d_2}
$$

根据上述分析，得到 R 控制图的上下限为

$$
\begin{aligned}
UCL_R &= \mu_R + 3\sigma_R = \hat{\mu}_R + 3\hat{\sigma}_R = \bar{R} + 3d_3\frac{\bar{R}}{d_2} = D_4\bar{R} \\
CL_R &= \mu_R = \hat{\mu}_R = \bar{R} \\
LCL_R &= \mu_R - 3\sigma_R = \hat{\mu}_R - 3\hat{\sigma}_R = \bar{R} - 3d_3\frac{\bar{R}}{d_2} = D_3\bar{R}
\end{aligned}
\tag{4-6}
$$

式中，$D_3 = 1 - 3d_3/d_2$ 且 $D_4 = 1 + 3d_3/d_2$，是与子集容量 n 有关的常数，取值可参见表 4－2。

表 4－2　计量值控制图系数

样本大小 n	均值控制图			标准差控制图					
	控制限系数			中心线系数		控制限系数			
	A	A_2	A_3	c_4	$1/c_4$	B_3	B_4	B_5	B_6
2	2.121	1.880	2.659	0.798	1.253	0	3.267	0	2.606
3	1.732	1.023	1.954	0.886	1.128	0	2.568	0	2.276
4	1.500	0.729	1.628	0.921	1.085	0	2.266	0	2.088
5	1.342	0.572	1.427	0.940	1.064	0	2.089	0	1.964
6	1.225	0.483	1.287	0.952	1.051	0.030	1.970	0.029	1.874
7	1.134	0.419	1.182	0.959	1.042	0.118	1.882	0.113	1.806
8	1.061	0.373	1.099	0.965	1.036	0.185	1.815	0.179	1.751
9	1.00	0.377	1.032	0.969	1.032	0.29	1.761	0.232	1.707
10	0.949	0.308	0.975	0.973	1.028	0.284	1.716	0.276	1.669
11	0.905	0.285	0.927	0.975	1.025	0.321	1.679	0.313	1.637
12	0.886	0.266	0.886	0.978	1.023	0.354	1.646	0.346	1.610
13	0.832	0.249	0.850	0.979	1.021	0.382	1.618	0.374	1.585
14	0.802	0.235	0.817	0.981	1.019	0.406	1.594	0.399	1.563
15	0.775	0.223	0.789	0.982	1.018	0.428	1.157	0.421	1.544
16	0.750	0.212	0.763	0.984	1.017	0.448	1.552	0.440	1.526
17	0.728	0.203	0.739	0.985	1.016	0.466	1.534	0.458	1.511
18	0.707	0.194	0.718	0.985	1.015	0.482	1.518	0.475	1.496
19	0.688	0.187	0.698	0.986	1.014	0.497	1.503	0.490	1.483
20	0.671	0.180	0.680	0.987	1.013	0.510	1.490	0.504	1.470
21	0.655	0.173	0.663	0.988	1.013	0.253	1.477	0.516	1.459
22	0.640	0.167	0.647	0.988	1.012	0.534	1.466	0.528	1.448
23	0.626	0.126	0.633	0.989	1.011	0.545	1.455	0.539	1.438
24	0.612	0.157	0.619	0.989	1.011	0.555	1.445	0.549	1.429
25	0.600	0.153	0.606	0.990	1.011	0.565	1.435	0.559	1.420

样本大小 n	极差控制图							中位数控制图	
	中心线系数			控制限系数				控制限系数	
	d_2	$1/d_2$	d_3	D_1	D_2	D_3	D_4	M_3	M_3A_2
2	1.128	0.887	0.853	0	3.686	0	3.267	1.000	1.880
3	1.693	0.591	0.888	0	4.358	0	2.574	1.160	1.187
4	2.059	0.486	0.880	0	4.698	0	2.282	1.092	0.796
5	2.326	0.430	0.864	0	4.918	0	2.114	1.198	0.691
6	2.534	0.395	0.848	0	5.078	0	2.004	1.135	0.549
7	2.704	0.370	0.833	0.204	5.204	0.076	1.924	1.214	0.509
8	2.847	0.351	0.820	0.388	5.306	0.136	1.864	1.160	0.432

续表 4-2

样本大小 n	极差控制图							中位数控制图	
	中心线系数			控制限系数				控制限系数	
	d_2	$1/d_2$	d_3	D_1	D_2	D_3	D_4	M_3	M_3A_2
9	2.970	0.337	0.808	0.547	5.393	0.184	1.816	1.223	0.412
10	3.078	0.325	0.797	0.687	5.469	0.223	1.777	1.176	0.363
11	3.173	0.315	0.787	0.811	5.535	0.256	1.744		
12	3.258	0.307	0.778	0.922	5.594	0.283	1.717		
13	3.336	0.300	0.770	1.025	5.647	0.307	1.693		
14	3.407	0.294	0.763	1.118	5.696	0.328	1.672		
15	3.472	0.288	0.756	1.203	5.741	0.347	1.653		
16	3.532	0.283	0.750	1.282	5.782	0.363	1.637		
17	3.588	0.279	0.744	1.356	5.820	0.378	1.622		
18	3.640	0.275	0.739	1.424	5.856	0.391	1.608		
19	3.689	0.271	0.734	1.487	5.891	0.403	1.597		
20	3.735	0.268	0.729	1.549	5.921	0.415	1.585		
21	3.778	0.265	0.724	1.605	5.951	0.425	1.575		
22	3.819	0.262	0.720	1.659	5.979	0.434	1.566		
23	3.858	0.259	0.716	1.710	6.006	0.443	1.557		
24	3.895	0.257	0.712	1.759	6.031	0.451	1.548		
25	3.931	0.254	0.708	1.806	6.056	0.459	1.541		

注：当 $n>25$ 时，$A=\frac{3}{\sqrt{n}}$，$A_3=\frac{3}{c_4\sqrt{n}}$，$c_4=\frac{4(n-1)}{4n-3}$，$B_3=1-\frac{3}{c_4\sqrt{2(n-1)}}$，$B_4=1+\frac{3}{c_4\sqrt{2(n-1)}}$，$B_5=c_4-3\sqrt{1-c_4^2}$，$B_6=c_4+3\sqrt{1-c_4^2}$。

B　均值-极差控制图的使用步骤

步骤1：从实际生产过程中实时采集 m 个子集，每个子集的样本容量为 n，用于对生产过程的统计受控状态进行初始分析。

步骤2：计算每个子集的样本均值 $\bar{x}$ 和样本极差 R。

步骤3：计算 m 组子集的总均值$\bar{\bar{x}}$和平均极差 $\bar{R}$。

步骤4：分别计算 $\bar{x}$ 控制图和 R 控制图的控制限。由于 $\bar{x}$ 控制图的控制限的计算包含样本平均极差 $\bar{R}$，如果过程的方差统计失控，计算出来的 $\bar{x}$ 控制图的控制限就没有意义。由此，在计算 $\bar{x}-R$ 控制图的控制限时，需要先计算 R 控制图的控制限，再计算 $\bar{x}$ 控制图的控制限，进而绘制出 $\bar{x}-R$ 控制图。

步骤5：在完成上述步骤的基础上，建立分析用控制图实现对生产过程的实时监控。具体做法是：在分析用控制图受控的基础上，延长 $\bar{x}-R$ 控制图的样本序号，将分析用控制图转为实际控制用控制图。在较长时间内，除非有明显的证据显示，过程已经或正在发生显著变化，否则应维持控制限不变，保证日常质量管理的稳定性。如果已有明显的证据表明过程已经或正在发生显著变化，则必须重新采集数据，对过程新的状态进行分析，并据此确定新的控制限。

4.2.3.2　均值－标准差控制图

均值－标准差控制图也称 $\bar{x}-s$ 控制图。

假设某一工艺参数 X 的总体服从均值为 μ、标准差为 σ 的正态分布，即 $X\sim N(\mu,\sigma^2)$。若定期抽取容量为 n 的子集 $x_1^{(l)}$，$x_2^{(l)}$，…，$x_n^{(l)}$（$l=1$，2，…，m），共抽取了 m 组。当子集容量 n 较大时，如 $n>10\sim12$，用极差方法估计过程标准差的效率较低，可以用 s 控制图代替 R 控制图，从而形成 $\bar{x}-s$ 控制图。每个子集的样本标准差计算公式如下

$$s^{(l)}=\sqrt{\frac{1}{n-1}\sum_{i=1}^{n}(x_i^{(l)}-\bar{x}^{(l)})^2}\quad(l=1,2,\cdots,m)\tag{4-7}$$

由于样本取自正态总体，可以证明 $\sigma_s=\sigma\sqrt{1-c_4^2}$，这里 c_4 为一与子集容量 n 有关的常数，可以通过查表 4－2 获得。

（1）若总体标准差 σ 已知，可以证明 $E(s)=c_4\sigma$，则 s 控制图的控制限为

$$\begin{aligned}UCL_s&=\mu_s+3\sigma_s=c_4\sigma+3\sigma\sqrt{1-c_4^2}=B_6\sigma\\CL_s&=\mu_s=c_4\sigma\\LCL_s&=\mu_s-3\sigma_s=c_4\sigma-3\sigma\sqrt{1-c_4^2}=B_5\sigma\end{aligned}\tag{4-8}$$

式中，$B_6=c_4+3\sqrt{1-c_4^2}$ 且 $B_5=c_4-3\sqrt{1-c_4^2}$，是两个与子集容量 n 有关的常数，取值可参见表 4－2。

（2）若总体标准差 σ 未知，则需根据历史数据进行估计。$E(s)=c_4\sigma$，有 $\hat{\sigma}=\bar{s}/c_4$，其中 $\bar{s}=\frac{1}{m}\sum_{l=1}^{m}s^{(l)}$。由此可得 s 控制图的控制限为

$$\begin{aligned}UCL_s&=\bar{s}+3\frac{\bar{s}}{c_4}\sqrt{1-c_4^2}=B_4\bar{s}\\CL_s&=\bar{s}\\LCL_s&=\bar{s}-3\frac{\bar{s}}{c_4}\sqrt{1-c_4^2}=B_3\bar{s}\end{aligned}\tag{4-9}$$

式中，$B_4=1+3\frac{\sqrt{1-c_4^2}}{c_4}$ 且 $B_3=1-3\frac{\sqrt{1-c_4^2}}{c_4}$，是两个与子集容量 n 有关的常数，取值可参见表 4－2。

（3）$\bar{x}$ 控制图的控制限也需要应用 $\hat{\sigma}=\bar{s}/c_4$ 来计算，得到 $\bar{x}$ 控制图的控制限为

$$\begin{aligned}UCL_{\bar{x}}&=\bar{\bar{x}}+\frac{3\bar{s}}{c_4\sqrt{n}}=\bar{\bar{x}}+A_3\bar{s}\\CL_{\bar{x}}&=\bar{\bar{x}}\\LCL_{\bar{x}}&=\bar{\bar{x}}-\frac{3\bar{s}}{c_4\sqrt{n}}=\bar{\bar{x}}-A_3\bar{s}\end{aligned}\tag{4-10}$$

式中，$A_3=\frac{3\bar{s}}{c_4\sqrt{n}}$，是一个与子集容量 n 有关的常数，取值可参见表 4－2。

4.2.3.3　单值－移动极差控制图

单值－移动极差控制图也称 $x-R_s$ 控制图。

当子集容量 $n=1$ 时，即完全按照时间的顺序，每个时刻观测到一个数据点，对 m 个数据点进行统计过程控制，此时不能用 $\bar{x}-R$ 控制图和 $\bar{x}-s$ 控制图，需要采用单值－移动极差控制图。在对标准差 σ 的估计时，可以通过相邻两个样本间的移动极差 R_s 来进行。假设从过程抽取的样本为 $x_l(l=1, 2, \cdots, m)$，则样本均值为

$$\bar{x} = \frac{1}{m}\sum_{l=1}^{m} x_l \tag{4-11}$$

移动极差为

$$R_{sl} = |x_{l+1} - x_l| \tag{4-12}$$

平均移动极差为

$$\bar{R}_s = \frac{1}{m-1}\sum_{l=1}^{m-1} R_{sl} \tag{4-13}$$

若样本取自正态总体，可以证明，$E(R_s) = \frac{2\sigma}{\sqrt{\pi}}, \sigma_{R_s} = \sqrt{2-\frac{4}{\pi}}\cdot\sigma$，其中，$\pi$ 表示圆周率常数，于是 $\hat{\sigma} = \frac{\sqrt{\pi}\cdot\bar{R}_s}{2}$。

（1）若总体标准差 σ 已知，则 x 控制图的控制限为

$$\begin{aligned} UCL_x &= \bar{x} + 3\sigma \\ CL_x &= \bar{x} \\ LCL_x &= \bar{x} - 3\sigma \end{aligned} \tag{4-14}$$

R_s 控制图的控制限为

$$\begin{aligned} UCL_{R_s} &= \frac{2\sigma}{\sqrt{\pi}} + 3\sqrt{2-\frac{4}{\pi}}\cdot\sigma = 3.69\sigma \\ CL_{R_s} &= \frac{2\sigma}{\sqrt{\pi}} \\ LCL_{R_s} &= \frac{2\sigma}{\sqrt{\pi}} - 3\sqrt{2-\frac{4}{\pi}}\cdot\sigma = -1.43\sigma = 0 \end{aligned} \tag{4-15}$$

式中，LCL_{R_s} 为负值，但 R_s 不可能为负值，故取 $LCL_{R_s}=0$ 作为 R_s 的自然下界。

（2）若总体标准差 σ 未知，则 x 控制图的控制限为

$$\begin{aligned} UCL_x &= \bar{x} + \frac{3\sqrt{\pi}}{2}\cdot\bar{R}_s = \bar{x} + 2.66\bar{R}_s \\ CL_x &= \bar{x} \\ LCL_x &= \bar{x} - \frac{3\sqrt{\pi}}{2}\cdot\bar{R}_s = \bar{x} - 2.66\bar{R}_s \end{aligned} \tag{4-16}$$

R_s 控制图的控制限为

$$\begin{aligned} UCL_{R_s} &= \bar{R}_s + 3\sqrt{2-\frac{4}{\pi}}\cdot\frac{\sqrt{\pi}}{2}\cdot\bar{R}_s = 3.27\bar{R}_s \\ CL_{R_s} &= \bar{R}_s \\ LCL_{R_s} &= \bar{R}_s - 3\sqrt{2-\frac{4}{\pi}}\cdot\frac{\sqrt{\pi}}{2}\cdot\bar{R}_s = -1.27\bar{R}_s = 0 \end{aligned} \tag{4-17}$$

同样，取 $LCL_{R_s}=0$ 作为 R_s 的自然下界。

4.2.4 控制图的风险

4.2.4.1 两类错误

在进行假设检验的过程中，常会出现如表 4 - 3 所示的四种情况：（1）H_0 为真时，接受 H_0；（2）H_0 为真时，拒绝 H_0；（3）H_0 为假时，接受 H_0；（4）H_0 为假时，拒绝 H_0。（1）和（4）的判断是正确的，而（2）和（3）存在着错误判断。将（2）称为第一类错误，（3）称为第二类错误。第一类错误发生的概率则为显著性水平，用 α 来表示；第二类错误发生的概率用 β 来表示。

表 4 - 3 假设检验的四种情况

项　目	H_0 真	H_0 伪
接受 H_0	（1）正确决策	（3）第二类错误
拒绝 H_0	（2）第一类错误	（4）正确决策

应用统计控制图判断生产是否稳定，实际上是利用样本数据进行统计推断。既然是统计推断，就可能出现两类错误：

第一类错误是将正常的过程判为异常，即生产仍处于统计受控状态，但由于偶然性原因的影响，使得数据点超出控制限，虚发报警而将生产误判为出现了异常。如取 $\alpha=0.27\%$，意味着处于控制状态的样本有 0.27% 的可能性会落在 3σ 控制限之外，即犯第一类错误的可能性在 1000 个样本中约有 3 个样本出现了误判。

第二类错误是指生产已经处于统计失控状态，但数据点并没有超出控制限，则会将异常生产状态判为正常，这是漏发警报。

将上述两类错误在实际工业中的具体应用表述如下。设生产过程处于正常状态，总体的均值为 μ_0，标准偏差为 σ，则控制限的位置分别为 $CL=\mu_0$，$UCL=\mu_0+k\sigma$，$LCL=\mu_0-k\sigma$。以这组数据作为历史数据集对生产过程进行实时监控。但是，当生产过程出现工况偏移时，方差 σ 仍保持不变，均值为 μ_1，相对于历史数据集发生了 $\Delta\mu$ 的偏离。从图 4 - 13 中可以看出，阴影部分“▨”在新的数据集 $[\mu_1-3\sigma,\ \mu_1+3\sigma]$ 范围以内，应该属于正常数据点，但该部分数据点相对于历史数据集而言，落在 LCL 控制限以外，被误认为是异常点，因此出现第一类错误 α。同理，阴影部分“▧”在新的数据集 $[\mu_1-3\sigma,\ \mu_1+3\sigma]$ 范围之外，应该属于异常数据点，但以历史数据集作为参考，该部分数据点却落在了 UCL 控制限以内，被误认为是正常数据点，因此出现第二类错误 β。

从上面这个例子中还可以看出，应当及时掌握工况的变化，避免工况出现偏移时造成大量的质量误判。

4.2.4.2 减少犯两类错误所造成的损失

统计控制图是利用样本信息来对生产过程实施监控，其犯两类错误是不可避免的。从理论上讲，在样本容量 n 一定的情况下，增大上下控制限之间的距离，即 k 值变大，则 α 会减小，但 β 将增大；反之，缩小控制限之间的距离，即 k 值减小，则 α 会增大，此时 β 会减小。在实际应用中，通常根据出现两类错误所造成的总损失最小化来确定上下控制限之间的最优距离。实践表明，当 $k=3$ 时，即控制图上下限距中心线 CL 为 $\pm 3\sigma$ 时，犯两类错误所造成的合计损失为最小，如图 4－14 所示。

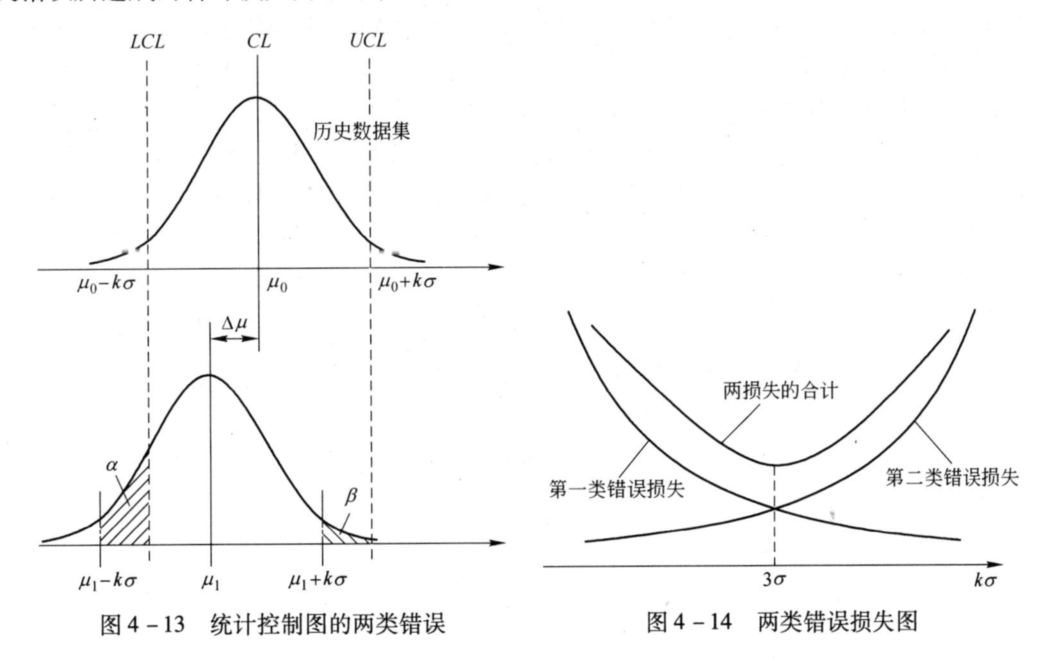

图 4－13 统计控制图的两类错误

图 4－14 两类错误损失图

4.2.5 判稳准则和判异准则

利用统计控制图可以在线监控生产过程的状态变化，是统计过程控制技术应用的基本方法。为此，需要制定判断过程状态稳定和异常的准则，即判稳准则和判异准则。根据小概率事件不发生原理和统计推断的思想，可以制定如下的判稳准则和判异准则。

4.2.5.1 判稳准则

在统计特征值服从正态分布的情况下，由于设定第一类错误的概率 $\alpha=0.27\%$，所以一旦有数据点落在控制限外，就说明小概率事件发生了，则可以判断过程的状态异常。但由于 α 很小，出现第二类错误的概率 β 就相对较大，此时就很难做出判断：落在控制限内的数据点是否都处于受控状态？因此，需要针对第二类错误的情况进行讨论。

若接连 m 个数据点都落在控制限内，则整个数据点序列犯第二类错误的概率 $\beta_{总}=\beta^m$ 要比个别数据点犯第二类错误的概率的 β 小很多，意味着出现第二类错误的可能性非常小，根据小概率事件原理可以判断过程处于稳态。从实际工业应用的角度来考虑，只要数据点落在控制限内，就可以认为该数据点是正常的，再结合下面介绍的一系列判异准则，就可以对生产过程的受控状态进行准确的判断。

4.2.5.2 判异准则

判异准则是根据小概率事件原理和统计推断思想制定的。由于小概率事件一旦发生，就判定过程失控，因而制定判异准则的过程就是寻找小概率事件的过程。据此，有如下两类判异准则：

第一类：数据点落在控制限外（包括压界）就判异；

第二类：控制限内数据点非随机排列就判异。

上述两类判异准则都是小概率事件，因而可以作为判异准则。由于对数据点的数目未加限制，第二类准则的模式原则有无穷多种，但现在仍继续使用的只有下列具有明显物理意义的几种，在控制图的判断中要注意对这些模式加以识别。下面将对数据点都在控制限内的 6 种模式逐一阐述。

模式 1　数据点频繁接近上下控制限

在这种模式中，“接近”这个词是模糊语言，应加以界定。一般规定，距离控制限在 1σ 范围内就称为“接近”。在图 4－15 中出现 A 虚线圈的现象表明质量指标分布的均值 μ 上移；出现 B 虚线圈的现象表明质量指标分布的均值 μ 下移；出现 C 虚线圈的现象表明质量指标分布的标准差 σ 增大。

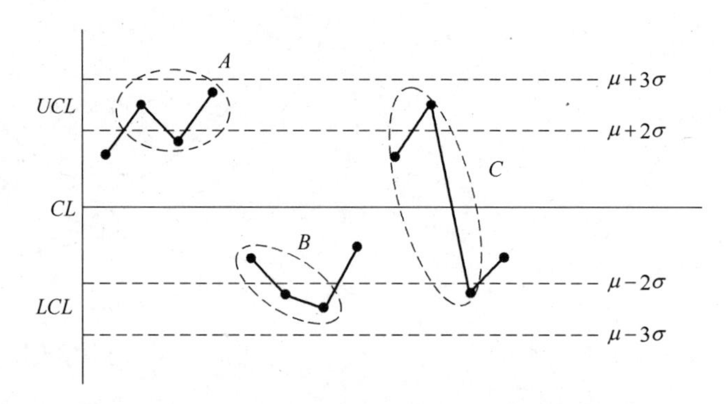

图 4－15　3 点中有 2 点接近控制界限

当数据点属于下列非随机排列情况就判异：

（1）连续 3 个点中，至少有 2 个点接近控制界限；

（2）连续 7 个点中，至少有 3 个点接近控制界限；

（3）连续 10 个点中，至少有 4 个点接近控制界限。

通常只应用上述第（1）条，因为它数据点个数少，容易判断。

模式 2　链

出现图 4－16 中虚线框的现象表明质量指标分布的均值 μ 向出现链的这一侧偏移，现作如下说明：

（1）在控制图中心线一侧连续出现的点称为链，其中包含的数据点数目称为链长。若链长≥9，则判异。

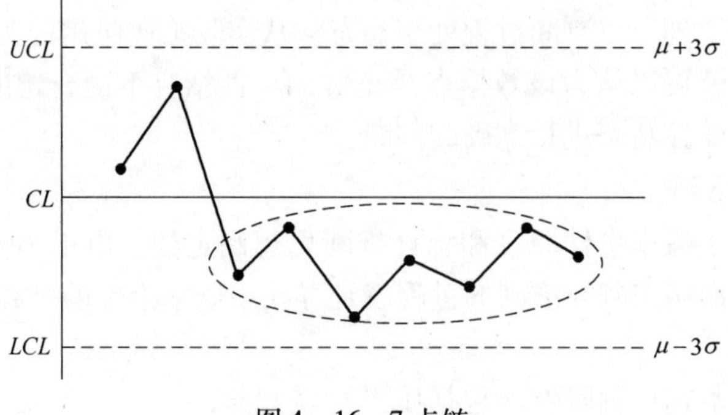

图 4－16　7 点链

（2）分析显著性水平 α：在控制图中，一个数据点落在中心线一侧的概率为 0.9973/2 =0.49865，则中心线一侧出现长为 9 的链的概率为

$$\alpha_9 = P(\text{中心线一侧出现长为 9 的链}) = 2 \times 0.49865^9 = 0.38\%$$

式中，α_9 与休哈特图中的 $\alpha_0 = 0.27\%$ 相近。若链长≥7，则判异，对应的 $\alpha_7 = 1.53\%$，该值比 α_9 约大 4 倍。过去常采用 7 点链判异，目前国外改为 9 点链判异。

模式 3　间断链

间断链（图 4－17）是指链中个别数据点跳到中心线的另一侧的链。间断链的判异准则如下：

（1）连续 11 点中，至少有 10 点在一侧；

（2）连续 14 点中，至少有 12 点在一侧；

（3）连续 17 点中，至少有 14 点在一侧；

（4）连续 20 点中，至少有 16 点在一侧。

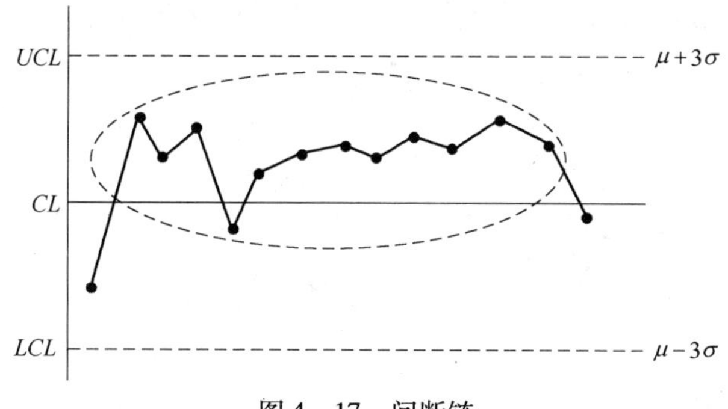

图 4－17　间断链

根据概率计算可知，上述 4 条判异准则的显著性水平分别为

$$\alpha_1 = 1.14\%, \ \alpha_2 = 1.25\%, \ \alpha_3 = 1.22\%, \ \alpha_4 = 1.12\%$$

在实际应用中，由于后 3 种情形需要观测的数据点较多，使用不太方便，一般较少应用，常使用第（1）种情形。

模式 4　倾向

出现图 4－18 所示的下降（或上升）倾向表明质量指标分布的均值 μ 随时间延长而减小（或增大）。数据点递增或递减的状态称为倾向或趋势。注意，如图 4－18 所示的下降倾向，后序数据点低于或等于前序数据点，否则倾向中断，需要重新起算。对于倾向也有相应的要求，过去为 7 点倾向判异，目前国外改为 6 点倾向判异。

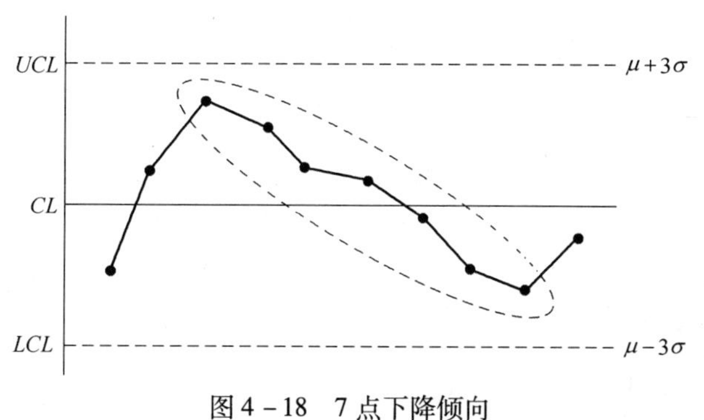

图 4－18　7 点下降倾向

关于倾向的 α 分析。不难证明

$$P(n\text{ 点倾向}) = \frac{2}{n!}(0.9973)^n$$

于是

$$\alpha_5 = P(5\text{ 点倾向}) = 1.644\%$$
$$\alpha_6 = P(6\text{ 点倾向}) = 0.273\%$$
$$\alpha_7 = P(7\text{ 点倾向}) = 0.039\%$$

由于 $\alpha_6 = 0.273\%$，最接近休哈特图的 $\alpha_0 = 0.27\%$，故 6 点倾向判异是合适的。

模式 5　数据点集中在中心线附近

模式 5 中的"中心线附近"是个模糊语言，一般规定在中心线 $\pm 1\sigma$ 的范围内称为"中心线附近"。出现图 4－19 所示的现象表明质量指标分布的标准差 σ 减小，可能源于如下几个原因：(1) 引发过程波动的异常因素的数量趋于减少；(2) 一些正常因素自身的波动明显减小；(3) 数据的采集存在问题；(4) 数据的分类不当。

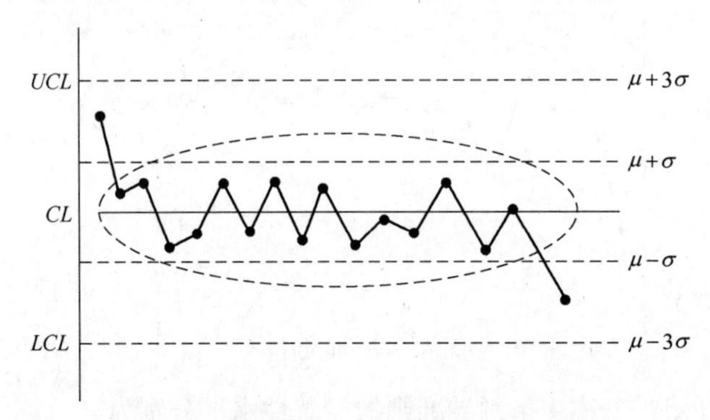

图 4－19　连续 15 点集中在中心线附近判异

针对第 (4) 种原因，具体解释如下：如果在统计控制图建立的早期，把来源不同的两组数据混合在一起，其中一组数据的波动大，而另一组数据的波动小，则混合数据的总波动将偏大，从而导致计算出的控制范围偏宽。这样，当新采集的样本数据接近波动较小的情况时，就会在统计控制图上显示出向中心线集中的现象。

以钢厂中用测厚仪测量带钢厚度为例，设新旧两台测厚仪，新测厚仪的精度要比旧测厚仪的精度高。对一批带钢，一半带钢用旧测厚仪测，一半带钢用新测厚仪，在建立控制图时把两个测厚仪测得的数据混在了一起，未做分类处理。从数理统计可知

$$\sigma_{\text{混}}^2 = \sigma_{\text{旧}}^2 + \sigma_{\text{新}}^2$$

故

$$\sigma_{\text{混}} > \sigma_{\text{新}}$$

现在若用 $6\sigma_{\text{混}}$ 作为上下控制限的间隔距离来画控制图，同时恰好又碰上用新测厚仪的数据描点，就会出现本模式，即数据点集中在中心线附近。

下面通过计算来分析数据点集中在中心线附近的概率大小。设控制图中有 1 个数据点落在中心线附近的概率 P_0 为

$$P_0 = P\{\mu - \sigma \leqslant X \leqslant \mu + \sigma\} = P\left\{-1 \leqslant \frac{X-\mu}{\sigma} \leqslant 1\right\}$$

$$=2\times[\Phi(1)-\Phi(0)]=0.68268$$

连续 14 个数据点集中在中心线附近的显著性水平 α 为

$$\alpha_{14}=0.68268^{14}=0.478\%$$

连续 15 个数据点集中在中心线附近的显著性水平 α 为

$$\alpha_{15}=0.68268^{15}=0.326\%$$

连续 16 个数据点集中在中心线附近的显著性水平 α 为

$$\alpha_{16}=0.68268^{16}=0.223\%$$

由于，$\alpha_{15}=0.326\%$，接近休哈特图的 $\alpha_0=0.27\%$，故连续 15 个数据点集中在中心线附近判异是合适的。值得注意的是，一旦传感器出现故障，会造成数据点连续出现在一侧，并保持不变，即方差为 0。

模式 6　数据点做周期性变化

图 4－20 表示了数据点呈周期性变化的现象。产生周期性变化的常见原因如下：（1）操作人员生理疲劳周期；（2）不同批次原料的周期性配送；（3）设备使用过程中的周期性磨损，如换辊周期；（4）外部环境的周期性变化，如气温变化。消除上述周期性变化可使产品质量更加稳定。

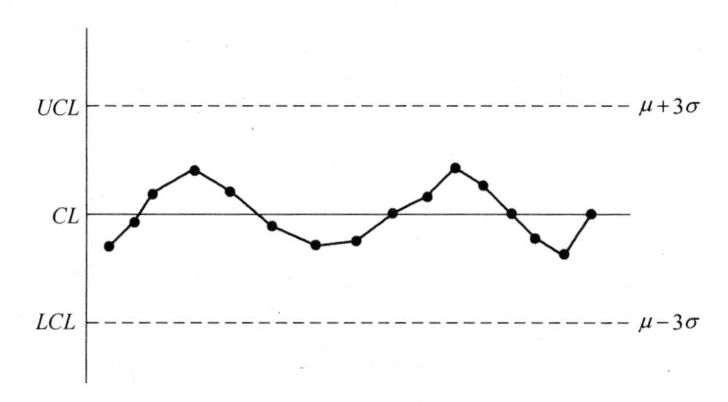

图 4－20　数据点呈周期性变化判异

4.2.6　应用统计控制图时需要注意的问题

作为统计过程控制技术应用的重要部分，统计控制图的应用得当与否，直接关系到其对过程波动的监控效果。因此，应用控制图需要着重考虑以下几个方面的问题：

（1）控制图用于何处？原则上讲，对于任何的过程，凡需要对质量进行控制的场合都可以应用控制图。但实际上，对于所确定的控制对象，即质量指标能够定量化，才能应用计量值控制图。如果只有定性的描述而不能定量描述，那就只能应用计数值控制图。此外，所控制的过程必须具有重复性，即有统计规律。

（2）如何选择控制对象？在使用控制图时应选择能代表过程的主要质量指标作为控制对象。一个过程往往具有多种特征，需要选择能够真正代表过程情况的指标。例如，在冶炼过程中，产品对化学成分有明确的要求，就应该选择成分作为控制对象。在冷轧带钢轧制过程中，需要对带钢的表面质量、板形、宽度和厚度等主要产品质量参数进行监控。

（3）怎样选择控制图？选择控制图主要考虑下列几点：1）根据所控制质量指标的数据性质进行选择，如数据为连续计量值，则应选择 $\bar{x}-R$ 图、$\bar{x}-s$ 图等；数据为计件值，

则应选择 p 图或 np 图；数据为计点值，则应选择 c 图或 u 图。2）根据过程特征的数量，选择统计控制图的数量和类型。如果过程只包含一个特征，则选择单变量控制图；如果过程包含多个特征，且指标之间具有一定的相关性，则选择多变量控制图。另外，前面举例的几种控制图仅仅是常见的方法，还有很多控制图可供选择，如 EWMA 图（指数加权移动平均图）。实际工业应用中可以选用不同的控制图，并从中选择适用的模式来进行质量监控。

（4）如何分析控制图？在控制图中数据点未出界，而且数据点的排列也是随机的，则认为产生过程处于受控状态；如果控制图数据点出界或界内点排列非随机，可以认为生产过程可能处于失控状态。对于应用控制图的方法还不够熟悉的技术人员来说，当统计图上出现失控警告时，首先应从下列几个方面进行检查：样品的抽取是否随机，数据的采集是否正确，数据的计算有无错误。然后再调查过程中可能存在的异常因素，以免产生对受控过程的不适当调整。

（5）如何处理失控状态？对于过程控制而言，统计控制图起着警报器的作用，控制图数据点出界或界内数据点非随机排列等异常情况就好比发出警报，表明现在是查找原因、纠正错误的时候了。虽然有些统计控制图，如 $\bar{x}-R$ 控制图等，积累长期经验后，根据 $\bar{x}$ 控制图与 R 控制图的数据点出界情况，有时可以大致判断是属于哪一方面的异常因素波动造成的。但一般来说，统计控制图只能起到警报器的作用，而不能够说明这种警报究竟是什么异常因素造成的。为了确定真正的警报原因，往往需要进一步使用其他相关质量监控技术。

（6）如何重新制定控制图？控制图是基于过程处于统计受控状态的假定来制定的，这时与过程有关的 5M1E 等因素处于基本稳定的状态。如果上述条件发生变化，如设备更新、采用新型原料或更换其他的原材料、采用新工艺以及生产环境改变等等，这时控制图应重新制定。由于控制图是科学管理生产过程的重要依据，所以经过相当长时间的使用后应重新抽取数据，进行计算，加以检验。

（7）如何保存控制图？控制图的计算以及日常的记录都应作为技术资料加以妥善保管。对于数据点出界或界内点排列非随机的异常情况，以及当时的处理情况都应予以记录，因为这些都是以后出现异常时查找原因的重要参考资料。有了长期保存的记录，便能对该过程的质量水平有清楚的了解，这对于今后在产品设计和制定产品质量标准方面都是十分有用的。

4.3　过程能力指数

4.3.1　过程能力

首先，要区分生产能力和过程能力的概念。生产能力是指加工数量方面的能力，而过程能力则是指生产出的产品能满足质量规范要求的能力，二者不可混淆。

其次，要区分质量规范要求和控制限的概念。质量规范要求主要用来判断产品质量的合格与否，有些时候质量规范要求也特指在合同中用户对某产品质量的具体要求，它由规范上限 T_U、规范下限 T_L 和规范中心 $M=(T_U+T_L)/2$ 组成。而统计控制图的控制限是识别各个生产过程中的偶然因素波动和异常因素波动用的，由上控制限 UCL 和下控制限 LCL

组成。质量规范要求和控制限之间并不能相互混用。

通常情况下，我们可以将生产出的产品质量指标绘制成直方图，如将金属板带的材料性能绘制成直方图，然后可以利用图 4-21 对过程能力进行定性分析。

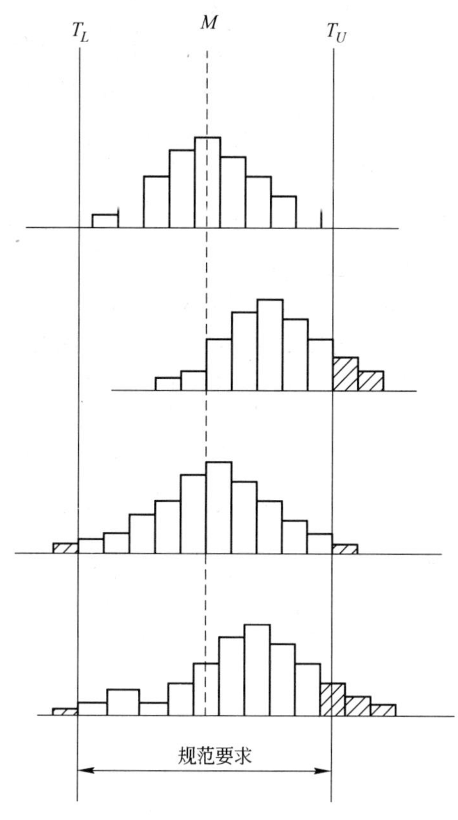

图 4-21 利用直方图对过程能力进行定性分析

从统计过程控制图的相关知识中可以知道，当生产过程处于稳态时，产品质量的特征值有 99.73% 落在 $\mu \pm 3\sigma$ 的范围内，其中 μ 为质量指标的总体平均值，σ 为质量指标的总体标准差，即有 99.73% 的产品落在上述 6σ 范围内。故通常用 6 倍标准差，即 6σ 表示过程能力，若标准差的数值越小，则表明产品质量的均匀性越好。

4.3.2 过程能力指数的计算

过程能力指数 C_p 是对受控状态下的过程能力强弱的评价指标，C_p 越大，说明过程能力越充足，反之，C_p 越小，则说明过程能力不足。

假设某一生产过程的监测量 X 服从正态分布 $N(\mu, \sigma^2)$，其规范上限为 T_U，规范下限为 T_L，规范中心为 $M = (T_U + T_L)/2$。生产该产品的过程能力要求满足 6σ，若 σ 未知，一般通过样本标准差 s 来估计 σ。由于存在 X 的分布中心与质量规范中心是否重合的问题以及质量规范要求为单侧或双侧的情形，单变量过程能力指数的计算主要包括以下三种情形。

4.3.2.1 双侧规范情况下的过程能力指数

对于双侧规范的情况，过程能力指数 C_p 的计算公式如下

$$C_p = \frac{T}{6\sigma} = \frac{T_U - T_L}{6\sigma} \approx \frac{T_U - T_L}{6s} \qquad (4-18)$$

式中，T_U、T_L 分别为上、下规范限；T 为质量规范要求的范围，$T = T_U - T_L$；σ 为监测特征值分布的总体标准差，可用样本标准差 s 来估计，但是必须在稳态下进行估计。

在上述过程能力指数中，T 反映对产品的质量规范要求（也可以理解为用户要求），而 σ 则反映过程加工的质量（也即本过程的控制能力）。所以在过程能力指数 C_p 中，将 6σ 与 T 比较，就反映了过程加工质量满足产品技术要求的符合程度，也即产品的控制能力满足客户要求的程度。

根据 6σ 与 T 的相对大小，可以得到图 4－22 所示的三种典型情况。如图 4－22（a）所示，当 $T<6\sigma$ 时，$C_p<1$，表示过程能力不足，应立即采取措施改善。如图 4－22（b）所示，当 $T=6\sigma$ 时，$C_p=1$，从表面看，似乎这是既满足技术要求又很经济的情况。但由于过程总是波动的，分布中心一旦有偏移，不合格产品率就要增加，因此，通常取 $C_p>1$。如图 4－22（c）所示，当 $T>6\sigma$ 时，$C_p>1$，表示有较强的过程能力，并且 C_p 越大，表明过程能力越强，产品质量也就越高。但是 C_p 越大，对设备和操作人员的要求也就越高，生产成本也可能越大，所以对 C_p 的选择应该根据技术与经济的综合分析来决定，不能盲目地追求过大值。

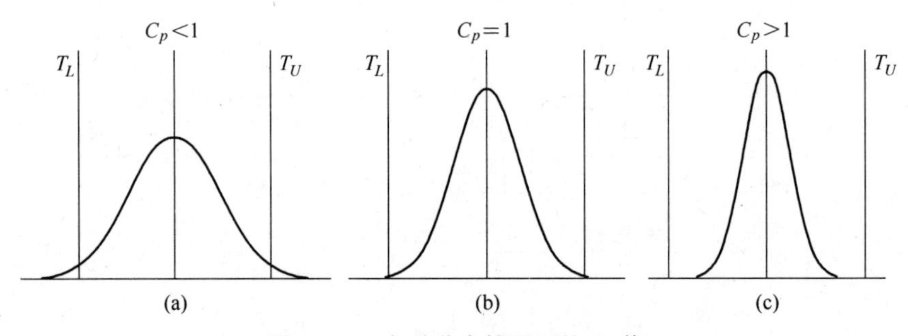

图 4－22　各种分布情况下的 C_p 值

一般，对于过程能力指数制定了如表 4－4 所示的标准。从式（4－18）可知，当 $C_p=1.33$ 时，$T=8\sigma$，这样监测量的指标值分布基本在上、下规范限之内，且留有一定的余地。因此可以说 $C_p \geqslant 1.33$ 时过程能力充分满足质量规范要求，故休哈特图的国际标准 ISO8258:1991(E) 也要求 $C_p \geqslant 1.33$。需要说明的是，随着时代的进步，对于高质量、高可靠性的生产过程情况，甚至要求 C_p 达到 2 以上。例如对高品质汽车板、管线钢、核电用钢等产品进行加工，均需要过程能力指数 $C_p \geqslant 2$，以保证生产过程的稳定性和产品质量的高可靠性。

表 4－4　过程能力指数 C_p 值的评价标准

C_p 的范围	级别	过程能力的评价
$C_p \geqslant 1.67$	Ⅰ	过程能力较高，表示技术管理能力较为完善
$1.67 \geqslant C_p \geqslant 1.33$	Ⅱ	过程能力充足，表示技术管理能力已很好，应继续维持
$1.33 \geqslant C_p \geqslant 1.0$	Ⅲ	过程能力一般，表示技术管理能力勉强，应设法提高为Ⅱ级
$1.0 \geqslant C_p \geqslant 0.67$	Ⅳ	过程能力不足，表示技术管理能力已很差，应立即采取措施改善
$C_p \leqslant 0.67$	Ⅴ	过程能力严重不足，表示应采取紧急措施和全面检查，必要时可停工整顿

图4－23给出了几个典型C_p值情况下监测特征值的正态分布图。图中规范上限$T_U=3$，规范下限$T_L=-3$，从而$T=T_U-T_L=6$。当$\sigma=1.5$时，$C_p=0.67$；当$\sigma=1.0$时，$C_p=1.00$；当$\sigma=0.75$时，$C_p=1.33$；当$\sigma=0.6$时，$C_p=1.67$。由此可以看出，被监测量的方差σ越小，即生产过程在平均值附近的较小范围内波动，此时所对应的过程能力指数C_p越大，说明生产过程受控且过程能力充足，此时的不合格品率p越小。过程能力指数C_p与不合格品率p之间的关系将在4.3.3节中详细阐述。

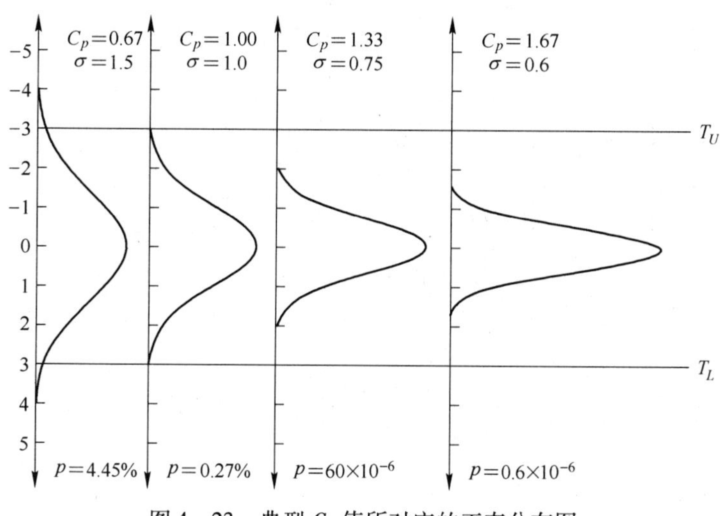

图4－23　典型C_p值所对应的正态分布图

4.3.2.2　单侧规范情况下的过程能力指数

若只有上规范限的要求，而对下规范限没有要求，则过程能力指数计算如下

$$C_{pU}=\frac{T_U-\mu}{3\sigma}\approx\frac{T_U-\bar{x}}{3s} \tag{4-19}$$

式中，C_{pU}为上单侧过程能力指数，通常用样本均值$\bar{x}$估计总体均值μ，样本标准差s估计总体标准差σ。当$\bar{x}\geqslant T_U$时，$C_{pU}=0$，表示过程能力严重不足。这里，令$C_{pU}=0$的硬性规定的作法实际上意味着式（4－19）只适用于$\bar{x}<T_U$的情况。

若只有下规范限的要求，而对上规范限没有要求，则过程能力指数计算如下

$$C_{pL}=\frac{\mu-T_L}{3\sigma}\approx\frac{\bar{x}-T_U}{3s} \tag{4-20}$$

式中，C_{pL}为下单侧过程能力指数。当$\bar{x}\leqslant T_U$时，$C_{pL}=0$，表示过程能力严重不足。同样，令$C_{pL}=0$的硬性规定的作法实际上意味着式（4－20）只适用于$\bar{x}>T_U$的情况。

4.3.2.3　有偏移情况的过程能力指数

当产品质量分布的均值μ与规范中心$M(M=(T_U+T_L)/2)$不重合，即有偏移时，显然式（4－18）所计算的过程能力指数不能反映有偏移的实际情况，需要加以修正，如图4－24所示。定义分布中心μ与规范中心M的偏移为$\varepsilon=|M-\mu|$，以及μ与M的偏移度K为

$$K=\frac{\varepsilon}{T/2}=\frac{2\varepsilon}{T} \tag{4-21}$$

则式（4－18）的过程能力指数修正为

$$C_{pK}=(1-K)C_p=(1-K)\frac{T}{6\sigma}\approx(1-K)\frac{T}{6s} \tag{4-22}$$

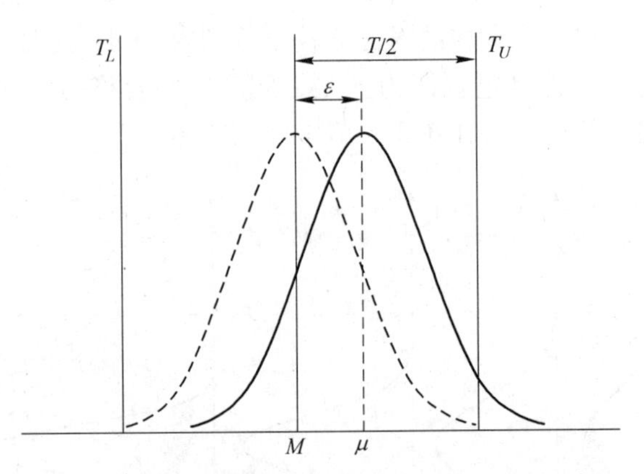

图 4－24　数据分布均值 μ 与规范中心 M 不重合的情况

这样，当 $\mu=M$（即分布中心与规范中心重合无偏移）时，$K=0$，$C_{pK}=C_p$。当 $\mu=T_U$ 或 $\mu=T_L$ 时，$K=1$，$C_{pK}=0$。当 μ 位于规范限之外时，$K>1$，$C_{pK}<0$，此时硬性规定 $C_{pK}=0$。

对于分布中心与规范中心偏离情况的过程能力指数还有另外一种定义方式

$$C_{pK}=\min\left(\frac{T_U-\bar{x}}{3s},\frac{\bar{x}-T_L}{3s}\right) \tag{4-23}$$

其物理含义是：当分布中心出现偏移时，它对上规范限与下规范限各有一个单侧过程能力指数 C_{pU} 与 C_{pL}，则二者中的最小值（相当于瓶口，也即一条锁链的最薄弱环节），反映了该工序的过程能力指数。应该指出的是，式（4－23）和式（4－22）在数学上是等价的。

综上所述，无论生产过程的分布中心是否与规范中心存在偏移，均可以用 C_p 和 C_{pK} 同时来考察过程能力的大小，只不过 C_p 反映的是单变量统计过程潜在的过程能力指数，C_{pK} 反映的是单变量统计过程的实际过程能力指数，两者的差距反映了该生产过程的改进空间。

4.3.3　过程能力指数与不合格品率之间的关系

对于单变量生产过程，其过程能力指数与不合格品率之间存在确定的对应关系。不合格品率是指在所有产品中不合格品所占的比率，即监测量的特征值落在规范限以外的概率。假定生产过程 X 服从正态分布 $N(\mu,\ \sigma^2)$，则按照 X 的质量规范要求的不同，其过程能力指数 C_p 与不合格品率 p 之间存在三种关系。

4.3.3.1　质量规范要求为双侧，分布中心与规范中心重合

如果生产过程 X 的质量规范要求为双侧，分布中心与规范中心重合，则其规范区间为 $\{X\mid T_L\leqslant X\leqslant T_U\}$，且有 $\mu=M=(T_U+T_L)/2$。由于 $X\sim N(\mu,\sigma^2)$，则有 $\frac{X-\mu}{\sigma}\sim N(0,1)$。进而有 X 的不合格品率 p 的计算公式为

$$\begin{aligned} p &= 1 - P\{T_L \leqslant X \leqslant T_U\} \\ &= 1 - P\left\{\frac{T_L - \mu}{\sigma} \leqslant \frac{X - \mu}{\sigma} \leqslant \frac{T_U - \mu}{\sigma}\right\} \\ &= 1 - \Phi\left(\frac{T_U - \mu}{\sigma}\right) + \Phi\left(\frac{T_L - \mu}{\sigma}\right) \\ &= 1 - \Phi\left[\frac{T_U - (T_U + T_L)/2}{\sigma}\right] + \Phi\left[\frac{T_L - (T_U + T_L)/2}{\sigma}\right] \\ &= 1 - \Phi\left(3 \cdot \frac{T_U - T_L}{6\sigma}\right) + \Phi\left(3 \cdot \frac{T_L - T_U}{6\sigma}\right) \\ &= 1 - \Phi(3C_p) + \Phi(-3C_p) \\ &= 2\Phi(-3C_p) \end{aligned} \tag{4-24}$$

其中，$\Phi(-3C_p) = 1 - \Phi(3C_p)$。

因此，由式（4－24）变化后可得

$$C_p = -\frac{1}{3}\Phi^{-1}\left(\frac{p}{2}\right) \tag{4-25}$$

式中，$\Phi(\cdot)$ 表示标准正态分布函数，$\Phi^{-1}(\cdot)$ 表示 $\Phi(\cdot)$ 的逆函数，$\Phi(\cdot)$ 和 $\Phi^{-1}(\cdot)$ 的值都可以查标准正态分布表。利用式（4－25）可以计算得到如表 4－5 所示的结果。为便于使用，表 4－5 中的不合格品率 p 的数量级为 10^{-6}，也可以用 ppm 和 ppb 表示数量级，即 1ppm = 10^{-6}，1ppb = 10^{-9}。

表 4－5 过程能力指数与不合格品率之间的关系

过程能力指数 C_p	不合格产品率 p	过程能力指数 C_p	不合格产品率 p
0.50	133614×10^{-6}	1.50	7×10^{-6}
0.75	24449×10^{-6}	1.60	2×10^{-6}
1.00	2700×10^{-6}	1.70	0.34×10^{-6}
1.10	967×10^{-6}	1.80	0.067×10^{-6}
1.20	318×10^{-6}	1.90	0.012×10^{-6}
1.30	96×10^{-6}	2.00	0.018×10^{-6}
1.40	27×10^{-6}		

如图 4－23 所示，典型 C_p 值情况下的监测量特征值正态分布图中，$C_p = 0.67$ 时，$p = 4.45\%$；$C_p = 1.00$ 时，$p = 0.27\%$；$C_p = 1.33$ 时，$p = 60 \times 10^{-6}$；$C_p = 1.67$ 时，$p = 0.6 \times 10^{-6}$。

4.3.3.2 质量规范要求为双侧，分布中心与规范中心不重合

如果生产过程 X 的质量规范要求为双侧，但分布中心与规范中心不重合，则其规范区间为 $\{X \mid T_L \leqslant X \leqslant T_U\}$，且有 $\mu \neq M = (T_U + T_L)/2$。为便于计算，暂且假设 $\mu < M$。类似地，由于 $X \sim N(\mu, \sigma^2)$，则有 $\frac{X - \mu}{\sigma} \sim N(0,1)$，进而有 X 的不合格品率 p 的计算公式为

$$\begin{aligned} p &= 1 - P\{T_L \leqslant X \leqslant T_U\} \\ &= 1 - P\left\{\frac{T_L - \mu}{\sigma} \leqslant \frac{X - \mu}{\sigma} \leqslant \frac{T_U - \mu}{\sigma}\right\} \\ &= 1 - \Phi\left(\frac{T_U - \mu}{\sigma}\right) + \Phi\left(\frac{T_L - \mu}{\sigma}\right) \end{aligned} \tag{4-26}$$

由于
$$K=\frac{2\varepsilon}{T}=\frac{2(M-\mu)}{T}=\frac{2\left(\frac{T_U+T_L}{2}-\mu\right)}{T_U-T_L} \tag{4-27}$$

所以
$$\mu=\frac{1-K}{2}T_U+\frac{1+K}{2}T_L \tag{4-28}$$

因此
$$\begin{aligned} p&=1-\Phi\left[\frac{T_U-T_L}{2\sigma}(1+K)\right]+\Phi\left[\frac{T_L-T_U}{2\sigma}(1-K)\right] \\ &=\Phi[-3(1+K)C_p]+\Phi[-3(1-K)C_p] \end{aligned} \tag{4-29}$$

由于分布中心与规范中心不重合，所以式（4－26）通过偏移度 K 来加以修正，得到式（4－29）。与式（4－24）相比，式（4－29）计算时更为复杂，如果偏移度 K 的取值接近于零，仍可以使用表4－5中的数据近似描述过程能力指数 C_p 与不合格品率 p 之间的关系。计算结果表明，这一近似不会带来数量级上的误差。

4.3.3.3　质量规范要求为单侧

对于只给定上规范限的情形，显然生产过程 X 的规范区间为 $\{X \mid X\leqslant T_U\}$，由于 $X\sim N(\mu,\sigma^2)$，则有 $\frac{X-\mu}{\sigma}\sim N(0,1)$，进而有 X 的不合格品率 p 的计算公式为

$$\begin{aligned} p&=1-P\{X\leqslant T_U\} \\ &=1-P\left\{\frac{X-\mu}{\sigma}\leqslant\frac{T_U-\mu}{\sigma}\right\} \\ &=1-\Phi\left(3\cdot\frac{T_U-\mu}{3\sigma}\right) \\ &=\Phi(-3C_{pU}) \end{aligned} \tag{4-30}$$

相应有
$$C_{pU}=\frac{T_U-\mu}{3\sigma}=-\frac{1}{3}\Phi^{-1}(p)$$

对于只给定下规范限的情形，类似有

$$p=\Phi(-3C_{pL}),\ C_{pL}=-\frac{1}{3}\Phi^{-1}(p)$$

4.3.4　给定置信度下的过程能力指数

由于样本容量的不同，相同过程能力指数的数值所对应的过程能力水平往往并不相同。为此，在单变量过程能力指数的应用中，不仅需要计算其点估计值，而且需要计算给定置信度下的区间估计值或是相应的置信下限。因为常用 s 来估计 σ，所以用 $\hat{C}_p=\frac{T}{6s}$ 作为 $C_p=\frac{T}{6\sigma}$ 的点估计值，则有

$$(n-1)\left(\frac{C_p}{\hat{C}_p}\right)^2=\frac{(n-1)s^2}{\sigma^2}\sim\chi^2(n-1)$$

若给定置信度为（$1-\alpha$），则 C_p 相应的置信下限 C_p^{LCL} 为

$$C_p^{LCL}=\hat{C}_p\sqrt{\frac{\chi_\alpha^2(n-1)}{n-1}} \tag{4-31}$$

式中，n 为样本个数；$\chi_{\alpha}^{2}(n-1)$ 为给定置信度为（$1-\alpha$）时自由度为 $n-1$ 的卡方分布的分位点。

例如，假设生产过程 X 服从正态分布，当样本个数 $n=30$、置信度 $\alpha=10\%$ 时，要使其过程能力指数 C_p 达到 1.33 的置信下限，其点估计值 $\hat{C}_p$ 应达到 1.62。给定置信度 $\alpha=10\%$，样本量 n、过程能力指数 C_p 的置信下限值 C_p^{LCL} 与点估计值 $\hat{C}_p$ 之间的关系如表 4－6 所示。

表 4－6 过程能力指数的置信下限与点估计值之间的关系

n	C_p 的置信下限 C_p^{LCL}										
	1.00	1.10	1.20	1.33	1.40	1.50	1.60	1.70	1.80	1.90	2.00
	$\hat{C}_p$										
300	1.07	1.17	1.28	1.12	1.49	1.60	1.70	1.81	1.91	2.02	2.13
250	1.08	1.18	1.29	1.43	1.50	1.61	1.72	1.82	1.93	2.04	2.14
200	1.09	1.20	1.30	1.44	1.52	1.63	1.74	1.84	1.95	2.06	2.17
150	1.10	1.21	1.32	1.45	1.53	1.64	1.75	1.86	1.97	2.08	2.18
100	1.11	1.22	1.33	1.47	1.55	1.66	1.77	1.88	1.99	2.10	2.21
90	1.12	1.23	1.34	1.48	1.56	1.67	1.78	1.89	2.00	2.11	2.22
80	1.13	1.24	1.35	1.49	1.57	1.68	1.79	1.90	2.02	2.13	2.24
70	1.14	1.25	1.36	1.50	1.58	1.70	1.81	1.92	2.03	2.14	2.26
60	1.15	1.26	1.38	1.52	1.60	1.71	1.83	1.91	2.06	2.17	2.28
50	1.17	1.28	1.40	1.54	1.63	1.74	1.85	1.97	2.08	2.10	2.31
46	1.18	1.29	1.41	1.55	1.64	1.75	1.88	1.98	2.10	2.21	2.33
42	1.19	1.30	1.42	1.56	1.65	1.77	1.90	2.00	2.12	2.23	2.35
38	1.20	1.31	1.43	1.58	1.67	1.78	1.92	2.02	2.14	2.25	2.37
34	1.21	1.33	1.45	1.60	1.68	1.80	1.92	2.04	2.16	2.28	2.40
30	1.23	1.35	1.47	1.62	1.71	1.83	1.95	2.07	2.19	2.31	2.43
28	1.24	1.36	1.48	1.63	1.72	1.84	1.97	2.09	2.21	2.33	2.45
26	1.25	1.37	1.49	1.65	1.74	1.86	1.98	2.11	2.23	2.35	2.47
24	1.26	1.39	1.51	1.66	1.76	1.88	2.00	2.13	2.25	2.38	2.50
22	1.28	1.40	1.53	1.68	1.78	1.90	2.03	2.15	2.28	2.40	2.53
20	1.30	1.42	1.55	1.71	1.80	1.93	2.06	2.18	2.31	2.44	2.57

4.3.5 过程能力分析的功能与步骤

开展单变量过程能力分析的主要功能包括三个方面：（1）评价某个生产过程是否有能力满足质量规范要求，为调整工艺流程和装备的配置与优化提供决策依据。例如，根据质量规范要求和不同工艺装备的能力差异，调整生产流程与工艺装备之间的匹配方案。（2）度量过程特征的一致性，为过程绩效的优化与调整提供基准。例如，利用过程能力指数对过程波动的持续变动进行监控与分析，对生产过程的操作水平进行定量评价。此外，还可以用来判断工艺装备的工况是否发生了变化。(3) 为统计控制图的选择、设置以及数据采集频率的确定提供参考依据。例如，对于过程能力指数较高的生产过程，可以适当加大数据采集的时间间隔，降低数据采集的频率，以改善过程控制的经济性。

进行单变量过程能力分析的基本步骤如下：

(1) 确定生产过程特性的度量标准并采集数据。通常应该选择那些具有计量值的过程特征作为度量标准。此外，如果生产过程处于稳定的统计受控状态，相应的过程特征应该服从正态分布或近似正态分布。

(2) 判断生产过程是否处于稳定的统计受控状态。如果过程未处于稳定的统计受控状态或者过程特性明显不服从正态分布时，进行过程能力分析通常很难达到预期的目的，甚至可能导致错误的结论。

(3) 计算样本均值 $\bar{x}$ 和样本标准差 s。利用从生产过程中实际采集到的样本数据，计算出样本均值 $\bar{x}$ 和样本标准差 s。

(4) 选择适宜的计算模式。根据质量规范要求和生产过程的特点，选择适当的模式来计算过程能力指数 C_p 和 C_{pK}。由于过程特征的不同，有关的质量规范要求往往存在较大的差别。例如，对于越大越好（或越小越好）的特征和具有明确目标值的特征，两者的质量规范要求通常是不同的。前者一般只是给出下规范限（或上规范限），过程特征的取值越大于下规范限（或小于上规范限），则过程的状态越好；后者往往同时给定下规范限、规范中心和上规范限，过程特征的取值越集中在规范中心附近就越好。

(5) 计算过程不合格品率 p。由于质量规范要求的不同，通常需要选择适当的模式计算过程的不合格品率。在单变量的情形下，过程能力指数 C_p 与过程不合格品率 p 之间存在某种确定的转换关系，如表 4 – 5 所示。

(6) 判断过程保证能力。判断生产过程保证产品质量稳定性的能力。如果过程能力不足，通常有三个改进方向：1) 调整过程的参数设置和操作规程，使过程的分布中心与规范中心或用户目标保持一致；2) 控制过程参数的波动，减少过程控制中的方差；3) 对过程参数进行优化设计，同时改善过程分布中心和过程参数的波动。如果过程的保证能力远远大于预定目标，可以适当降低对过程的控制程度，提高过程的经济性。

4.4 应用举例

前面介绍了单变量统计过程控制的相关理论知识，下面通过两个实例来解释单变量统计过程控制理论在工业中的实际应用。

4.4.1 实例 1

在 IF 钢生产过程中，退火工艺直接影响着 IF 钢的力学性能。对某钢厂的 IF 钢退火工艺进行过程监控，主要以快冷出口温度作为监控量，共采集到 261 个样本点。下面对这些数据进行单变量统计过程分析和过程能力评价。

4.4.1.1 控制图分析

每卷钢采集一个快冷出口温度，使得子集容量为 1，故采用单值 – 移动极差控制图来对其进行统计分析，具体步骤如下。

步骤 1：计算 261 个样本的均值 $\bar{x}$，作为单值控制图的中心线。

$$\bar{x} = \frac{1}{261}\sum_{l=1}^{261} x_l = 640.98$$

步骤2：根据公式（4－12）计算移动极差 R_{sl}，共可以得到260个移动极差值。

步骤3：计算平均移动极差 $\bar{R}_s$，作为移动极差控制图的中心线。

$$\bar{R}_s = \frac{1}{261-1}\sum_{l=1}^{261-1} R_{sl} = 9.37$$

步骤4：确定 $x-R_s$ 控制图的控制限。

首先，计算 x 控制图的控制限

$$UCL_x = \bar{x} + 2.66\bar{R}_s = 640.98 + 2.66 \times 9.37 = 665.91$$

$$CL_x = \bar{x} = 640.98$$

$$LCL_x = \bar{x} - 2.66\bar{R}_s = 640.98 - 2.66 \times 9.37 = 616.04$$

将261个原始数据进行逐点描绘，并将上述计算出的控制限也绘制于图中，结果如图4－25的上图所示。从图中可以发现，56、141、160、186、202、**203**、228、**234**号样本点超出了 x 控制图的控制限，说明对应带钢退火工艺过程的快冷出口温度出现了异常。

然后，计算 R_s 控制图的控制限。由于总体方差 σ 未知，故移动极差控制图的控制限为

$$UCL_{R_s} = 3.27\bar{R}_s = 3.27 \times 9.37 = 30.63$$

$$CL_{R_s} = \bar{R}_s = 9.37$$

$$LCL_{R_s} = 0$$

将260个移动极差值 R_s 进行逐点描绘，并将上述计算出的控制限也绘制于图中，结果如图4－25的下图所示。从图中可以看出，**7**、**42**、56、**130**、140、**144**、159、185、**201**、228等样本点超出了控制限，说明这些点前后的数据处于异常状态。

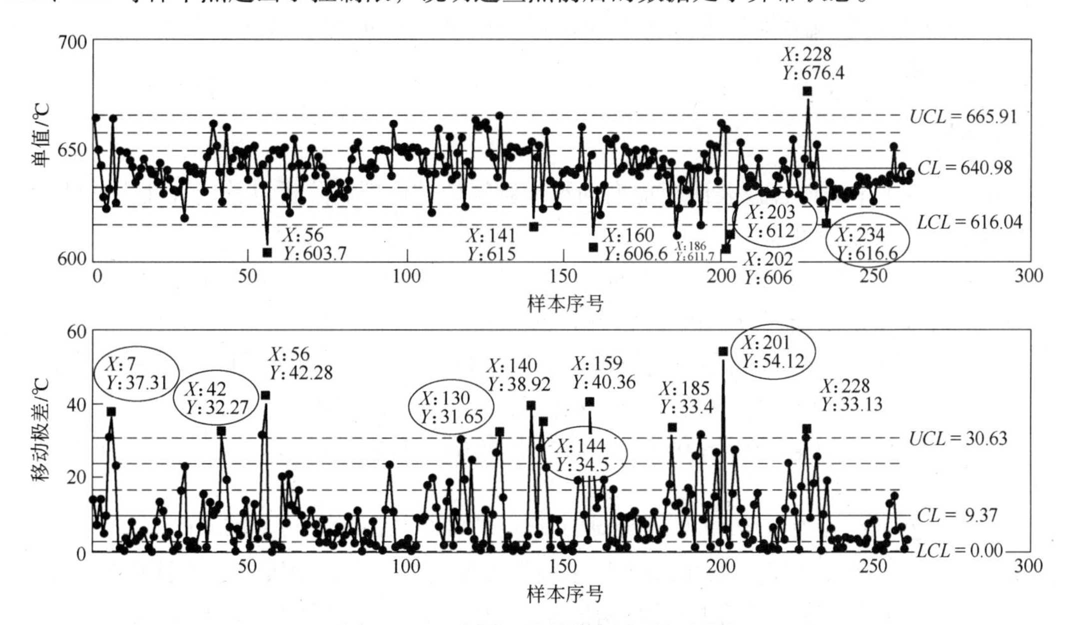

图4－25 实例1的单值－移动极差图

通过对比观察图4－25中的两个控制图，可以发现：在单值图中出现异常的样本点在

移动极差图中也出现了异常，意味着生产过程出现了明显的波动，因此需要对这些异常的样本点进行诊断分析，查找导致异常发生的原因。需要说明一个特殊情况，在单值图中发现203号样本点出现异常，而在移动极差图中没有找到对应的异常点，这是因为在单值图中的202和203样本点都出现了问题，根据公式（4－12）可知，移动极差是后一个样本点减去前一个样本点的值，当这两个样本点都出现异常时，它们的差值不一定也异常，从而出现了在单值图中异常的点在移动极差图中找不到对应点的情况。

进一步对图4－25分析可知，第7、42、130、144、201号样本点仅在移动极差图中出现了异常，如图中用圈所标识的样本点，意味着生产过程出现了波动，需要对这些样本点引起重视。综上所述，在对生产过程进行监控时，应该将单值－移动极差图中两个控制图综合起来分析，这样才能更准确地判断样本点的异常与否，及时对工艺参数进行调整，保证生产的稳定顺行。

4.4.1.2　过程能力分析

根据IF钢退火工艺的要求，快冷出口温度理想状况是控制在610～670℃之间，即$T_U = 670$℃，$T_L = 610$℃。此外，计算得到样本的标准差为$s = 12.23$，可以用样本标准差s来估计总体标准差σ。于是，可以计算得到潜在的过程能力指数C_p和实际过程能力指数C_{pK}为

$$C_p = \frac{T_U - T_L}{6s} = \frac{670 - 610}{6 \times 12.23} = 0.818$$

$$C_{pK} = \frac{T_U - T_L}{6s}(1 - K) = 0.818 \times (1 - 0.033) = 0.791$$

其中，K值可以根据式（4－21）计算得到。通过查表4－4可知，带钢退火工艺的潜在过程能力指数C_p只有0.818，实际过程能力指数C_{pK}也仅有0.791，说明退火工艺的过程能力不足，有必要从根本上提高退火工艺快冷出口温度的稳定性，以提高退火工艺的过程能力。

4.4.2　实例2

利用表2－1中的镀锌板表面粗糙度的数据做统计过程控制分析以及过程能力的评价。

4.4.2.1　控制图分析

由于每批样本只包含1个观测数据，故采用单值－移动极差控制图对表2－1中的3个工艺参数、1个质量指标分别进行统计过程控制分析。同实例1的步骤一样，可以求得单值－移动极差控制图的控制限，这里不再赘述，结果如图4－26～图4－29所示。

从图4－26中可以看出，板厚的所有数据点都没有超过控制限，而且通过与判异准则的6种模式进行一一比较分析，发现界内数据点均为随机排列，所以板厚样本都处于统计受控状态。

在图4－27中，轧制力的第11号数据点超出控制限，而移动极差图中的R_{10}、R_{11}两个极差值也超出控制限，因而判断轧制力处于统计失控状态。由移动极差值的计算公式$R_{sl} = |x_{l+1} - x_l|$发现，正是由于第11号数据值x_{11}过大，造成了前后两个值相减$R_{10} = |x_{11} - x_{10}|$，$R_{11} = |x_{12} - x_{11}|$时超出了控制限。结合表2－1可以看出，第11号样本的轧制力达到5750kN，是所有样本中轧制力的最大值，由此估计是由于轧制力过大导致产品质量

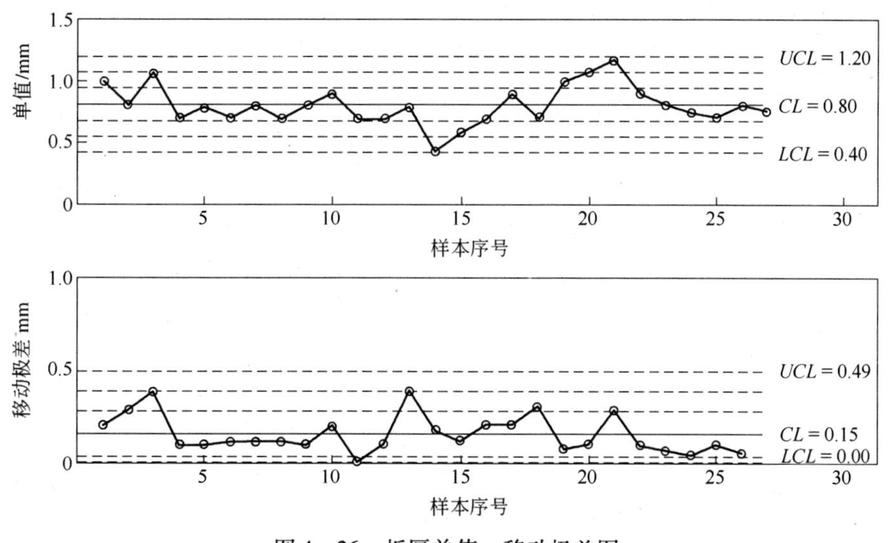

图 4-26 板厚单值-移动极差图

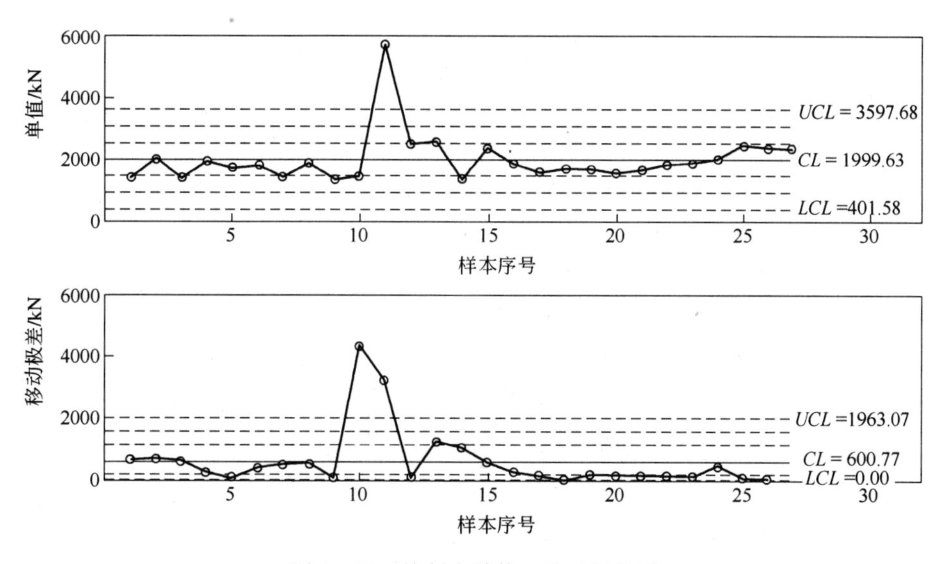

图 4-27 轧制力单值-移动极差图

出现异常。

在图 4-28 中，光整辊表面粗糙度大部分样本点都超出控制限。因为利用单值-移动极差图进行监控的前提是数据分布必须服从或近似服从正态分布，而根据样本分布的 Kolmogorov-Smirnov 检验理论可知，光整辊表面粗糙度的数据不满足正态分布，使得统计数据不具有可参考性。

图 4-29 是镀锌板表面粗糙度的单值-移动极差图，从图中看出：第 14 号样本点超出控制限范围，说明镀锌板表面粗糙度可能处于统计失控状态。

由图 4-26、图 4-27、图 4-29 可发现如下几个问题：

（1）镀锌板表面粗糙度是高端冷轧板重要的质量指标之一，从质量指标的单值-移动极差图中可以判断出第 14 号数据点出现了异常，但并不能直接诊断出引起异常的原因。

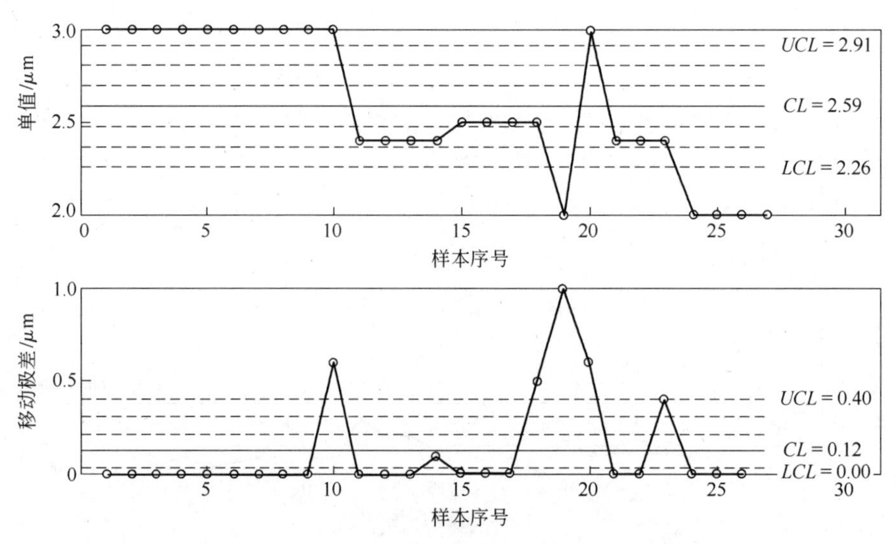

图 4－28 光整辊表面粗糙度单值－移动极差图

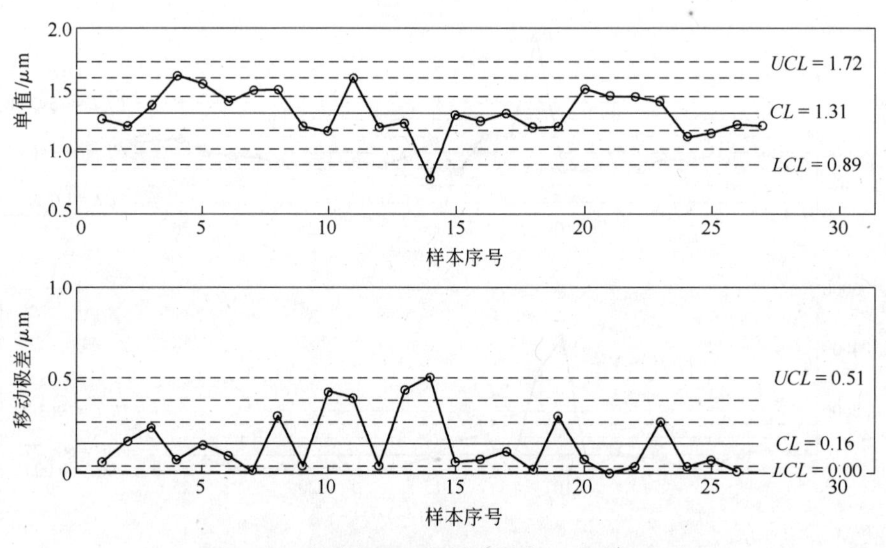

图 4－29 镀锌板表面粗糙度单值－移动极差图

（2）生产过程中的板厚、轧制力和光整辊表面粗糙度是冷轧带钢生产过程中的关键工艺参数。在对轧制力的监控中发现，第 11 号样本点超出了控制限范围，但是在质量指标的监控图中却没有反映出由于轧制力异常而引起的产品质量异常，这与实际情况是不相符的。

综上所述，利用单值－移动极差图进行生产过程监控时，由于 1）无法判断引起质量异常的原因、2）无法判断工艺参数出现异常是否会引起质量异常、3）无法判断工艺参数处于受控状态时质量指标是否也处于受控状态，因此，很容易造成对生产状态的误判和漏判，对生产现场的指导意义有限，有必要利用本书后续章节介绍的多变量统计过程方法对冷轧带钢的生产过程进行监控。

4.4.2.2 过程能力分析

主要针对质量指标（如镀锌板表面粗糙度）进行过程能力分析。根据用户要求，对于深冲钢的表面粗糙度应该在0.9～1.6μm范围内，也就是 $T_U = 1.6\mu m$，$T_L = 0.9\mu m$。根据表2－1中镀锌板表面粗糙度的数据计算得均值 $\bar{x} = 1.315\mu m$，标准差 $s = 0.145\mu m$，然后用样本的标准差 s 来估计总体标准差 σ。计算得到潜在过程能力指数 C_p 和实际过程能力指数 C_{pK} 分别为

$$C_p = \frac{T_U - T_L}{6s} = 0.591$$

$$C_{pK} = \frac{T_U - T_L}{6s}(1 - K) = 0.481$$

从计算结果可以看出：带钢生产过程的实际过程能力指数 C_{pK} 仅有0.481，而且潜在过程能力指数 C_p 也只有0.591。通过查表4－5可知，不合格品率将会达到13.4%，这是远不能够达到产品质量要求的。说明虽然镀锌板表面粗糙度处于统计受控状态，但是过程能力严重不足，这意味着随着生产数量的积累，出现不合格产品的概率会很大。因此，有必要调整工艺参数和提高操作水平，使镀锌板表面粗糙度的标准差变小，从而提高潜在过程能力指数。同时，要使镀锌板表面粗糙度分布的平均值与质量规范要求的中心值之间的偏差越小越好，从而提高实际过程能力指数，提高产品的合格品率。

4.5 小结

（1）在实际工业生产中，统计过程控制技术具有重要的意义，它可以帮助管理者和操作人员发现生产过程中存在的问题，认识生产过程的内在特性、变化规律及寻找生产过程发生异常的原因。

（2）统计控制图是统计过程中主要方法之一，通过使用均值－极差控制图、均值－标准差控制图、单值－极差控制图等统计控制图，能够对生产过程的波动原因进行直观且实时的监控和分析。但是单变量统计过程控制图有一定的局限性，当输入变量之间存在相关性时，通过多个单变量统计控制图很难分析出过程波动的根本原因，实例2就是一个例子，这时需要用到多变量统计控制的方法。

（3）过程能力分析是统计过程中的另一重要方法，过程能力分析是统计控制图的一个重要补充，生产过程如果过程能力不足，即使处于统计受控状态也毫无意义。通过计算过程能力指数 C_p 或 C_{pK}，可以获得产品质量的相关信息，有利于及时调整生产工艺参数或工艺流程，避免造成更大的经济损失。

5 多变量统计过程控制

统计过程控制主要是通过工艺参数和质量指标的统计规律来控制引起产品质量变化的各种因素，避免产品质量出现异常。因此，需要对生产过程的工艺参数进行监控，以保证产品质量在受控的范围内。单变量统计过程控制只是对每个观测变量进行单独的监控，保证每个变量在设定的控制限内。但是，在实际的工业生产过程中，存在各种高度相关的过程变量，如轧制过程中各机架轧制力、轧制速度和轧制温度等相互影响，仅当各个控制变量设定在合理的操作规范内，才能最终生产出满足性能要求、尺寸要求、表面质量标准的合格产品。单变量统计过程控制忽略了变量间的相关性，难以准确描述冶金生产过程中的复杂行为。多变量统计过程控制 MSPC（Multivariate Statistical Process Control）综合考虑各变量间的相关关系，可实现多变量生产过程的质量监控。本章首先介绍霍特林 T^2 控制图的基本概念，然后介绍常用的多变量统计过程控制方法，最后给出分析实例。

5.1 多变量统计过程的意义和研究现状

对多变量过程的质量监控最早是借助于单变量统计控制图进行的，基本思路是：对于多变量过程 $\boldsymbol{X} = (X_1, X_2, \cdots, X_p)^{\mathrm{T}}$，分别针对每一个变量 $X_j(j = 1,2,\cdots,p)$ 建立单变量控制图，通过对 p 组单变量控制图的联合分析实现对多变量过程的质量监控。但研究发现，随着生产过程控制变量的数量和它们之间的关联度增加，单纯使用多个单变量控制图联合监控多变量生产过程存在很大的局限性，主要表现为：

（1）单变量控制图只能监控一个变量，对多个重要变量则只能同时用多个单变量控制图进行监控，但是各控制图的结果难以加以综合评判。例如，如图 5－1 所示，给出了两个过程变量的单变量统计过程控制图和多变量统计过程控制图，单变量过程控制图中得到各变量值均在控制限内，处于受控状态。但在多变量统计过程控制图中，可以看到有一些样本点处于椭圆控制限（等位统计距离）之外，说明该过程出现了异常。原因在于：这两个过程变量存在线性相关性，虽然均在单变量统计概率范围内，但是它们之间的线性相关性已经被破坏，而多变量统计过程控制图可以同时考虑变量间的相关性关系，更能正确反映实际的生产过程。

（2）同时用多个单变量控制图对多个变量进行监测会增大误报率。统计过程控制是以小概率原理为基础的，一旦小概率事件发生则认为生产过程是异常的，但是当变量个数较大时，将难以满足小概率这一假设。

假如，有 p 个独立的生产过程变量需要进行监控，使用 $\bar{x}$ 控制图对各变量进行监控的第一类错误概率为 α，则对这 p 个变量进行联合监控的错误率则为：$\alpha' = 1 - (1 - \alpha)^p$。其中，$(1 - \alpha)^p$ 表示 p 个变量都在控制限内的概率。当使用 3σ 原理对单变量进行生产过程监控时，要使得 99.73% 的数据点都落在 $\pm 3\sigma$ 内，而超出 $\pm 3\sigma$ 区域的概率仅为 0.27%。假

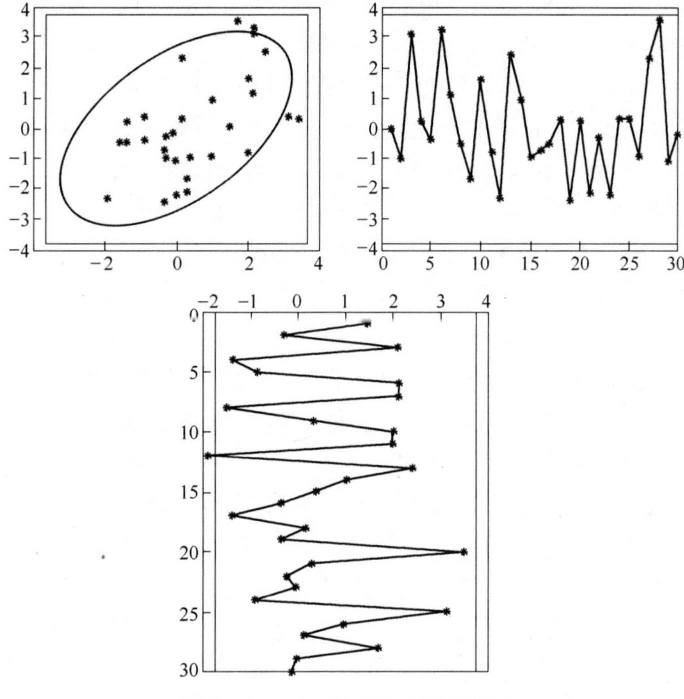

图 5 - 1　两个相关变量的控制图

设有 50 个变量需要进行监控，即 $p=50$，可以计算得到生产过程的错误率为 $\alpha'=1-(1-\alpha)^p=1-(1-0.0027)^{50}=0.1264$，而 p 个变量均在控制限内的概率仅有 $(1-\alpha)^p=(1-0.0027)^{50}=0.8736$。因此，当生产过程变量较多时，单变量的小概率假设已不再成立，难以适用于众多变量的同时单独监控。

（3）单变量控制图的受控并不能确保多变量过程受控，单变量控制图的失控也不一定说明多变量过程的失控。

如图 5 - 2 所示，图中所有样本点均位于两组单变量控制限之内，但位于椭圆之外的 A、B、C 三点对二元过程 $\boldsymbol{X}=(X_1,X_2)^{\mathrm{T}}$ 而言是失控的，属于异常点。如果仅从单变量控制图看，这三个点都是受控的。又如图 5 - 3 所示，位于椭圆之内的 A、B、C 三个样本点对于二元过程 $\boldsymbol{X}=(X_1,X_2)^{\mathrm{T}}$ 而言是受控的，但如果仅从单变量控制图来看，这三个点都是异常点。由此可见，当多变量过程的各个变量之间存在相关关系时，采用多个单变量的联合监控代替多变量过程的整体监控是不可靠的。

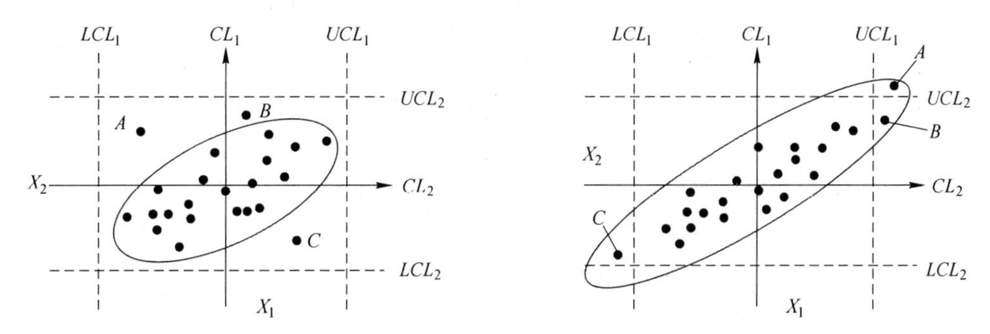

图 5 - 2　单变量过程受控并不能确定二元过程受控　图 5 - 3　单变量过程失控并不能确定二元过程失控

对多变量统计控制图的研究最早可以追溯到20世纪40年代中期。霍特林（Hotelling）于1947年针对多变量统计过程控制问题，首次提出了多变量 T^2 控制图，开创了多变量控制图研究与应用的先河。霍特林的多变量 T^2 控制图使用 T^2 统计量，在显著性水平 α 下同时监控多个变量。T^2 控制图的基本原理是：如果多变量过程 $\boldsymbol{X} = (X_1, X_2, \cdots, X_p)^{\mathrm{T}}$ 中没有异常点存在，则过程中各个样本点到均值的统计距离应该保持受控状态。随后，Healy等人提出了适用于监控过程微小偏移的多变量累积和控制图（MCUSUM）和多变量指数移动平均控制图（MEWMA），推动了多变量统计控制图的进一步发展。

随着统计数据降维技术的发展，多变量统计控制图的研究应用出现了新的趋势，过程控制的对象从基于距离的统计量，转向了一些基于统计降维方法构建的综合变量的统计量。利用统计降维的原理，Jackson等人提出了基于主成分分析（Principal Component Analysis，PCA）方法的多变量统计控制图，随后又有人提出了基于偏最小二乘法（Partial Least Squares，PLS）的多变量统计控制图。

20世纪90年代以来，随着多变量统计过程控制技术应用的日益广泛，对新型多变量统计控制图的需求不断提升，一些经过改良的或全新的多变量统计控制图的研究成果已开始逐步应用于工业生产中。与单变量情形不同的是，无论是传统的多变量统计控制图，还是新设计的多变量统计控制图都存在一个共性问题：虽然统计控制图上出现了异常信号，但难以识别到底是哪个或者哪些变量引起的异常。随着统计分析技术的发展，对这个问题已经有了一些解决思路，比如通过绘制贡献图、故障指数图等来判定是哪些变量出现了异常。

在现代冶金生产过程中，往往需要测量很多过程变量，用于对过程进行监测和控制。但不同变量间往往存在耦合关系，也就是说这些变量不是相互独立的。在实际生产过程中，多个变量可能同时在改变，质量管理人员和操作人员很难对这些变化后面的真正原因及时做出正确的判断。如果能够通过降维的方法将很多过程变量压缩为少数几个综合变量，则可以更容易监控生产过程。利用基于主成分分析或偏最小二乘法的多变量控制图对生产过程进行质量监控，并通过贡献图来分析异常原因，这对实际工业现场的过程控制和质量监控具有重大的现实意义。

5.2 霍特林 T^2 控制图

本节首先介绍霍特林 T^2 统计量提出的背景，然后讨论在不同条件下的 T^2 统计量的计算公式及其服从的分布，最后介绍 T^2 正交分解的相关内容，用来分析过程异常的原因。

5.2.1 霍特林 T^2 控制图的提出

休哈特图（即多个单变量控制图确定的控制区域）的假设条件是：变量是相互独立的，互不相关，这与实际质量控制过程并不相符。通常，冶金生产过程中，多变量之间往往存在相关性，即一个变量变动时，另一些变量也必须作出相应地调整，才能使产品质量控制在标准范围内。这种情况下，基于独立的、不相关的单个变量的休哈特图就不再适用。正确的方法是采用由霍特林（Hotelling）提出的 T^2 统计控制图（Hotelling T^2 Statistic）。

如果所有变量服从多变量正态分布（multivariate normality，MVN），那么对于一个稳定的生产过程，样本点则会分布在高维空间中的某个超椭球体内。一旦样本点超出椭球体，可以认为该生产过程出现了异常。T^2 统计控制图的本质是通过历史数据来确定高维空间中这个超椭球的位置和大小。其中，椭球的位置主要取决于各变量的均值大小和变量间的相关性，而椭球的大小则主要取决于变量的方差。下面以一个二元变量为例，说明如何确定椭球的位置和大小。

对于二元变量过程 $\boldsymbol{X} = (X_1, X_2)^{\mathrm{T}}$，假设其服从二元正态分布，即 $X = (X_1, X_2)^{\mathrm{T}} \sim N_2(\boldsymbol{\mu}, \boldsymbol{\Sigma})$，概率密度函数可表示为

$$f(X_1, X_2) = \frac{1}{2\pi\sigma_1\sigma_2(1-\rho_{12}^2)^{1/2}}\exp\left\{-\frac{1}{2(1-\rho_{12}^2)}\left[\frac{(X_1-\mu_1)^2}{\sigma_1^2} - 2\rho_{12}\frac{(X_1-\mu_1)(X_2-\mu_2)}{\sigma_1\sigma_2} + \frac{(X_2-\mu_2)^2}{\sigma_2^2}\right]\right\} \tag{5-1}$$

如图 5-4 所示，为二元正态分布的函数图像，若向 X_1 和 X_2 平面进行投影，则可以得到函数所对应的椭圆图。

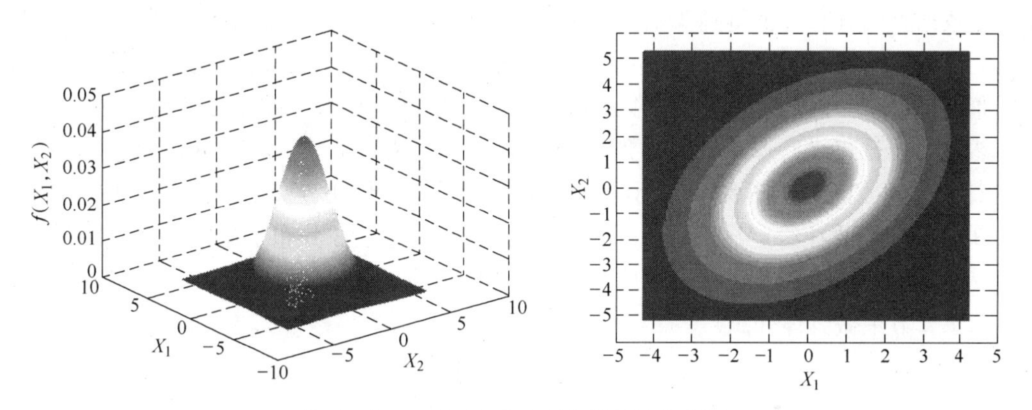

图 5-4　二元正态分布的函数图和投影图

为了衡量二元数据点是否在椭圆内，霍特林提出了 T^2 统计量，计算式为

$$T^2 = \frac{1}{1-\rho_{12}^2}\left[\left(\frac{X_1-\mu_1}{\sigma_1}\right)^2 - 2\rho_{12}\left(\frac{X_1-\mu_1}{\sigma_1}\right)\left(\frac{X_2-\mu_2}{\sigma_2}\right) + \left(\frac{X_2-\mu_2}{\sigma_2}\right)^2\right] \tag{5-2}$$

其中，μ_1 和 μ_2 分别为变量 X_1 和 X_2 的均值，可用样本均值 $\bar{x}_1$ 和 $\bar{x}_2$ 来估计；σ_1 和 σ_2 分别为变量 X_1 和 X_2 的标准差，可用样本的标准差 s_1 和 s_2 来估计；ρ_{12} 为变量 X_1 和 X_2 的相关系数，可用样本的相关系数 r_{12} 来估计。从式（5-2）可以看出，T^2 统计量实际上是数据点（X_1，X_2）到椭圆中心（μ_1，μ_2）的统计距离。当 T^2 值取一个常数时，椭圆大小就固定了，这个值就是 T^2 统计量的控制限 UCL，可以按式（5-3）确定一个椭圆控制限。当数据点位于椭圆之外时，判定该点异常，位于椭圆之内则为正常点。

$$\frac{1}{1-\rho_{12}^2}\left[\left(\frac{X_1-\mu_1}{\sigma_1}\right)^2 - 2\rho_{12}\left(\frac{X_1-\mu_1}{\sigma_1}\right)\left(\frac{X_2-\mu_2}{\sigma_2}\right) + \left(\frac{X_2-\mu_2}{\sigma_2}\right)^2\right] = UCL \tag{5-3}$$

如果两个变量 X_1 和 X_2 相关，则 $\rho_{12} = \sin\theta$，如图 5-5（a）所示，椭圆控制限 UCL 为一个斜椭圆；如果两个变量 X_1 和 X_2 不相关，则 $\rho_{12} = 0$，此时式（5-3）变为标准的椭圆方程

$$\left(\frac{X_1-\mu_1}{\sigma_1}\right)^2 + \left(\frac{X_2-\mu_2}{\sigma_2}\right)^2 = UCL \tag{5-4}$$

如图 5－5（b）所示，椭圆控制限 UCL 为一个正椭圆。

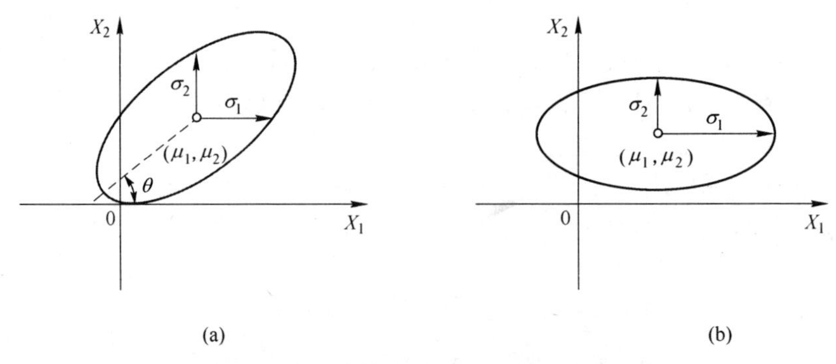

图 5－5　T^2 椭圆图的空间分布示意图

下面通过一个仿真例子来具体解释 T^2 控制图。设二元变量（X_1，X_2）服从二元正态分布，且两个变量 X_1 和 X_2 的相关系数为 0.80。图 5－6 中给出了这两个变量的散点图，并根据数据点的分布特征得到 3 条二元正态等高线。其中，每条等高线分别代表了在对应椭圆上数据点的 T^2 统计量是固定不变的。从图 5－6 可以看出，数据点在空间中呈现斜椭圆分布，且在中心区域分布较为密集，随着等高线椭圆的扩大，数据分布越来越稀疏。

然后，通过式（5－2）计算得到每个数据点所对应的 T^2 统计量。在此基础上，绘制 T^2 统计量的直方图，如图 5－7 所示。此直方图的形状近似于 β 分布，可以认为 T^2 统计量服从 β 分布，因此在给定显著性水平 α 情况下，可以通过 β 分布来确定 T^2 统计量的控制限 UCL，从而对变量 X_1 和 X_2 进行质量监控。如何根据数据分布的不同来确定控制限，这将在 5.2.2 节中做具体介绍。

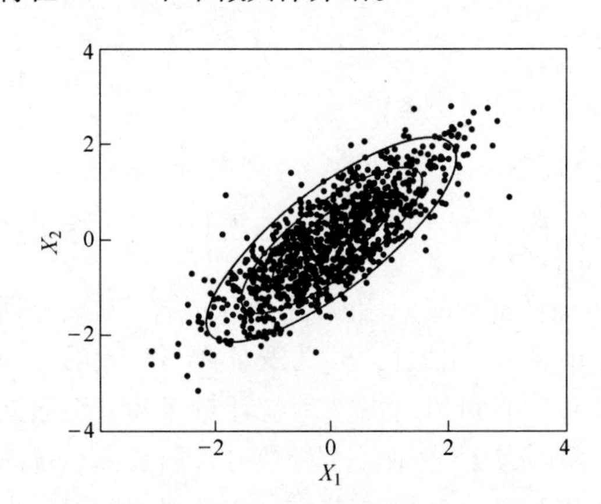

图 5－6　二元正态数据的散点图和等高线图

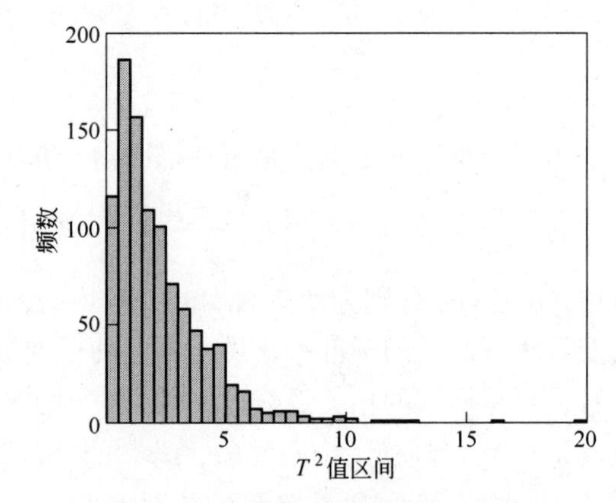

图 5－7　二元正态数据的 T^2 直方图

对于 p 元多变量统计过程，T^2 统计量的一般形式为

$$T^2 = SD^2 = (\boldsymbol{X}-\boldsymbol{\mu})^{\mathrm{T}}\boldsymbol{\Sigma}^{-1}(\boldsymbol{X}-\boldsymbol{\mu}) \tag{5-5}$$

其中，$\boldsymbol{X}$ 为 p 元多变量的观测向量，$\boldsymbol{X} \in \boldsymbol{R}^p$，$\boldsymbol{\mu}$ 为历史数据集的均值，$\boldsymbol{\Sigma}$ 为历史数据集的协方差矩阵。综上所述，T^2 统计量作为一个综合指标具有以下特点：

（1）简化了由多个单变量控制图所完成的监控过程，T^2 统计量易于在线或离线分析质量可控区的范围。

（2）考虑了变量的尺度问题，采用无量纲变量$\frac{X_1-\mu_1}{\sigma_1}$和$\frac{X_2-\mu_2}{\sigma_2}$，使得方差较小的变量对监控过程更加敏感。

（3）利用 T^2 统计量易于发现过程持续变化的趋势，有利于及时调控生产过程。

（4）可以利用 T^2 的正交分解来确定哪些变量的超差造成了质量的异常。

T^2 统计量的上述特点将在后续的章节中详细讨论。

5.2.2 T^2 统计量的分布特性

与单变量控制图类似，T^2 控制图同样需要考虑 T^2 统计量的分布特征，从而确定 T^2 统计量的控制限 UCL，实现多变量统计过程控制。下面将分两种情况来讨论 T^2 统计量的分布特性。

5.2.2.1 多变量 $\boldsymbol{X}=(X_1,X_2,\cdots,X_p)^{\mathrm{T}}$ 服从多元正态分布 $N_p(\boldsymbol{\mu},\boldsymbol{\Sigma})$ 的情况

当多变量 $\boldsymbol{X}$ 服从多元正态分布时，T^2 统计量的计算式及其所服从的分布可以分以下 4 种形式：

（1）参数 $\boldsymbol{\mu}$ 和 $\boldsymbol{\Sigma}$ 已知，单个样本点 $\boldsymbol{x}_{(i)}$ 的 T^2 统计量及其服从的分布可以表示为

$$T_i^2=(\boldsymbol{x}_{(i)}-\boldsymbol{\mu})^{\mathrm{T}}\boldsymbol{\Sigma}^{-1}(\boldsymbol{x}_{(i)}-\boldsymbol{\mu})\sim\chi^2(p) \tag{5-6}$$

其中，$\boldsymbol{x}_{(i)}$ 是 p 元变量的第 i 个样本点，$\boldsymbol{\mu}$ 和 $\boldsymbol{\Sigma}$ 为 p 元变量的均值向量和协方差矩阵，$\chi^2(p)$ 是自由度为 p 的卡方分布。在给定显著性水平 α 时，T^2 统计量的控制限 UCL 为：$UCL=\chi_\alpha^2(p)$，可以通过查卡方分布表来获得 $\chi_\alpha^2(p)$ 的数值大小。

（2）参数 $\boldsymbol{\mu}$ 和 $\boldsymbol{\Sigma}$ 未知时，以历史数据集的均值向量 $\bar{\boldsymbol{x}}$ 和协方差矩阵 $\boldsymbol{S}$ 作为参数 $\boldsymbol{\mu}$ 和 $\boldsymbol{\Sigma}$ 的估计，且单个样本点 $\boldsymbol{x}_{(i)}$ 不在历史数据内，则单个样本点 $\boldsymbol{x}_{(i)}$ 的 T^2 统计量及其服从的分布可以表示为

$$T_i^2=(\boldsymbol{x}_{(i)}-\bar{\boldsymbol{x}})^{\mathrm{T}}\boldsymbol{S}^{-1}(\boldsymbol{x}_{(i)}-\bar{\boldsymbol{x}})\sim\left[\frac{p(n+1)(n-1)}{n(n-p)}\right]F(p,n-p) \tag{5-7}$$

其中，p 为变量的个数，n 为历史数据集的样本点个数，$F(p,n-p)$ 是自由度为 p 和 $n-p$ 的 F 分布。在给定显著性水平 α 时，T^2 统计量的控制限 UCL 为：$UCL=\left[\frac{p(n+1)(n-1)}{n(n-p)}\right]F_\alpha(p,n-p)$。

（3）参数 $\boldsymbol{\mu}$ 和 $\boldsymbol{\Sigma}$ 未知时，以历史数据集的均值向量 $\bar{\boldsymbol{x}}$ 和协方差矩阵 $\boldsymbol{S}$ 作为参数 $\boldsymbol{\mu}$ 和 $\boldsymbol{\Sigma}$ 的估计，且单个样本点 $\boldsymbol{x}_{(i)}$ 参与了这两个估计值的计算过程，则单个样本点 $\boldsymbol{x}_{(i)}$ 的 T^2 统计量及其服从的分布可以表示为

$$T_i^2=(\boldsymbol{x}_{(i)}-\bar{\boldsymbol{x}})^{\mathrm{T}}\boldsymbol{S}^{-1}(\boldsymbol{x}_{(i)}-\bar{\boldsymbol{x}})\sim\left[\frac{(n-1)^2}{n}\right]\beta\left(\frac{p}{2},\frac{n-p-1}{2}\right) \tag{5-8}$$

其中，$\beta\left(\frac{p}{2},\frac{n-p-1}{2}\right)$ 是自由度为 $p/2$ 和 $(n-p-1)/2$ 的 β 分布。在给定显著性水平 α 时，T^2 统计量的控制限 UCL 为：$UCL=\left[\frac{(n-1)^2}{n}\right]\beta_\alpha\left(\frac{p}{2},\frac{n-p-1}{2}\right)$。

（4）对于批处理数据，有 k 个数据子集，每个子集的样本容量为 m，此时每个子集的 T^2 统计量及其服从的分布可以表示为

$$T_i^2 = (\boldsymbol{x}_{(i)} - \bar{\boldsymbol{x}})^{\mathrm{T}} \boldsymbol{S}_{\mathrm{w}}^{-1} (\boldsymbol{x}_{(i)} - \bar{\boldsymbol{x}}) \sim \left[\frac{(k+1)(m-1)p}{m(mk-k-p+1)}\right] F(p, mk-k-p-1) \quad (5-9)$$

其中，$\boldsymbol{S}_{\mathrm{w}} = \frac{\sum_{i=1}^{k} \boldsymbol{S}_i}{k}$，$\boldsymbol{S}_i$ 为第 i 个数据子集的样本协方差矩阵。T^2 统计量的控制限 UCL 为：$UCL = \left[\frac{(k+1)(m-1)p}{m(mk-k-p+1)}\right] F(p, mk-k-p-1)$。在给定显著性水平 α 时，T^2 统计量的控制限 UCL 为：$UCL = \left[\frac{(k+1)(m-1)p}{m(mk-k-p+1)}\right] F_\alpha(p, mk-k-p-1)$。

5.2.2.2 多变量 $\boldsymbol{X} = (X_1, X_2, \cdots, X_p)^{\mathrm{T}}$ 不服从多元正态分布的情况

在不确定多变量是否服从正态分布时，可以按式（5－10）计算出所有样本点的 T^2 统计量，然后通过如下三种方法来确定 T^2 统计量的控制限 UCL。

$$T_i^2 = (\boldsymbol{x}_{(i)} - \bar{\boldsymbol{x}})^{\mathrm{T}} \boldsymbol{S}^{-1} (\boldsymbol{x}_{(i)} - \bar{\boldsymbol{x}}) \quad (5-10)$$

A 基于切比雪夫原理

当多变量不服从多元正态分布或难以判断是否服从多元正态分布时，可以利用切比雪夫定理来确定 T^2 统计量控制上限。

切比雪夫定理，即对于变量 X，不管 X 服从什么分布，都有

$$P(\mu - k\sigma < X < \mu + k\sigma) \geqslant 1 - 1/k^2 \quad (5-11)$$

其中，k 为选定的常数，且 $k>1$；μ 和 σ 是变量 X 的均值和标准差。

例如：当 $k=3.5$ 时，$P(\mu - 3.5\sigma < X < \mu + 3.5\sigma) \geqslant 1 - 1/3.5^2 = 0.918$，也就是说变量 X 的取值落在 $\mu \pm 3.5\sigma$ 范围内的可能性大于等于 91.8%；反过来说，X 取值在 $\mu \pm 3.5\sigma$ 范围之外的概率不会超过 8.2%。

当对 T^2 统计量使用切比雪夫定理时，可以用 T^2 统计量的样本均值 $\bar{T}$ 和样本标准差 s_{T} 来估计 T^2 分布的均值和标准差，对应得到 μ_{T} 和 σ_{T}，则式（5－11）可以转换为

$$P(\mu_{\mathrm{T}} - k\sigma_{\mathrm{T}} < T^2 < \mu_{\mathrm{T}} + k\sigma_{\mathrm{T}}) \geqslant 1 - 1/k^2 \quad (5-12)$$

由于，$T^2 \geqslant 0$，所以必有

$$P(0 \leqslant T^2 < \mu_{\mathrm{T}} + k\sigma_{\mathrm{T}}) \geqslant 1 - 1/k^2 \quad (5-13)$$

选定一个显著性水平 α_0，取 $k = 1/\sqrt{\alpha_0}$，则

$$P(0 \leqslant T^2 < \mu_{\mathrm{T}} + k\sigma_{\mathrm{T}}) \geqslant 1 - \alpha_0 \quad (5-14)$$

由此可以推出，当 T^2 统计量的控制限为 $UCL = \mu_{\mathrm{T}} + k\sigma_{\mathrm{T}}$ 时，所绘制出的统计控制图犯第一类错误的概率为 $\alpha \leqslant \alpha_0$。

B 基于分位图法

将 T^2 统计量按照降序排列，并利用下式来计算 T^2 统计量的控制限

$$UCL = \frac{T_{\mathrm{r}}^2 + T_{\mathrm{s}}^2}{2} \quad (5-15)$$

其中，$[T_{\mathrm{r}}^2, T_{\mathrm{s}}^2]$ 为 T^2 统计量在显著性水平 $\alpha = 0.01$ 时，控制限 UCL 的上、下置信区间。

C 基于核平滑的方法

对于 p 元变量的 n 个样本点，可以利用式（5－10）计算出 n 个样本点所对应的 T^2 统计量，再利用核平滑方法来拟合计算得到的 T^2 统计量，即可以获得 T^2 统计量的一个拟合

核分布函数 $FK(t)$（注：$FK(t)$ 是分布函数，而不是概率密度函数），$FK(t)$ 计算公式为

$$FK(t) = \frac{1}{n}\sum_{i=1}^{n}\Phi\left(\frac{t - T_i^2}{h}\right) \tag{5-16}$$

式中，Φ 为标准正态分布函数，h 为带宽。

若给定显著性水平为 α，则 T^2 统计量的控制限为 $UCL = FK^{-1}(1-\alpha)$。由于 $FK(t)$ 是偏态分布，所以当 α 较小时，如 $\alpha=0.10$，则控制限 UCL 较大。上述方法的应用实例请参阅 6.5.4 节的内容。

通过上面的讨论，我们可以得到多变量服从和不服从正态分布时 T^2 统计量的控制限，由此可以利用 T^2 控制图，对生产过程进行产品质量监控。无论是采用哪种方法来确定控制限，最终的目标是要控制质量在可控区的范围内，对于质量要求高的产品，各相应的工序宜采用更窄的 UCL 限，以保证产品的最终质量。

5.2.3 T^2 的正交分解

当样本点的 T^2 统计量出现异常时，则需要分析出是由哪个变量或哪些变量的偏差造成了异常，或是哪些变量之间的关系不符合要求造成了异常？

由于 T^2 统计量是由多个变量组合而成的一个综合指标，因此有多种方法可将其分解成 p 个正交的分量，其中以 MYT（Mason－Yong－Tracy）分析异常原因的能力最佳。下面以二元变量为例详细介绍 T^2 统计量的 MYT 分解方法。

5.2.3.1 MYT 分解

对于二元变量 $\boldsymbol{X} = (X_1, X_2)^{\mathrm{T}}$，MYT 分解通过正交变换将 T^2 统计量表达成两个正交等权项，如图 5－8 所示。式（5－17）为第 i 个样本点 T_i^2 统计量的 MYT 分解的表达式。

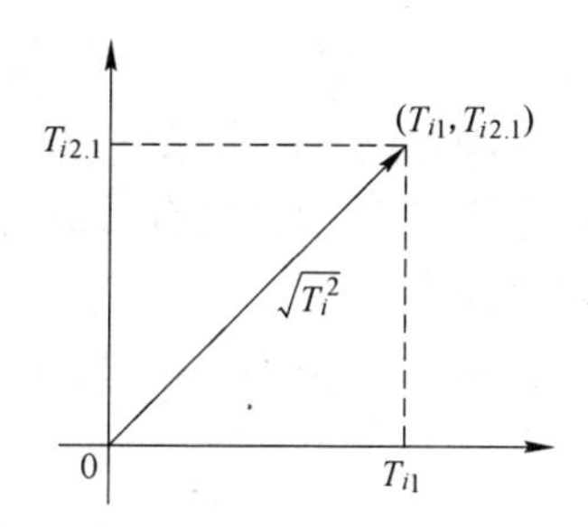

图 5－8 二元变量的 MYT 分解示意图

$$T_i^2 = T_{i1}^2 + T_{i2.1}^2 \tag{5-17}$$

其中，$T_{i1} \perp T_{i2.1}$，具体计算式如下：

$$T_{i1}^2 = (x_{i1} - \bar{x}_1)^2 / s_1^2 \tag{5-18}$$

$$T_{i2.1}^2 = (x_{i2} - \bar{x}_{i2.1})^2 / s_{2.1}^2 \tag{5-19}$$

同理，T^2 的 MYT 分解还可以表示为

$$T_i^2 = T_{i2}^2 + T_{i1.2}^2 \tag{5-20}$$

$$T_{i2}^2 = (x_{i2} - \bar{x}_2)^2 / s_2^2 \tag{5-21}$$

$$T_{i1.2}^2 = (x_{i1} - \bar{x}_{i1.2})^2 / s_{1.2}^2 \tag{5-22}$$

式（5－17）～式（5－22）中，T_{i1}^2 和 T_{i2}^2 为非条件项，$T_{i2.1}^2$ 和 $T_{i1.2}^2$ 为条件项，$\bar{x}_{i2.1}$ 为在给定

X_1 的条件下 X_2 的条件均值，$\bar{x}_{i1.2}$ 为在给定 X_2 的条件下 X_1 的条件均值，$s_{2.1}^2$ 为在给定的 X_1 条件下 X_2 的条件方差，$s_{1.2}^2$ 为在给定 X_2 的条件下 X_1 的条件方差。$\bar{x}_{i2.1}$ 和 $\bar{x}_{i1.2}$ 的计算式如下：

$$\bar{x}_{i2.1} = \bar{x}_2 + b_2(x_{i1} - \bar{x}_1) \tag{5-23}$$

$$\bar{x}_{i1.2} = \bar{x}_1 + b_1(x_{i2} - \bar{x}_2) \tag{5-24}$$

式中，b_1 为 X_1 对 X_2 的回归系数，即 X_1 为因变量，X_2 为自变量时的回归系数；b_2 为 X_2 对 X_1 的回归系数，即 X_2 为因变量，X_1 为自变量时的回归系数。

T^2 统计量出现异常的原因有两个：一个是变量 X_1 和（或）X_2 的值出现了超差；另一个是变量 X_1 和 X_2 的相关性出现了异常。非条件项 T_{i1}^2 和 T_{i2}^2 分别表示变量 X_1 和 X_2 的 T^2 值，如果 X_1 或 X_2 值超差，将直接反映为 T_{i1}^2 或 T_{i2}^2 超差。条件项 $T_{i2.1}^2$ 和 $T_{i1.2}^2$ 可以反映 X_1 和 X_2 的相关性是否合理，一旦 x_{i2} 偏离了 $\bar{x}_{i2.1}$，则 $T_{i2.1}^2$ 将会变大；同理，若 x_{i1} 偏离了 $\bar{x}_{i1.2}$，则 $T_{i1.2}^2$ 将会变大。对于确定的 $X_1 = a$ 或 $X_2 = b$ 所得到的可控区域如图 5-9 和图 5-10 所示。

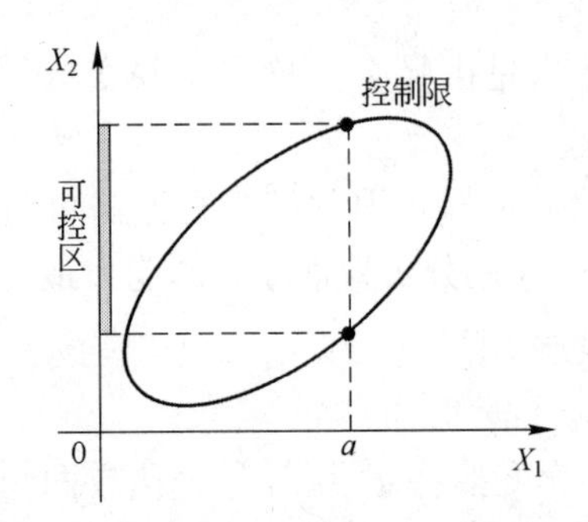

图 5-9　变量 X_1 确定时变量 X_2 的可控区域

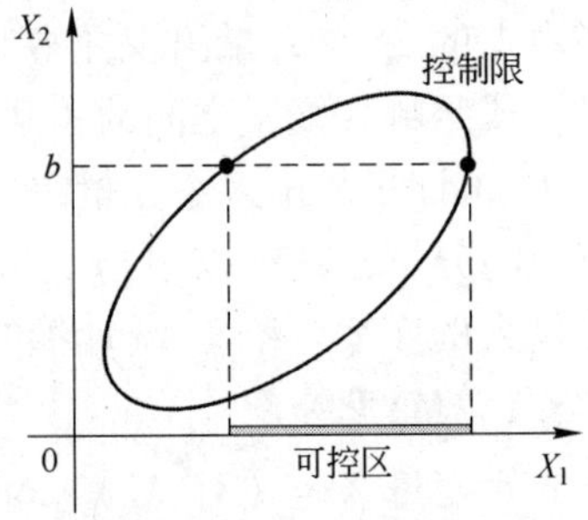

图 5-10　变量 X_2 确定时变量 X_1 的可控区域

从图 5-9 可以看出，当变量 X_1 为定值时，在控制限的约束下，此时变量 X_2 存在一个可控区，一旦 x_{i2} 超出了可控区范围，则意味着条件项 $T_{i2.1}^2$ 异常，反映出 X_1 和 X_2 之间的相关性出现了异常。同理，当变量 X_2 为定值时也有类似的结论。

5.2.3.2　MYT 分解的几何解释

下面从回归线的角度来解释 T^2 统计量 MYT 分解的条件项的几何含义。在二元变量的情形下，条件项的一般形式为

$$T_{ij.k}^2 = (x_{ij} - \bar{x}_{ij.k})^2 / s_{j.k}^2 \tag{5-25}$$

其中，条件均值 $\bar{x}_{ij.k}$ 可以通过下式计算得出

$$\bar{x}_{ij.k} = \bar{x}_j + b_j(x_{ik} - \bar{x}_k) \tag{5-26}$$

其中，i 表示样本点的序号，j 和 k 表示变量的序号，$\bar{x}_j$ 和 $\bar{x}_k$ 分别为依据历史数据得到的变量 X_j 和 X_k 的样本均值，b_j 为当前数据集中 X_j 对于 X_k 的估计回归系数，即 X_j 为因变量，X_k 为自变量时的估计回归系数。

定义条件残差 $\delta_{ij.k} = x_{ij} - \bar{x}_{ij.k}$，条件方差 $s_{j.k}^2 = s_j^2(1 - r_{jk}^2)$。其中，$r_{jk}$ 为变量 X_j 和 X_k 间的相关系数，则式（5-25）改写为

$$T_{ij.k}^2 = \frac{\delta_{ij.k}^2}{s_j^2(1 - r_{jk}^2)} = \left(\frac{\delta_{ij.k}}{s_j}\right)^2 \bigg/ (1 - r_{jk}^2) \tag{5-27}$$

对于二元变量 $\boldsymbol{X} = (X_1, X_2)^{\mathrm{T}}$ 的情况，条件残差 $\delta_{i1.2}$ 和 $\delta_{i2.1}$ 的几何表示分别如图 5-11

和图 5－12 所示。

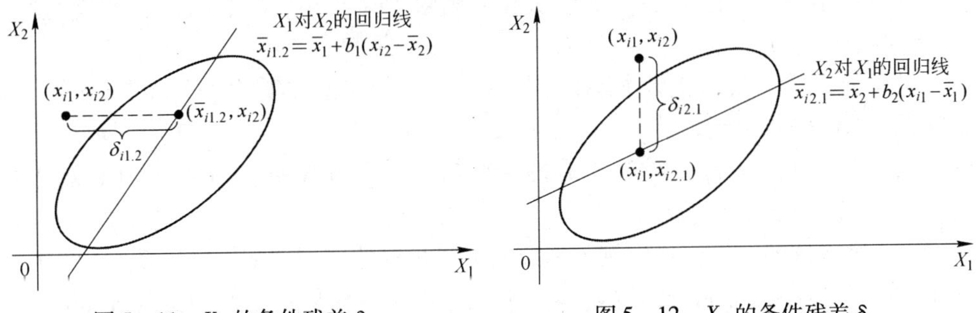

图 5－11 X_1 的条件残差 $\delta_{i1.2}$　　图 5－12 X_2 的条件残差 $\delta_{i2.1}$

从图 5－11 中可以看出，以 X_2 为条件变量，在获得 X_1 对 X_2 的回归线后，变量 X_2 对 X_1 的预测值为 $\bar{x}_{i1.2}$，则样本点与回归线上对应点之间的距离为条件残差 $\delta_{i1.2}$。同理，在图 5－12 中也有类似结论。通过式（5－27）可知，当条件残差 $\delta_{i1.2}$ 或 $\delta_{i2.1}$ 过大时，条件项 $T^2_{i1.2}$ 或 $T^2_{i2.1}$ 也会随之增大，从而导致样本点 T^2 统计量的异常，此时可以判断异常原因是变量 X_1 和 X_2 之间的相关性异常。

5.2.3.3 非条件项和条件项的控制限

对于二元变量 $\boldsymbol{X}=(X_1,X_2)^{\mathrm{T}}$，将 T^2 统计量进行 MYT 分解，分解为 $T^2_i=T^2_{i1}+T^2_{i2.1}$ 或 $T^2_i=T^2_{i2}+T^2_{i1.2}$，非条件项和条件项通常满足如下 F 分布。

非条件项满足：

$$T^2_{i1},T^2_{i2}\sim\frac{n+1}{n}F(1,n-1) \tag{5－28}$$

条件项满足：

$$T^2_{i1.2},T^2_{i2.1}\sim\frac{(n+1)(n-1)}{n(n-k-1)}F(1,n-k-1) \tag{5－29}$$

其中，k 为条件变量的个数，对于二元变量 $k=1$；n 为样本点的个数，即样本容量。

在给定显著性水平 α 时，便可根据非条件项和条件项所服从的 F 分布，按下式计算出非条件项和条件项的控制限。

非条件项 T^2_{i1}、T^2_{i2} 的控制限为

$$UCL_{非}=\frac{n+1}{n}F_{\alpha}(1,n-1) \tag{5－30}$$

条件项 $T^2_{i1.2}$、$T^2_{i2.1}$ 的控制限为

$$UCL_{条}=\frac{(n+1)(n-1)}{n(n-k-1)}F_{\alpha}(1,n-k-1) \tag{5－31}$$

当通过 T^2 控制图监测到 T^2 统计量出现异常时，可以按照式（5－30）和式（5－31）计算出该样本点的非条件项和条件项，并与相应的控制限比较来诊断 T^2 统计量出现异常的原因。当非条件项 $T^2_{i1}>UCL_{非}$ 或 $T^2_{i2}>UCL_{非}$ 时，表明变量 X_1 或 X_2 的超差导致了 T^2 统计量异常；当条件项 $T^2_{i1.2}>UCL_{条}$ 或 $T^2_{i2.1}>UCL_{条}$ 时，则表明变量 X_1 和 X_2 相关关系的异常导致了 T^2 统计量的异常。

5.2.3.4 基于 MYT 分解的质量异常原因的诊断步骤

对于二元变量 $\boldsymbol{X}=(X_1,X_2)^{\mathrm{T}}$，通过 T^2 统计量的 MYT 分解可以逐次分析出现质量异常

的真实原因。整个计算步骤可以分解为以下过程：

（1）计算出第 i 个样本点的 T_i^2 统计量和控制限 UCL，并绘制椭圆控制区域，判断质量异常的样本点。

（2）针对异常样本点，分别计算出变量 X_1 和 X_2 的非条件项 T_{i1}^2、T_{i2}^2 和控制限 $UCL_{非}$，判断变量 X_1 和 X_2 是否出现超差。

（3）利用公式 $T_{ik.j}^2 = T_i^2 - T_{ij}^2$ 计算出条件项 $T_{i1.2}^2$、$T_{i2.1}^2$ 和控制限 $UCL_{条}$，判断变量 X_1 和 X_2 的相互关系是否出现异常。

下面用一个具体的二元变量的例子来说明上述步骤的应用。如图 5－13 所示，样本点分别为 A、B、C、D，可以发现四个样本点都位于椭圆区域外，因此判定为异常点。然后通过 MYT 分解的方法来分析样本点的异常原因，确定是变量的 T^2 统计量异常，还是变量间的关系出现了异常。表 5－1 给出了 A、B、C、D 四个样本点所对应的 T^2 分解值。结合表 5－1、图 5－14 和图 5－15 具体分析如下。

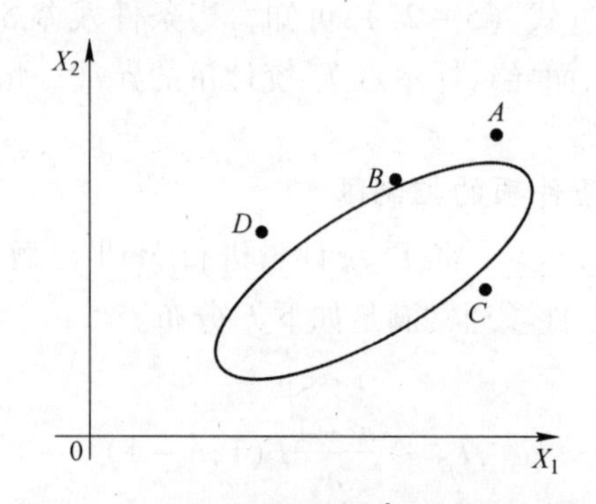

图 5－13　四个异常点的 T^2 椭圆控制区域

表 5－1　二元变量的 T^2 分解值

数据点	T_i^2 值	T_{i1}^2	T_{i2}^2	$T_{i1.2}^2$	$T_{i2.1}^2$
A	10.05*	2.78	10.03*	0.02	7.27*
B	6.33*	0.11	3.49	2.84	6.22*
C	6.63*	3.01	0.34	6.29*	3.62
D	9.76*	2.54	1.73	8.03*	7.22*

注：* 代表在显著性水平为 0.05 时，超过控制限的值。

图 5－14 中的平行四边形是条件项和非条件项的可控区域，确定了诊断分析过程的范围，因此有必要详细介绍该平行四边形的绘制过程。首先，要获得样本点的 T^2 控制限，即图中的椭圆；其次，明确以 X_1 为条件变量，获得变量 X_2 对变量 X_1 的回归线；然后，平行该回归线并相切于椭圆，得到平行四边形的两条边；最后，根据图 5－9 的原理，在相切椭圆的基础上，获得平行四边形的另外两条边。同理，图 5－15 中的平行四边形也是按照上述流程绘制得到的。

对于样本点 A，非条件项 T_{A2}^2 产生了较大值 10.03，图 5－15 中显示 T_{A2}^2 超过了平行四边形的可控区域，也就是说样本点 A 的 X_2 变量超过了非条件项控制限所对应的可控区域。而条件项 $T_{A2.1}^2$ 的值也较大，为 7.27，超过了 $T_{A2.1}^2$ 的控制限，如图 5－14 和图 5－15 所示。

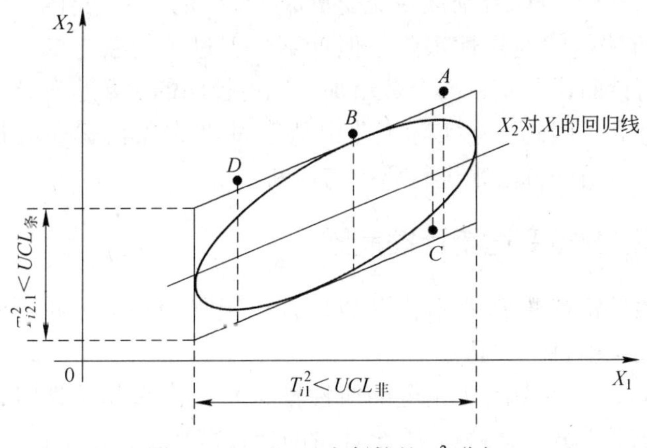

图 5－14 以 X_1 为条件的 T^2 分解

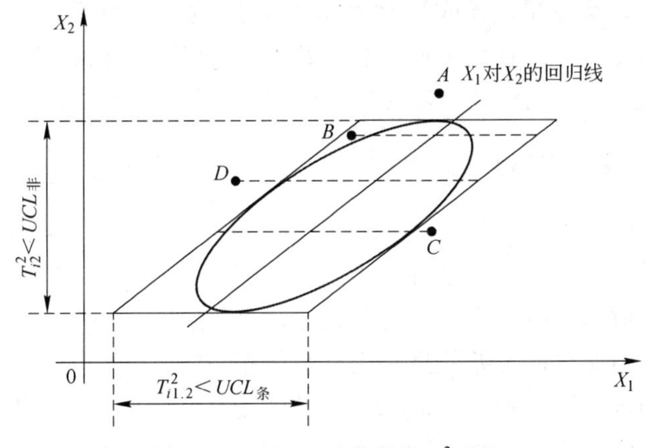

图 5－15 以 X_2 为条件的 T^2 分解

这是因为变量 X_2 并没有包含在可控区域内，该可控区域是在确定了 X_1 的条件下所对应的 X_2 范围。此外，A 点到 X_2 对 X_1 回归线的距离较远，也验证上述结论。由此可知，样本点 A 异常的原因是：变量 X_2 超差，且 X_1 和 X_2 之间的关系出现异常。

对于样本点 B，两个非条件项的值并不大，都在允许的范围内，但条件项 $T_{B2.1}^2$ 的值较大，为 6.22，如图 5－14 所示，B 点超过了 $T_{B2.1}^2$ 的控制限，在可控区域外，意味着样本点 B 的两个变量之间的关系出现了异常。

对于样本点 C，两个非条件项的值不大，都在允许的范围内，但条件项 $T_{C1.2}^2$ 的值较大，为 6.29，超过了 $T_{C1.2}^2$ 的控制限，如图 5－15 所示，说明样本点 C 的两个变量之间的异常关系导致了 T^2 统计量的异常。

对于样本点 D，两个非条件项的值并不大，都在允许的范围内，但两个条件项 $T_{D1.2}^2$ 和 $T_{D2.1}^2$ 的值都较大，都超过了其控制限，从图 5－14 和图 5－15 中的 $T_{D2.1}^2$ 和 $T_{D1.2}^2$ 的可控区域很容易判断出，样本点 D 的两个变量之间的关系出现了异常。

通过这个例子可以看出，MYT 分解方法的实质是通过平行四边形来逼近原来的椭圆控制区域，然后利用平行四边形的各条边长来判断 T^2 统计量出现异常的原因。

对于更复杂的多元变量的 MYT 分解，有兴趣的读者可以查阅相关文献。在多数情况下，多元变量的 MYT 分解可以分别从一对变量 X_i 和 X_j 的二元条件项 $T^2_{i.j}$ 中找出质量异常的原因。MYT 分解方法虽然逻辑性很强，但计算过程过于繁杂。二元变量，需要利用两个可控区域图来进行诊断，若变量的个数增加，则可控图的个数也随之增加，无形中会使得诊断分析的难度加大。因此，在实际工业中基于 MYT 分解的诊断分析方法在线应用较少，常常是通过主元分析的方法来进行监控与诊断。

5.3　基于主元模型的多变量统计控制图

前面章节所介绍的霍特林 T^2 控制图是以协方差矩阵为基础的质量监控方法，这种方法存在一些不足之处。主要的问题是：

（1）当变量之间存在共线性（完全的线性耦合）或多重相关性时，协方差矩阵变成奇异矩阵，它的逆变得无穷小，这给 T^2 统计量的计算带来很大误差；

（2）当变量个数很多时，通过 MYT 分解来判断出现质量异常的原因会变得很困难；

（3）当系统存在较大测量误差或其他随机噪声时，需要消除系统的这部分误差来提高质量监控的有效性和准确性，而前面所讨论的 T^2 统计量不具备消除系统误差的能力。

因此，本节通过基于主元模型的多变量统计控制图来解决上述几个问题。

5.3.1　主成分分析方法（PCA）

5.3.1.1　基本原理

主成分分析是将多个相关的变量分解为几个互相正交的独立分量。主成分分析是多元统计分析中最基本的降维方法，是在力保数据方差信息丢失最少的情况下对高维数据空间进行降维处理。信息提取的关键是选择几个有代表性的主成分，用来解释数据中的主要变化部分。如图 5－16 所示，原始数据空间 $\boldsymbol{X}_{n\times2}=[X_1, X_2]$ 经过主成分分析后，可以形成新的数据空间 $\boldsymbol{l}_{n\times2}=[l_1, l_2]$，$l_1$ 方向代表了数据方差变化最大的方向，解释了数据中的大部分变化，形成数据的系统部分，而 l_2 方向数据变化较小，则代表了数据的次要部分与系统的噪声部分。在图 5－16 中，将原始数据空间的样本点（$x_{i1,}x_{i2}$）投影到新的数据空间中，利用投影值可以得到该样本点的新坐标（$t_{i1,}t_{i2}$）。由于样本点在 l_1 方向上的变化量大于在 l_2 方向的变化量，这比原始数据空间的分布更能真实反映样本点的特征。

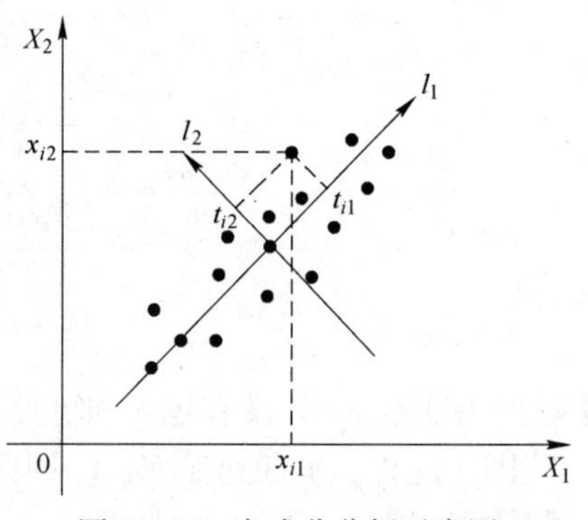

图 5－16　主成分分析示意图

实际的生产过程监控对象，通常是一个包含了 p 个变量的多元监控过程 $\boldsymbol{X}=(X_1, X_2, \cdots, X_p)^{\mathrm{T}}\in\mathbf{R}^p$，对其进行 n 次观测构成了数据矩阵 $\boldsymbol{X}_{n\times p}=[\boldsymbol{x}_1, \boldsymbol{x}_2, \cdots, \boldsymbol{x}_p]\in\mathbf{R}^p$，其中的每一列代表一个监控变量的 n 次观测值，每一行代表一个样本点，即一个观测向量。主成分分析主要目的是从数据矩阵 $\boldsymbol{X}_{n\times p}$ 中提取若干主要变异信息，称其为主成分 $\boldsymbol{t}_i$，使这几个主成分能够代表原数据矩阵 $\boldsymbol{X}_{n\times p}$ 中的绝大多数的变异信息。提取第一主成分的优化目标函数为

$$\mathrm{Var}(\boldsymbol{t}_1)=\mathrm{Var}(\boldsymbol{X}_{n\times p}\boldsymbol{l}_1)\rightarrow\max \tag{5-32}$$

式中，Var 表示方差，$\boldsymbol{t}_1$ 称为第一主成分，$\boldsymbol{l}_1$ 称为第一主方向。式（5－32）表示原始数据矩阵 $\boldsymbol{X}_{n\times p}$向主方向 $\boldsymbol{l}_1$ 进行投影后的方差最大，即主成分 $\boldsymbol{t}_1$ 包含了原始数据中最多的变化信息。按照迭代算法依次类推，求取残差矩阵，使得该残差矩阵向第二主方向 $\boldsymbol{l}_2$ 的投影的方差最大，得到第二主成分 $\boldsymbol{t}_2$。依次类推，可以得到 $h(h \leqslant p)$ 个主方向和对应的主成分。

5.3.1.2 计算步骤

主成分分析具体的算法步骤如下：

（1）由于主成分分析的结果受到数据量纲的影响，因此在进行主成分分析前，需要先对数据矩阵 $\boldsymbol{X}_{n\times p}$进行标准化，得到新的数据矩阵 $\boldsymbol{E}$，即减去均值除以标准差，具体过程参见 2.5.3 节。

（2）求取 $\boldsymbol{E}$ 的协方差矩阵$\frac{1}{n-1}\boldsymbol{E}^{\mathrm{T}}\boldsymbol{E}$，并对该协方差进行特征值分解，得到特征值 λ_1 和对应的特征向量 $\boldsymbol{l}_1$。

（3）将主方向向量进行归一化：$\boldsymbol{l}_1 = \boldsymbol{l}_1 / \| \boldsymbol{l}_1 \|$。

（4）计算主成分 $\boldsymbol{t}_1$：$\boldsymbol{t}_1 = \boldsymbol{E}\boldsymbol{l}_1 / \boldsymbol{l}_1^{\mathrm{T}}\boldsymbol{l}_1$。

（5）计算矩阵 $\boldsymbol{E}$ 的残差矩阵 $\boldsymbol{E}_1$：$\boldsymbol{E}_1 = \boldsymbol{E} - \boldsymbol{t}_1\boldsymbol{l}_1^{\mathrm{T}}$。

（6）用$\boldsymbol{E}_1$ 代替 $\boldsymbol{E}$ 重复上述的步骤（2）~（5）直到满足精度要求或主成分的个数为 h。

将生产过程稳定情况下的历史数据收集起来，对这些数据进行主成分分析，就可以建立主元模型。假设按照上述步骤共提取了 h 个主成分，对标准化后的数据进行主成分分析可以得到：

$$\boldsymbol{E} = \boldsymbol{t}_1\boldsymbol{l}_1^{\mathrm{T}} + \boldsymbol{t}_2\boldsymbol{l}_2^{\mathrm{T}} + \cdots + \boldsymbol{t}_h\boldsymbol{l}_h^{\mathrm{T}} + \boldsymbol{E}_h \tag{5-33}$$

式中，$\boldsymbol{T}_h = [\boldsymbol{t}_1, \boldsymbol{t}_2, \cdots, \boldsymbol{t}_h]$ 为主成分矩阵，$\boldsymbol{t}_1$，$\boldsymbol{t}_2$，…，$\boldsymbol{t}_h$ 为主成分，$\boldsymbol{L} = [\boldsymbol{l}_1, \boldsymbol{l}_2, \cdots, \boldsymbol{l}_h]$ 为主方向矩阵，$\boldsymbol{l}_1$，$\boldsymbol{l}_2$，…，$\boldsymbol{l}_h$ 为主方向向量，$\boldsymbol{E}_h$ 为残差矩阵。主成分 $\boldsymbol{t}_1$，$\boldsymbol{t}_2$，…，$\boldsymbol{t}_h$ 构成了数据集的系统部分，而残差 $\boldsymbol{E}_h$ 则构成了数据集的噪声部分。因此，通常把 $\boldsymbol{E} = \boldsymbol{t}_1\boldsymbol{l}_1^{\mathrm{T}} + \boldsymbol{t}_2\boldsymbol{l}_2^{\mathrm{T}} + \cdots + \boldsymbol{t}_h\boldsymbol{l}_h^{\mathrm{T}}$ 称为主元模型，这是去除噪声 $\boldsymbol{E}_h$ 后的模型，可以用主元模型来进行数据的统计分析。

主成分分解的算法除了前面介绍的迭代方法外，还可以采用矩阵运算中常用的矩阵奇异值分解的方法。数据矩阵 $\boldsymbol{X}_{n\times p}$的奇异值分解可以表示为

$$\boldsymbol{X}_{n\times p} = \boldsymbol{U}\boldsymbol{\Lambda}\boldsymbol{V}^{\mathrm{T}} \tag{5-34}$$

其中

$$\boldsymbol{U} = [\boldsymbol{u}_1, \boldsymbol{u}_2, \cdots, \boldsymbol{u}_n] \in \mathbf{R}^{n\times n}$$

$$\boldsymbol{V} = [\boldsymbol{v}_1, \boldsymbol{v}_2, \cdots, \boldsymbol{v}_p] \in \mathbf{R}^{p\times p}$$

$$\boldsymbol{\Lambda} = \begin{bmatrix} \sigma_1 & 0 & \cdots & 0 \\ 0 & \sigma_2 & \cdots & 0 \\ \vdots & \vdots & & \vdots \\ 0 & 0 & \cdots & \sigma_p \\ \vdots & \vdots & & \vdots \\ 0 & 0 & \cdots & 0 \end{bmatrix} \in \mathbf{R}^{n\times p}$$

且 $\boldsymbol{U}$ 矩阵中的列向量相互正交，$\boldsymbol{V}$ 矩阵中的列向量也相互正交，向量的长度为 1（单位向量），$\sigma_i = \sqrt{\lambda_i}$，即数据矩阵 $\boldsymbol{X}_{n\times p}$的奇异值 σ_i 等于协方差矩阵特征值 λ_i 的平方根。每个特

征值代表了相应主成分所携带的方差信息量，且满足如下关系 $\lambda_1 \geqslant \lambda_2 \geqslant \cdots \geqslant \lambda_p$。因此，式（5－34）可以用另一种形式来表示：

$$\boldsymbol{X}_{n\times p} = \boldsymbol{U}\boldsymbol{\Lambda}\boldsymbol{V}^{\mathrm{T}} = \sigma_1 \boldsymbol{u}_1 \boldsymbol{v}_1^{\mathrm{T}} + \sigma_2 \boldsymbol{u}_2 \boldsymbol{v}_2^{\mathrm{T}} + \cdots + \sigma_p \boldsymbol{u}_p \boldsymbol{v}_p^{\mathrm{T}} \tag{5-35}$$

且 $\sigma_1 \boldsymbol{u}_1$ 为矩阵 $\boldsymbol{X}_{n\times p}$ 的第一个主成分 $\boldsymbol{t}_1$，$\boldsymbol{v}_1$ 为第一主方向 $\boldsymbol{l}_1$，依次类推。

5.3.1.3　主成分分析的实质

从上面的计算过程中可以看出，主成分分析的实质是对数据矩阵的正交分解，各个主成分之间是正交的，即对任何 j 和 k，当 $j \neq k$ 时，$\boldsymbol{t}_j^{\mathrm{T}} \boldsymbol{t}_k = 0$。同样，各个主方向向量之间也是正交的，且每个主方向向量均为单位向量，长度为1，即

$$\boldsymbol{l}_j^{\mathrm{T}} \boldsymbol{l}_k = 0,\ j \neq k$$

$$\boldsymbol{l}_j^{\mathrm{T}} \boldsymbol{l}_k = 1,\ j = k$$

主成分与主方向向量之间的关系是 $\boldsymbol{t}_j = \boldsymbol{X}_{n\times p} \boldsymbol{l}_j$，即主成分是原始数据矩阵向主方向上的投影。

以图5－16来进一步说明主成分分析的实质。假设提取了 $h(h \leqslant p)$ 个主成分，每个主成分 $\|\boldsymbol{t}_j\|$（$j=1, 2, \cdots, h$）的长度反映了 n 个样本点在对应主方向 $\boldsymbol{l}_j$ 上投影的变化范围，覆盖的范围越大，说明数据在该方向上的变化量越大，反映了数据中在这个主方向的受控区的范围也越大。

如果将主成分的长度按顺序排列：$\|\boldsymbol{t}_1\| \geqslant \|\boldsymbol{t}_2\| \geqslant \cdots \geqslant \|\boldsymbol{t}_h\|$，则称相对应的 $\boldsymbol{l}_1$ 为第一主方向，$\boldsymbol{l}_2$ 为第二主方向，…，$\boldsymbol{l}_h$ 为最小主方向。

5.3.1.4　确定主成分的个数

在主成分分析中，需要确定主成分个数 h。主成分个数的选择取决于几个方面的因素：

（1）信息包含量。原则上主成分个数越多，包含的信息量越大，但个数太多会将噪声部分带入主成分分析中，造成检验准确性降低；

（2）可展示性。主成分分析主要目的是降低空间的维数，主成分个数越多，可视性就越差。

合理地选择主成分的个数需从工业实际出发做出正确、可行的判断。目前，比较常用的一种方法是累积方差贡献率法。

累计方差贡献率（Cumulative Percent Variance，*CPV*）是根据各主成分方差的累计和百分比来确定主成分个数。因为各主成分的特征值大小代表了各主成分所携带的方差信息量，所以将前 h 个主成分的特征值的和除以所有 p 个特征值的和，所得的结果即为前 h 个主成分的累计贡献率，它表示了前 h 个主成分所解释的数据变化占全部数据变化的比例。前 h 个主成分的累计贡献率可表示为

$$CPV_h = \sum_{j=1}^{h} \lambda_j \Big/ \sum_{j=1}^{p} \lambda_j \tag{5-36}$$

其中，λ_j 表示第 j 个主成分所对应的特征值。当前 h 个主成分的累计贡献率达到85%以上的时候，一般认为包含了原数据足够多的信息。当然，可以根据不同的需求来灵活调整 h 值的大小，以满足模型精度和可展示性的要求。

5.3.2　偏最小二乘法（PLS）

上一节讨论主成分分析时，没有考虑到质量指标 $\boldsymbol{Y}$，仅仅涉及工艺参数 $\boldsymbol{X}$ 的协方差矩

阵。这可以理解为 $\boldsymbol{X}$ 的取值范围与 $\boldsymbol{Y}$ 的取值无关。但在实际工业生产中，工艺参数与质量指标有着密切的关系，且质量指标是可量化的值，只有当工艺参数设定在合理的范围内，才能生产出满足质量指标的产品。

偏最小二乘法是在工艺参数 $\boldsymbol{X}$ 和质量指标 $\boldsymbol{Y}$ 都已知的情况下，提取出使 $\boldsymbol{X}$ 和 $\boldsymbol{Y}$ 间的协方差最大的成分。与上一节介绍的主成分分析方法相比，偏最小二乘法具有更高的检测精度和抗干扰的能力，这主要是由于增加质量指标 $\boldsymbol{Y}$ 作为约束项，在确定 $\boldsymbol{X}$ 最大方差时受到 $\boldsymbol{Y}$ 的制约。

5.3.2.1　偏最小二乘法主要思路

假设生产过程中，有 p 元自变量 $\boldsymbol{X}=(X_1,X_2,\cdots,X_p)^{\mathrm{T}}$ 和 q 元因变量 $\boldsymbol{Y}=(Y_1,Y_2,\cdots,Y_q)^{\mathrm{T}}$，同步获取 $\boldsymbol{X}$ 和 $\boldsymbol{Y}$ 的 n 个样本点，得到关于自变量和因变量的数据表 $\boldsymbol{X}_{n\times p}=[\boldsymbol{x}_1,\cdots,\boldsymbol{x}_p]$ 和 $\boldsymbol{Y}_{n\times q}=[\boldsymbol{y}_1,\cdots,\boldsymbol{y}_q]$。

在 $\boldsymbol{X}_{n\times p}$ 和 $\boldsymbol{Y}_{n\times q}$ 中分别提取出成分 $\boldsymbol{t}_i$ 和 $\boldsymbol{u}_i$，$\boldsymbol{t}_i$ 是 $\boldsymbol{x}_1,\cdots,\boldsymbol{x}_p$ 的线性组合，$\boldsymbol{u}_i$ 是 $\boldsymbol{y}_1,\cdots,\boldsymbol{y}_q$ 的线性组合，并且满足：（1）$\boldsymbol{t}_i$ 和 $\boldsymbol{u}_i$ 应尽可能多地携带各自数据表中的变异信息；（2）$\boldsymbol{t}_i$ 和 $\boldsymbol{u}_i$ 之间的相关程度达到最大，即自变量的主成分 $\boldsymbol{t}_i$ 对因变量的主成分 $\boldsymbol{u}_i$ 具有最强的解释能力。由此可得出偏最小二乘法的优化目标为

$$\mathrm{Cov}(\boldsymbol{t}_i,\boldsymbol{u}_i)=\sqrt{Var(\boldsymbol{t}_i)Var(\boldsymbol{u}_i)}r(\boldsymbol{t}_i,\boldsymbol{u}_i)\rightarrow\max \qquad (5-37)$$

与式（5－32）相比，主成分分析的优化目标是使自变量的主成分 $\boldsymbol{t}_i$ 的方差 $\mathrm{Var}(\boldsymbol{t}_i)$ 达到最大，而偏最小二乘方法的优化目标是使自变量的主成分 $\boldsymbol{t}_i$ 和因变量的主成分 $\boldsymbol{u}_i$ 之间的协方差达到最大。由此可以看出，偏最小二乘方法由于考虑了因变量对系统的影响关系，将更有利于反映出数据的本质特征。

5.3.2.2　偏最小二乘法步骤

利用偏最小二乘法的简化算法，可以不需要提取因变量的成分，具体计算步骤如下：

（1）将原始数据矩阵 $\boldsymbol{X}_{n\times p}$ 和 $\boldsymbol{Y}_{n\times q}$ 标准化，$x_{ij}^*=\dfrac{x_{ij}-\bar{x}_j}{s_{x_j}}$，$y_{ik}^*=\dfrac{y_{ik}-\bar{y}_k}{s_{y_k}}$，其中 $i=1,2,\cdots,n$；$j=1,2,\cdots,p$；$k=1,2,\cdots,q$；$\bar{x}_j$ 和 s_{x_j} 为矩阵 $\boldsymbol{X}_{n\times p}$ 第 j 列的均值和标准差；$\bar{y}_k$ 和 s_{y_k} 为矩阵 $\boldsymbol{Y}_{n\times q}$ 第 k 列的均值和标准差；x_{ij}^* 和 y_{ik}^* 分别组成标准化后的自变量矩阵 $\boldsymbol{E}_0$ 和因变量矩阵 $\boldsymbol{F}_0$。

（2）计算矩阵 $\boldsymbol{E}_0^{\mathrm{T}}\boldsymbol{F}_0\boldsymbol{F}_0^{\mathrm{T}}\boldsymbol{E}_0$ 最大特征值对应的单位化特征向量 $\boldsymbol{l}_1$

$$\boldsymbol{E}_0^{\mathrm{T}}\boldsymbol{F}_0\boldsymbol{F}_0^{\mathrm{T}}\boldsymbol{E}_0\boldsymbol{l}_1=\lambda_1\boldsymbol{l}_1 \qquad (5-38)$$

称 $\boldsymbol{l}_1$ 为自变量矩阵 $\boldsymbol{E}_0$ 的主方向向量，进一步可以得到自变量矩阵 $\boldsymbol{E}_0$ 的第一主成分：$\boldsymbol{t}_1=\boldsymbol{E}_0\boldsymbol{l}_1$。其中，$\boldsymbol{E}_0^{\mathrm{T}}$ 和 $\boldsymbol{F}_0^{\mathrm{T}}$ 分别是 $\boldsymbol{E}_0$ 和 $\boldsymbol{F}_0$ 的转置。

计算矩阵 $\boldsymbol{F}_0^{\mathrm{T}}\boldsymbol{E}_0\boldsymbol{E}_0^{\mathrm{T}}\boldsymbol{F}_0$ 最大特征值对应的单位化特征向量 $\boldsymbol{c}_1$

$$\boldsymbol{F}_0^{\mathrm{T}}\boldsymbol{E}_0\boldsymbol{E}_0^{\mathrm{T}}\boldsymbol{F}_0\boldsymbol{c}_1=\lambda_1\boldsymbol{c}_1 \qquad (5-39)$$

称 $\boldsymbol{c}_1$ 为因变量矩阵 $\boldsymbol{F}_0$ 主方向向量，进一步可以得到因变量矩阵 $\boldsymbol{F}_0$ 的第一主成分：$\boldsymbol{u}_1=\boldsymbol{F}_0\boldsymbol{c}_1$。

（3）分别求 $\boldsymbol{E}_0$ 和 $\boldsymbol{F}_0$ 对 $\boldsymbol{t}_1$ 的回归方程为

$$\boldsymbol{E}_0=\boldsymbol{t}_1\boldsymbol{p}_1^{\mathrm{T}}+\boldsymbol{E}_1 \qquad (5-40)$$

$$\boldsymbol{F}_0=\boldsymbol{t}_1\boldsymbol{r}_1^{\mathrm{T}}+\boldsymbol{F}_1 \qquad (5-41)$$

其中，$\boldsymbol{E}_1$，$\boldsymbol{F}_1$ 分别是 $\boldsymbol{E}_0$ 和 $\boldsymbol{F}_0$ 的残差矩阵，$\boldsymbol{p}_1$ 和 $\boldsymbol{r}_1$ 的表达式为

$$\boldsymbol{p}_1=\frac{\boldsymbol{E}_0^{\mathrm{T}}\boldsymbol{t}_1}{\|\boldsymbol{t}_1\|^2} \tag{5-42}$$

$$\boldsymbol{r}_1=\frac{\boldsymbol{F}_0^{\mathrm{T}}\boldsymbol{t}_1}{\|\boldsymbol{t}_1\|^2} \tag{5-43}$$

（4）检验收敛性。利用交叉有效性判断是否满足精度要求，若不满足，则 $\boldsymbol{E}_0=\boldsymbol{E}_1$，$\boldsymbol{F}_0=\boldsymbol{F}_1$，然后重复步骤（2）和步骤（3），计算第二主成分……，直至满足精度要求。最终从数据矩阵 $\boldsymbol{X}_{n\times p}$ 中提取出自变量的 h 个权重向量 $\boldsymbol{L}=[\boldsymbol{l}_1,\ \boldsymbol{l}_2,\ \cdots,\ \boldsymbol{l}_h]$ 和 h 个主成分 $\boldsymbol{T}_h=[\boldsymbol{t}_1,\ \boldsymbol{t}_2,\ \cdots,\ \boldsymbol{t}_h]$，以及未被解释的残差值 $\boldsymbol{E}_h$。常把矩阵 $\boldsymbol{L}$ 称为权重矩阵，$\boldsymbol{T}_h$ 称为主成分矩阵。从数据矩阵 $\boldsymbol{Y}_{n\times q}$ 中提取出因变量的 h 个主成分 $\boldsymbol{U}_h=[\boldsymbol{u}_1,\ \boldsymbol{u}_2,\ \cdots,\ \boldsymbol{u}_h]$。如果想直接从数据矩阵 $\boldsymbol{X}_{n\times p}$ 中提取出主成分矩阵，则可根据式（5-44）计算出主方向矩阵，再直接通过 $\boldsymbol{T}_h=\boldsymbol{X}_{n\times p}\boldsymbol{L}^*$ 计算出主成分矩阵。

$$\boldsymbol{L}^*=\boldsymbol{L}(\boldsymbol{P}^{\mathrm{T}}\boldsymbol{L})^{-1} \tag{5-44}$$

然后，可以建立 $\boldsymbol{F}_0$ 和 h 个主成分 $\boldsymbol{T}_h=[\boldsymbol{t}_1,\ \boldsymbol{t}_2,\ \cdots,\ \boldsymbol{t}_h]$ 之间的回归模型为

$$\boldsymbol{F}_0=\boldsymbol{t}_1\boldsymbol{r}_1^{\mathrm{T}}+\boldsymbol{t}_2\boldsymbol{r}_2^{\mathrm{T}}+\cdots+\boldsymbol{t}_h\boldsymbol{r}_h^{\mathrm{T}}+\boldsymbol{F}_h \tag{5-45}$$

（5）建立 $\boldsymbol{E}_0$ 和 $\boldsymbol{F}_0$ 的回归方程：$\boldsymbol{F}_0=\boldsymbol{E}_0\boldsymbol{B}_{\mathrm{PLS}}+\boldsymbol{F}_h$，其中，回归系数矩阵 $\boldsymbol{B}_{\mathrm{PLS}}=\sum_{j=1}^{h}[\prod_{i=1}^{j-1}(\boldsymbol{I}-\boldsymbol{l}_i\boldsymbol{p}_i^{\mathrm{T}})\boldsymbol{l}_j]\boldsymbol{r}_j^{\mathrm{T}}$，$\boldsymbol{F}_h$ 为数据矩阵 $\boldsymbol{F}_0$ 残差矩阵，$\boldsymbol{I}$ 为单位向量。经过推导可得回归系数矩阵 $\boldsymbol{B}_{\mathrm{PLS}}$ 的矩阵表达式为

$$\boldsymbol{B}_{\mathrm{PLS}}=\boldsymbol{E}_0^{\mathrm{T}}\boldsymbol{U}_h(\boldsymbol{T}_h^{\mathrm{T}}\boldsymbol{E}_0\boldsymbol{E}_0^{\mathrm{T}}\boldsymbol{U}_h)^{-1}\boldsymbol{T}_h^{\mathrm{T}}\boldsymbol{F}_0 \tag{5-46}$$

（6）通过对 $\boldsymbol{E}_0$ 和 $\boldsymbol{F}_0$ 进行反标准化，建立原始数据矩阵 $\boldsymbol{X}$ 和 $\boldsymbol{Y}$ 之间的回归方程：

$$\boldsymbol{Y}=\boldsymbol{X}\boldsymbol{B}_g+\boldsymbol{C}$$

其中

$$\boldsymbol{B}_g=\boldsymbol{D}_x^{-1}\boldsymbol{B}_{\mathrm{PLS}}\boldsymbol{D}_y \tag{5-47}$$

$$\boldsymbol{C}=\bar{\boldsymbol{y}}-\bar{\boldsymbol{x}}\boldsymbol{B}_g \tag{5-48}$$

$\bar{\boldsymbol{x}}$ 和 $\bar{\boldsymbol{y}}$ 分别是矩阵 $\boldsymbol{X}_{n\times p}$ 和 $\boldsymbol{Y}_{n\times q}$ 各列均值组成的行向量，即 $\bar{\boldsymbol{x}}=[\bar{x}_1,\ \bar{x}_2,\ \cdots,\ \bar{x}_p]$，$\bar{x}_1$，$\bar{x}_2$，$\cdots$，$\bar{x}_p$ 是矩阵 $\boldsymbol{X}_{n\times p}$ 各列的均值；$\bar{\boldsymbol{y}}=[\bar{y}_1,\ \bar{y}_2,\ \cdots,\ \bar{y}_q]$，$\bar{y}_1$，$\bar{y}_2$，$\cdots$，$\bar{y}_q$ 是矩阵 $\boldsymbol{Y}_{n\times q}$ 各列的均值。$\boldsymbol{D}_x$ 和 $\boldsymbol{D}_y$ 分别是数据矩阵 $\boldsymbol{X}_{n\times p}$ 和 $\boldsymbol{Y}_{n\times q}$ 各列标准差组成的对角矩阵，即 $\boldsymbol{D}_x=\begin{bmatrix}\sigma_{x_1} & & & \\ & \sigma_{x_2} & & \\ & & \ddots & \\ & & & \sigma_{x_p}\end{bmatrix}$，$\sigma_{x_1}$，$\sigma_{x_2}$，$\cdots$，$\sigma_{x_p}$ 分别是矩阵 $\boldsymbol{X}_{n\times p}$ 各列的标准差；

$\boldsymbol{D}_y=\begin{bmatrix}\sigma_{y_1} & & & \\ & \sigma_{y_2} & & \\ & & \ddots & \\ & & & \sigma_{y_q}\end{bmatrix}$，$\sigma_{y_1}$，$\sigma_{y_2}$，$\cdots$，$\sigma_{y_q}$ 分别是矩阵 $\boldsymbol{Y}_{n\times q}$ 各列的标准差。

为了更加清晰地表达偏最小二乘的步骤和原理，将其以图示的形式描述，如图 5-17

所示。首先，按照所提取成分间协方差最大的原则从自变量数据矩阵 $\boldsymbol{X}_{n\times p}$ 和因变量数据矩阵 $\boldsymbol{Y}_{n\times q}$ 中分别提取成分 $\boldsymbol{t}$ 和 $\boldsymbol{u}$，然后建立这两个成分之间线性的内部模型，$\boldsymbol{b}$ 为回归系数，从而可以间接地建立 $\boldsymbol{X}_{n\times p}$ 和 $\boldsymbol{Y}_{n\times q}$ 之间的外部模型。然后，利用残差矩阵 $\boldsymbol{E}$ 和 $\boldsymbol{F}$ 代替 $\boldsymbol{X}_{n\times p}$ 和 $\boldsymbol{Y}_{n\times q}$，逐次重复成分提取的过程，直到满足精度要求，最终建立起自变量 $\boldsymbol{X}$ 和因变量 $\boldsymbol{Y}$ 之间的关系。

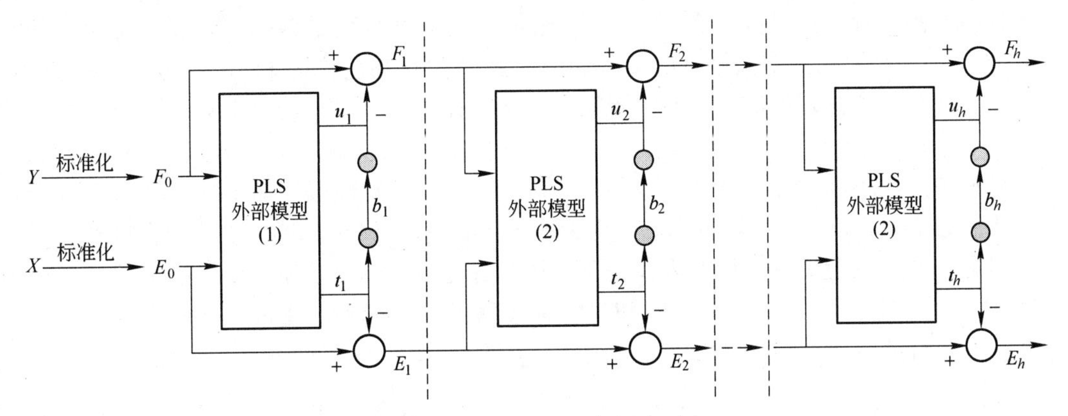

图 5-17　偏最小二乘法原理图

如果取 $h=p$，则可以得到所有特征值 $\boldsymbol{\lambda}=diag(\lambda_1, \lambda_2, \cdots, \lambda_p)$，每个特征值代表了从自变量数据矩阵 $\boldsymbol{X}_{n\times p}$ 中提取出与输出变量间协方差最大的各主成分的方差信息。在多变量统计过程控制中，成分 $\boldsymbol{t}_1$，$\boldsymbol{t}_2$，…，$\boldsymbol{t}_h$ 构成了数据集的系统部分，而残差 $\boldsymbol{E}_h$ 构成了数据集的噪声部分。在偏最小二乘法中，主成分的个数 h 成为重要且唯一的参数。

在偏最小二乘回归方法中，经常使用交叉验证法来确定主成分的个数 h，其主要思想是:

（1）先取出 m 个样本点，用于预测校验，剩余的 $n-m$ 个样本点用于回归建模。

（2）给定成分个数 h，用偏最小二乘法对 $n-m$ 个样本点建立回归模型，并计算出 m 个样本的预测值，并求出预测误差。

（3）用抽样测试的方法重复上述测试，得出总的预测误差

$$PRESS_h = \frac{1}{m}\sqrt{\sum_{i=1}^{m}(\hat{\boldsymbol{y}}_{(i)} - \boldsymbol{y}_{(i)})^2}$$

其中 $\boldsymbol{y}_{(i)}$ 是预测校验数据（m 个样本点）中的第 i 个样本点，而 $\hat{\boldsymbol{y}}_{(i)}$ 为其预测值。

（4）计算用全部几个样本点拟合的具有 $h-1$ 个成分的预测误差 $SS_{(h-1)}$。

（5）对于因变量 $\boldsymbol{Y}$，第 h 个成分的交叉有效性定义为

$$Q_h^2 = 1 - \frac{PRESS_h}{SS_{(h-1)}} \tag{5-49}$$

当 $Q_h^2 \geqslant 0.0975$ 时，用 $n-m$ 个样本点和 h 个成分来建立回归模型所获得的总的预测误差明显小于用全部 n 个样本点 $h-1$ 个成分建立模型的预测误差，则认为增加第 h 个成分，会使预测的精度明显提高；否则，可舍弃最后新增的成分。

5.3.2.3　主成分分析与偏最小二乘法成分提取能力的对比

下面利用一个仿真例子来比较主成分分析与偏最小二乘法的差异性。首先，产生 300 个二维数据点（X_1，X_2），且（X_1，X_2）服从二元正态分布 N_2（$\boldsymbol{\mu}$，$\boldsymbol{\Sigma}$），并通过方程 $Y=2X_1+2X_2+10$ 对应产生因变量 Y 的值。然后，分别给自变量和因变量添加噪声，其中给

X_1 添加 $a \times N(0,1)$ 的随机噪声，通过控制噪声的幅值大小 a 来改变数据的波动性，如取 a 为 20、40、60、80 等，a 值越大，说明数据的波动性越强；给 X_2 添加的是固定幅值大小的随机噪声 $10 \times N(0,1)$，这样可以使得原始数据在 X_1 方向上的波动性强于 X_2 方向上的波动性。利用上述仿真出来的数据对两种方法进行比较。

在图 5－18（a）、（b）、（c）、（d）四幅图像中的 a 值大小分别为 20、40、60、80，意味着 X_1 的波动性越来越强。图中“ * ”是最后生成的自变量数据点。图中深色直线是通过 PCA 方法提取的二维数据点的第一和第二主方向，把它称为 PCA 长短轴，图中浅色直线是通过 PLS 方法提取的二维数据点第一和第二主方向，把它称为 PLS 长短轴。通过比较（a）、（b）、（c）、（d）四幅图的 PCA 的长短轴可以发现：随着数据波动性的增强，PCA 长短轴方向不断地偏转；比较（a）、（b）、（c）、（d）四幅图的 PLS 长短轴，随着数据波动性的增强，PLS 长短轴方向基本保持不变。PCA 和 PLS 提取的主轴产生这种差异性的原因是：PCA 只考虑自变量的内在变化规律，优化目标仅仅是使自变量的主成分 $\boldsymbol{t}_k$ 的方差达到最大，即 $\mathrm{Var}(\boldsymbol{t}_k) \to \max$；而 PLS 同时考虑了自变量和因变量之间的关系，优化目标是使自变量的主成分 $\boldsymbol{t}_k$ 与因变量的主成分 $\boldsymbol{u}_k$ 之间的协方差达到最大，即 $\mathrm{Cov}(\boldsymbol{t}_k,\boldsymbol{u}_k) = \sqrt{\mathrm{Var}(\boldsymbol{t}_k)\mathrm{Var}(\boldsymbol{u}_k)}\boldsymbol{r}(\boldsymbol{t}_k,\boldsymbol{u}_k) \to \max$。换句话说，PCA 仅考虑自变量，而 PLS 还考虑到因变量的牵制作用。

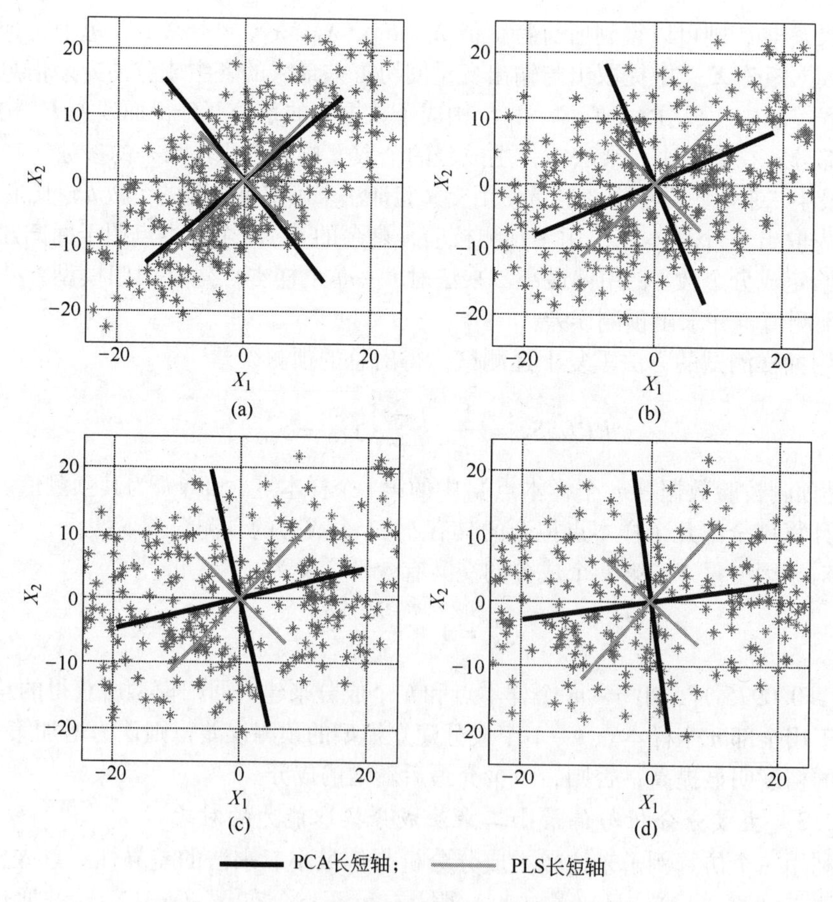

图 5－18　不同波动性数据的 PCA 轴和 PLS 轴

（a）噪声系数 $a=20$；（b）噪声系数 $a=40$；（c）噪声系数 $a=60$；（d）噪声系数 $a=80$

通过这个仿真例子可以发现：在提取数据矩阵的成分时，如果能够得到质量指标的量化数据，利用偏最小二乘法提取数据的主成分，具有更强的抗干扰能力，更加符合真实情况。

5.3.3 多变量统计过程的监控

主成分分析和偏最小二乘法特征提取后，将数据分成两个部分：系统部分和残差部分，即为主成分矩阵 $\boldsymbol{T}_h$ 和残差矩阵 $\boldsymbol{E}_h$。利用主成分分析或偏最小二乘法建立的多变量统计控制图主要包括：T^2 控制图和平方预测误差 SPE(Squared Prediction Error) 控制图两种形式，可以分别用来监控数据的系统部分和残差部分的波动情况。为避免与原始的 T^2 控制图，即霍特林 T^2 控制图相混淆，将霍特林 T^2 控制图简称为 $T^{2\text{Hotelling}}$，基于多变量统计过程的 T^2 控制图简称为 $T^{2\text{Multi}}$。需要说明的是，根据多变量统计过程所用的方法不同，$T^{2\text{Multi}}$包含了 $T^{2\text{PCA}}$和 $T^{2\text{PLS}}$两个控制图。下面将详细讨论 $T^{2\text{Multi}}$控制图和 SPE 控制图的计算和分析过程。

5.3.3.1 $T^{2\text{Multi}}$控制图

在利用主成分分析或偏最小二乘法进行数据的特征提取后，得到数据样本点新的表达形式，将它们作为监控对象，观察其是否处于受控状态。如图 5－19 所示，X_1、X_2 是原始数据矩阵的坐标轴，$\boldsymbol{l}_1$、$\boldsymbol{l}_2$ 是经过主成分分析或偏最小二乘法处理后的主方向，椭圆代表控制限，椭圆的长短轴分别与提取出的主方向 $\boldsymbol{l}_1$ 和 $\boldsymbol{l}_2$ 相对应，椭圆上的点 A、B、C、D 具有相等的统计距离。若数据点在椭圆范围内，则认为该点处于受控状态；反之，则认为数据点是异常的。

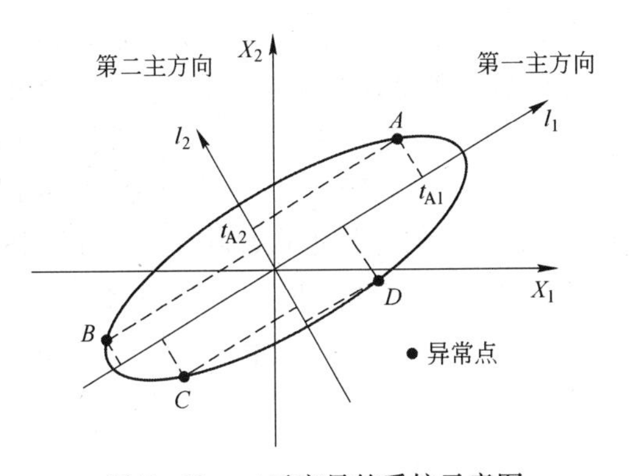

图 5－19 二元变量的受控示意图

在多变量情况下，主方向（$\boldsymbol{l}_1$，$\boldsymbol{l}_2$，…，$\boldsymbol{l}_h$）表示为超椭球体的各主轴，超椭球体曲面上的各个点表示具有相同统计距离的样本点，并将超椭球体外的点视为异常点，超椭球体内的样本点视为受控点。

利用主成分分析或偏最小二乘法进行多变量统计过程监控，需要解决两个问题：第一个是在进行主成分分析或偏最小二乘分析后，如何计算 $T^{2\text{Multi}}$统计量；第二个是确定椭圆的大小，即如何计算控制限。下面将分别阐述这两个问题。

对于第 i 个样本点 $\boldsymbol{x}_{(i)}$，$T^{2\text{Multi}}$统计量定义为

$$T_i^{2\text{Multi}} = \boldsymbol{t}_{(i)} \boldsymbol{S}_{\text{T}}^{-1} \boldsymbol{t}_{(i)}^{\text{T}} = \boldsymbol{x}_{(i)} \boldsymbol{L} \boldsymbol{S}_{\text{T}}^{-1} \boldsymbol{L}^{\text{T}} \boldsymbol{x}_{(i)}^{\text{T}} = \sum_{j=1}^{h} \frac{t_{ij}^2}{s_{t_j}^2} = \sum_{j=1}^{h} \frac{(\boldsymbol{x}_{(i)} \boldsymbol{l}_j)^2}{s_{t_j}^2} \tag{5-50}$$

式中，$\boldsymbol{t}_{(i)}$ 是主成分矩阵 $\boldsymbol{T}_h = [\boldsymbol{t}_1, \boldsymbol{t}_2, \cdots, \boldsymbol{t}_h]$ 中的第 i 行，即为第 i 个样本点 $\boldsymbol{x}_{(i)}$ 向主方向矩阵 $\boldsymbol{L} = [\boldsymbol{l}_1, \boldsymbol{l}_2, \cdots, \boldsymbol{l}_h]$ 的投影值，如图 5 – 19 中的 t_{A1} 和 t_{A2}；$\boldsymbol{S}_{\mathrm{T}}$ 是主成分矩阵的协方差矩阵，$\boldsymbol{S}_{\mathrm{T}} = \mathrm{diag}(s_{t_1}^2, s_{t_2}^2, \cdots, s_{t_h}^2)$，$s_{t_j}^2$是主成分 $\boldsymbol{t}_j$ 的方差。

从式（5 – 50）可以看出，基于主成分模型或偏最小二乘模型的 $T^{2\mathrm{Multi}}$统计量，实质上是在新的数据空间中，将样本点投影到主方向矩阵 $\boldsymbol{L} = [\boldsymbol{l}_1, \boldsymbol{l}_2, \cdots, \boldsymbol{l}_h]^{\mathrm{T}}$ 上得到投影值 $\boldsymbol{t}_{ij}$，再利用投影值与对应方差的关系可以获得 $T_i^{2\mathrm{Multi}}$ 统计量：$T_i^{2\mathrm{Multi}} = \sum_{j=1}^{h} \frac{t_{ij}^2}{s_{t_j}^2}$。由于主方向 $\boldsymbol{l}_1$，$\boldsymbol{l}_2$，…，$\boldsymbol{l}_h$ 是正交向量，所以 $T_i^{2\mathrm{Multi}}$ 是样本点 $\boldsymbol{x}_{(i)}$ 标准正交分解后各个分量的平方和。

为计算基于主成分分析或偏最小二乘法的 $T^{2\mathrm{Multi}}$统计量的控制限，由前面的章节介绍可知，$T^{2\mathrm{Multi}}$统计量服从 F 分布，即 $T^{2\mathrm{Multi}} \sim \frac{h(n-1)}{n-h}F(h,n-1)$，则可以用 F 分布计算得到控制限 UCL，即

$$UCL = \frac{h(n-1)}{n-h}F_{\alpha}(h,n-1) \tag{5-51}$$

式中，n 表示样本点个数，h 表示提取出的主成分个数，α 表示显著性水平，$F_{\alpha}(h,n-1)$ 是在显著性水平为 α 的情况下，自由度为 h 和 $n-1$ 的 F 分布的临界值，可从 F 分布表中查到。

如图 5 – 20（a）给出了在不同的显著性水平 α 下，基于主成分分析或偏最小二乘法的 $T^{2\mathrm{Multi}}$控制图。从图中可以看出，当样本点的 $T_i^{2\mathrm{Multi}}$ 值过大，并超过了 $T^{2\mathrm{Multi}}$统计量的控制限 UCL 时，则认为该样本点是异常的。图 5 – 20（b）是由第一主成分和第二主成分构成的得分图，$T^{2\mathrm{Multi}}$统计量的控制限在得分图的平面上定义了一个椭圆，得分图中的每个点代表的是主成分的样本点 $\boldsymbol{t}_{(i)}$。由于主成分间互相正交，所以是正椭圆。实际上，$T^{2\mathrm{Multi}}$控制图和得分图在本质上是一样的，图 5 – 20（a）中的控制限 UCL 就相当于图 5 – 20（b）中的椭圆。当生产处于正常运行状态时，样本点都映射在这个椭圆内。反之，当生产出现异常情况时，样本点就会映射到椭圆之外。例如，当显著性水平 $\alpha = 0.05$ 时，图 5 – 20（a）中第 9 号样本点异常，图 5 – 20（b）中也是 9 号样本点超过椭圆控制限，被判为异常点。

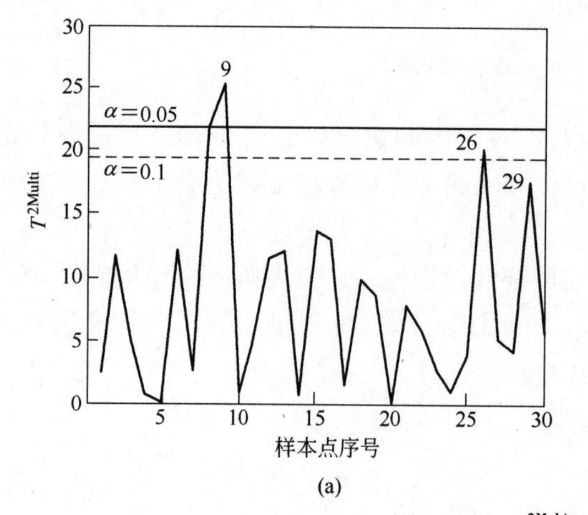

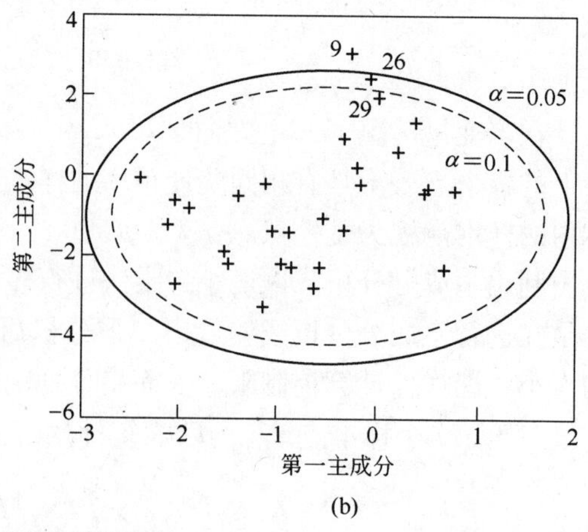

图 5 – 20　$T^{2\mathrm{Multi}}$控制图和得分图

有三种可能性导致样本点落在控制限以外，使得 T^{2Multi}统计量出现异常：

（1）由于某个或某些工艺参数超出了工艺规范的标准，使数据点的 T^{2Multi}统计量超出 UCL，落在可控区域外；

（2）变量或一组变量之间相关性不符合工艺规范，使得数据点的 T^{2Multi}统计量落在可控区域外，出现质量异常；

（3）由于工况的改变，使目前的数据点的统计参数与历史数据集的统计参数不符，如发生了中心偏移、方差变化和变量间的相关系数改变等情况，使在线质量监测时出现 T^{2Multi}统计量的异常。

此外，对于图 5－20，还需要注意的是显著性水平 α 的设置问题。α 值越大，则控制水平要求越高，意味着控制限越严格。当然，在这种情况下，过于严格的控制限有可能将正常点判异，这属于犯第一类错误的问题；另外，过于宽松的控制限，则会造成第二类错误，即将异常点判为正常点。因此，在实际生产过程中，需要选择合适的显著性水平 α 来计算控制限 UCL。

图 5－20 是利用 2 个主成分来绘制得分图，如果多变量过程用 3 个主成分来表示，则主成分的 T^{2Multi}统计量的控制限所确定的就是一个 3 维空间内的椭球体。如果该过程需要用更多的主成分来构成，则 T^{2Multi}统计量的控制限确定的是一个多维空间内的超椭球体。为便于观测，可以将 T^{2Multi}统计量的控制限投影到若干个由任意 2 个主成分所构成的平面上，以此来监控该过程的运行情况。当 T^{2Multi}统计量没有超过其控制限时，则观测点在由任意 2 个主成分所构成的平面上的投影都不会超出 T^{2Multi}统计量控制限在这个平面上的投影。在实际工业应用中，可以通过图 5－20（a）的形式来实时监测 T^{2Multi}统计量。

5.3.3.2 *SPE* 控制图

除了利用前面介绍的 T^{2Multi}控制图来进行质量监控外，还可利用矩阵 $\boldsymbol{X}_{n\times p}$中未被解释的残差矩阵 $\boldsymbol{E}_h$ 来进行生产过程的监控，尤其是在分析质量异常原因时，*SPE* 控制图十分有用。

设第 i 个样本点的平方预测误差为

$$SPE_i = \sum_{j=1}^{p}(x_{ij} - \hat{x}_{ij})^2 = \boldsymbol{x}_{(i)}(\boldsymbol{I} - \boldsymbol{L}\boldsymbol{L}^{\mathrm{T}})\boldsymbol{x}_{(i)}^{\mathrm{T}} \tag{5-52}$$

其中，x_{ij}为第 i 个样本点第 j 个变量的观测值，$\hat{x}_{ij}$为第 i 个样本点第 j 个变量的主成分模型的预测值。

对于第 i 个样本点而言，*SPE* 统计量是一个标量，它刻画了样本点 $\boldsymbol{x}_{(i)}$ 对多变量模型的偏离程度。当 *SPE* 过大时，说明过程中出现了不正常的情况。由于 *SPE* 统计量是由多个变量综合作用而成的，因此 *SPE* 统计量可以同时对多个变量的工况进行监控。

SPE 统计量的控制限的计算是建立在一定的假设基础上的，当显著性水平为 α 时，控制限可以按下式计算：

$$UCL = \theta_1\left[\frac{u_\alpha\sqrt{2\theta_2 h_0^2}}{\theta_1} + 1 + \frac{\theta_2 h_0(h_0 - 1)}{\theta_1^2}\right]^{\frac{1}{h_0}} \tag{5-53}$$

式中，$h_0 = 1 - \dfrac{2\theta_1\theta_3}{3\theta_2^2}$，$\theta_i = \sum_{j=h+1}^{p}\lambda_j^i(i = 1,2,3)$，$\lambda_j^i$ 为 $\boldsymbol{X}_{n\times p}$的协方差矩阵的第 j 个特征值的 i 次

幂，u_α 是正态分布在显著性水平为 α 下的临界值，h 是模型中所保留的主成分个数，p 是变量个数。

从上述的分析中可以看出：虽然 SPE 统计量和 $T^{2\text{Multi}}$ 统计量都可用于生产过程的质量监控，但其侧重点不同。$T^{2\text{Multi}}$ 统计量表征了正常生产过程中的主成分所能解释部分的变化范围，而 SPE 统计量代表了主成分未能解释部分的变化，它包括了数据的残差部分以及变量间相关性改变后的偏差量。因为 SPE 统计量度量的是样本点偏离主元模型的程度，因此 SPE 控制限远小于 T^2 控制图的控制限，SPE 统计量对较小的质量异常较为敏感。在实际工业监测中，如果发现 SPE 统计量超过控制限，说明生产过程中出现了不正常的行为，可以理解为：在正常情况下所建立的历史数据集，并从中提取出的主成分无法解释生产过程中所出现的偏差。

使用上述两种统计图进行产品质量监控时，可能有 4 种不同的结果：

（1）SPE 和 $T^{2\text{Multi}}$ 统计量同时超过控制限；

（2）SPE 超过控制限，而 $T^{2\text{Multi}}$ 未超出；

（3）$T^{2\text{Multi}}$ 超过控制限，而 SPE 未超出；

（4）SPE 和 $T^{2\text{Multi}}$ 统计量均未超过控制限。

利用多变量过程统计方法可以监控生产过程产品的质量状况，当出现（1）时，认为生产过程出现质量异常；当出现（2）和（3）时，需要进行有效的后续判断，因为工艺参数设置不当、生产状态的改变和工艺参数超差等各种因素会使 $T^{2\text{Multi}}$ 统计量超出控制限，此时需要分析产生质量异常的原因；出现（4）时认为生产过程正常。

下面以一个图例来说明（2）和（3）这两种情况。如图 5－21 所示，对含有三个变量的生产过程进行监控，正常运行的样本点分布在三维空间的椭球中，即椭球为 $T^{2\text{Hotelling}}$ 控制图的控制限，当样本点位于椭球区域内，则可以判定样本点为正常。当主成分的个数取 $h=2$ 时，椭球投影到二维平面上，得到一个椭圆，此为 $T^{2\text{Multi}}$ 控制图的控制限。若样本点经过主元模型映射后，落在该椭圆区域内，则可以判定该样本点是正常的。SPE 统计量表示的是样本点到椭圆平面的距离，因此 SPE 控制图构成了一个柱体，柱体的底面为 $T^{2\text{Multi}}$ 控制图所对应的椭圆区域，柱体的高度即为 SPE 控制限。当样本点位于柱体区域内时，则由 SPE 控制图可以判定该样本点是正常的。

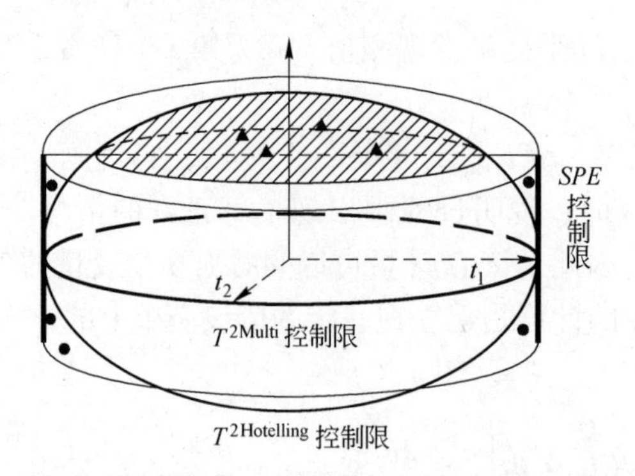

图 5－21　$T^{2\text{Hotelling}}$、$T^{2\text{Multi}}$ 和 SPE 控制限示意图

但是，柱体区域和椭球区域并不是完全重合的，因此会导致判异结果存在差异。例如，当样本点是图中的“•”时，则由 $T^{2\text{Hotelling}}$ 控制图判定为异常，而由 SPE 控制图则判

定为正常。此外，当样本点是图中的“▲”时，则由 $T^{2\text{Hotelling}}$ 和 $T^{2\text{Multi}}$ 控制图判定为正常，而由 *SPE* 控制图则判定为是异常的，因为椭球的顶端部分超过了柱体的高度，使得这个区域的样本点容易造成判异结果的不同。

5.3.4　多变量统计过程的诊断

当利用 *SPE* 控制图和 $T^{2\text{Multi}}$ 控制图对生产过程进行质量监控时，只能判定当前生产过程是否可控，一旦出现不正常情况，并不能直接从 $T^{2\text{Multi}}$ 控制图和 *SPE* 控制图上找出究竟是哪个变量引起了异常情况的出现。因此，需要从贡献图中对超过控制限的异常点进行分析。

多变量统计过程诊断的主要思路是：计算每个过程变量对 *SPE* 统计量和 $T^{2\text{Multi}}$ 统计量的贡献值，并绘成直方图，便得到贡献图。利用贡献图可以分析每个过程变量对 *SPE* 统计量和 $T^{2\text{Multi}}$ 统计量的贡献大小，并确定是哪些过程变量引起了过程的变化或质量异常。

5.3.4.1　对 $T^{2\text{Multi}}$ 统计量的诊断

对 $T^{2\text{Multi}}$ 统计量进行诊断的计算过程如下：当第 i 个样本点的 $T_i^{2\text{Multi}}$ 统计量超出控制限时，可以通过计算第 i 个样本点的第 j 个变量对 h 个成分的累积贡献值 $Contr_{ij}^{\mathrm{T}}$ 来判断是哪些过程变量导致 $T_i^{2\text{Multi}}$ 统计量超限。式（5－54）给出了变量 X_j 在不同主方向的贡献值。

$$
\begin{aligned}
\boldsymbol{x}_{(i)}[\boldsymbol{l}_1, \boldsymbol{l}_2, \cdots, \boldsymbol{l}_h] &= (x_{i1}, x_{i2}, \cdots, x_{ip}) \begin{bmatrix} l_{11} & l_{12} & \cdots & l_{1h} \\ l_{21} & l_{22} & \cdots & l_{2h} \\ \vdots & \vdots & & \vdots \\ l_{p1} & l_{p2} & \cdots & l_{ph} \end{bmatrix} \\
&= \begin{pmatrix} x_{i1}l_{11} & & x_{i1}l_{12} & & & & x_{i1}l_{1h} \\ x_{i2}l_{21} & & x_{i2}l_{22} & & & & x_{i2}l_{2h} \\ + & , & + & , & \cdots & , & + \\ \vdots & & \vdots & & & & \vdots \\ + & & + & & & & + \\ x_{ip}l_{p1} & & x_{ip}l_{p2} & & & & x_{ip}l_{ph} \end{pmatrix}
\end{aligned} \tag{5-54}
$$

式中，$(x_{i1},\ x_{i2},\ \cdots,\ x_{ip})$ 为待分析的第 i 个样本点；主方向矩阵 $\boldsymbol{L}=[l_1,\ l_2,\ \cdots,\ l_n]$ 的每一列代表一个主方向；$x_{i1}l_{11}$，$x_{i1}l_{12}$，$\cdots$，$x_{i1}l_{1h}$ 分别为第 i 个样本点的第 1 个变量分别对第 1，2，…，h 个主成分的贡献值；$x_{i2}l_{21}$，$x_{i2}l_{22}$，$\cdots$，$x_{i2}l_{2h}$ 分别为第 i 个样本点的第 2 个变量分别对第 1，2，…，h 个成分的贡献值；依次类推，得到第 i 个样本点的第 j 个变量对 h 个成分的总贡献值 $Contr_{ij}^{\mathrm{T}}$ 的计算式为

$$
Contr_{ij}^{\mathrm{T}} = \sum_{k=1}^{h} \left(\frac{x_{ij} l_{jk}}{s_{t_k}} \right)^2 \tag{5-55}
$$

式中，x_{ij} 表示第 i 个样本点的第 j 个变量的观测值，l_{jk} 表示第 k 个主方向向量 $\boldsymbol{l}_k$ 的第 j 个分量，s_{t_k} 表示第 k 个主成分 $\boldsymbol{t}_k$ 的标准差。每个样本点均由 p 个变量构成，需要分别求解每个变量在 h 个方向上投影值的总和，即每个变量对 h 个成分的累积贡献值。下面以图 5－22 所示的二维数据为例来说明整个计算过程。

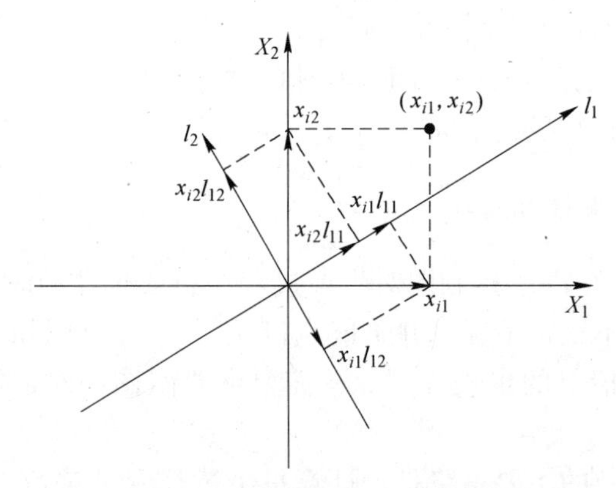

图 5－22　基于二维数据的贡献图计算示意图

如图 5－22 所示，X_1、X_2 是原始数据空间的坐标轴，坐标轴 $\boldsymbol{l}_1$、$\boldsymbol{l}_2$ 是经过主成分分析或偏最小二乘法提取出的第一主方向和第二主方向。样本点的第一个变量值为 x_{i1}，将该变量值分别向两个主方向投影，得到对应的贡献值 $x_{i1}l_{11}$ 和 $x_{i1}l_{12}$，再将这两个贡献值分别除以第一主方向和第二主方向的标准差，然后求和，最终可以得到该样本点的第 1 个变量的总贡献值 $Contr_{i1}^{\mathrm{T}}$。同理，可以将第 2 个变量值 x_{i2} 也向两个主方向进行投影，获得对应的总贡献值 $Contr_{i2}^{\mathrm{T}}$。比较这两个总贡献值的大小，若 $Contr_{i1}^{\mathrm{T}} > Contr_{i2}^{\mathrm{T}}$，则说明第 1 个变量引起质量异常的可能性要大于第 2 个变量，反之亦然。由此可以看出，贡献图的实质是累积每个变量在各主成分上的投影大小，从而判断出变量的异常与否。

5.3.4.2　对 *SPE* 统计量的诊断

当第 i 个样本点的平方预测误差 *SPE* 超过其控制限时，可以通过计算第 i 个样本点的第 j 个变量对平方预测误差 *SPE* 的贡献值来判断是哪些过程变量导致 *SPE* 值超过了控制限。通过式（5－52）可知，在第 i 个样本点中，第 j 个变量对 *SPE* 统计量的总贡献值为

$$Contr_{ij}^{\mathrm{SPE}} = (x_{ij} - \hat{x}_{ij})^2 \tag{5-56}$$

当某样本点的 $T^{2\mathrm{Multi}}$ 统计量或 *SPE* 统计量超出其控制限时，可以绘制异常点的贡献图，如图 5－23 所示。通过贡献图有助于分析过程的哪个环节出现问题，哪些过程变量的异常波动引起了 $T^{2\mathrm{Multi}}$ 统计量或 *SPE* 统计量超出控制限，贡献值越大所对应的变量则越有可能引起质量的异常。将这些分析结果与生产实际过程相结合，可以找出引起产品质量出现异常的真正原因，为改进产品质量提供指导依据。

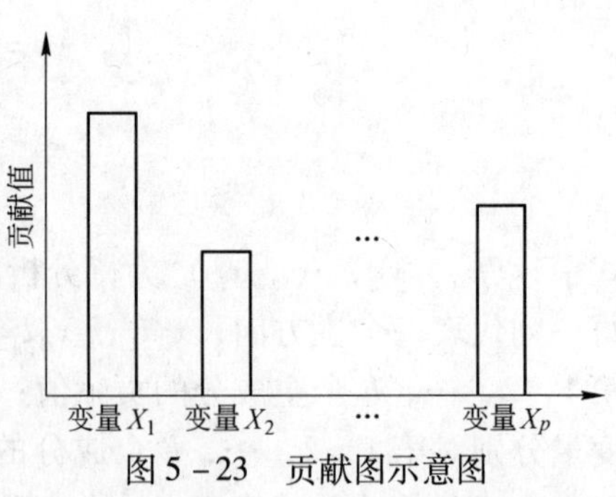

图 5－23　贡献图示意图

5.4　多变量统计过程应用实例

下面给出镀锌生产过程和化工生产过程的多变量统计过程控制实例，详细说明多变量统计过程的监控流程和异常点的诊断流程。

5.4.1　镀锌板表面粗糙度统计过程控制

带钢厚度、光整辊轧制力、光整辊粗糙度、带钢材料特性是影响镀锌板表面粗糙度的

重要因素。以某冷轧带钢连续热镀锌线生产的镀锌板表面粗糙度为研究对象，利用触针式粗糙度测量仪在光整机出口检查台上对每一卷带钢进行测量，共收集到27个样本，每个样本包括3个工艺参数：板厚、轧制力、光整辊粗糙度，1个质量指标：镀锌板表面粗糙度。原始数据部分样本见表2－1。

5.4.1.1 单变量统计过程控制

因为带钢表面粗糙度的样本采集和测试中对每个样本中的带钢厚度、光整轧制力、轧辊粗糙度、带钢表面粗糙度等参数都是只测量一个数据，测量到的数据样本比较小，无法分子组来进行生产监控。因此，需要采用“单值－移动极差”控制图来分析生产过程的统计受控状态。有关内容已在本书4.4节做了详细介绍，这里不再赘述。

利用单值－移动极差图进行生产过程监控存在的问题是：

（1）质量指标的监控与工艺参数的监控不能有机地统一起来，即在质量指标监控中发现异常，但却无法判断引起异常的原因，如第14号样本点。在工艺参数监控中有样本超出控制限，但这个状况却没有在质量指标的监控中反映出来，如第11号样本点。由于无法判断引起质量异常的原因；无法判断工艺参数出现异常是否会引起质量异常；无法判断工艺参数处于受控状态时，质量指标是否也处于受控状态。因此，在这样的情况下容易造成误判、漏判，对生产现场的指导意义非常有限。

（2）单值－移动极差控制图主要是把3个工艺参数（带钢厚度、光整轧制力、轧辊粗糙度）与1个质量指标（带钢表面粗糙度）都控制在控制限内，说明被监控对象是处于过程统计受控的稳定状态。这一点从系统的角度看，只是控制了4个均值，而表示4个变量间相关关系的协方差矩阵信息并没有包含在其中。如表5－2所示，协方差矩阵包含了各变量的方差和变量间相关性的信息。

表5－2 变量间相关关系的协方差矩阵

	X_1	X_2	X_3	Y
X_1	s_{11}	s_{12}	s_{13}	s_{1Y}
X_2	s_{21}	s_{22}	s_{23}	s_{2Y}
X_3	s_{31}	s_{32}	s_{33}	s_{3Y}
Y	s_{Y1}	s_{Y2}	s_{Y3}	s_{YY}

表5－2中，s_{ii}为方差，共有4个方差；$s_{ij}(i \neq j)$为协方差，由于$s_{ij}=s_{ji}$，共有6个协方差。因此，对带钢表面粗糙度进行质量监控共有4个均值、4个方差、6个协方差共14个参数。而利用单值－移动极差控制图只控制了其中4个均值，占全部14个参数的28.57%，而占71.43%的参数并未控制，尤其是占全部参数42.86%的反映相关关系的协方差一个也没有被控制，这是传统监控方法存在问题的关键所在。因此，需要利用多变量统计过程控制方法，充分考虑变量间的相关性，从而能更有效地进行生产质量监控。

5.4.1.2 霍特林统计过程控制（$T^{2\text{Hotelling}}$）

多变量过程控制作为一种过程监控方法，通过对生产数据的分析来揭示、反映过程的内在变化，为提高产品质量提供有用信息，从而把数据资源的优势转化为生产效益和产品质量优势。因此，将多变量统计过程控制引入到冶金工业生产中，对产品质量的监控和对生产过程异常原因的诊断都有重要的现实意义。

由于影响热镀锌带钢表面粗糙度的各个因素之间有一定的相关性，所以可以利用多变量统计过程控制方法来对其生产过程进行质量监控。4.4 节应用实例部分已经检验过光整辊的表面粗糙度不服从正态分布，使得带钢厚度 X_1、光整辊轧制力 X_2、光整辊粗糙度 X_3 不服从多元正态分布。因此，在进行多变量统计过程控制时，不考虑光整辊的表面粗糙度，仅考虑带钢厚度 X_1 和光整辊轧制力 X_2。通过 Kolmogorov – Smirnov 检验理论，可知带钢厚度 X_1 和光整辊轧制力 X_2 服从二元正态分布。下面用霍特林 T^2 统计量建立镀锌板的多变量统计过程模型，分析引起镀锌板表面粗糙度质量问题的主要因素。

图 5 – 24 所示为 $T^{2\text{Hotelling}}$控制图。从图中可以发现，在显著性水平 $\alpha=0.1$ 时，第 11、14、21 号样本点超出了控制限。

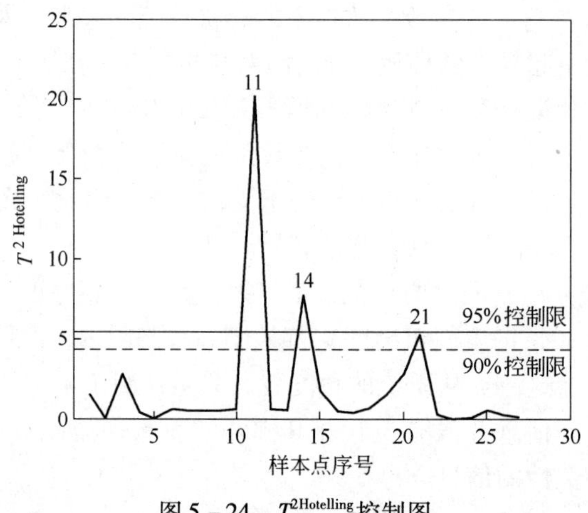

图 5 – 24 $T^{2\text{Hotelling}}$控制图

可以通过 $T^{2\text{Hotelling}}$统计量的 MYT 分解来分析引起这 3 个样本点异常的原因。三个异常点的条件项和非条件项的值见表 5 – 3。

表 5 – 3 三个异常样本点的 MYT 分解项

样本点序号	T_i^2	T_{i1}^2	T_{i2}^2	$T_{i2.1}^2$	$T_{i1.2}^2$
11	20.230	0.441	19.902 *	19.789 *	0.328
14	7.894	5.706 *	0.597	2.188	7.297 *
21	5.318	5.260 *	0.154	0.058	5.164 *
控制限 UCL ($\alpha=0.1$)	4.371	3.017	3.017	3.147	3.147

注：* 表示在显著性水平 $\alpha=0.1$ 时，超过控制限的值。

对于 11 号样本点，非条件项 T_{i2}^2和条件项 $T_{i2.1}^2$超出了控制限，说明 11 号样本点异常是由于变量 X_2 的超差和两个变量之间的关系异常引起的。但从本质上来说，对于 $T_{i2.1}^2$的异常，实质是在给定变量 X_1 的条件下，变量 X_2 出现异常。因此，变量 X_2 光整辊轧制力的异常是导致 11 号样本点超出控制限的根本原因。查看 11 号样本点的实际数据后发现：板厚度 X_1 为 0.69mm、轧制力 X_2 为 5750kN，轧制力相对于其他正常样本点而言要大很多，造成了镀锌板的表面粗糙度达到了 1.6μm，即达到了镀锌板表面粗糙度合理范围 0.9 ~ 1.6μm 的上限值。通过上述分析，可以给现场操作人员提供的信息是：降低轧制力使镀锌板表面粗糙度控制在合理范围内。

对于 14 号样本点，非条件项 T_{i1}^2 和条件项 $T_{i1.2}^2$ 超出了控制限，说明 14 号样本点的变量 X_1 超差和两个变量间的关系异常导致该样本点超过控制限。查看 14 号样本点的实际数据后发现：来料厚度仅仅为 0.41mm，是所有样本数据中厚度的最小值，而此时只采用了 1350KN 的轧制力，从而导致了板的表面粗糙度仅为 0.78μm，低于镀锌板表面粗糙度合理范围的下限值。这也为现场操作人员提供了有意义的参考，即在 0.41mm 的板厚条件下，选取 1350KN 的光整辊轧制力是不合理的，需要提高轧制力使板表面粗糙度满足质量要求。

对于 21 号样本点，同样是非条件项 T_{i1}^2 和条件项 $T_{i1.2}^2$ 超出了控制限。查看 21 号样本点的数据，其板厚为 1.17mm，说明由于原料较厚，在轧制力不匹配的情况下，导致了无法获得符合表面粗糙度要求的带钢。

5.4.2　某化工过程统计过程控制

某化工生产过程获得 30 个观测样本，每个样本均由 4 个变量组成，见表 5－4。以其中的 20 个样本作为历史数据集，分别利用 $T^{2\text{Hotelling}}$ 控制图、$T^{2\text{PCA}}$ 控制图和 SPE 控制图来进行生产过程的监控。在此基础上，再利用剩余的 10 个样本来检验监控过程的有效性。

表 5－4　化工过程数据

原始数据						
编　号	X_1	X_2	X_3	X_4	t_1	t_2
1	10	20.7	13.6	15.5	−0.29	0.60
2	10.5	19.9	18.1	14.8	−0.29	−0.49
3	9.7	20	16.1	16.5	−0.20	−0.64
4	9.8	20.2	19.1	17.1	−0.84	−1.47
5	11.7	21.5	19.8	18.3	−3.20	−0.88
6	11	20.9	10.3	13.8	−0.20	2.30
7	8.7	18.8	16.9	16.8	0.99	−1.67
8	9.5	19.3	15.3	12.2	1.70	0.36
9	10.1	19.4	16.2	15.8	0.14	−0.56
10	9.5	19.6	13.6	14.5	0.99	0.32
11	10.5	20.3	17	16.5	−0.94	−0.50
12	9.2	19	11.5	16.3	1.22	0.09
13	11.3	21.6	14	18.7	−2.61	0.42
14	10	19.8	14	15.9	0.12	0.09
15	8.5	19.2	17.4	15.8	1.10	−1.47
16	9.7	20.1	10	16.6	0.28	0.95
17	8.3	18.4	12.5	14.2	2.66	−0.14

续表 5 – 4

编　号	X_1	X_2	X_3	X_4	t_1	t_2
18	11.9	21.8	14.1	16.2	–2.37	1.30
19	10.3	20.5	15.6	15.1	–0.41	0.22
20	8.9	19	8.5	14.7	2.15	1.18
新　数　据						
21	9.9	20	15.4	15.9	–0.07	–0.24
22	8.7	19	9.9	16.8	1.52	0.21
23	11.5	21.8	19.3	12.1	–1.41	0.88
24	15.9	24.6	14.7	15.3	–6.30	3.67
25	12.6	23.9	17.1	14.2	–3.80	2.00
26	14.9	25	16.3	16.6	–6.49	2.73
27	9.9	23.7	11.9	18.1	–2.74	1.38
28	12.8	26.3	13.5	13.7	–4.96	3.95
29	13.1	26.1	10.9	16.8	–5.68	3.86
30	9.8	25.8	14.8	15	–3.37	2.12

5.4.2.1　$T^{2\text{Hotelling}}$控制图

利用公式（5–7）计算得到该化工过程的 $T^{2\text{Hotelling}}$控制图，再通过公式（5–8）获得 $T^{2\text{Hotelling}}$统计量的控制限为 $UCL=8.104$，结果如图 5–25 所示。从图中可以看出，新样本点 23～30 号都超出了控制限，属于异常点。

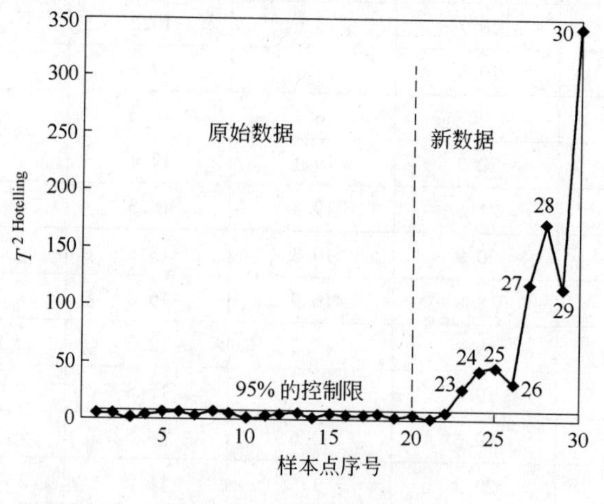

图 5–25　$T^{2\text{Hotelling}}$控制图

由于该生产过程的数据涉及 4 个变量，若利用 $T^{2\text{Hotelling}}$统计量的 MYT 分解来进行异常点的诊断，分析过程较为繁杂，因此下面将通过累积贡献图的方法来分析引起样本点异常的原因。

5.4.2.2　$T^{2\text{PCA}}$控制图

对原始数据中的 20 个样本点进行主成分分析。首先，将原始数据进行标准化处理，然后计算出相关系数矩阵，见表5－5。从中可以看出，变量 X_1 与 X_2 间的相关系数高达0.93，说明变量间存在明显的线性相关性。因此，需要采用主成分多变量统计过程控制方法对该化工生产过程进行监控。

表5－5　化工过程数据相关系数矩阵

	X_1	X_2	X_3	X_4
X_1	1	0.93	0.21	0.36
X_2	0.93	1	0.17	0.45
X_3	0.21	0.17	1	0.34
X_4	0.36	0.45	0.34	1

其次，对相关系数矩阵进行特征值分解。表5－6给出了主成分分析的特征值、各成分方差贡献率及累积方差贡献解释率。从表5－6中可以看出，仅使用两个主成分就可以解释原始数据中超过83%的信息。为了便于数据的可视化，选取两个主成分来进行后续的分析。

表5－6　特征值、各成分方差解释率及累积解释率

特 征 值	2.32	1.01	0.61	0.06
成分方差贡献率/%	58	25	15	2
累积方差贡献率/%	58	83	98	100

然后，求取主成分。表5－7给出了4个主方向，但只将原始数据向前两个主方向上投影，就得到了如表5－4最后两列所示的主成分 $\boldsymbol{t}_1$ 和 $\boldsymbol{t}_2$。

表5－7　主方向

	$\boldsymbol{l}_1$	$\boldsymbol{l}_2$	$\boldsymbol{l}_3$	$\boldsymbol{l}_4$
X_1	－0.59	0.33	－0.26	0.69
X_2	－0.61	0.33	－0.08	－0.72
X_3	－0.29	－0.79	－0.53	－0.06
X_4	－0.44	－0.39	0.80	0.10

最后，利用主成分 $\boldsymbol{t}_1$ 和 $\boldsymbol{t}_2$ 可以绘制出得分图。通过公式（5－51）可以计算出显著性水平在 $\alpha=0.05$ 时的椭圆控制限，如图5－26所示。在图5－26（a）中，所有20个样本点均在椭圆控制限内，可以利用该得分图进行生产过程的监控。将新采集的数据的主成分值 $\boldsymbol{t}_1$ 和 $\boldsymbol{t}_2$ 绘制到得分图中，如图5－26（b）所示，有部分样本点超出了椭圆控制限，说明这些样本点所处的生产过程是不受控的，将这些新的测试样本进行样本编号的标记，则可以追踪样本变化的轨迹。

对原始数据提取出两个主成分 $\boldsymbol{t}_1$ 和 $\boldsymbol{t}_2$ 后，利用公式（5－50）计算原始数据和新数据的 T^{2PCA} 统计量，再通过公式（5－51）计算出 $\alpha=0.05$ 时 T^{2PCA} 统计量的控制限为 $UCL=7.435$，最后绘制出如图5－27所示的 T^{2PCA} 控制图。事实上，图5－26（b）的主元得分图和图5－27的 T^{2PCA} 控制图在本质上是一样的，椭圆边界相当于 T^{2PCA} 控制图中的控制限。

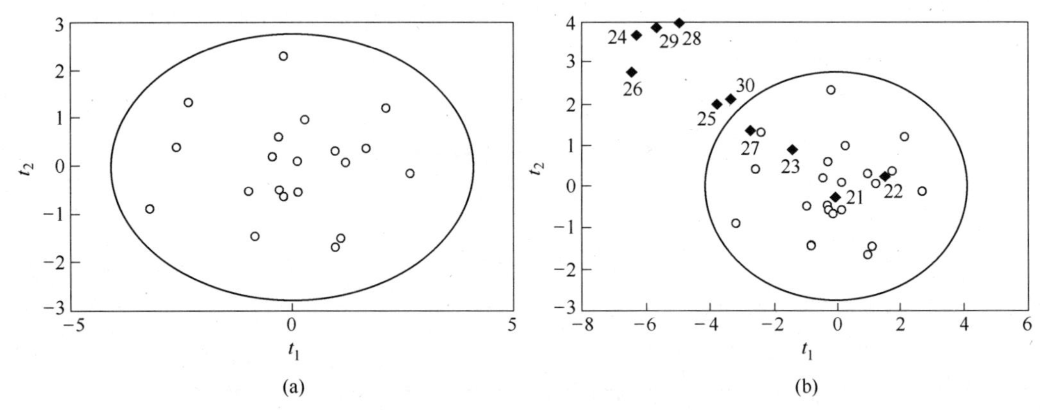

图 5-26　显著性水平在 $\alpha=0.05$ 下的第一、二主成分得分图

（a）原始样本；（b）原始样本+新样本

通过图 5-26（b）和图 5-27 都可以判断出，24、25、26、28、29、30 号新样本点出现了异常。

针对出现的异常点，绘制出相应的主元贡献图来分析异常原因，以 29 号异常点为例绘制主元贡献图，如图 5-28 所示。从图中可以看出，对于第 29 号异常点，X_2 对主成分的贡献最大，X_1 次之，说明主要是变量 X_2 和变量 X_1 的波动引起了第 29 号样本点的异常。

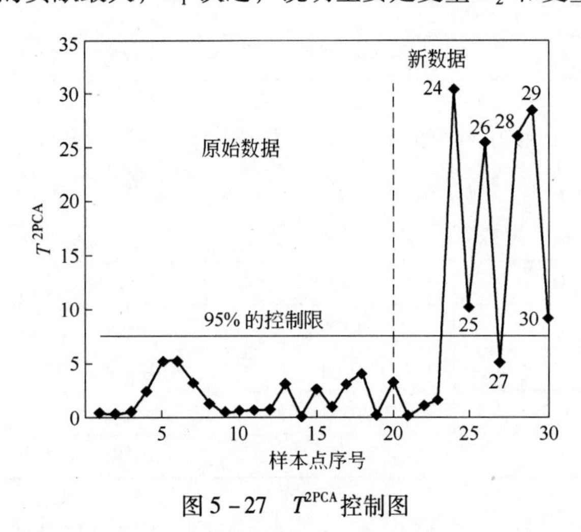

图 5-27　T^{2PCA} 控制图

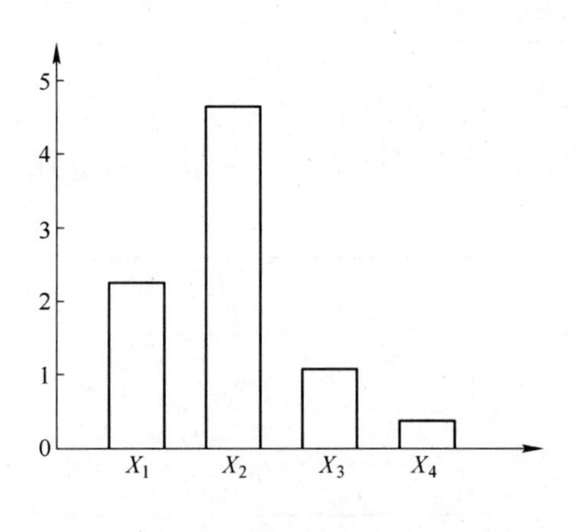

图 5-28　第 29 号异常点的主元贡献图

5.4.2.3　*SPE* 控制图

除了利用 T^{2PCA} 控制图对生产过程进行监控外，还可以利用主元模型的残差部分来进行监控。首先，利用前 20 个样本建立模型；然后通过公式（5-52）计算出样本点的 *SPE* 统计量；再利用公式（5-53）求取显著性水平为 $\alpha=0.05$ 时的 *SPE* 的控制限 $UCL=2.384$；最后，绘制如图 5-29 所示的 *SPE* 控制图。

从图 5-29 中可以看出，8 号、22~30 号样本点的 *SPE* 统计量都超出了控制限。通过绘制出 *SPE* 贡献图来分析样本点异常原因。如图 5-30 所示为 29 号样本点的 *SPE* 贡献图。从图中可以看出，变量 X_1 和变量 X_2 的贡献值最大，同样说明这两个变量偏离了主元模型，导致 29 号样本点的异常。这与 T^{2PCA} 贡献图的结论是一致的。

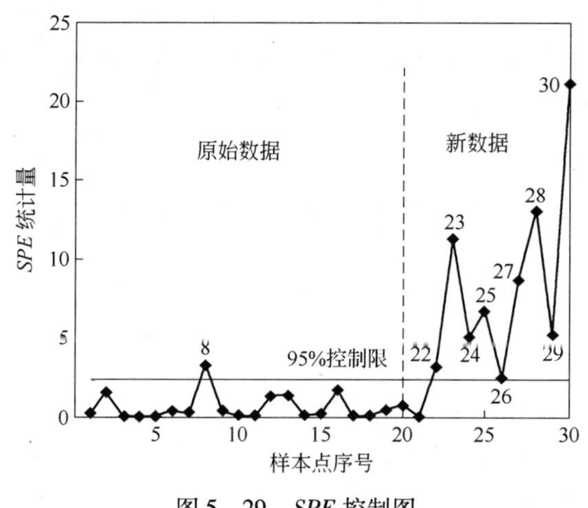

图 5－29 *SPE* 控制图

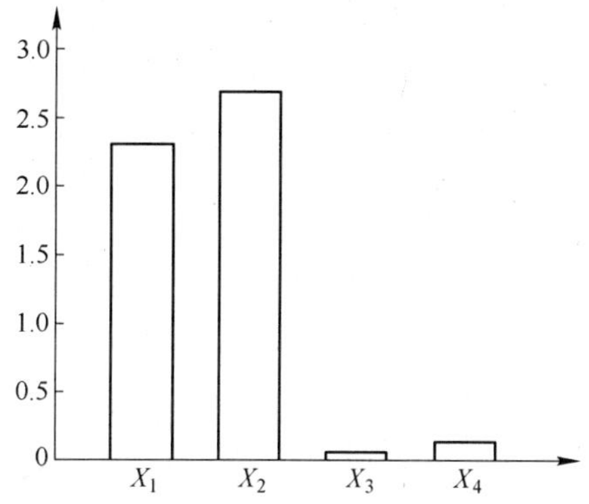

图 5－30 第 29 号异常点的 *SPE* 贡献图

5.4.2.4 三种控制图比较分析

$T^{2Hotelling}$控制图是在数据没有经过任何处理的情况下所得到的控制图，但当数据内部存在线性相关时，则会影响 $T^{2Hotelling}$控制图的检测效果。在这种情况下，需要同时利用 T^{2PCA}控制图和 *SPE* 控制图来对生产过程进行联合监控与诊断。

将 $T^{2Hotelling}$控制图、T^{2PCA}和 *SPE* 控制图的结果汇总见表 5－8。从表中可以看出，$T^{2Hotelling}$控制图的判异结果与联合使用 T^{2PCA}控制图和 *SPE* 控制图相比，差异性主要体现在第 8 号和第 22 号样本点上。

表 5－8 三种控制图的监控结果

控制图	异常点序号
$T^{2Hotelling}$控制图	23，24，25，26，27，28，29，30
T^{2PCA}控制图	24，25，26，28，29，30
SPE 控制图	8，22，23，24，25，26，27，28，29，30

结合表 5－8 中结果可知，由 $T^{2Hotelling}$控制图判定 8 号和 22 号样本点为正常点，而 *SPE* 控制图却判定 8 号和 22 号样本点为异常点，说明 8 号和 22 号样本点出现在图 5－21 中的“▲”区域，即椭球的顶端部分超过了柱体高度，使得这个区域的样本点容易造成判异结果的不同。

5.5 三种统计量之间的关系

在上述内容中，分别介绍了 $T^{2Hotelling}$统计量、T^{2PCA}统计量和 *SPE* 统计量。为更好地理解这三个统计量之间的关系，分别从几何解释和数学推导两个方面来进行讨论。

5.5.1 几何解释

对一个三元变量（X_1，X_2，X_3）的过程进行监控，如图 5－31 所示。图中的椭球体区域为 $T^{2Hotelling}$统计量的控制区域，小椭圆所在平面是经过主元提取的两个主成分所在的平面，对应为 T^{2PCA}统计量的控制区域。当样本点位于椭球体内时，则样本点正常，如图中的样本点A。样本点A到椭球中心O的马氏距离为A点$T^{2\mathrm{Hotelling}}$统计量的值；样本点A投影到主元平面上得到A′点，投影点A′到椭球中心O的马氏距离为A点$T^{2\mathrm{PCA}}$统计量的值；样本点A到主元平面的欧氏距离AA′为A点SPE统计量的值。

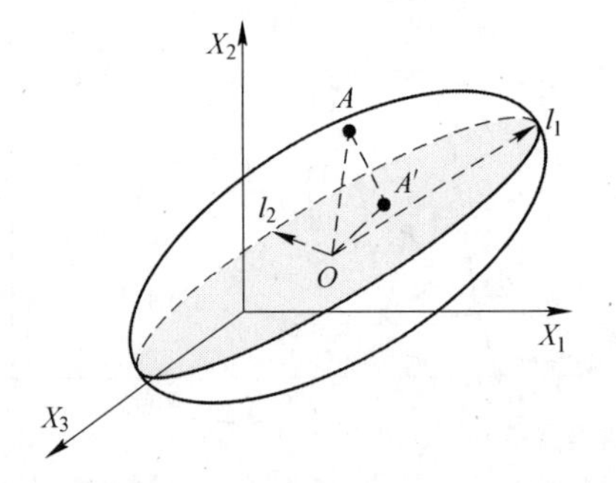

图5-31　$T^{2\mathrm{Hotelling}}$、$T^{2\mathrm{PCA}}$和SPE统计量关系示意图

在5.3.1节中提到，原始数据经过主成分提取后，数据可以分为系统部分和残差部分。$T^{2\mathrm{PCA}}$统计量是通过数据的系统部分得到的，SPE统计量是利用数据的残差部分得到的，而$T^{2\mathrm{Hotelling}}$统计量是通过原始数据计算得到的。那么，对于同一个样本点，$T^{2\mathrm{PCA}}$统计量与SPE统计量的加和是否等于$T^{2\mathrm{Hotelling}}$统计量？答案是否定的。下面就图5-31中的样本点A进行具体分析。

从几何关系上看，$\triangle OA'A$是一个直角三角形，在欧氏距离空间上满足$\overline{OA}^2=\overline{OA'}^2+\overline{A'A}^2$。虽然样本点A的SPE统计量为$\overline{A'A}^2$，但是$T^{2\mathrm{Hotelling}}$统计量和$T^{2\mathrm{PCA}}$统计量都是以马氏距离来计算的，即$T^{2\mathrm{Hotelling}}\neq\overline{OA}^2$，$T^{2\mathrm{PCA}}\neq\overline{OA'}^2$。因此，在一般情况下$T^{2\mathrm{Hotelling}}\neq T^{2\mathrm{PCA}}+SPE$。

5.5.2　数学推导

设样本点A的坐标为$\boldsymbol{x}_{(i)}=(x_{i1},x_{i2},x_{i3})$，经主成分分析后，在二元主成分坐标系下，样本点A的坐标转换为$\boldsymbol{t}_{(i)}=(t_{i1},t_{i2})$，由此可以得到样本点A的三个统计量。

$$T_{\mathrm{A}}^{2\mathrm{Hotelling}}=\boldsymbol{x}_{(i)}\boldsymbol{S}^{-1}\boldsymbol{x}_{(i)}^{\mathrm{T}}$$

$$T_{\mathrm{A}}^{2\mathrm{PCA}}=\boldsymbol{t}_{(i)}\boldsymbol{S}_t^{-1}\boldsymbol{t}_{(i)}^{\mathrm{T}}=\boldsymbol{x}_{(i)}\boldsymbol{L}\boldsymbol{S}_t^{-1}\boldsymbol{L}^{\mathrm{T}}\boldsymbol{x}_{(i)}^{\mathrm{T}}$$

$$SPE_{\mathrm{A}}=\boldsymbol{x}_{(i)}(\boldsymbol{I}-\boldsymbol{L}\boldsymbol{L}^{\mathrm{T}})\boldsymbol{x}_{(i)}^{\mathrm{T}}$$

其中，$\boldsymbol{S}$为原始数据矩阵$\boldsymbol{X}$的协方差矩阵，$\boldsymbol{L}$为主方向矩阵，$\boldsymbol{S}_t$为主成分数据矩阵$\boldsymbol{T}$的协方差矩阵，它们的计算式分别如下：

$$\boldsymbol{S}=\frac{1}{n-1}\boldsymbol{X}^{\mathrm{T}}\boldsymbol{X}$$

$$\boldsymbol{S}_t=\frac{1}{n-1}\boldsymbol{T}^{\mathrm{T}}\boldsymbol{T}=\frac{1}{n-1}(\boldsymbol{X}\boldsymbol{L})^{\mathrm{T}}(\boldsymbol{X}\boldsymbol{L})=\frac{1}{n-1}\boldsymbol{L}^{\mathrm{T}}\boldsymbol{X}^{\mathrm{T}}\boldsymbol{X}\boldsymbol{L}$$

要分析关系式$T_{\mathrm{A}}^{2\mathrm{Hotelling}}=T_{\mathrm{A}}^{2\mathrm{PCA}}+SPE_{\mathrm{A}}$是否成立，就等价于分析关系式$\boldsymbol{S}^{-1}=\boldsymbol{L}\boldsymbol{S}_t^{-1}\boldsymbol{L}^{\mathrm{T}}+(\boldsymbol{I}-\boldsymbol{L}\boldsymbol{L}^{\mathrm{T}})$是否成立，即证明$[\boldsymbol{L}\boldsymbol{S}_t^{-1}\boldsymbol{L}^{\mathrm{T}}+(\boldsymbol{I}-\boldsymbol{L}\boldsymbol{L}^{\mathrm{T}})]-\boldsymbol{S}^{-1}$是否等于0？推导过程如下（因为$\boldsymbol{L}^{\mathrm{T}}\boldsymbol{L}=\boldsymbol{I}$，所以$(\boldsymbol{L}^{\mathrm{T}})^{-1}=\boldsymbol{L}$）：

$$
\begin{aligned}
& \boldsymbol{L}\boldsymbol{S}_t^{-1}\boldsymbol{L}^{\mathrm{T}} + (\boldsymbol{I} - \boldsymbol{L}\boldsymbol{L}^{\mathrm{T}}) - \boldsymbol{S}^{-1} \\
&= \boldsymbol{L}(n-1)\boldsymbol{L}^{-1}\boldsymbol{X}^{-1}(\boldsymbol{X}^{\mathrm{T}})^{-1}(\boldsymbol{L}^{\mathrm{T}})^{-1}\boldsymbol{L}^{\mathrm{T}} + (\boldsymbol{I} - \boldsymbol{L}\boldsymbol{L}^{\mathrm{T}}) - (n-1)\boldsymbol{X}^{-1}(\boldsymbol{X}^{\mathrm{T}})^{-1} \\
&= \boldsymbol{L}(n-1)\boldsymbol{L}^{-1}\boldsymbol{X}^{-1}(\boldsymbol{X}^{\mathrm{T}})^{-1}\boldsymbol{L}\boldsymbol{L}^{\mathrm{T}} + (\boldsymbol{I} - \boldsymbol{L}\boldsymbol{L}^{\mathrm{T}}) - (n-1)\boldsymbol{X}^{-1}(\boldsymbol{X}^{\mathrm{T}})^{-1} \\
&= (n-1)\boldsymbol{X}^{-1}(\boldsymbol{X}^{\mathrm{T}})^{-1}(\boldsymbol{L}\boldsymbol{L}^{\mathrm{T}} - \boldsymbol{I}) + \boldsymbol{I} - \boldsymbol{L}\boldsymbol{L}^{\mathrm{T}} \\
&= (\boldsymbol{I} - \boldsymbol{L}\boldsymbol{L}^{\mathrm{T}})(\boldsymbol{I} - (n-1)\boldsymbol{X}^{-1}(\boldsymbol{X}^{\mathrm{T}})^{-1}) \\
&= (\boldsymbol{I} - \boldsymbol{L}\boldsymbol{L}^{\mathrm{T}})(\boldsymbol{I} - \boldsymbol{S}^{-1})
\end{aligned}
$$

很明显，一般情况下，$\boldsymbol{I} \neq \boldsymbol{S}^{-1}$，即原始数据矩阵的协方差矩阵不为单位阵。又 SPE_{A} 一般情况下不为 0，即 $\boldsymbol{I} - \boldsymbol{L}\boldsymbol{L}^{\mathrm{T}} \neq 0$。因此，得出如下结论：$[\boldsymbol{L}\boldsymbol{S}_t^{-1}\boldsymbol{L}^{\mathrm{T}} + (\boldsymbol{I} - \boldsymbol{L}\boldsymbol{L}^{\mathrm{T}})] - \boldsymbol{S}^{-1} \neq 0$，意味着 $T_{\mathrm{A}}^{2\mathrm{Hotelling}} \neq T_{\mathrm{A}}^{2\mathrm{PCA}} + SPE_{\mathrm{A}}$。这也就可以用来解释为什么在图 5 - 21 中，由于柱体区域和椭球区域的不重合所带来的判异结果的不同。此外，也可以用来解释为什么在 5.4.2 的案例中，$T^{2\mathrm{Hotelling}}$控制图的判异结果与联合使用 $T^{2\mathrm{PCA}}$控制图和 SPE 控制图的判异结果存在差别。

综上所述，尽管 $T^{2\mathrm{Hotelling}}$统计量是通过原始数据计算得到的，$T^{2\mathrm{PCA}}$统计量是通过数据的系统部分得到的，SPE 统计量是利用数据的残差部分得到的，但 $T^{2\mathrm{Hotelling}}$统计量并不等于 $T^{2\mathrm{PCA}}$统计量与 SPE 统计量的线性加和，即 $T^{2\mathrm{Hotelling}} \neq T^{2\mathrm{PCA}} + SPE$。因此，在实际工业应用中，需要根据生产数据的特点，选择合适的监控统计量，才能获得理想的监控效果。

5.6 小结

（1）对于多变量统计过程尤其是变量间强相关时，单变量统计控制图已不再适用，需要利用 T^2 控制图来实现多变量生产过程的监控。首先，计算 T^2 统计量，然后根据 T^2 统计量是否满足多元正态分布的特性，从而确定控制限 UCL，由此建立多变量统计过程 T^2 控制图，用于生产过程的实时监测。

（2）当样本点的 $T^{2\mathrm{Hotelling}}$统计量出现异常，且变量的个数较少时，可以通过 $T^{2\mathrm{Hotelling}}$正交分解的方法（MYT）来判断由哪个变量或哪些变量的偏差造成了 $T^{2\mathrm{Hotelling}}$统计量的异常，或是由哪些变量之间的关系不符合要求造成了 $T^{2\mathrm{Hotelling}}$统计量的异常。

（3）主成分分析和偏最小二乘法是两种常用的变量降维和特征提取方法。当不考虑质量指标时，可以利用主成分分析来提取过程变量间的线性关系，监控过程变量是否受控。如果需要考虑指标，则可以使用偏最小二乘法来提取各过程变量和质量变量间的统计关系，监控过程变量和质量变量间的变化情况。在主成分分析和偏最小二乘法中，主成分的个数是唯一且重要的模型参数，主成分个数的选择合适与否是模型准确、可靠的重要保证，本章介绍了目前较为成熟的累积贡献率和交叉验证两种参数选择方法。

（4）为实现多变量统计过程的实时监控，在利用主成分分析或偏最小二乘法建立主元模型后，可以计算 $T^{2\mathrm{Multi}}$统计量和 SPE 统计量，求解控制限，并绘制控制图，判定生产过程是否正常。一旦发现异常点，则可以通过贡献图实现生产过程的诊断，给出引起生产过程异常原因。

（5）主成分分析和偏最小二乘法模型只考虑了变量间的线性关系，而实际生产中存在大量的非线性关系，这时需要采用非线性模型进行监控。这部分内容将在后续章节中讨论。

6 历史数据集的建立

历史数据集的建立是进行生产过程监控与产品质量诊断的基础，只有建立了准确、合理的历史数据集才能对生产过程进行有效的质量监控。本章将从如下几个方面来介绍历史数据集的建立：首先，提出建立历史数据集的整体框架，介绍数据采集的相关过程；然后对历史数据集在建立过程中存在的数据多重相关性和自相关性问题进行详细的讨论；最后给出异常点剔除的相关方法。

6.1 建立历史数据集的过程及数据预处理

生产过程监控与产品质量诊断的核心是以历史数据集作为依据，比较待测值与历史数据集的相关性，来判断待测值是否满足质量规范的要求，还是出现了质量异常。由此可见，如何构造历史数据集以及如何完善历史数据集至关重要，它决定了生产过程监控与产品质量诊断的准确性和适用性。

通常，生产过程控制主要涉及输入变量（原料）、过程控制变量（工艺参数）、输出变量（质量指标）三个方面，需要根据不同的工艺流程来确定各工序的质量指标及其所属的正常范围，并确定影响质量指标的关键原料及工艺参数，然后针对这些关键的输入变量、工艺参数和质量指标建立相应的历史数据集。历史数据集的形成和维护主要包括两个阶段。

第1阶段的主要任务是数据采集、数据清洗、数据预处理等一系列程序，并剔除不符合要求的异常点，排除具有共线性的变量，确保协方差矩阵是非奇异的。此外，还需检验变量的自相关性，即消除变量中的时间相关性。

第2阶段的主要任务是根据历史数据集来检验待测样本是否正常。当出现异常点时，分析出现质量异常的原因，哪些变量或变量子集造成了质量超差？是否是变量子集间出现不符合逻辑关系的参数设置？此外，还需维护和更新历史数据集，包括补充未知的可控区数据、检验不同工况、不同机组、不同环境等各种因素对统计模型适用性和准确性的影响，决定是否需要建立不同情况下的历史数据子集，并对不同状态采用对应的历史数据子集来进行质量分析。

在本章中，重点对历史数据集的第1阶段进行讨论和分析，具体流程如图6-1所示。

在建立历史数据集的过程中，需要重点关注以下几个方面：

（1）针对不同的产品质量的要求，确定需监控的工序以及相关的原料与工艺参数，并确定各工序的产品质量指标及其控制范围。

（2）根据数据本身的类型及存储系统的特点，采用不同的数据采集方式，并明确各工序需要采集的具体内容，然后完成变量选择、降噪处理、时间同步处理、缺失数据处理等预处理工作。

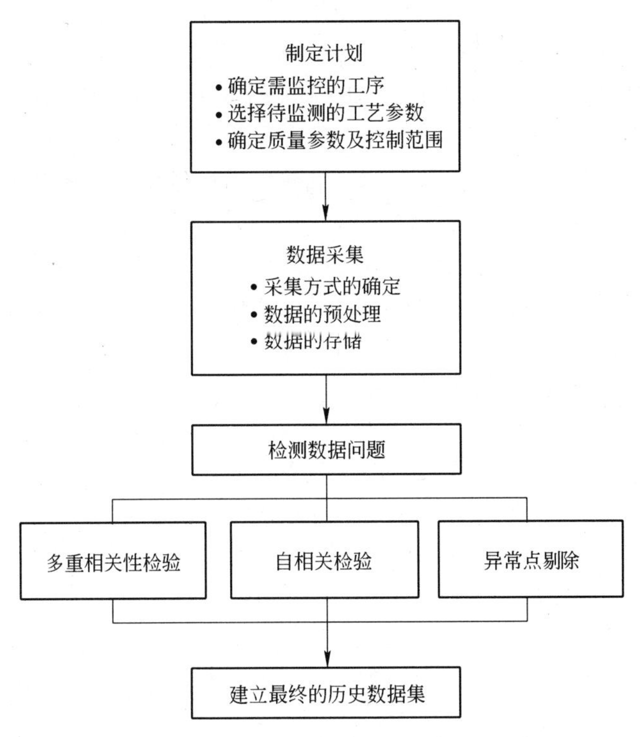

图 6－1 历史数据集建立的一般流程图

（3）检验变量间是否存在多重相关性问题，对存在多重相关性的变量，剔除其中部分变量，确保数据集的协方差矩阵为非奇异矩阵。

（4）检验变量自相关性，即与时间的相关性，并对存在延滞的变量进行采集时序的调整，确保变量在时序上的一致性。

（5）根据单变量的分布规律对数据进行清洗，剔除异常点。

（6）建立最终的历史数据集。

6.2 数据采集

准确、完整的采集实时生产数据是进行生产过程监控与产品质量诊断的基础。冶金自动化生产线上产生的数据量非常庞大，分布存储在各个独立系统中，且各系统间的操作系统、数据存储系统、数据格式、数据粒度及数据接口规范都各不相同。因此，需要解决分布式系统环境下海量异构数据的获取与集成问题。

针对冶金生产过程特点，为有效地进行生产过程监控与产品质量诊断，首先需要实时采集工艺参数、质量指标、物料参数、质检参数、设备状态与工况等参数。然后对采集到的数据进行预处理，保证数据的准确可靠，有利于提高监控与诊断模型的精度。

6.2.1 冶金生产数据的基本特征

冶金生产过程的流程特点使得生产数据具有海量、多源、多变量和多粒度等特点。深入认识冶金生产数据的基本特点，将有利于对数据进行后续处理，实现有效的生产过程与产品质量监控。

（1）海量数据。在冶金生产过程中，由于生产工序多，控制变量多达几千个，实时采集不同生产工艺条件下的生产过程参数和质量指标，将获得大量数据积累。仅以炼钢→热轧→冷轧的生产工序为例，每天的实时数据约有 50 多 GB，这对数据处理与分析提出了更高的要求。

（2）多源异构。从系统层级来说，与工艺参数、质量指标等直接相关的系统很多，主要有 ERP、MES、L2、L1（PLC 或 DCS 等），实验室管理系统（LIMS），以及大型仪表，如多功能仪、表检仪，另外还有一些数据采集系统，如 iba 等。从控制系统的供应厂商来说，有一些国际知名的自动化控制系统供应商，也有一些国内的供应商，其中大多数采用了一些标准的数据通信协议，另外一些采用企业专有的通信协议。生产过程中的工艺参数、质量指标在相同系统中存储方式与格式也不尽相同。这些多源异构的数据信息增加了数据采集的难度。

（3）多变量。冶金生产过程中涉及的工艺参数和质量指标累计多达几千个，甚至上万个，如温度、速度、轧制力、张力等。在不同工序中，各工艺参数需根据品种规格、工艺规范及工序位置等，设定为不同的值，以确保产品的质量。更重要的是多变量之间往往存在强耦合的现象，即其中任何一个变量发生变化都将引起其他多个变量的改变，从而导致整个系统状态的变化，而且这种变量之间的影响是双向的。例如，温度的变化引起轧制力的变化，而轧制力变化引起塑性变形的改变，反过来又引起温度的变化。

（4）多粒度。在冶金生产过程的实时监控中，不同的生产工序决定了采集信号的频率不同，如热连轧、冷连轧机组的生产速度快，带钢最高速度可达到 20m/s 以上，因此工艺参数的采集间隔需要达到 40 ~ 50ms/点；而对于炼钢工序而言，一般转炉炼钢的时间为 30 ~ 40min，由于炼钢过程变化较慢，工艺参数与质量指标的采集频率达到秒级即可。由此可见，不同的生产工序，导致同一批次物料条件下的各类数据匹配存在数据粒度的不一致以及时序上的不同步，增加了统计建模的难度。

综上所述，在生产过程的质量监控中，需要根据数据的特点，选择合适的监控变量、合理的采集方式，才能为后续的产品质量分析提供有效、合理的数据源。

6.2.2 数据的采集方式

通常，数据采集以实时数据库为基础数据平台来进行数据的配置与管理，主要是根据数据本身的类型及存储系统的结构特点，采用不同的数据采集方式，主要包括以下几种：

（1）基于标准 OPC 协议或其他标准协议的数据采集。利用实时数据库平台提供的标准 I/O 驱动接口，采集各类 PLC 中的工艺参数与质量指标，实现对现场控制系统中的数据采集。

（2）基于 ODBC 驱动的数据采集。对于 MES、ERP 系统及表检仪中的标准规范、物料数据、生产投料信息、生产计划数据、质量判定数据等，采用 ODBC 接口将相应数据采集并进行存储。

（3）基于外部文件的数据采集。对于一些需要利用文件进行交换的系统，或者 iba 系统，可以根据外部数据格式以及采集需求，利用实时数据库的 I/O 驱动软件包来开发相应的数据采集驱动，实时对外部各类文件型数据进行采集。

（4）基于自定义接口驱动的高速数据采集。对于热轧、冷轧等高速轧制过程的自动化控制系统和一些专用仪表，为保证带钢生产过程工艺参数、质量信息与带钢长度之间高精度同步对应关系，需要利用实时数据库的 I/O 驱动软件包来进行自定义接口驱动的开发，用来采集 50 ~ 100ms 时间间隔的工艺参数。

（5）人工录入数据。对于在 MES 系统、ERP 系统和自动化控制系统等中尚未管理和存储的设备状态、原料消耗等数据，则需要现场操作人员进行录入，以保证数据信息的完整性。

6.2.3 数据的预处理

在完成数据的采集后，需要对数据进行预处理，以满足后续分析诊断的需要。数据预处理主要包括：变量选择、降噪处理、时间同步、空缺数据的处理等。这里不对各类预处理方法展开详细讨论，感兴趣的读者可以参考相关书籍。

（1）变量选择。随着冶金生产过程自动化系统水平的不断提高，所能采集到的变量数目也越来越多。若将所有采集到的变量数据都参与建模分析，将大大增加模型的复杂度，也会影响模型的实时性。因此，需要根据不同工序、不同装备的特点来建立原料、工艺参数和质量指标的数据集，然后可以利用相关系数分析、逐步递推分析和信息熵分析等方法遴选出关键的原料参数、工艺参数和质量指标数据。

（2）降噪处理。由于数据采集过程中受到系统自身误差、生产环境和装备性能等的影响，使得所采集到的数据不可避免地存在噪声干扰，这将会对统计模型的准确性带来影响。因此，需要采用数据平滑处理，信号正交校正等方法对数据集进行降噪处理，以提高质量监控过程的准确性。

（3）时间同步处理。在冶金生产过程中，原料、过程参数和质量指标间往往存在滞后性，而且各个参数的时滞大小也不相同。如果在生产过程建模时不考虑时滞的影响，则会影响模型的精度。因此，可以利用动态弯曲时间算法、自相关分析等方法来确定时滞量，实现过程参数与质量指标的时序同步。

（4）缺失数据处理。在冶金生产过程中，数据存在“多粒度”的特点，这就造成了工艺参数和质量指标在时间上无法一一对应，出现数据缺失的现象。另外，由于质量指标往往采用离线的方式采集，所以并不是每个工艺参数都有对应的质量指标。对于缺失数据，可以采用均值替代、重构缺失点和半监督等方法来解决。这部分内容将在后续章节中做专题介绍。

（5）数据的存储。在冶金生产过程中，由于热连轧、冷连轧机组的高速性，工艺参数采样间隔需要达到 40 ~ 50ms/点，因此需要高速数据采集与高精度时间分辨率的数据存储方式。主要是以批次、钢卷号、时间等作为标记来进行存储，可采用死区过滤、有损压缩、无损压缩等多种手段，在保证数据存储精度的同时，最大化磁盘利用与数据查询效率。

综上所述，为完整记录整个生产过程，需要从各个数据采集点获得最原始的数据，并建立高效存储与查询机制，这对于深入认识冶金生产过程，挖掘数据内部的潜在关系，探索并发现生产规律起着重要作用。

6.3 变量间的多重相关性

为建立准确的历史数据集，需要对数据进行多重相关性的检验，克服由于多重相关性对生产过程监控与产品质量诊断所带来的影响。本节将介绍变量间多重相关性的基本概念及产生的原因，并分析多重相关性对回归建模和 T^2 统计量的影响，之后介绍多重相关性的检验方法以及如何对多重相关性采取相应的补救措施。

6.3.1　多重相关性产生的原因

多重相关性（也称为多重共线性），是指变量之间存在着线性相关的现象。如果自变量之间存在着完全的线性关系，它们之间的相关系数等于 1，则称自变量之间存在着完全的相关性；若自变量之间完全没有相关关系，它们之间的相关系数等于 0，则称自变量之间完全独立。上述是两种极端的状态。在一般情况下，这两种情形并不常见，而经常出现的是自变量之间存在着程度不同的相关现象，即两个自变量之间的相关系数在 0 与 1 之间变化。这时称自变量之间存在着一定程度的相关现象。

在实际问题中，变量间的多重相关性是普遍存在的，产生的原因主要包括：

（1）当样本点数量接近或小于变量个数时，则变量间必然存在多重相关性。

（2）变量间的耦合关系决定了它们之间存在相关性。例如，在带钢轧制过程中，温度的变化会引起轧制力的变化，轧制生产工艺就决定了温度和轧制力这两个变量之间不可避免地存在相关性。

（3）在冶金工业生产过程中，常习惯于以某些工艺参数的线性组合来定义新的参数，这时新的参数与原来的工艺参数之间就不可避免地存在共线性问题。

6.3.2　多重相关性的影响

假设数据矩阵 $\boldsymbol{X}_{n\times p}$ 是由 p 个随机变量 X_1，X_2，…，X_p 经过 n 次观测得到的一个 n 行 p 列的数据矩阵。当数据矩阵 $\boldsymbol{X}_{n\times p}$ 存在多重相关性时，将会对回归建模和 T^2 统计量产生影响，下面分别对这两方面进行阐述。

6.3.2.1　对回归建模的影响

当变量间存在多重相关性时，如果采用基于最小二乘法原理的回归建模方法，则模型的精确性、可靠性都难以保证。这是因为最小二乘法的回归系数的估计量为

$$\boldsymbol{B}_{\mathrm{Ls}} = (\boldsymbol{X}_{n\times p}^{\mathrm{T}}\boldsymbol{X}_{n\times p})^{-1}\boldsymbol{X}_{n\times p}^{\mathrm{T}}\boldsymbol{Y}_{n\times 1} \tag{6-1}$$

若 $\boldsymbol{X}_{n\times p}$ 中的变量存在共线性，则（$\boldsymbol{X}_{n\times p}^{\mathrm{T}}\boldsymbol{X}_{n\times p}$）是不可逆矩阵，因此无法用式（6－1）求得回归系数 $\boldsymbol{B}_{\mathrm{Ls}}$。当 $\boldsymbol{X}_{n\times p}$ 中的变量高度相关时，行列式 $|\boldsymbol{X}_{n\times p}^{\mathrm{T}}\boldsymbol{X}_{n\times p}|$ 近似为 0，这时求（$\boldsymbol{X}_{n\times p}^{\mathrm{T}}\boldsymbol{X}_{n\times p}$）的逆矩阵会含有严重的舍入误差，因此最小二乘法的回归系数将无法精确估计，对回归系数物理含义的解释将失去意义，同时也使得回归模型的泛化能力变得非常差。

6.3.2.2　对 T^2 统计量的影响

T^2 统计量是一个与样本协方差矩阵 $\boldsymbol{S}$ 的逆矩阵 $\boldsymbol{S}^{-1}$ 有关的一个统计量。样本协方差矩阵 $\boldsymbol{S}$ 的表达式为

$$\boldsymbol{S} = \frac{1}{n-1}\boldsymbol{X}_{n\times p}^{\mathrm{T}}\boldsymbol{X}_{n\times p} \tag{6-2}$$

当数据矩阵 $\boldsymbol{X}_{n\times p}$ 存在多重相关性时，样本协方差矩阵 $\boldsymbol{S}$ 是近似奇异矩阵。根据第 2 章特征值和特征向量的性质，将样本协方差矩阵 $\boldsymbol{S}$ 写成如下形式：

$$S = (p_1, p_2, \cdots, p_p)\begin{pmatrix}\lambda_1 & & & \\ & \lambda_2 & & \\ & & \ddots & \\ & & & \lambda_p\end{pmatrix}(p_1, p_2, \cdots, p_p)^{\mathrm{T}} \tag{6-3}$$

$$= \lambda_1 p_1 p_1^{\mathrm{T}} + \lambda_2 p_2 p_2^{\mathrm{T}} + \cdots + \lambda_p p_p p_p^{\mathrm{T}}$$

则 S 的逆矩阵为

$$S^{-1} = \frac{p_1 p_1^{\mathrm{T}}}{\lambda_1} + \frac{p_2 p_2^{\mathrm{T}}}{\lambda_2} + \cdots + \frac{p_p p_p^{\mathrm{T}}}{\lambda_p} \tag{6-4}$$

式中，λ_1，λ_2，…，λ_p 为样本协方差矩阵的 p 个特征值，且 $\lambda_1 \geqslant \lambda_2 \geqslant \cdots \geqslant \lambda_p$；$p_1$，$p_2$，…，$p_p$ 为 p 个特征值对应的单位特征向量。如果数据矩阵 $X_{n\times p}$ 存在多重相关性，则其最小特征值 λ_p 接近于零，使得 $1/\lambda_p$ 很大，进而导致使用逆矩阵 S^{-1} 计算的任何统计量，如 $T_i^2 = (x_{(i)} - \bar{x})^{\mathrm{T}} S^{-1} (x_{(i)} - \bar{x})$ 发生畸变，最终影响 T^2 统计控制图的控制限，使其变得不准确。

因此，在建立回归模型和计算 T^2 统计量时，需要对分析的数据矩阵进行多重相关性的检验，以减少数据的多重相关性对分析结果带来的影响。

6.3.3 多重相关性的检验方法

对数据多重相关性的检验常用的有经验法、方差膨胀因子法和条件数三种判定法。下面将分别详细阐述这3种方法的基本原理和计算步骤。

6.3.3.1 经验法

该方法快捷、方便，但主观性较强，主要是通过经验来判断多重相关性存在的迹象。

（1）在所有变量中，某一个变量是另一部分变量的完全或近似完全的线性组合时，可判断存在多重相关性。

（2）在变量的相关系数矩阵中，有些变量间的相关系数很大，绝对值等于1或接近于1时，判断原始数据存在多重相关性。

（3）如果增加（或删除）一个变量，或者增加（或删除）一个观察值，回归系数的估计值变化很大时，则判断原始数据存在多重相关性。

（4）如果样本点的个数过少（如接近于变量的个数，或小于变量的个数）时，可以判断存在多重相关性。

6.3.3.2 方差膨胀因子法

为定量描述数据矩阵中多重相关性的严重程度，需要通过可量化的指标来评价。假设对原始数据矩阵 $X_{n\times p}$ 进行标准化处理后的矩阵为 $E_{n\times p}$，则变量间的相关系数矩阵为 $R = E_{n\times p}^{\mathrm{T}} E_{n\times p}$。记

$$C = (c_{ij})_{p\times p} = (E_{n\times p}^{\mathrm{T}} E_{n\times p})^{-1} (i = 1,2,\cdots,n;\ j = 1,2,\cdots,p) \tag{6-5}$$

称矩阵 C 主对角线上的元素 c_{jj} 为变量 X_j 的方差膨胀因子（Variance Inflation Factor，VIF），即 $VIF_j = c_{jj}$。

方差膨胀因子 VIF_j 的另一个定义如式（6-6）所示。记 R_j^2 为自变量 X_j 对其余 $p-1$ 个自变量的复测定系数，则方差膨胀因子可表示为

$$VIF_j = \frac{1}{1 - R_j^2} \tag{6-6}$$

从式（6－6）可以看出，当复测定系数接近于0时，方差膨胀因子就变为1；当复测定系数接近于1时，方差膨胀因子变得非常大。说明当变量间的多重相关性越弱，VIF_j 就越小，即越接近于1；反之，当变量间的多重相关性越强，VIF_j 就越大，说明变量 X_j 与其余 $p-1$ 个变量间的多重相关性越严重。经验表明，当 $VIF_j \geqslant 10$ 时，说明变量 X_j 与其余 $p-1$个变量间有严重的多重相关性。

此外，也可以用 p 个变量所对应的方差膨胀因子的平均数来度量待分析数据矩阵的多重相关性，即

$$\overline{VIF} = \frac{1}{p}\sum_{j=1}^{p} VIF_j \tag{6-7}$$

当$\overline{VIF}$大于10时，就表示待分析数据矩阵存在严重的多重相关性。

6.3.3.3　**条件数法**

当数据矩阵 $\boldsymbol{X}_{n \times p}$存在多重相关性时，样本协方差矩阵 $\boldsymbol{S}$ 是一个近似奇异矩阵，其最小特征值 λ_p 近似为零。可以通过 $\boldsymbol{S}$ 的特征值的近似为零来判断数据矩阵 $\boldsymbol{X}_{n \times p}$是否具有多重相关性。

记 λ_1，λ_2，…，λ_p 为样本协方差矩阵 $\boldsymbol{S}$ 的 p 个特征值，且 $\lambda_1 \geqslant \lambda_2 \geqslant \cdots \geqslant \lambda_p$，则条件数 k 为

$$k = \sqrt{\frac{\lambda_1}{\lambda_p}} \tag{6-8}$$

当第 p 个特征值近似为零时，此时的条件数将变得非常大。经验表明，当 $0 < k \leqslant 30$ 时，数据矩阵 $\boldsymbol{X}_{n \times p}$没有多重相关性；当 $30 \leqslant k < 100$ 时，数据矩阵 $\boldsymbol{X}_{n \times p}$存在较强的多重相关性。

综上所述，3 种方法都可以用来检验数据矩阵是否存在多重相关性。其中，经验法快捷方便；而方差膨胀因子法和条件数法是一种指标检验法，更加的客观准确。3 种方法各有其优缺点，可以根据工业实际要求，选择合适的方法。

6.3.4　多重相关性的解决方法

当变量间存在多重相关性时，就要设法消除这种相关性，以削弱其对回归模型和 T^2 统计量计算的影响。常用的解决方法主要包括如下三种：增加样本容量、删除不重要的相关变量和采用主成分分析。

（1）增加样本容量。在第 6.3.1 节中已经说明了样本点过少是产生多重相关性的原因之一，故增加样本容量可以解决这类多重相关性带来的影响。通常要求样本点数量应在变量个数的 2～3 倍为宜。

需要说明的是，通过增加样本容量来削弱多重相关性的方法只有在样本容量过少的时候才会有比较明显的效果。如果变量间本质上就存在物理上的多重相关性，如由于生产工艺决定了采集到的变量之间存在多重相关性，此时增加样本容量并不会明显改变变量间的多重相关性。

（2）删除不重要的相关性变量。通常在对实际问题的建模过程中，由于我们认识水平

的局限，容易选择过多的自变量来建立统计模型。当涉及的自变量过多时，容易造成数据矩阵存在多重相关性。可以通过删除不重要的相关变量来削弱多重相关性的影响。

首先，计算出所有变量的方差膨胀因子；然后以方差膨胀因子 $VIF_j=10$ 为阈值，删除超过该阈值，且 VIF_j 为最大的变量；再重新计算新的数据矩阵的方差膨胀因子，重复上面的过程，直到消除多重相关性，使得 $VIF_j<10$ 为止。

需要说明的是，在删除变量的过程中，需要充分考虑变量在生产工艺中的重要性，即要在遵守规则和变量重要性之间找到平衡点。针对这种情况，可以考虑采用变量转换的方式来削弱多重相关性的影响。例如，可以用各个变量的一阶差分来建立模型。有些时候，虽然两个变量是高度相关的，但它们各自的一阶差分值的相关性会大大减弱。

（3）主成分分析。主成分分析的过程实质上是对原始坐标系进行平移和旋转变换，使得新坐标系的原点与样本点的重心重合，新坐标系的第 1 主轴与数据变异最大的方向对应，第 2 主轴与第 1 主轴正交，并且对应于数据变异的第 2 大方向……，依次类推。由于提取出的主成分是相互垂直的，所以主成分之间的相关系数都为 0。由此可以推断出：主成分之间是不存在多重相关性的。因此，可以利用经过主成分处理后的数据来进行后续建模分析和 T^2 统计量的计算。关于主成分分析的原理及计算步骤详见第 5 章的内容。

6.4 变量的自相关性

在上一节中，多重相关性主要是指数据矩阵的各变量之间的相关关系，而本节所要讨论的是：针对同一个变量，其前后观测值之间的相关关系。首先分析自相关性产生的原因，并说明自相关性对 T^2 统计量的影响，然后给出检验自相关性的常用方法，在此基础上列举几种解决自相关性的措施。

6.4.1 自相关性的数学描述

某一随机变量 X 按照时间顺序，依次产生了一系列的观测值 x_1，x_2，…，x_n，用 x_t 表示时刻 t 的观测值，$t=1$，2，…，n，所获得的观测值 x_1，x_2，…，x_n 即为时间序列数据。变量 X 的自相关性是指变量 X 在时刻 t 的观测值 x_t 与前一个观测值 x_{t-1}，或与前多个观测值 x_{t-1}，x_{t-2}，…，x_{t-m}有关，就称变量 X 存在自相关性，称时间序列数据 x_1，x_2，…，x_n 为自相关数据，写成表达式有如下定义。

当变量 X 当前时刻的观测值只与前一时刻的观测值有关时，即

$$x_t=f(x_{t-1})+\text{随机误差} \tag{6-9}$$

就称变量 X 具有一阶自相关性，式（6－9）称为变量 X 的一阶线性自回归模型，简记为 AR(1)。

当变量 X 当前时刻的观测值与前 m 个时刻的观测值有关时，即

$$x_t=f(x_{t-1},x_{t-2},\cdots,x_{t-m})+\text{随机误差} \tag{6-10}$$

就称变量 X 具有 m 阶自相关性，式（6－10）称为变量 X 的 m 阶线性自回归模型，简记为 AR(m)。

在实际应用中，自相关问题常见的形式是线性自相关性。因此，式（6－9）和式（6－10）可以转换为式（6－11）和式（6－12）的形式：

$$x_t=\beta_0+\beta_1x_{t-1}+\text{随机误差} \tag{6-11}$$

$$x_t = \beta_0 + \beta_1 x_{t-1} + \beta_2 x_{t-2} + \cdots + \beta_m x_{t-m} + \text{随机误差} \tag{6-12}$$

其中，β_0 为线性自回归模型的常数项，$\beta_i(i = 1,2,\cdots,m)$ 为线性自回归模型的回归系数。

需要说明的是，$AR(m)$ 通常是指形如 $x_t = \beta_0 + \beta_1 x_{t-1} + \beta_2 x_{t-2} + \cdots + \beta_m x_{t-m}$ 的线性回归模型，其中 x_t 为因变量，x_i 为自变量，m 为模型的阶数。对于式（6－11）和式（6－12）而言，把时间序列的滞后项作为自变量，当前时刻值作为因变量，是"用自己的过去来预测自己的现在"，可看作是线性回归模型的一种特殊形式，通常称为线性自回归模型。

对于非线性问题，可以利用非线性自回归模型来进行建模分析。典型的非线性自回归模型包括：门限自回归模型（TAR）、指数自回归模型（EXPAR）和双线性模型（BL）等。

6.4.1.1　门限自回归模型

若时间序列数据 $\{x_t\}(t = 1,2,\cdots,n)$ 满足式（6－13），则称其为 k 段门限自回归模型，记为 $TAR(d, k, m_1, m_2, \cdots, m_k)$。

$$x_t = \beta_{j0} + \sum_{i=1}^{m_j} \beta_{ji} x_{t-i} + \text{随机误差}, \quad r_{j-1} < x_{t-d} < r_j \tag{6-13}$$

其中，d 为延迟步数，x_{t-d}为门限变量，$r_j(j = 1,2,\cdots,k)$ 为门限值，且 $-\infty = r_0 < r_1 < \cdots < r_k = \infty$。事实上，TAR 模型是通过建立分段线性自回归模型的方法来处理非线性问题。

6.4.1.2　指数自回归模型

若时间序列数据 $\{x_t\}(t = 1,2,\cdots,n)$ 满足式（6－14），则称其为 m 阶指数自回归模型，记为 $EXPAR(m)$。

$$x_t = \sum_{i=1}^{m} (\beta_i + \alpha_i e^{-\gamma x_{t-1}^2}) x_{t-i} + \text{随机误差} \tag{6-14}$$

其中，α_i、β_i、γ 都是常数。$EXPAR(m)$ 模型通过引入指数变换来逼近非线性问题。

6.4.1.3　双线性模型

若时间序列数据 $\{x_t\}(t = 1,2,\cdots,n)$ 满足式（6－15），则称其为双线性自回归模型，记为 $BL(p,q,P,Q)$。

$$x_t = \sum_{i=1}^{p} \alpha_i x_{t-i} + \sum_{j=1}^{q} \beta_j \varepsilon_{t-j} + \sum_{k=1}^{P} \sum_{l=1}^{Q} \gamma_{kl} x_{t-k} \varepsilon_{t-l} + \varepsilon_t \tag{6-15}$$

其中，ε_t 独立同分布，且 $\varepsilon_t \sim N(0,\sigma^2)$，可理解为随机误差；$\alpha_i$、$\beta_i$、$\gamma_{kl}$都是常数。当时间序列数据 $\{x_t\}$ 为常数时，BL 模型关于 $\{\varepsilon_t\}$ 呈线性；反之，当 $\{\varepsilon_t\}$ 为常数时，BL 模型关于 $\{x_t\}$ 呈线性。由此该模型得名为"双线性"。BL 模型是线性模型的直接推广，通过两个线性模型的耦合来逼近非线性问题。

6.4.2　自相关性产生的原因

在冶金生产过程中，很容易产生自相关数据，主要有如下两种原因：

（1）设备的持续磨损、设备所处的环境以及某些关键部件的损耗，导致所测量的变量随着时间而变化，从而使其观测值存在自相关性，如轧辊的磨损，转炉炉衬的侵蚀等。

（2）变量的自相关性可能是由变量与隐含变量间存在相关性导致的，所谓隐含变量是指不可观测的中间变量。如果变量与隐含变量存在高度相关性，当变量变化时，隐含变量也随之改变。由于隐含变量是不可测的变量，不会同一时刻立即改变变量值，但在下一时刻（或下一段时间）内会影响可测变量的值。这时变量同样存在时间的相关性，即一个变量改变时会影响到该变量后续的观测值。例如，热轧板带心部的温降与板带表面温度有关，而表面温度的温降与表面热传导效率有关。通常热传导效率是一个复杂的隐含变量，而板带心部温度和表面温度均受热传导效率的影响。

变量的自相关性主要有下面两种常见的表现形式：

（1）变量观测值的一致衰减或增加。此种形式发生在变量的当前观测值与上一批次观测值相关的情况。例如：在冶金生产过程中，冷却设备就是以这种形式工作的。设备热量的传递是与其热传递系数有关的，热传递系数越大，热传递效果越好，反之，越差。在冷却设备的使用周期中，由于设备管路受水垢的影响或其他不可观测的原因导致系统的传递受阻，使得热传递系数发生了变化。当传递系数过小时，就需要关闭系统并清洁设备，这意味着冷却设备的一个工作周期的完成。如图 6－2 所示为一个逐渐衰减的过程，而图 6－3则是冷却设备的多个寿命周期内的热传递系数的变化情况，时间（采样序号）从 1052 到 1082 表现为一个周期内的衰减情况。

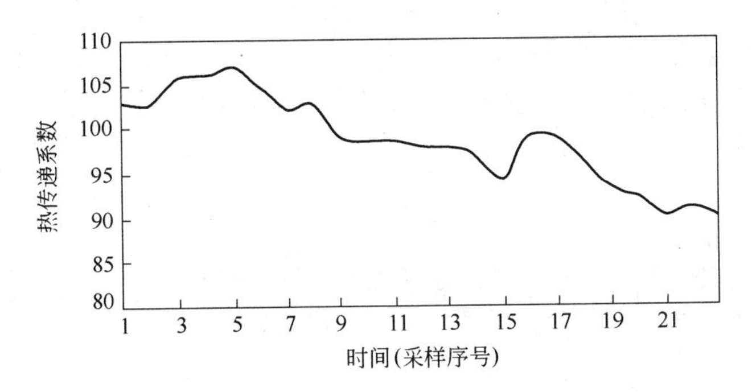

图 6－2　一个周期内热传递系数的变化情况

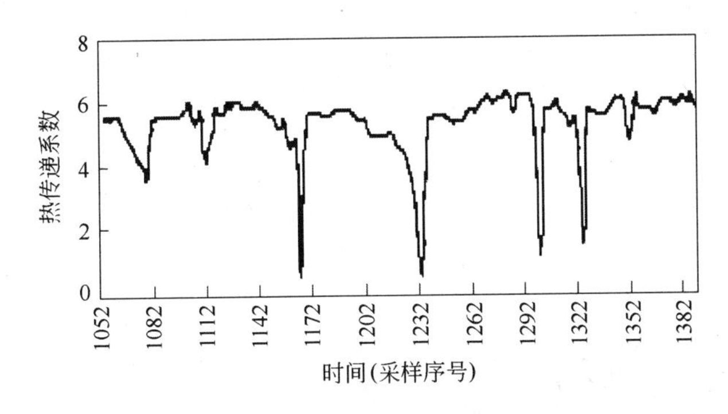

图 6－3　多个周期内热传递系数的变化情况

（2）变量观测值的阶段性衰减或增加，即变量观测值的衰减或增加是以几个阶段的形式进行的，当前阶段的变量观测值依赖于前一阶段的观测值。如图 6－4 所示，第 2 阶段的均值比较稳定，是在第 1 阶段的基础上进行了整体的提升。这种现象常出现在设备维修或更换后，这时设备的状态发生了变化。

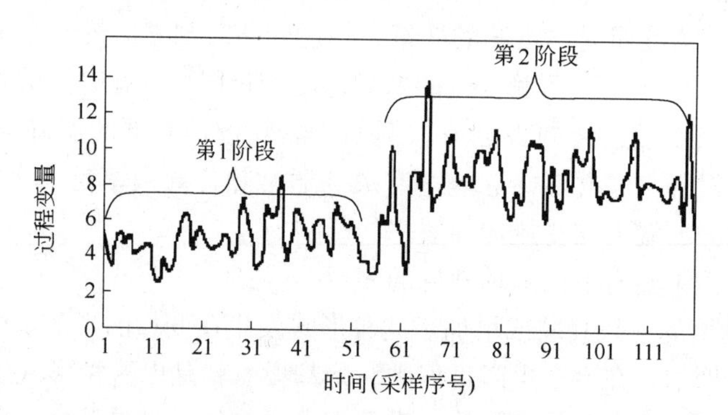

图 6－4　过程变量随时间发生阶段性增加

6.4.3　自相关性的影响

与多重相关性一样，变量的自相关性对 T^2 统计量的计算也有较大的影响。下面将以二元变量 $\boldsymbol{X}=(X_1,X_2)^{\mathrm{T}}$ 的形式来说明变量的自相关对 T^2 统计量的影响。

假设变量 X_1 不存在自相关性，对其进行观测得到如图 6－5 所示的时序图。同样，变量 X_2 也不存在自相关性，对其进行观测可得到如图 6－6 所示的时序图。在图中的时间范围内，变量 X_1 和 X_2 的观测值在均值附近都是随机波动，没有表现出时间相关性。

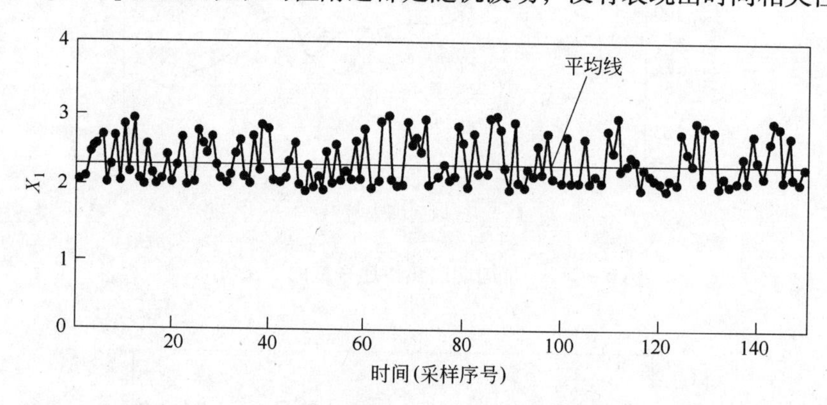

图 6－5　无自相关时变量 X_1 的时序图

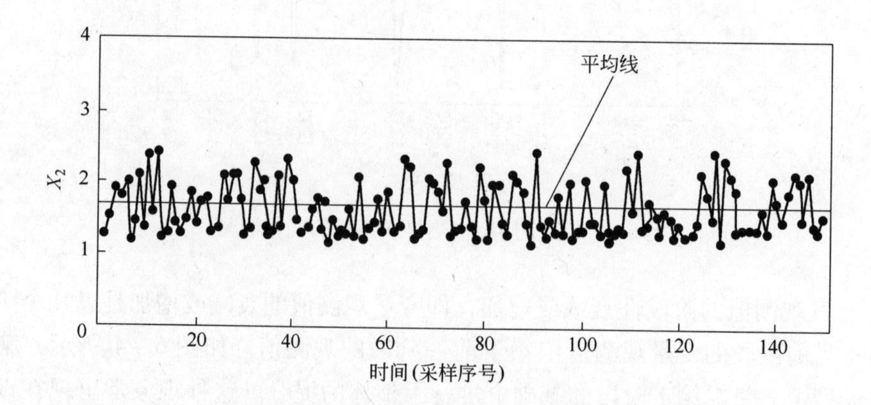

图 6－6　无自相关时变量 X_2 的时序图

通过 T^2 统计量的计算公式 $T_t^2=(\boldsymbol{x}_{(t)}-\bar{\boldsymbol{x}})^{\mathrm{T}}\boldsymbol{S}^{-1}(\boldsymbol{x}_{(t)}-\bar{\boldsymbol{x}})$，可以得到在 t 时刻的观测值 $\boldsymbol{x}_{(t)}=(x_{t1},\ x_{t2})^{\mathrm{T}}$ 所对应的 T^2 统计量 T_t^2，并绘制出 T^2 控制图，如图 6－7 所示。除了出现一个异常点以外，T^2 控制图中仅出现了一些随机波动，且 T^2 值接近零，表明该过程的变量 $\boldsymbol{X}=(X_1,\ X_2)^{\mathrm{T}}$ 的观测值维持在历史数据集平均值的附近。

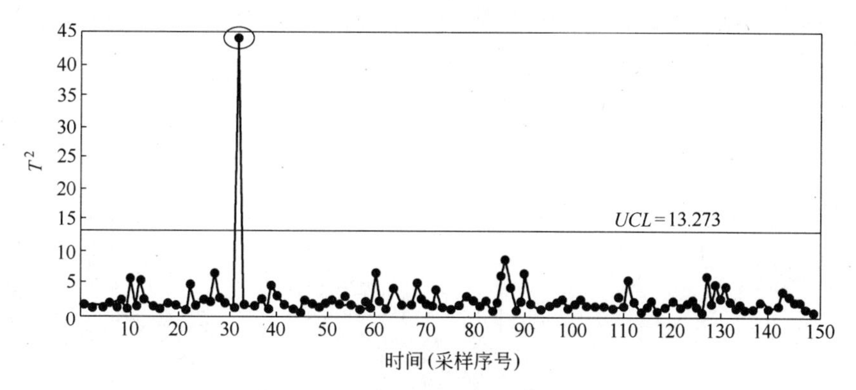

图 6－7 无自相关性时的 T^2 控制图

为进行对比分析，现假设二元变量 $\boldsymbol{X}=(X_1,\ X_2)^{\mathrm{T}}$ 的两个变量 X_1 和 X_2 都存在自相关性，并对其进行观测。如图 6－8 和图 6－9 所示为两个变量观测值的时序图，包括相应的平均线。从图中可以看出，变量 X_1 的观测值出现了上升的趋势，而变量 X_2 出现了一定的下降趋势，说明变量 X_1 和 X_2 存在一定的自相关性。

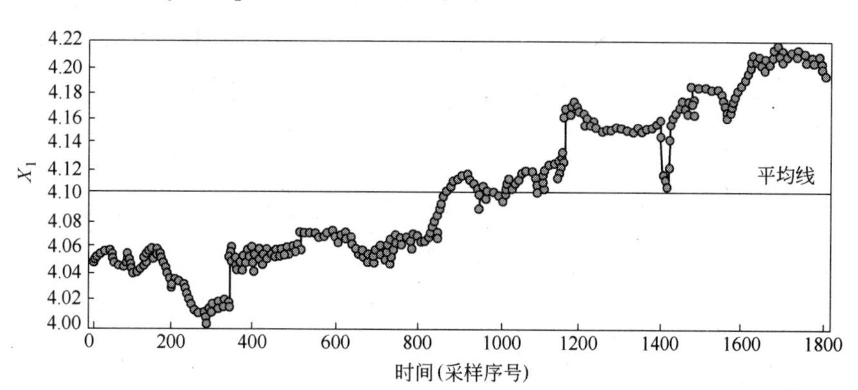

图 6－8 存在自相关性时变量 X_1 的时序图

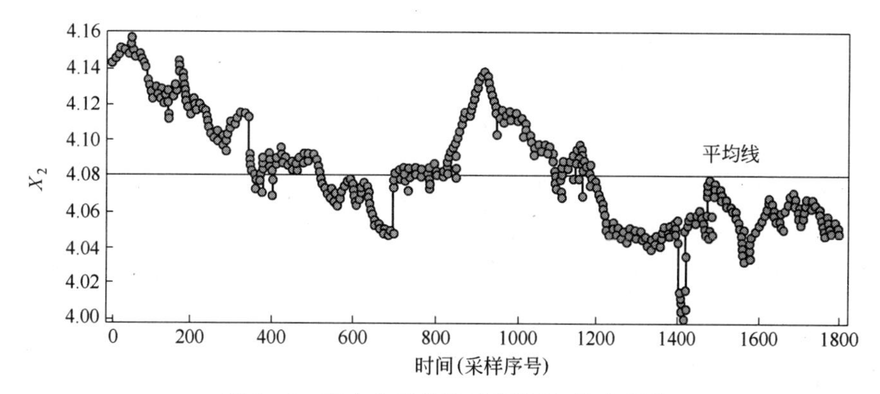

图 6－9 存在自相关性时变量 X_2 的时序图

同样，绘制出二元变量 $\boldsymbol{X}=(X_1, X_2)^{\mathrm{T}}$ 的 T^2 控制图，如图 6－10 所示。从图中可以看出，在给定的时间范围内，虽然所有数据点都没有超过控制限，但 T^2 值出现了较大的波动，而且大部分 T^2 值都远离 0，这与图 6－7 中无自相关性时的 T^2 控制图的趋势形成了鲜明对比。从图 6－10 中可以很明显地看到：T^2 值以一种近似“U 型”的模式来排列，按照第 4 章介绍的内容，这是一种非随机排列模式。因此，需要进一步找到出现这种非随机模式的原因。

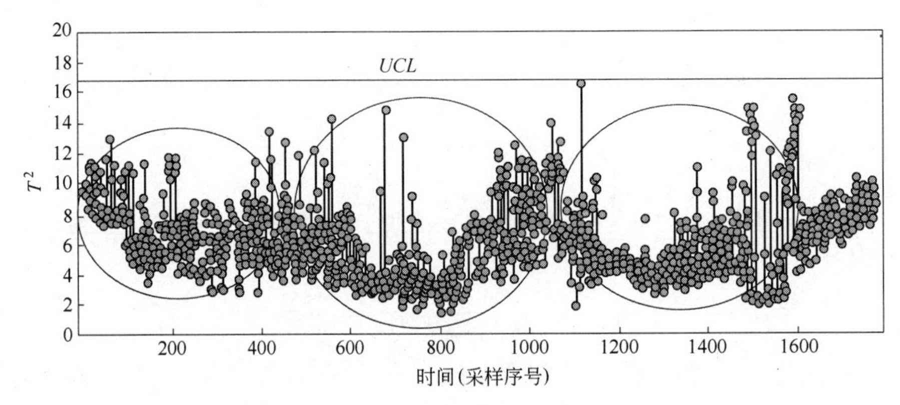

图 6－10　存在自相关性时的 T^2 控制图

从公式 $T_t^2=(\boldsymbol{x}_{(t)}-\overline{\boldsymbol{x}})^{\mathrm{T}}\boldsymbol{S}^{-1}(\boldsymbol{x}_{(t)}-\overline{\boldsymbol{x}})$ 中可知，T^2 是一个平方统计量，当变量观测值离开均值较远时，将其平方后就会产生较大的 T^2 值；若变量观测值越接近均值，则 T^2 值就会越小，由此产生了如上所述的“U 型”模式。

从上面的分析中可以知道，变量的自相关性会使变量的观测值产生某些特殊的变化趋势，如：一致衰减或增加。若不及时纠正这种变化趋势，则会转换成 T^2 控制图中的某种系统模式，进而被误认为这是一种异常波动。综上所述，变量的自相关性会增加 T^2 统计量的变化，这种附加的变化会阻碍对过程异常波动的检测，并影响 T^2 统计量对微小过程波动的灵敏性。因此，必须对变量的自相性进行准确的检验、分析和消除。

6.4.4　自相关性的检验方法

变量的自相关性的检验主要有两种方法，即图示法和自相关系数法，下面将分别详细阐述每种方法的基本原理及计算步骤。

6.4.4.1　图示法

对于某个变量 $X_j(j=1,2,\cdots,p)$ 的观测值 $x_{tj}(t=1,2,\cdots,n)$，可以通过绘制单个变量的时间序列图来判断其是否存在自相关性。以时间序列 t 为横轴，以观测值 x_{tj} 为纵轴，将数据点（t，x_{tj}）绘制在坐标系中，如图 6－11 所示。如果变量 X_j 随时间 t 的变化呈现有规律的变动，则说明变量 X_j 存在自相关性。

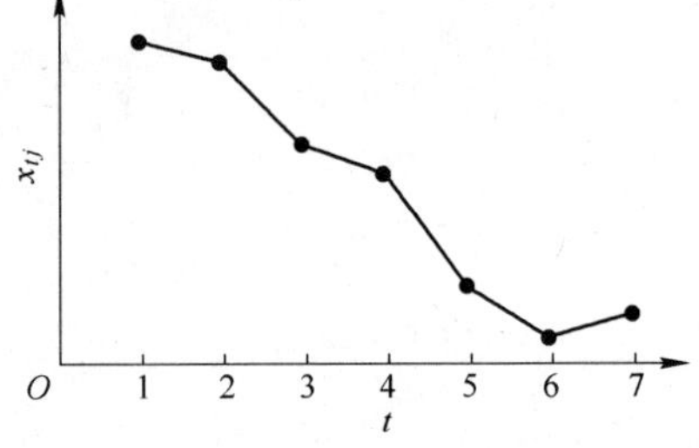

图 6－11　单个变量的时间序列图

还有另外一种图示法是通过绘制二维散点图来判断变量 X_j 的自相关性。以 $x_{(t-1)j}$ 为横轴，x_{tj} 为纵轴，

将实测值 $(x_{(t-1)j}, x_{tj})$ 绘制在坐标系中，如图 6－12 所示。如果二维散点图的数据点近似呈一条直线分布，就说明变量 X_j 存在自相关性。

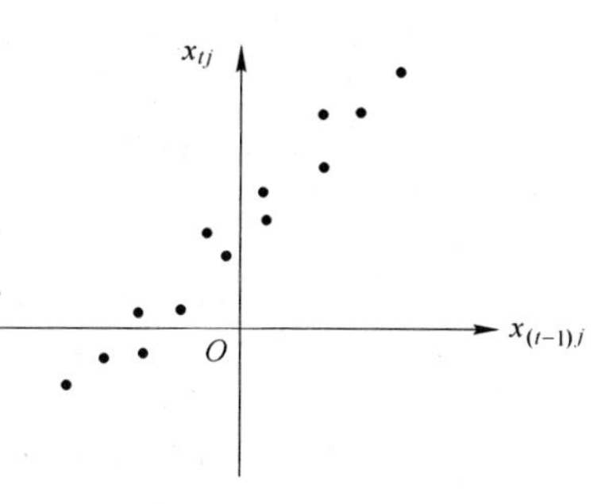

图 6－12 二维散点图

6.4.4.2 自相关系数法

诊断变量自相关性的方法可以通过计算变量观测值的自相关系数来判断。自相关系数是指变量 X_j 的观测值和滞后 $k(k < n)$ 个时间单位的观测值之间的相关系数，用 r_k 来表示，具体计算公式如下

$$r_k = \frac{\frac{1}{n-k}\sum_{t=1}^{n-k}(x_{tj} - \bar{x}_j)(x_{(t+k)j} - \bar{x}_j)}{\frac{1}{n}\sum_{t=1}^{n}(x_{tj} - \bar{x}_j)^2} \tag{6-16}$$

式中，n 为样本点（观测值）的个数，$\bar{x}_j$ 为变量 X_j 的样本均值，且 $\bar{x}_j = \frac{1}{n}\sum_{i=1}^{n} x_{ij}$。可以根据 r_k 的值来分析变量 X_j 的自相关性：如果滞后 k 个时间单位的自相关系数的绝对值较大，则可以认为变量 X_j 到该滞后点都具有较强的自相关性，可将变量 X_j 的数据关系称为 k 阶自回归关系，其自回归模型为 k 阶线性自回归模型，记为 AR(k)。如果滞后 k 个时间单位的自相关系数的绝对值都较小，说明变量的观测值的自相关性很弱或不存在自相关性。

通常，可以通过 r_k 与 k 值之间的关系图来形象地表示这种自相关性，并将 r_k 与 k 值之间的关系图称为相关图。表 6－1 给出了一台冷却设备热传递系数的 23 个观测值。利用式（6－16），可以计算出观测值滞后 1～7 个时间单位时的相关系数 r_k，其相关图如图 6－13 所示。从图中可以看出，当 $k=1$ 时，自相关系数 $r_1 = 0.8386$ 为最大值，因此，称冷却设备的热传递系数的自回归模型为一阶线性自回归模型，记为 AR(1)。

表 6－1 冷却设备的热传递系数

观测值编号	热传递系数	观测值编号	热传递系数
1	103	13	98
2	103	14	97
3	106	15	94
4	106	16	99
5	107	17	99
6	105	18	96
7	102	19	93
8	103	20	92
9	99	21	90
10	99	22	91
11	99	23	90
12	98		

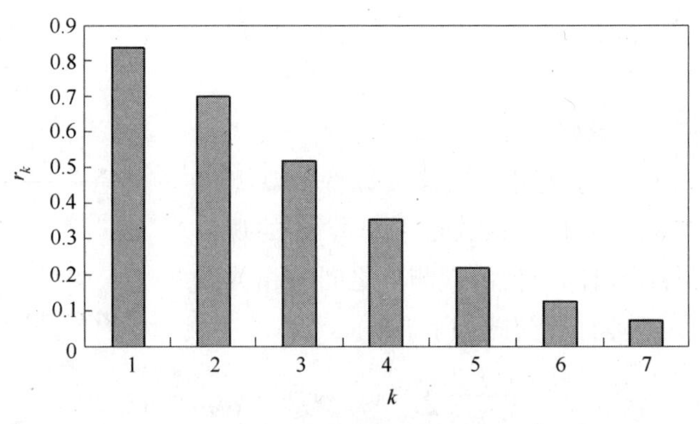

图 6－13　热传递系数的相关图

6.4.5　自相关性的解决方法

检验出哪些变量存在自相关性后，就需要采取相应方法来消除变量与时间之间的相关性，以削弱变量的自相关性对回归模型和 T^2 统计过程控制所带来的影响。下面以一阶自回归模型来讨论自相关性的解决方法。

当某个变量不存在自相关性时，其平均值发生变化的唯一原因是随机波动，如图 6－5 和图 6－6 中所给出的时序图。而对于存在自相关性的变量，其平均值的变化是由随机误差和时间效应造成的，即

$$x_{tj} - \bar{x}_j = \text{随机误差} + \text{时间效应} \tag{6-17}$$

为了准确地获得 T^2 统计量，必须将时间效应从观测数据中分离出来并删除，这样才能消除变量的自相关性对 T^2 统计量的影响。

假设变量 X_j 具有一阶自相关性，由定义可知，其自相关性可以通过一阶自回归模型进行解释

$$x_{tj} = \beta_0 + \beta_1 x_{(t-1)j} + \text{随机误差} \tag{6-18}$$

其中，β_0 和 β_1 是回归系数，x_{tj} 为当前的观测值，$x_{(t-1)j}$ 是前一时刻的观测值。在时刻 t，变量 X_{tj} 的期望为

$$E(x_{tj}) = \beta_0 + \beta_1 x_{(t-1)j} \tag{6-19}$$

通过式（6－18）和式（6－19），可以转换得到

$$x_{tj} - E(x_{tj}) = \text{随机误差} \tag{6-20}$$

由式（6－17）和式（6－20）的比较可知，通过式（6－20）消除了时间效应。为达到这个目的，则需要确定回归系数 β_0 和 β_1 的值以及 $E(x_{tj})$ 的值。其中，β_0 和 β_1 可以通过下面回归模型中的 b_0 和 b_1 来估计

$$x_{tj} = b_0 + b_1 x_{(t-1)j} + \text{回归残差} \tag{6-21}$$

式中，$t=2, 3, \cdots, n$。

此外，$E(x_{tj})$ 可以用 $\bar{x}_{j|t}$ 来估计，$\bar{x}_{j|t}$ 表示给定时刻 t 条件下的 x_{tj} 的样本均值，$\bar{x}_{j|t}$ 的计算式如下

$$\bar{x}_{j|t} = b_0 + b_1 x_{(t-1)j} \tag{6-22}$$

于是，可以通过下式来删除时间效应：

$$x_{tj} - \bar{x}_{j|t} = \text{回归残差} \tag{6-23}$$

结合 T^2 统计量的计算公式 $T_i^2 = (\boldsymbol{x}_{(i)} - \bar{\boldsymbol{x}})^{\mathrm{T}} \boldsymbol{S}^{-1} (\boldsymbol{x}_{(i)} - \bar{\boldsymbol{x}})$ 可以发现，变量的自相关性主要影响的是（$\boldsymbol{x}_{(i)} - \bar{\boldsymbol{x}}$）这一项，因此解决变量自相关性的核心关键是利用回归方程的估计方法来消除时间效应的影响，即用（$\boldsymbol{x}_{(t)} - \bar{\boldsymbol{x}}_t$）来代替（$\boldsymbol{x}_{(i)} - \bar{\boldsymbol{x}}$），具体计算步骤如下：

（1）根据每个变量的变化趋势建立自回归模型，为简便计算，通常可用一阶模型来逼近 $x_{tj} = b_0 + b_1 x_{(t-1)j}$。

（2）利用上述回归模型计算得到以时刻 t 为条件的样本均值，即 $\bar{x}_{j|t} = b_0 + b_1 x_{(t-1)j}$，以 $\bar{x}_{j|t}$ 来代替原来的样本均值 $\bar{x}_0$。

（3）T^2 统计量新的计算式为 $T_t^2 = (\boldsymbol{x}_{(t)} - \bar{\boldsymbol{x}}_t)^{\mathrm{T}} \boldsymbol{S}_t^{-1} (\boldsymbol{x}_{(t)} - \bar{\boldsymbol{x}}_t)$，其中 $\bar{\boldsymbol{x}}_t = (\bar{x}_{1|t}, \bar{x}_{2|t}, \cdots, \bar{x}_{p|t})^{\mathrm{T}}$ 表示以时刻 t 为条件时的样本均值，对应的协方差矩阵也需要调整为：$\boldsymbol{S}_t = \dfrac{1}{n-1}\sum_{t=1}^{n} (\boldsymbol{x}_{(t)} - \bar{\boldsymbol{x}}_t)(\boldsymbol{x}_{(t)} - \bar{\boldsymbol{x}}_t)^{\mathrm{T}}$。

下面通过工业生产实例来说明自相关的问题。对某反应器内的 4 个变量（供料 X_1、过程变量 X_2、过程变量 X_3 和温度 X_4）进行监控。在该反应器的一个寿命周期内共获得了 79 个观测值。现将时间加入其中，即把时间 t 也看作是一个变量，由此可以得到 5 个变量之间的相关系数矩阵，见表 6-2。

表 6-2　带时间变量的相关系数矩阵

变　量	时间 t	供料 X_1	过程变量 X_2	过程变量 X_3	温度 X_4
时间 t	1	0.037	0.880	0.843	0.691
供料 X_1	0.037	1	-0.230	-0.019	0.118
过程变量 X_2	0.880	-0.230	1	0.795	0.737
过程变量 X_3	0.843	-0.019	0.795	1	0.392
温度 X_4	0.691	0.118	0.737	0.392	1

6.4.5.1　自相关性的检验

从相关系数矩阵可以看到，供料 X_1 与时间的相关系数仅为 0.037，说明供料 X_1 的时间相关性非常弱。如图 6-14 所示为供料 X_1 的时序图，从图中可以看出供料 X_1 随时间呈一种随机变化的趋势，没有明显的系统变化规律。故通过供料 X_1 与时间的相关系数及其时序图可以判断供料 X_1 的观测值不存在自相关性。

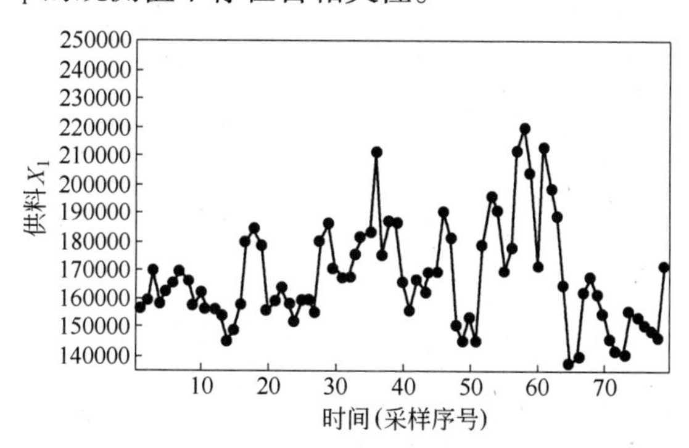

图 6-14　供料 X_1 的时序图

如图 6－15 所示，过程变量 X_2 随着时间的增加，呈现出系统增加的形式。计算 X_2 与时间的相关系数为 0.880，可以判断变量 X_2 的观测值存在自相关性。

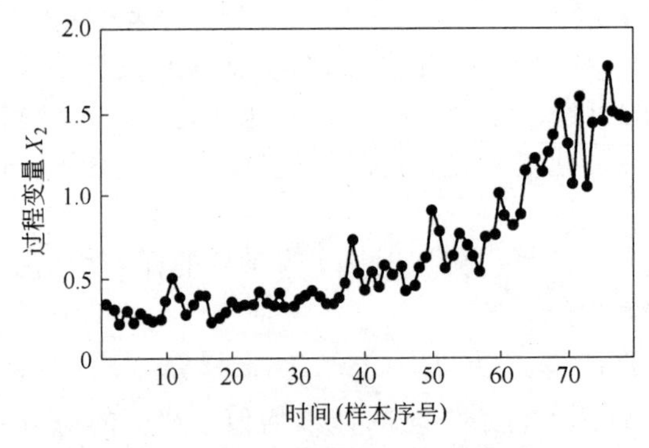

图 6－15　过程变量 X_2 的时序图

如图 6－16 所示，过程变量 X_3 随时间呈近似线性增加的形式，而 X_3 与时间的相关系数为 0.843，因此变量 X_3 的观测值存在自相关性。

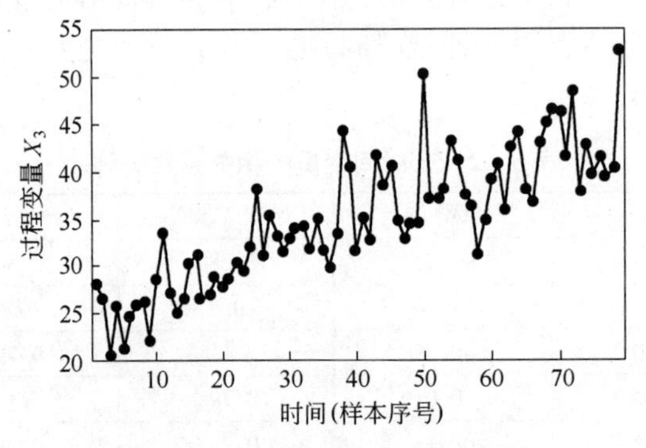

图 6－16　过程变量 X_3 的时序图

如图 6－17 所示，反应器温度随着时间慢慢升高，又从相关系数表中可知，温度与时间的相关系数为 0.691，因此温度的观测值也存在自相关性。

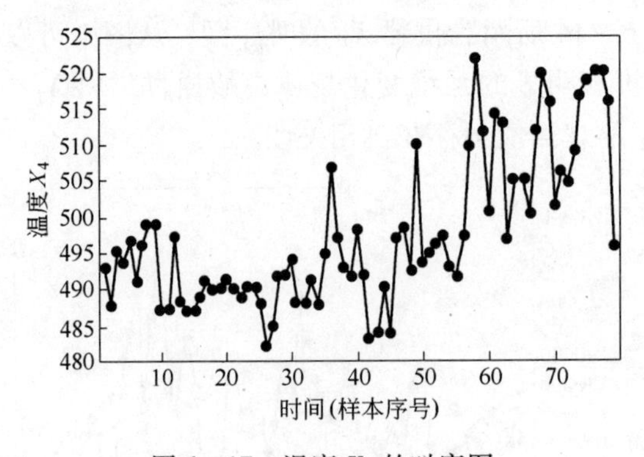

图 6－17　温度 X_4 的时序图

通过对上面 4 个变量时序图和相关系数矩阵的分析可知，除了供料 X_1 不具有时间自相关性外，过程变量 X_2、过程变量 X_3 和温度 X_4 各自都存在一定的自相关性。

6.4.5.2 自相关性的解决

图6-15显示了过程变量 X_2 存在自相关性，并且呈现出一种指数自回归关系，但为了简便起见，采用AR(1)模型来拟合 X_2，其一阶自回归模型如下

$$x_{2t} = 0.0434 + 0.954x_{2(t-1)} + \text{回归残差} \tag{6-24}$$

图6-16中显示过程变量 X_3 的时序图呈线性增加的形式，故可以用一阶自回归模型来拟合 X_3，其一阶自回归模型如下

$$x_{3t} = 7.860 + 0.781x_{3(t-1)} + \text{回归残差} \tag{6-25}$$

图6-17显示温度 X_4 的观测值也存在一定自相关性，采用一阶自回归模型对 X_4 拟合，其一阶自回归模型如下

$$x_{4t} = 117.334 + 0.764x_{4(t-1)} + \text{回归残差} \tag{6-26}$$

得到3个自相关变量 X_2、X_3、X_4 的自回归模型之后，可以利用公式 $\bar{x}_{j|t} = b_0 + b_1x_{j(t-1)}$ 来计算以时间 t 为条件的样本均值 $\bar{x}_{2|t}$，$\bar{x}_{3|t}$，$\bar{x}_{4|t}$。

$$\bar{x}_{2|t} = 0.0434 + 0.954x_{2(t-1)}$$
$$\bar{x}_{3|t} = 7.860 + 0.781x_{3(t-1)}$$
$$\bar{x}_{4|t} = 117.334 + 0.764x_{4(t-1)}$$

由于供料 X_1 不存在自相关性，故 $\bar{x}_{1|t} = \bar{x}_1$，故 $\bar{\boldsymbol{x}}_t = (\bar{x}_1, \bar{x}_{2|t}, \bar{x}_{3|t}, \bar{x}_{4|t})^{\mathrm{T}}$，则调整后的样本协方差矩阵为

$$\boldsymbol{S}_t = \frac{1}{n-1}\sum_{t=1}^{n}(\boldsymbol{x}_{(t)} - \bar{\boldsymbol{x}}_t)(\boldsymbol{x}_{(t)} - \bar{\boldsymbol{x}}_t)^{\mathrm{T}} \tag{6-27}$$

将调整后的协方差矩阵转换成为一个相关系数矩阵如表6-3所示，与表6-2中调整前的相关系数矩阵进行比较可以发现：四个变量与时间之间的相关性减弱了，同时，变量之间的相关性也减弱了，如温度 X_4 与过程变量 X_2 之间的相关系数由0.737减弱为-0.026，过程变量 X_2 和 X_3 之间的相关系数由0.795减弱为0.586，说明 X_4 与 X_2、X_2 与 X_3 之间的相关系数受时间效应的影响。

表6-3 调整后的相关系数矩阵

变量	时间 t	供料 X_1	过程变量 X_2	过程变量 X_3	温度 X_4
时间 t	1	0.037	0.184	0.322	0.238
供料 X_1	0.037	1	-0.069	0.001	0.203
过程变量 X_2	0.184	-0.069	1	0.586	-0.026
过程变量 X_3	0.322	0.001	0.586	1	-0.342
温度 X_4	0.238	0.203	-0.026	-0.342	1

在此基础上，可以用调整后的 T^2 统计量来进行分析。图6-18和图6-19分别表示是未消除时间效应的 T^2 控制图和已消除时间效应的 T^2 控制图。经过比较两幅图可以发现，在反应器寿命周期的开始阶段，消除时间效应的 T^2 值要比未消除时间效应的 T^2 值小。由此可见，经过上面的处理过程可以有效削弱自相关性对 T^2 统计量的影响。同时也说明，通过消除变量中的自相关性，提高了 T^2 统计图的灵敏度，有利于监测变量的细微变化。

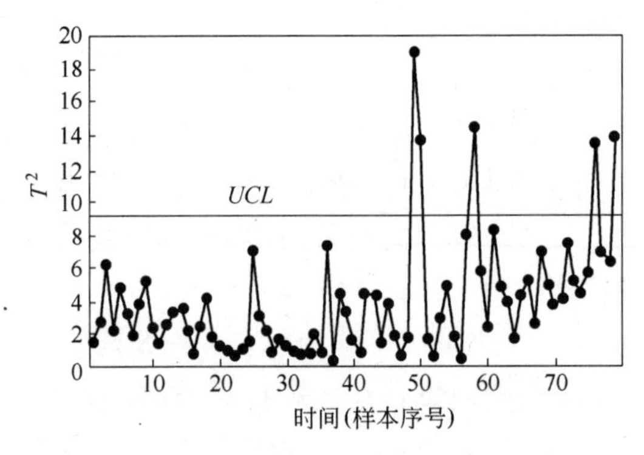

图 6－18　未消除时间效应的 T^2 控制图

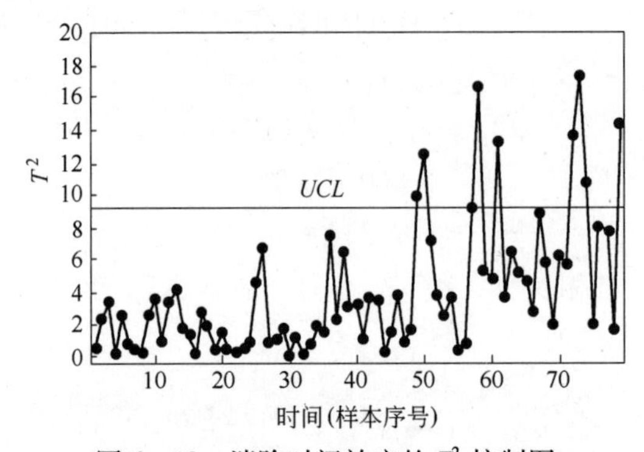

图 6－19　消除时间效应的 T^2 控制图

需要说明的是，在图 6－18 和图 6－19 中，可以看到在反应器寿命周期结束的时间段，两幅图中的 T^2 值有多个点超过控制上限，但这并不是由变量的自相关性引起的，而是因为反应器在后期的性能变得越来越差所引起的。

综上所述，变量的自相关性会对 T^2 统计过程控制产生影响，可以通过图示法和自相关系数法来检验变量是否存在自相关性，再通过回归方程的估计方法来消除时间效应的影响，最终利用消除自相关性的样本点来建立历史数据集。

6.5　删除异常点

6.5.1　异常点产生的原因

为了能够建立准确的历史数据集，需要对采集得到的数据进行异常点的识别，并剔除异常点。异常点通常指不符合数据集中统计规律的那些样本数据。主要是由于各种异常因素所导致的样本点的异常，如工艺参数设定不当、设备在异常工况下运行、环境突然改变、数据记录时人为错误等。

由于异常点的存在会导致总体的均值和协方差矩阵的样本参数估计产生偏差，进而导致质量监控过程的偏差。图 6－20 表示两个变量 X_1 和 X_2 初始数据集的散点图。图中黑色圆圈代表的是初始数据集中正常的样本点，A、B、C 三组样本点显示了三种类型的异常点，这些异常点的存在将导致这两个变量的方差估计值和这两个变量之间的协方差估计值产生偏差。如 A 组数据的存在导致两个变量的方差变大，但对它们之间的相关性不会产生大的影响；B 组数据的存在不仅会导致变量 X_2 的方差变大，还会扭曲变量 X_1 和 X_2 之间的相关性；C 组数据也是如此。因此，需要研究检验异常点的方法，并在此基础上剔除异常点。

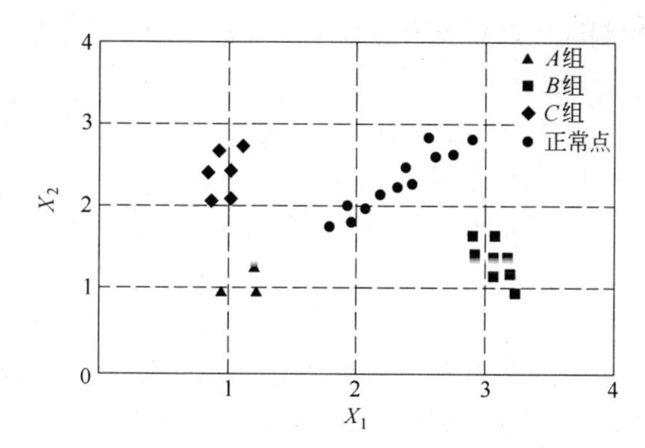

图 6－20　两个变量初始数据集的散点图

6.5.2　异常点的检验方法

异常点的检验方法分为单变量异常点检验和多变量异常点检验。其中，对于单变量异常点的检验，可以利用 4.2.5 小节中所介绍的单变量统计控制图的判异准则来进行异常点的检验。考虑到实际生产过程中，往往是多个变量的情况，因此本节将重点讨论多变量异常点的检验方法。

以二元变量 $\boldsymbol{X}=(X_1, X_2)^{\mathrm{T}}$ 为例，如图 6－21 所示，图中的矩形区域是分别通过变量 X_1 和变量 X_2 的单变量控制图的上下限来确定的二元变量控制区域，称之为休哈特控制区域。椭圆区域是通过 T^2 控制限确定的控制区域，称之为 T^2 控制区域。当两个变量 X_1 和 X_2 之间没有相关性时，椭圆区域将与图中的矩形区域重叠，这时通过休哈特控制区域来进行异常点检测是可行的。

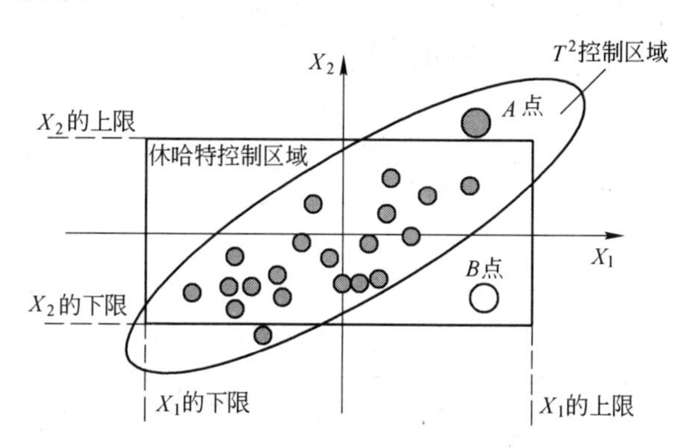

图 6－21　单变量休哈特控制区域和 T^2 控制区域

但在实际工业生产中，各变量之间通常都会存在某种程度的相关性，用休哈特控制区域来进行异常点的检测将变得不准确。如：图中 A 点位于矩形区域外，但位于椭圆区域内，采用休哈特控制区域（矩形区域）来判定，A 点为异常点；而采用 T^2 控制区域（椭圆区域）来判定，A 点为正常点。又如图中的 B 点，采用休哈特区域来判定，B 点为正常点，而采用 T^2 控制区域却判定为异常点。出现这种检测结果的差异是因为休哈特区域没有考虑到变量间的相关性，而 T^2 控制区域考虑了各变量间的相关性。因此当变量存在相关性时，利用 T^2 控制区域进行异常点的检测更为合理。

利用多变量的 T^2 控制区域进行异常点检测的关键是确定椭圆区域，即 T^2 统计量的控制限，它与下面两个重要参数有关。

（1）统计分布函数的选择。当样本容量较大时，使用 β 分布和 χ^2 分布均可；当样本容量较小，且总体均值和协方差未知时，宜采用 β 分布，这样对异常点的检验更严格。总体来说，χ^2 分布是在大样本情况下，针对多变量正态分布条件下给出的准确估计；而 β 分布是在未知数据集准确的均值和协方差参数估计情况下给出的 T^2 统计分布，因此其对异常点的检验更加严格。

（2）显著性水平的设定。α 表示显著性水平，同时也表示为犯第一类错误的概率，即：在过程正常的情况下，只是因为偶然因素或数据不完整等因素造成了数据点落在 T^2 控制区域外，导致误认为过程出现了异常的概率，也为正常点被判为异常点的概率，详细讨论请参阅 4.2.4 节的内容。$1-\alpha$ 表示数据点落在 T^2 控制区域的概率，也就是说 $1-\alpha$ 决定了 T^2 控制区域的大小，α 值越小，T^2 控制区域越大。

应注意：对于小样本情况，删除某些超差值会影响整个样本的均值和均方差，造成 T^2 的误判。关键是要搞清楚完整的可控区范围，这一点很重要，尤其是在产品的试制阶段，一定要摸清楚整个可控区范围。如图 6-22 所示，由于采样数据的局部性，可能会造成大量的质量误判，这一点特别是在新产品试制时一定要注意。工艺人员往往习惯于某个新产品试制成功后，在工艺参数的附近给出质量可控区范围，而实际的质量可控区需要更多的观测点才能给出完整的可控区范围。

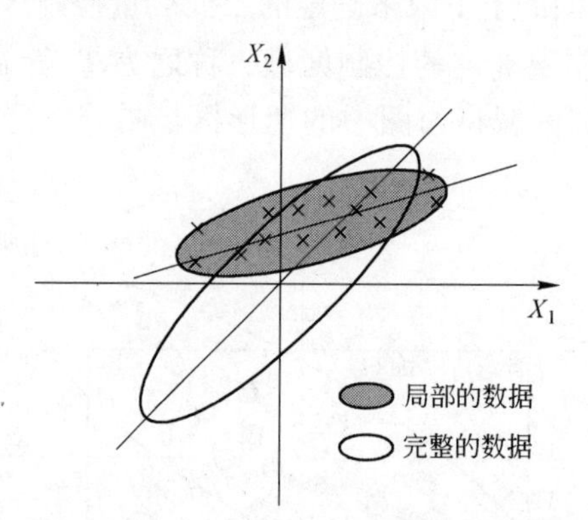

图 6-22　局部数据与完整数据可控区的比较

此外，在确定 α 时，还要注意到另一类参数 β（第二类错误的概率），即：在过程异常的情况下，将异常点判定为 T^2 可控区的概率，也就是异常点被判定为正常点的概率。α 和 β 是一对相关联的参数，α 增大，β 减少；α 减少，β 增大。应根据工艺参数的要求、质量判废以及质量索赔的经济损失等各种因素，设定合理的 α 值，以得到合理的 T^2 可控区域。不管哪种原因，在线质量检测时，修改 α 值均需要做慎重的考虑。

图 6-23 表示在给出两种情况下，确定 α 和 β 值的依据。对于第一种情况，不存在风险问题，因为扩大可控区并未包含质量异常点；对于第二种情况就比较复杂，扩大可控区

的范围后，虽然将部分可控点列入了正常范围，但也将异常点列入了可控区。这种情况下，就应该做出权衡，质量错判率（第二类错误估计）的增加会对企业产品信誉、经济损失等方面产生影响。

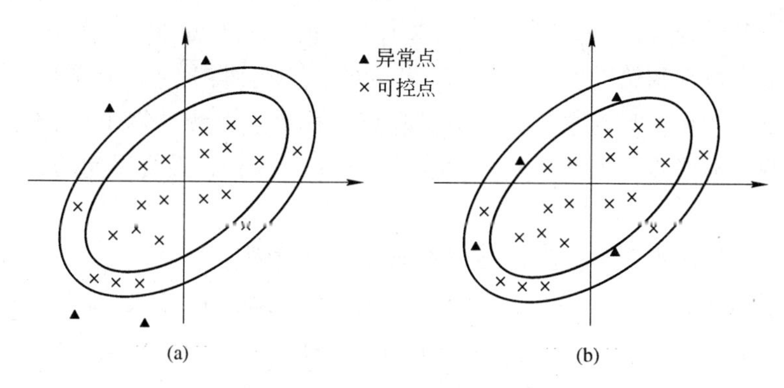

图 6－23 确定 α 和 β 值的依据

（a）第一种情况；（b）第二种情况

另一个需要考虑的问题是：在多变量情况下，T^2 检测的 α 的选择比单变量 α 的选择更为复杂，它会同时影响到相关联的变量子集，使其也发生变化，如图 6－24 所示。

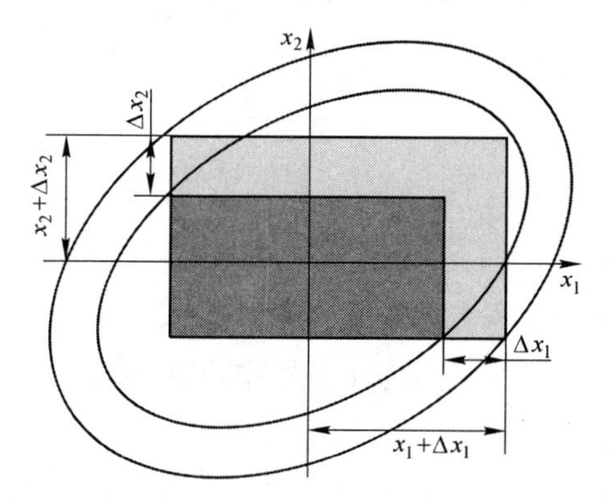

图 6－24 调整 X_2 时会同时造成 X_1 的范围变化

当 X_2 做小的调整时，造成了与 X_2 相关的 X_1 也随之改变，使得可控区的范围扩大，这会使得潜在的不合格产品被判为合格。

6.5.3 异常点的剔除方法

在实际工业现场，各变量之间一般都具有某种程度上的相关性，因而一般都通过计算 T^2 统计量及其控制限来进行异常点的剔除，也就是利用 T^2 控制区域进行异常点的剔除。下面分别对总体参数已知、总体参数未知和 T^2 统计量的分布未知这 3 种情况进行讨论。

6.5.3.1 样本服从正态分布，且总体参数已知的情况

对于多变量过程 $\boldsymbol{X}=(X_1, X_2, \cdots, X_p)^{\mathrm{T}}$，假设 $\boldsymbol{X}\sim N_p(\boldsymbol{\mu}, \boldsymbol{\Sigma})$，且总体的均值 $\boldsymbol{\mu}$ 和协方差矩阵 Σ 均已知。利用 T^2 控制图对每个样本点 $\boldsymbol{x}_{(i)}=(x_1, x_2, \cdots, x_p)^{\mathrm{T}}(i=1, 2, \cdots, n)$ 进行统计过程分析。

首先，计算出初始数据集的 T^2 统计量，然后在给定显著性水平 α 下，计算出 T^2 统计

量及其控制限 UCL，计算公式如下

$$T_i^2 = (\boldsymbol{x}_{(i)} - \boldsymbol{\mu})^{\mathrm{T}} \boldsymbol{\Sigma}^{-1} (\boldsymbol{x}_{(i)} - \boldsymbol{\mu}) \tag{6-28}$$

$$UCL = \chi_\alpha^2(p) \tag{6-29}$$

式中，p 为变量 $\boldsymbol{X}$ 的维数，$\chi_\alpha^2(p)$ 为显著性水平为 α 时，卡方分布 $\chi^2(p)$ 的上分位点。

若 $T_i^2 \leqslant UCL$，则保留第 i 个样本点；若 $T_i^2 > UCL$，则剔除掉第 i 个样本点。

剔除初始数据集中的异常点后，还需对剩余的样本点继续计算出 T^2 统计量，再重复上面的步骤来剔除异常点。如此反复，直至没有异常点为止，最终得到的数据集就是历史数据集。

6.5.3.2 样本服从正态分布，总体参数未知的情况

对于多变量过程 $\boldsymbol{X} = (X_1, X_2, \cdots, X_p)^{\mathrm{T}}$，假设 $\boldsymbol{X} \sim N_p(\boldsymbol{\mu}, \boldsymbol{\Sigma})$，即服从多变量正态分布，但均值 $\boldsymbol{\mu}$ 和协方差矩阵 $\boldsymbol{\Sigma}$ 均未知。利用 T^2 控制图对每个样本点 $\boldsymbol{x}_{(i)} = (x_1, x_2, \cdots, x_p)^{\mathrm{T}} (i = 1, 2, \cdots, n)$ 进行统计过程分析。根据3.2.5 节介绍，可以用样本的 $\bar{\boldsymbol{x}}$ 和 $\boldsymbol{S}$ 作为总体的 $\boldsymbol{\mu}$ 和 $\boldsymbol{\Sigma}$ 的估计量。

首先计算初始数据集的 T^2 统计量，然后在给定显著性水平 α 下，计算出 T^2 统计量及其控制限 UCL，计算公式如下

$$T_i^2 = (\boldsymbol{x}_{(i)} - \bar{\boldsymbol{x}})^{\mathrm{T}} \boldsymbol{S}^{-1} (\boldsymbol{x}_{(i)} - \bar{\boldsymbol{x}}) \tag{6-30}$$

$$UCL = \frac{(n-1)^2}{n} \beta_\alpha\left(\frac{p}{2}, \frac{n-p-1}{2}\right) \tag{6-31}$$

式中，n 为初始数据集的样本点个数，p 为变量的个数，$\beta_\alpha\left(\frac{p}{2}, \frac{n-p-1}{2}\right)$ 表示显著性水平为 α 时，β 分布的上分位点。

若 $T_i^2 \leqslant UCL$，说明第 i 个样本点在控制区域内，属于正常样本点，则保留第 i 个样本点作为历史数据集；若 $T_i^2 > UCL$，说明第 i 个样本点在控制区域外，属于异常样本点，则需要剔除掉第 i 个样本点。

剔除初始数据集所有的异常点后，还需进行后续的筛选，即对剩余的样本点，分别计算出均值 $\boldsymbol{\mu}$ 和协方差矩阵 $\boldsymbol{\Sigma}$ 的新估计量、T^2 统计量及其控制限 UCL，再重复上面的步骤剔除掉异常点。如此反复，直至没有异常点为止。

下面通过一组锅炉温度数据来对异常点的剔除过程做相关说明。

表 6 - 4 是采集到的锅炉温度的 25 个样本点，每个样本点由 8 个变量来表示，即 t_1，t_2，…，t_8。对锅炉的温度进行控制，期望能够检测出温度是否发生显著偏离以及各控制变量之间是否发生显著的变化。通过 Jarque - Bera 检验理论发现，这 8 个变量服从多元正态分布，故可采用总体参数未知的异常点剔除方法进行数据筛选，具体过程如下。

表 6 - 4 锅炉温度数据 （℃）

观测值编号	t_1	t_2	t_3	t_4	t_5	t_6	t_7	t_8
1	507	516	527	516	499	512	472	477
2	512	513	533	518	502	510	476	475
3	520	512	537	518	503	512	480	477
4	520	514	538	516	504	517	480	479

续表 6－4

观测值编号	t_1	t_2	t_3	t_4	t_5	t_6	t_7	t_8
5	530	515	542	525	504	512	481	477
6	528	516	541	524	505	514	482	480
7	522	513	537	518	503	512	479	477
8	527	509	537	521	504	508	478	472
9	533	514	528	529	508	512	482	477
10	530	512	538	524	507	512	482	477
11	530	512	541	525	507	511	482	476
12	527	513	541	523	506	512	481	476
13	529	514	542	525	506	512	481	477
14	522	509	539	518	501	510	476	475
15	532	515	545	528	507	511	481	478
16	531	514	543	525	507	511	482	477
17	535	514	542	530	509	511	483	477
18	516	515	537	515	501	516	476	481
19	514	510	532	512	497	512	471	476
20	536	512	540	526	509	512	482	477
21	522	514	540	518	497	514	475	478
22	520	514	540	518	501	514	475	478
23	526	517	546	522	502	516	477	480
24	527	514	543	523	502	512	475	476
25	529	518	544	525	504	516	479	481

A　第一次数据筛选

利用表 6－4 的数据，计算出 8 个变量的样本均值为 $\bar{\boldsymbol{t}}=(525,\ 513.56,\ 538.92,\ 521.68,\ 503.8,\ 512.44,\ 478.72,\ 477.24)^{\mathrm{T}}$，协方差矩阵 $\boldsymbol{S}$ 如表 6－5 所示，相关系数矩阵 $\boldsymbol{R}$ 如表 6－6 所示。利用公式（6－30）计算出 25 个样本点的 T^2 统计量，结果见表 6－7。在给定显著性水平 $\alpha=0.001$ 时，查 β 分布表得到 $\beta_{0.001}(4,\ 8)=0.7559$，利用公式（6－31）计算得 T^2 统计量的控制上限 $UCL=17.416$。第 9 个观测值的 T^2 值为 17.58，超出了控制限 UCL，判断该样本点为异常点。因此，将该样本点从初始数据集中剔除。

表 6－5　锅炉温度数据的协方差矩阵 $\boldsymbol{S}$

变　量	t_1	t_2	t_3	t_4	t_5	t_6	t_7	t_8
t_1	54.000	0.958	**20.583**	31.292	20.333	－2.292	20.375	0.208
t_2	0.958	4.840	2.963	2.687	0.325	3.077	0.705	3.443
t_3	**20.583**	2.963	22.993	10.057	4.983	2.037	6.477	2.770
t_4	31.292	2.687	10.057	22.310	13.558	－2.270	12.698	0.163
t_5	20.333	0.325	4.983	13.558	11.417	－1.658	10.650	－0.283
t_6	－2.292	3.077	2.037	－2.270	－1.658	4.507	－0.747	3.723
t_7	20.375	0.705	6.477	12.698	10.650	－0.747	11.627	0.528
t_8	0.208	3.443	2.770	0.163	－0.283	3.723	0.528	3.857

表 6 – 6　锅炉温度数据的相关系数矩阵 R

变　量	t_1	t_2	t_3	t_4	t_5	t_6	t_7	t_8
t_1	1	**0.059**	0.584	0.901	0.819	-0.147	0.813	0.014
t_2	0.059	1	0.281	0.258	0.044	0.659	0.094	0.797
t_3	**0.584**	0.281	1	0.444	0.308	0.200	0.396	0.294
t_4	0.901	0.258	0.444	1	0.846	-0.226	0.788	0.018
t_5	0.819	0.044	0.308	0.849	1	-0.231	0.924	-0.043
t_6	-0.147	0.659	0.200	-0.226	-0.231	1	-0.103	0.893
t_7	0.813	0.094	0.396	0.788	0.924	-0.103	1	0.079
t_8	0.014	0.797	0.294	0.018	-0.043	0.893	0.079	1

表 6 – 7　进行第一次筛选的 T^2 值（$\alpha = 0.001$，$UCL = 17.416$）

观测值编号	T^2 值	观测值编号	T^2 值
1	13.96	14	9.55
2	9.78	15	7.07
3	5.47	16	6.52
4	14.74	17	4.77
5	6.58	18	8.74
6	5.31	19	9.84
7	7.89	20	8.64
8	9.78	21	12.58
9	**17.58** *	22	2.79
10	2.79	23	6.09
11	3.29	24	7.98
12	3.63	25	5.32
13	1.32		

注：* 表示异常点。

B　第二次数据筛选

利用剩余的 24 个样本点，计算出均值 $\boldsymbol{\mu}$ 和协方差矩阵 $\boldsymbol{\Sigma}$ 新的估计量、新的协方差矩阵、新的相关系数矩阵、剩余点的 T^2 统计量及其控制限 UCL。新的协方差矩阵 $\boldsymbol{S}$ 如表 6 – 8所示，新的相关系数矩阵 $\boldsymbol{R}$ 如表 6 – 9 所示。与表 6 – 6 相比较，可以发现剔除第 9 个样本点后，变量 t_1 和 t_3 之间的相关系数从原来的 0.584 上升到了 0.807。这说明当样本数目较少的情况下（$n = 25$），一个异常点的存在会直接影响到变量之间的相关性。需要说明的是，在相关系数矩阵中的这种变化，在协方差矩阵中也同样存在。

表 6 – 8　第二次筛选后的协方差矩阵 S

变　量	t_1	t_2	t_3	t_4	t_5	t_6	t_7	t_8
t_1	53.449	0.841	**25.435**	30.000	19.696	-2.232	20.072	0.304
t_2	0.841	5.042	3.310	2.658	0.255	3.219	0.670	3.598
t_3	**25.435**	3.310	18.592	14.114	7.277	1.908	8.380	2.772

续表 6－8

变　量	t_1	t_2	t_3	t_4	t_5	t_6	t_7	t_8
t_4	30.000	2.658	14.114	20.853	12.755	－2.223	12.163	0.250
t_5	19.696	0.255	7.277	12.755	11.114	－1.647	10.489	－0.250
t_6	－2.232	3.219	1.908	－2.223	－1.647	4.694	－0.714	3.880
t_7	20.072	0.670	8.380	12.163	10.489	－0.714	11.645	0.587
t_8	0.304	3.598	2.772	0.250	－0.250	3.880	0.587	4.022

表 6－9　第二次筛选后的相关系数矩阵 *R*

变　量	t_1	t_2	t_3	t_4	t_5	t_6	t_7	t_8
t_1	1	0.051	**0.807**	0.899	0.808	－0.141	0.805	0.021
t_2	0.051	1	0.342	0.259	0.034	0.662	0.087	0.799
t_3	**0.807**	0.342	1	0.717	0.506	0.204	0.569	0.320
t_4	0.899	0.259	0.717	1	0.838	－0.225	0.780	0.027
t_5	0.808	0.034	0.506	0.838	1	－0.228	0.922	－0.037
t_6	－0.141	0.662	0.204	－0.225	－0.228	1	－0.096	0.893
t_7	0.805	0.087	0.569	0.780	0.922	－0.096	1	0.086
t_8	0.014	0.797	0.294	0.018	－0.043	0.893	0.079	1

表6－10为新的 T^2 值，在给定显著性水平 $\alpha = 0.001$ 时，查 β 分布表得 $\beta_{0.001}(4, 7.5) = 0.7753$，利用公式（6－31）计算得 T^2 统计量的控制上限 $UCL = 17.08$。经过比较，所有样本点的 T^2 统计量均小于 UCL，即没有发现新的异常点。因此最后剩下的24个样本点可以作为历史数据集。

表 6－10　第二次筛选后的 T^2 值（$\alpha = 0.001$，$UCL = 17.08$）

观测值编号	T^2 值	观测值编号	T^2 值
1	16.07	14	9.84
2	9.62	15	7.55
3	5.41	16	7.49
4	14.09	17	6.62
5	6.56	18	8.75
6	5.43	19	9.66
7	7.89	20	10.62
8	9.34	21	12.62
10	5.26	22	3.26
11	3.21	23	6.79
12	3.53	24	7.76
13	1.22	25	5.44

6.5.3.3　T^2 统计量的分布未知的情况

T^2 统计量服从 β 分布或 χ^2 分布都是以变量服从多元正态分布为前提的，如果多变量不满足正态分布这一前提条件，则应当采用其他方法来确定 T^2 统计量的控制限，主要有如下三种方法：基于切比雪夫原理的方法，基于分位图的方法和基于核平滑的方法。具体的原理详见 5.2.2 节的描述。

6.5.4　应用实例

在钢铁行业中，IF 钢是新一代的车用深冲钢，其主要性能表现在以下几个方面：较低的屈服强度、较高的延伸率、较高的塑性应变比。目前，国内外 IF 钢生产的工艺流程如图 6－25 所示。

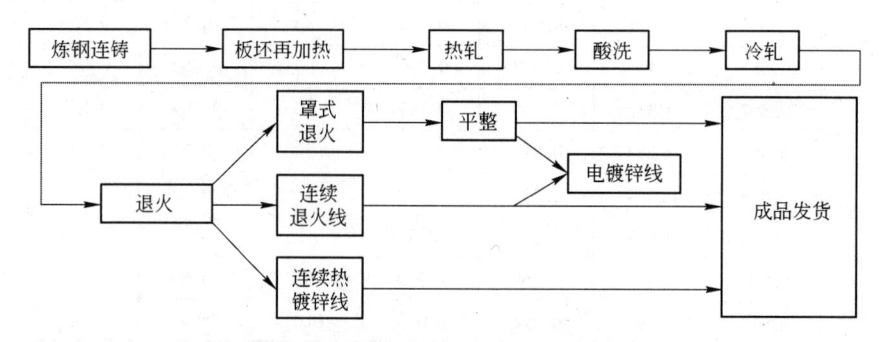

图 6－25　IF 钢生产工艺流程图

在 IF 钢的生产过程中，除了对钢中的碳含量要求极低以及其他金属元素有严格要求外，对轧制、连退工序的要求也很严格，其中热轧、冷轧和退火对 IF 钢的力学性能有较大影响。在热轧过程中，出炉温度、精轧入口温度、精轧出口温度、卷取温度是几个重要的温度指标。热轧卷取温度越高，IF 钢的屈服强度越低，而延伸率越大。冷轧工序主要是对 IF 钢的塑性应变比产生较大的影响。退火工序是 IF 钢冷轧板生产中决定产品最终性能的关键工序。退火工序的工艺参数，如：均热温度、缓冷出口温度和快冷出口温度是影响成品性能的重要因素。通常，IF 钢性能随均热温度和保温时间的增加而得到改善。除了上面所列出的工艺参数外，对 IF 钢力学性能产生影响的因素还包括原料的化学成分，如 C、Mn、P 和 Ti 的含量等。

综上所述，影响 IF 钢力学性能的主要工艺参数包括：退火工序的均热温度平均值 X_1、快冷出口温度平均值 X_2、缓冷出口温度平均值 X_3、冷轧工序的压下率 X_4、带钢 C 含量 X_5、Mn 含量 X_6、P 含量 X_7、热轧工序的加热炉出口炉温度 X_8、热轧出口平均板厚 X_9、精轧入口温度 X_{10}、精轧出口温度 X_{11}、卷取温度 X_{12}。

下面以某钢厂 IF 钢实际生产过程为研究对象，对 200 卷带钢分别进行数据采集，共得到 12 个工艺参数的 200 个样本点，以及对应的延伸率和屈服强度这两个质量指标。为建立正确的历史数据集，需要对实际生产过程中采集到的数据进行异常点的剔除。首先，利用公式 $T_i^2=(\boldsymbol{x}_{(i)}-\bar{\boldsymbol{x}})^{\mathrm{T}}\boldsymbol{S}^{-1}(\boldsymbol{x}_{(i)}-\bar{\boldsymbol{x}})$ 计算出 200 个样本点的 T^2 值，结果如图 6－26 所示，从图中可以看出，原始数据中存在多个较大的 T^2 值，有必要将这些较大 T^2 值对应的样本点剔除掉。

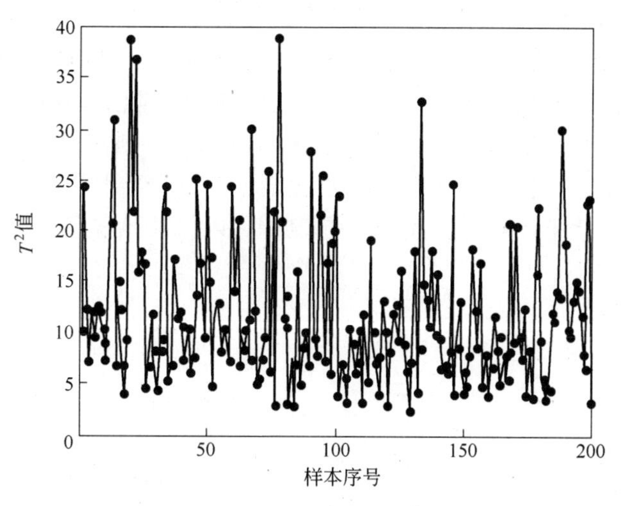

图 6-26　原始数据的 T^2 值

然后，取显著性水平 $\alpha=0.0125$，根据公式（6-31）计算出 T^2 统计量的控制限 $UCL=24.66$，按照这个控制限，第一次共剔除掉 12 个异常点。再对剩下的样本点重新计算 T^2 统计量和控制限，剔除样本点。如此反复，剔除过程共重复了 7 次，剔除了 46 个异常点，剔除过程见表 6-11。

表 6-11　基于正态分布理论的异常点剔除过程（$\alpha=0.0125$）

筛选次序	第 1 次	第 2 次	第 3 次	第 4 次	第 5 次	第 6 次	第 7 次
UCL	24.66	24.61	24.55	24.50	24.45	24.43	24.41
异常点数量	12	12	8	8	3	2	1

原始数据共 200 个样本点，剔除 46 个异常点后，利用余下的 154 个样本点作为历史数据集。关于如何利用历史数据集来建立统计模型的内容将在第 9 章中做详细介绍。

6.6　小结

（1）历史数据集的建立是进行生产过程监控与产品质量诊断的基础，主要包括数据的采集、数据的多重相关性检验、自相关检验和异常点剔除等关键步骤，由此建立最终的历史数据集，可为统计建模分析提供准确的数据源。

（2）在对实际生产数据进行采集的过程中，需要充分了解数据的特点，选择能有效反映生产过程的变量，运用合理的采集方式，设置高效的存储与查询模式，可为生产过程的实时监控与质量诊断提供技术保障。

（3）针对多个变量，若彼此之间存在相关关系，则称该数据矩阵具有多重相关性。可以通过经验法、方差膨胀因子法和条件数法来检验数据矩阵中是否存在多重相关性，再利用样本容量的增加、主成分分析和删除不重要的变量等方法来消除变量间的多重相关性，以削弱多重相关性对回归建模和 T^2 统计量的影响。

（4）针对同一个变量，其前后观测值之间的相关关系称为变量的自相关性，表现为观测值与时间的潜在关系。可以通过图示法和自相关系数法来检验变量是否存在自相关性，再通过回归方程的估计法来消除这种时间效应的影响。

（5）判断多变量生产过程是否存在异常点，利用 T^2 控制区域比利用休哈特控制区域更准确。当数据满足多元正态分布时，在总体均值和方差都已知的情况下，则可以利用 χ^2 分布来计算控制限；在总体均值和方差都未知的情况下，则需要利用 β 分布来计算控制限。此外，当数据不满足多元正态分布的这一前提条件时，则可以采用切比雪夫方法、分位图法和核平滑等方法来计算 T^2 统计量的控制限，以保证异常点判断的准确性和可靠性。

7　生产过程的优化控制

钢铁生产过程的优化控制是企业实现降低生产成本、提高产品质量的重要手段。然而，钢铁企业生产流程长、反应机理复杂、装备工况多变，难以建立全流程的解析数学模型。基于统计方法的统计过程控制技术是解决这个难题的有效途径。为此，本章针对钢铁生产过程的复杂性，研究钢铁生产过程的优化控制问题。首先，讨论了如何从生产数据中，通过规则抽取的方法提取出满足质量规范要求的工艺标准，然后给出两种工艺参数优化的方法。其中一种是针对稳态生产过程，基于规则的参数优化方法，根据期望达到的质量指标来寻找工艺参数所对应的规则，并通过粒子群算法从规则中找到最优的控制参数值；另一种是针对动态响应要求高的生产过程，利用基于数据驱动的控制器设计方法，可以明确给出某个或某几个工艺参数的调整量，使产品质量及时调整到受控状态。此外，本章还从工艺装备的能力分析与优化的角度，探讨了工艺流程的优化问题。

7.1　优化控制的基本概念

对优化控制的广义理解，可以表述为：优化控制的目的不仅仅是使控制系统的输出很好地跟踪设定值，追求的不只是控制系统本身的最优化控制，而是要控制整个生产过程，使产品质量、生产效率及能源消耗等都在目标范围内。这意味着要在保证生产安全运行的条件下，尽可能地提高产品质量和生产效率，并尽可能地降低能源消耗，从而实现整个工业生产过程的优化运行。

对优化控制的狭义理解，是指操作的优化，更准确地说应称为在线稳态优化。由于生产条件变量（如装备工况、原料成分等）经常有变动，为使操作参数达到最佳值，则控制器的设定值也经常需要进行相应的调整。因此，为使整个生产过程处于最优状态，需根据生产过程的内在特征，确定操作参数的最优设定值，并通过控制器保证操作参数稳定在最佳设定值附近。

下面将从优化控制的重要环节和实施流程这两方面来具体阐述如何在实际生产过程中实现优化控制。

7.1.1　优化控制的几个环节

生产过程优化控制的基本思想是：以已知生产条件作为输入，考虑生产边界条件等的波动，建立产品质量目标、工艺参数以及工艺流程的优化控制模型，在此基础上采用优化算法获得以成本最低或能耗最小等经济效益指标为目标的、满足产品质量目标要求和生产约束条件的最优操作参数值，并将最优操作参数值作为控制器的设定值，从而实现整个生产过程的在线闭环优化控制。优化控制主要包括如下几个环节：

（1）确定操作参数。在实际生产过程中，生产指标（如产品产量、质量指标等）和经济效益指标（如原料消耗量、能源消耗量等）都与工艺参数（轧制力、轧制速度、退火温度等）息息相关。因此，需要通过工艺机理分析，确定影响生产指标和经济效益指标的工艺参数，进而在此基础上，确定与这些工艺参数相关的主要操作参数。

（2）建立数学模型。根据工艺知识、操作人员经验和生产过程数据，建立反映生产边界条件、操作参数和工艺参数之间关系的过程模型，对于那些不易控或不可控的操作参数，可以通过补偿的方法加到可控操作参数上；建立以成本最低或者能耗最小或者产量最高等经济效益指标为目标的、满足产品质量指标的优化模型；考虑由于环境条件变化、生产用料变化、生产边界条件扰动等因素引起生产的不稳定，建立预测控制模型。

（3）获得操作参数的最优设定值。根据生产工艺流程，对过程模型、优化模型和预测控制模型进行系统集成，通过上述模型可以获得系统响应的操作参数的具体值。此外，针对操作参数往往多于控制变量的特点，可以利用主元分析等统计学方法，确定影响质量指标的主要操作参数和次要操作参数及变量间的相互关系，最终获得控制器的最优设定值。

（4）实现稳定控制。通过控制器来对生产过程进行稳定控制，对于简单参数的控制过程，最常用的方法是采用经典的 PID 控制器。而对于一些具有复杂对象的控制过程，可采用先进控制算法，如模糊控制、神经网络等智能算法来实现操作参数的稳定控制。

（5）在线闭环优化控制。由于钢铁行业的生产流程长，因此从期望质量指标的设定到实际质量指标的反馈，一般都存在一段时间的滞后。为实现产品质量的实时在线控制，可以通过产品质量预测模型来实时反馈质量目标值，不断修正参数的设定值，实现质量指标的在线闭环优化控制，从而保证生产过程运行在最优生产状态。此外，需要根据实际质量指标与期望质量指标的偏差，在线校正预测模型，确保模型的精度。

7.1.2 优化控制的基本框架

在实际生产过程中，当质量指标出现异常，且对该异常值的调整已经超过了预测模型的自校正能力范围，需要对生产过程进行工艺参数优化和工序优化，基本框架如图 7－1 所示。

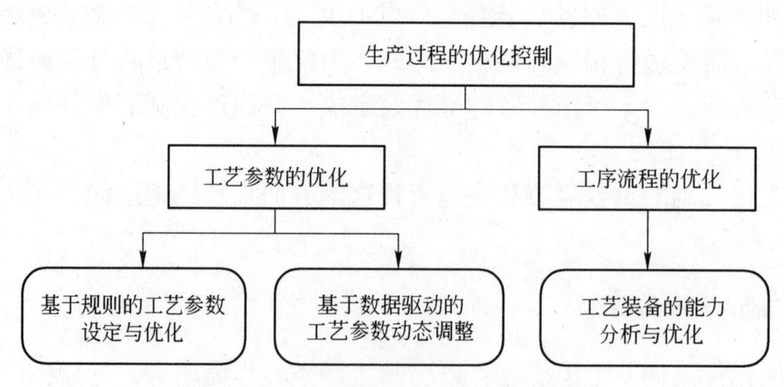

图 7－1 质量监控过程优化流程图

在对工艺参数的优化过程中，针对稳态生产过程，可以利用神经网络规则提取的方法提取出满足实际生产要求的工艺规则，并利用这些规则来指导生产；针对动态响应要求高的生产过程，可以利用基于数据驱动的 PCA 控制器和 PLS 控制器来及时调整工艺参数，使产品质量及时返回到受控状态。

在对工序流程的优化过程中，主要是对工艺装备的能力进行优化匹配，选择合适的工艺装备，并通过提高对工艺装备的操作水平，实现生产过程的工艺流程的优化。

从上述分析可以看出，工业生产过程优化控制的实质是综合应用数学建模技术、优化技术以及先进控制技术，在满足工艺标准要求及产品质量指标的条件下，不断改进工艺参数和工序流程，使得生产过程始终处于最佳状态。

7.2 基于规则的工艺参数设定与优化

在实际生产过程中，质量指标与工艺参数紧密相关，其中工艺参数包括产品的原料参数和过程控制参数。当产品的原料参数确定时，产品的质量主要由生产过程的控制参数决定。冶金生产过程中，往往需要实时调整各种工艺参数，确保各工序的质量指标控制在质量规范的要求范围内。目前，冶金企业的生产过程的自动化系统的总体水平较高，在控制系统中也配备了相应的控制模型。这些模型包括简化的机理模型、统计模型及经验模型，其中不少模型采用神经网络建模方法。但是，由于涉及多个质量指标和多个工艺参数的耦合问题，多变量过程控制变得十分复杂。另外，在新产品研制过程中，需要制定相应的工艺标准（或工艺规范）和各工序的质量指标。这些都需从实际生产过程中提取出各工序的工艺标准和质量规则。

基于规则的工艺参数设定与优化方法不同于传统的过程控制方式，需要通过大量的实际生产过程中的统计数据，将工艺参数与质量指标划分成不同子区间，并建立工艺参数子区间与质量指标子区间之间的对应关系。在此基础上，提取出工艺标准与质量指标间的控制规则，以确保各工序的质量在可控区内，提高产品质量的稳定性。

对于多变量过程控制问题，由于工艺参数与质量指标之间存在相互耦合的问题，使得工艺参数子区间的多种组合对应同一个质量指标区间。因此，在实际生产过程中，需要在确定的质量指标范围内来选择合适的工艺参数区间组合，以保障产品质量指标在可控区内。同时，在工艺参数子区间附近，进一步微调工艺参数使质量指标达到设定的目标值。因此，对于多变量耦合情况下的过程控制问题，多采用两步法来进行调控。第一步，通过工艺标准设定工艺参数，使各工序质量指标在可控区内；第二步，通过优化模型进一步优化工艺参数，使质量指标满足目标值。下面分别讨论这两个阶段的调控过程。工艺标准的提取将在 7.2.3 节中介绍，优化方法将在 7.2.4 节中介绍。

7.2.1 常用的工艺参数设定方法

目前，常用的过程控制参数的设定方法主要基于产品质量预测模型，其基本思路是运用迭代的方法来调整过程参数，使预测模型的预测结果与产品质量的设定值之间误差最小，最终得到的过程控制参数即为生产过程中的执行机构所需设定的参数。由此可以看出，预测控制模型的准确性和适用性是获得最优工艺控制参数的关键。通常，预测控制模型分为单变量预测控制模型和多变量预测控制模型。

在单变量预测控制模型中，待控制的过程参数只有一个，预测结果的好坏取决于建模的精度。常用的是一种基于 BP 神经网络的逆质量模型，是将关键的控制参数作为模型的输出，而产品质量指标和其余的工艺参数作为模型的输入。通过对输入输出的逆向神经网络进行训练，可得到逆产品质量控制模型，再利用该模型进行预测，则可以获得关键控制参数的设定值。但是，当需要控制多个变量，且变量之间相互耦合时，逆质量模型的可逆性和唯一性往往无法得到保证，使得预测结果在实际的生产过程中可能不存在或者根本无法实现控制。因此，需要研究多变量的质量控制模型。

在多变量预测控制模型中，常常引入多变量的解耦算法，通过对一个具有耦合的多输入多输出控制系统配以适当的补偿器，将耦合程度限制在一定程度内或解耦为多个独立的单输入单输出系统。目前比较常用的方法有：自适应解耦控制、神经网络解耦控制、模糊解耦控制等。但是利用多变量解耦的方法来实现过程参数的设定仍然存在一些不足，主要表现在：理论研究尚不完善，可解耦的判定、算法的稳定性以及收敛性还没有统一的定论。此外，在工程实际中，往往由于解耦算法太复杂而难以实现真正意义的解耦。因此，寻求简单易行的控制参数设定方法是急需解决的问题。

近年来，不少研究者致力于研究基于神经网络的规则提取方法来实现多变量、多重耦合情况下的过程控制问题。该方法的主要原理是将各工序的工艺参数与质量指标划分成多个子空间，通过统计数据来寻求不同工艺参数子空间的组合在质量指标子空间中的映射关系，然后抽取出相应的工艺标准规则，以解决神经网络逆向映射中多重耦合的难题。下面将从基于神经网络的规则提取、检验和优化等方面来具体阐述工艺参数设定规则的提取方法。

7.2.2　基于神经网络的规则提取流程

基于神经网络的规则提取流程如图 7－2 所示。从工业现场得到数据，首先要进行数据的选择和清理，此外在建立神经网络前，要先将数据变换为神经网络算法所能接受的形式。在对数据进行预处理后，需要确定神经网络输入层神经元、隐含层神经元和输出层神经元的个数，建立神经网络模型，再进行神经网络训练以确定网络的权值。然后，从训练好的神经网络中提取输入层到输出层的规则。最后，对提取的神经网络规则进行相应的评价，以满足用户的要求。

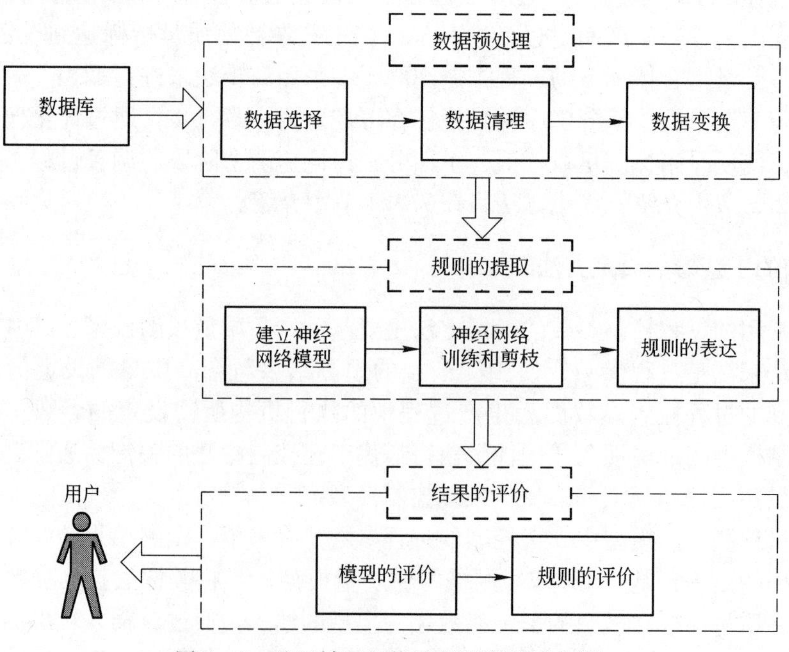

图 7－2　基于神经网络的规则提取流程图

7.2.2.1 数据预处理

在采用神经网络进行规则提取前，首先需要对各工序的工艺参数和质量指标进行子空间的划分。对于质量指标的子空间划分要根据产品质量指标范围来确定子空间的区间，若划分得过细，则会增加规则的复杂度和学习过程的难度；若划分得过粗，又会造成多个区间互相重叠，影响解耦的效果。同样，工艺参数也需要划分出不同的子空间，其划分的粒度也涉及解耦的效果和学习的效率问题。因此，具体的划分过程需从实际生产过程中不断地优化，如果相似的规则映射为相同的质量指标子空间，而仅仅是工艺参数子空间划分过细造成了两个规则，则可以将这两个工艺参数子空间合并成一个子空间，即减少工艺参数的子空间数。

子空间划分后，还需要将子空间进行编码，转换为神经网络可以接受的二值模式，即1或0。对输入变量（工艺参数子空间）通常采用温度计编码方法，可以保留数据之间的内在联系；而对输出变量（质量指标子空间）则采用1/N编码方法，使类别信息保持相斥，避免一个样本同时对应两个类别的信息。如：以带钢速度作为工艺参数，其范围在60～150m/min之间，将带钢速度划分成5个子空间：[60，75]，(75，90]，(90，112]，(112，128]，(128，150]。然后，利用温度计编码方法，得到每个子区间对应的结果分别为：{0，0，0，0，1}、{0，0，0，1，1}、{0，0，1，1，1}、{0，1，1，1，1}、{1，1，1，1，1}。如果实际速度在60～75m/min之间，则第5个节点的输入值为1，其他4个节点的输入值为0。具体的编码方式可参看7.2.3节的实例，也可以查阅其他文献，这里不再赘述。

7.2.2.2 规则提取

对经过预处理的数据，首先建立神经网络模型，然后进行神经网络的训练和剪枝，最后对剪枝过的神经网络进行规则提取。

A 建立神经网络模型

以BP网络为例，建立一个全连接的三层BP神经网络模型，如图7－3所示。$\boldsymbol{x}$为输入向量，k为输入层神经元的个数，$\boldsymbol{y}$为样本的期望输出向量，c为输出层神经元的个数。其中，输入变量的个数为工艺参数划分子空间的总数，输入节点对应于子空间的编码节点。同样，输出节点的个数为质量指标划分子空间的总数，具体的输出值与每个节点的数值相对应。隐含层神经元数目的选择目前还没有准确的理论依据，一般根据经验来选择隐含层神经元的个数，主观性比较大，而隐含层神经元个数的选择是建立神经网络模型要解决的主要问题，因为神经元的多少直接影响到模型的精度和泛化能力。常采用交叉检验的方法来选择隐含层神经元的数目。先将样本数据分成N个子集，选取其中的$P(P<N)$个子集作为训练集对网络进行训练，剩下的$N-P$个子集作为交叉检验集对网络进行预测，分别对隐含层神经元数目不同的神经网络进行

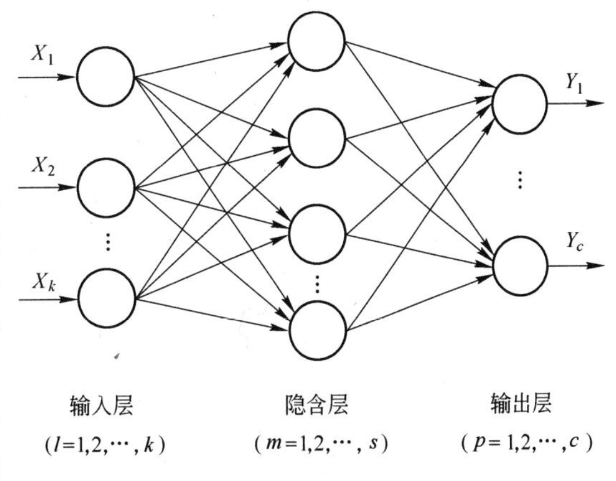

图7－3 BP神经网络结构

检验，最后选择预测精度最高的网络所对应的隐含层神经元数目作为设定值。

B　神经网络训练和剪枝

在图7－3所示的神经网络中，有 n 个样本，k 个输入层神经元，s 个隐含层神经元和 c 个输出层神经元。对于第 i 个输入样本，隐含层第 m 个神经元的输出为

$$H_{mi} = f\left[\sum_{l=1}^{k}(x_{li}w_{ml} + b_{1m})\right] \tag{7-1}$$

其中，x_{li}为第 i 个样本的第 l 个输入变量值；w_{ml}为第 m 个隐含层神经元与第 l 个输入层神经元的连接权值，$l=1, 2, \cdots, k$；b_{1m}为第 m 个隐含层神经元的阈值，$m=1, 2, \cdots, s$；f 为激活函数，常用的激活函数为$f(x) = \dfrac{1}{1+e^{-x}}, x \in \boldsymbol{R}, f(x) \in (0,1)$。

输出层的第 p 个神经元的输出为

$$y_{pi} = f\left[\sum_{m=1}^{s}(v_{pm}H_{mi} + b_{2p})\right] \tag{7-2}$$

其中，v_{pm}为第 p 个输出层神经元与第 m 个隐含层神经元的连接权值，$p=1, 2, \cdots, c$；H_{mi}为第 i 个样本第 m 个隐含层神经元的输出；b_{2p}为第 p 个输出层神经元的阈值；y_{pi}为第 i 个样本第 p 个输出神经元的输出。

神经网络训练的过程就是不断地对网络的权值 w_{ml}和 v_{pm}进行修正，从而找到最佳的权值组合，使误差函数值达到最小。误差函数可表示为

$$Error = \frac{1}{n}\sum_{i=1}^{n}\left[\frac{1}{c}\sum_{p=1}^{c}(y_{pi} - Y_{pi})^2\right] \tag{7-3}$$

其中，Y_{pi}为实际值；y_{pi}为预测值。

为求得最佳的权值组合，需要对神经网络的连接权值和阈值不断更新，公式如下

$$w_{ml}(t+1) = w_{ml}(t) + \eta\frac{\partial Error}{\partial_{w_{ml}}} \tag{7-4}$$

$$v_{pm}(t+1) = v_{pm}(t) + \eta\frac{\partial Error}{\partial_{v_{pm}}} \tag{7-5}$$

$$b_{1m}(t+1) = b_{1m}(t) + \eta\frac{\partial Error}{\partial b_{1m}} \tag{7-6}$$

$$b_{2p}(t+1) = b_{2p}(t) + \eta\frac{\partial Error}{\partial b_{2p}} \tag{7-7}$$

其中，t 为迭代次数；η 为学习速率。

由于规则提取是一个搜索过程，在规则提取时需要一个结构简单且分类精度较高的神经网络，因此需要对神经网络进行剪枝处理。所谓的剪枝，就是删除不重要的网络权值，保留重要的网络权值。为了删除不重要的权值，而保留比较关键的权值，可以在神经网络训练时，在误差函数 *Error* 中引入惩罚函数，可表示为

$$P(w,v) = \varepsilon_1\sum_{m=1}^{s}\left(\sum_{l=1}^{k}\frac{\beta w_{ml}^2}{1+\beta w_{ml}^2} + \sum_{p=1}^{c}\frac{\beta v_{pm}^2}{1+\beta v_{pm}^2}\right) + \varepsilon_2\sum_{m=1}^{s}\left(\sum_{l=1}^{k}w_{ml}^2 + \sum_{p=1}^{c}v_{pm}^2\right) \tag{7-8}$$

其中，ε_1 决定权值的取值范围，ε_2 决定权值的取值大小，β 决定权值的衰减速度。

引入惩罚函数后，神经网络训练的误差函数表达式变为

$$Error = \frac{1}{n}\sum_{i=1}^{n}\left[\frac{1}{c}\sum_{p=1}^{c}(y_{pi} - Y_{pi})^2\right] + P(w,v) \tag{7-9}$$

在神经网络的训练过程中加入惩罚函数后，使得网络中比较重要的连接所对应的权值更大，而不太重要的连接所对应的权值则更小。因此，可以利用如下的剪枝算法对神经网络进行剪枝，剪枝步骤如下：

（1）给定一个较小的正值 ζ 作为剪枝的阈值，θ 作为阈值增加的步长，一般取 $\zeta = 0.5$，$\theta = 0.1$；

（2）对于网络中每个连接权值 w_{ml} 和 v_{pm}，如果 $w_{ml} < \zeta$ 或 $v_{pm} < \zeta$，则将 w_{ml} 或 v_{pm} 删除，即令 $w_{ml} = 0$ 或 $v_{pm} = 0$；

（3）重新训练神经网络，如果网络的预测精度低于可接受的水平，则停止剪枝，选择上一次的权值，否则，令 $\zeta = \zeta + \theta$，返回步骤（2）。

C 规则的表达

由于神经网络的类型不同、规则提取算法的工作机制也不同，因此从神经网络中提取的规则具有不同的知识表达形式。目前，比较常用的规则表达形式有：命题规则、M-of-N 规则、模糊规则、回归规则等，具体的含义表述如下：

（1）命题规则：If {前提}，then {结论}。意思是：如果满足前提条件（常称之为规则前提），那么就可以得出结论。由于命题规则形式简单，便于理解，因此在神经网络规则提取中用的比较广泛。

（2）M-of-N 规则：If {M 中的 N 个前提满足}，then {结论}。意思是：在所有的 N 个前提中，如果有 M 个前提满足，那么可以得出结论，其中 N > M。由于该形式的规则包含了很多组合，不如命题规则直观，难以理解，因此在规则提取时用得较少。

（3）模糊规则：If {模糊条件}，then {模糊结论}，置信度（θ）。其中 $0 < \theta < 1$，θ 值越大，则证明规则越准确。此类规则只适用于模糊神经网络中，应用范围较狭窄。

（4）回归规则：If {前提}，then {回归方程}。回归规则主要针对神经网络的输出是连续值时所采取的一种规则提取方法，可根据不同的前提条件，得到不同的回归方程表达式。但是回归规则提取的难度比较大，应用较少。

根据上述四种规则表达形式的特点，在这里，选择“命题规则”的形式来进行规则的提取。首先从输出层开始，先提取隐含层到输出层之间的规则，然后提取输入层到隐含层之间的规则，最后将两个规则合并，即得到输入层到输出层之间的规则。具体的规则提取方法将结合实际应用对象在 7.2.3 节中介绍。

7.2.2.3 结果评价

神经网络规则提取的评价体系主要有保真度、覆盖率、一致性和可理解性四个指标。

（1）保真度：保真度体现了提取出的规则“模仿”神经网络行为的能力，即这些规则是否能够很好地反映神经网络的预测能力。在实际度量保真度时，通常使用一个测试集分别对神经网络以及从神经网络中提取出的规则进行测试，再分别计算出神经网络的预测值和规则的预测值，然后比较上述两个预测值的一致性，将预测结果一致的样本占全部样本的百分比作为保真度的值。

（2）覆盖率：它体现了提取出的规则的泛化能力，即直接使用这些规则进行预测的能力。在实际度量精度时，通常是使用一个测试集对规则进行测试，然后计算出规则所做的预测与期望结果一致的样本集的百分比，并以此作为精度的值。

（3）一致性：一致性实际上体现了规则提取算法的稳定性。绝大多数规则提取算法在多次运行后会修改部分规则，如果算法的稳定性比较好，则多次运行后得到的规则的差异不会太大，此时规则的一致性就比较好。遗憾的是，一致性这个指标在操作上存在一定的困难，目前还没有被广泛接受的具体度量方式。因此，在实际的规则评价和算法比较中，该指标用得很少。

（4）可理解性：可理解性体现了提取出的规则容易被用户理解的程度。对于从神经网络中提取出的符号规则，其可理解性远远强于黑箱式的神经网络。然而，不同算法提取出的规则的可理解性还有一定的差别。一般来说，提取出的规则条数越少，每条规则的前提越少，则规则的可理解性就越好。因此在实际度量可理解性时，通常是统计出规则的条数和平均前提数。

在目前的神经网络网络规则提取工作中，规则的覆盖率使用得比较广泛，且较之其他的评价标准应用更加方便、直观。因为在规则具备一定的可理解性时，大家最为关注的仍然是规则是否具有较高的覆盖率，若规则覆盖率很低，即使其他的评价标准较高，这样的规则也是没有意义。

7.2.3　规则的提取

规则的提取首先从输出层开始，先抽取隐含层到输出层之间的规则，然后再抽取输入层到隐含层之间的规则，最后将两个规则合并，则可以得到输入层到输出层之间的规则。

由神经网络的基本原理可知，每层网络的输出由该层的激活函数决定，一般可以用特定的激活函数来满足神经元要解决的特定问题。在规则提取时，常把隐含层节点的输出近似地看成只有两种情况：0 和 1，通过减少隐含层激活值可能取值的数量，可降低搜索的复杂度，有利于规则的提取。最常使用的激活函数是 Sigmoid 函数，其表达式为 $f(x)=\frac{1}{1+\mathrm{e}^{-x}}$，函数图如图 7－4 所示。还有其他类型的激活函数，如双曲正切 S 形 Tansig 函数，指数项中加入惩罚因子的激活函数 $f(x)=\frac{1}{1+\mathrm{e}^{-x-\frac{\eta\beta x}{1+\beta x^2}}}$，其中 η 和 β 为惩罚系数，详细介绍可参看相关文献。

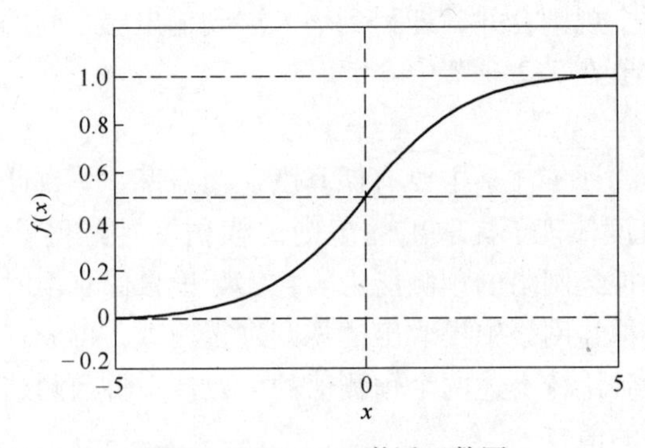

图 7－4　Sigmoid 激活函数图

假设选取 Sigmoid 函数作为激活函数，如图 7－4 所示。在规则提取过程中，以 $x=0$

作为 x 的临界值，当 $f(x) \geq 0.5$ 时，$x \geq 0$；而当 $f(x) < 0.5$ 时，则 $x < 0$。因为神经元激活函数的输出只有 0 和 1 两个取值，即隐含层的输出和输出层的输出只能是 0 和 1，且输入层在数据预处理时，已通过编码的方式将连续的输入值转化成了 0 和 1。因此，整个网络的输入和输出均是 0 和 1 的形式。在此基础上，开始进行规则的提取，具体步骤详述如下。

7.2.3.1 提取从隐含层到输出层的规则

当输出层 $y_{pi} = 1$，认为 $f\left[\sum_{m=1}^{s}(v_{pm}H_{mi} + b_{2p})\right] \geq 0.5$，即 $\sum_{m=1}^{s}(v_{pm}H_{mi} + b_{2p}) \geq 0$，解不等式，求出隐含层的激活值 H_{mi}。根据假设，H_{mi} 只有两种取值：即 $H_{mi} = 1$ 或 $H_{mi} = 0$。

得到规则：If $\{H_{mi}\}$，Then $\{y_{pi} = 1\}$。

7.2.3.2 提取从输入层到隐含层的规则

根据上一步得到的隐含层的激活值 H_{mi}，求解对应的输入神经元的激活值 x_{li}。

（1）若 $H_{mi} = 1$，认为 $f\left[\sum_{l=1}^{k}(x_{li}w_{ml} + b_{1m})\right] \geq 0.5$，即 $\sum_{l=1}^{k}(x_{li}w_{ml} + b_{1m}) \geq 0$，解不等式，求出输入变量值 x_{li}，在预处理时已经把 x_{li} 转换成 0 和 1 的结构，即 $x_{li} = 1$ 或 $x_{li} = 0$。

得到规则：If $\{x_{li}\}$，Then $\{H_{mi} = 1\}$。

（2）若 $H_{mi} = 0$，认为 $f\left[\sum_{l=1}^{k}(x_{li}w_{ml} + b_{1m})\right] < 0.5$，即 $\sum_{l=1}^{k}(x_{li}w_{ml} + b_{1m}) < 0$，解不等式，求出输入变量值 x_{li}。

得到规则：If $\{x_{li}\}$，Then $\{H_{mi} = 0\}$。

7.2.3.3 两部分规则合并

得到规则：If $\{x_{li}\}$，Then $\{y_{pi} = 1\}$。

下面通过一个实际的工业例子，对前面的规则提取方法进行检验。

在冷轧带钢热镀锌生产中，镀锌层重量是一项重要的用户指标。锌层重量以单位面积上锌层重量（g/m^2）来表示，也可以换算成锌层厚度，以微米（μm）来表示。根据不同的使用目的，需要选择不同的镀锌层厚度。若镀锌层过厚，不仅浪费锌锭等原材料，而且会影响产品的点焊性、附着性等使用性能；而镀锌层太薄，则会影响产品的抗腐蚀性。因此，对镀锌层厚度的控制将直接影响热镀锌板的产品质量及产品成本。

目前，常用的镀锌方法是气刀热镀锌法，影响镀锌层重量的因素有：机组速度 v、带钢厚度 B、气刀喷嘴形状（开口度）、气刀角度 θ、气刀高度 H、气刀与带钢距离 D、气刀压力 p。如图 7－5 所示为气刀参数的示意图。在实际的热镀锌生产工艺中，有些工艺参数是固定不变的，如气刀喷嘴形状、气刀角度对锌层重量的影响较小；气刀与锌液的距离若高于锌锥范围，则对锌层重量的影响也不大。所以，影响锌层重量的工艺参数主要包括：机组速度 v、带钢厚度 B、气刀与带钢距离 D 和气刀压力 p。

选取某钢厂的冷轧带钢热镀锌生产线的实际生产数据，以每卷带钢作为一个观测样本。每个样本包括 4 个工艺参数：气刀的压力 p、气刀与带钢距离 D、机组速度 v，带钢厚度 B；包括 1 个质量指标：带钢下表面的锌层重量 W。共收集到 159 个样本，统计结果见表 7－1。下面用这 159 个样本来进行规则提取。

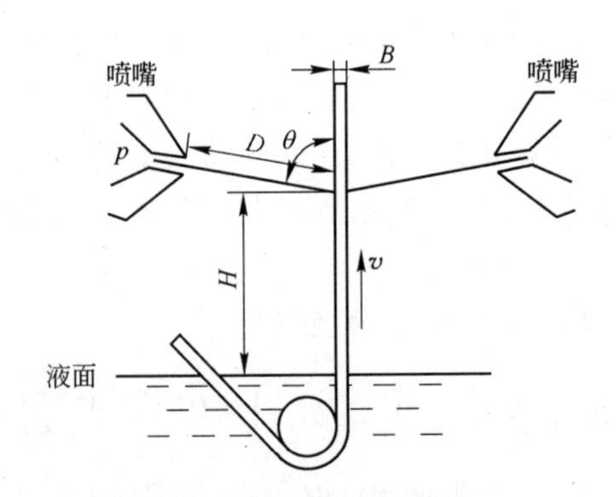

图 7 - 5　气刀参数示意图

v—机组速度；B—带钢厚度；θ—气刀角度；H—气刀高度；p—气刀压力；D—气刀到带钢的距离

表 7 - 1　待分析数据的统计信息

项　目	变量名称	最大值	最小值	平均值	标准差
工艺参数	气刀压力 p/kPa	60.00	8.70	24.74	7.70
	气刀到带钢的距离 D/mm	37.50	13.00	26.46	2.96
	机组速度 v/m · min^{-1}	150.00	25.00	93.76	20.67
	带钢厚度 B/mm	2.16	0.36	0.85	0.43
质量指标	表面平均锌重/g · m^{-2}	380.00	57.80	150.39	69.85

首先，根据不同的使用目的，可以将锌层重量分为［57.8，150］、（150，260］、（260，380］三个等级。然后，用1/N编码方法对锌层重量 W 进行编码。锌层重量的3个类别所对应的编码分别是｛1　0　0｝、｛0　1　0｝、｛0　0　1｝。输入变量为气刀的压力 p、气刀与带钢距离 D、机组速度 v，带钢厚度 B，利用聚类的方法对数据进行离散化后，再用温度计编码方式得到13个编码向量 $I_1 \sim I_{13}$，结果见表 7 - 2 ~ 表 7 - 5。

表 7 - 2　压力 p 的温度计编码结果

压力 p	I_1	I_2	I_3
［8.7，19.55］	0	0	1
（19.55，28.5］	0	1	1
（28.5，60］	1	1	1

表 7 - 3　气刀与带钢距离 D 的温度计编码结果

距离 D	I_4	I_5	I_6	I_7
［13，24.25］	0	0	0	1
（24.25，29.2］	0	0	1	1
（29.2，34.05］	0	1	1	1
（34.05，37.5］	1	1	1	1

表 7－4　带钢速度 *v* 的温度计编码结果

速度 *v*	I_8	I_9	I_{10}
[25，84.5]	0	0	1
(84.5，103.5]	0	1	1
(103.5，150]	1	1	1

表 7－5　带钢厚度 *B* 温度计编码结果

厚度 *B*	I_{11}	I_{12}	I_{13}
[0.36，0.665]	0	0	1
(0.665，1.06]	0	1	1
(1.06，2.16]	1	1	1

编码后，利用交叉检验的方法来确定神经网络的结构，如图 7－6 所示为神经网络的初始结构。将编码后的数据输入到该神经网络中进行训练，再进行网络剪枝，剪枝后的网络结构及连接权重如图 7－7 所示。该网络的训练精度为 96.15%。

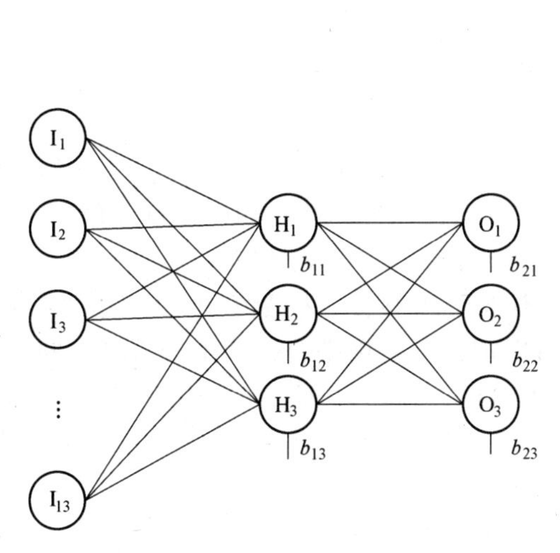

图 7－6　神经网络初始结构

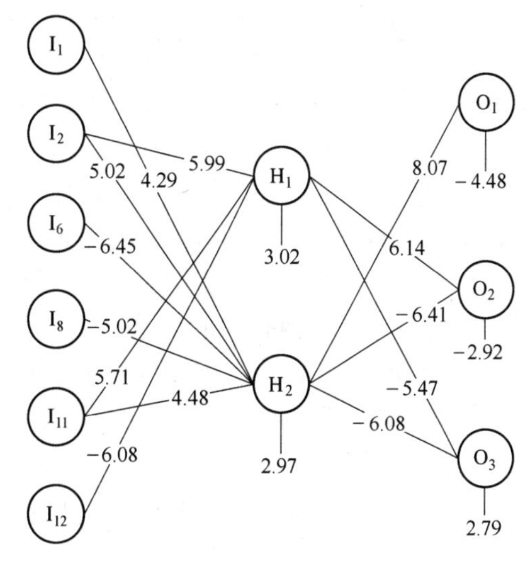

图 7－7　剪枝后的神经网络结构

接下来，根据图 7－7 所示的剪枝后的神经网络来进行规则提取。具体过程如下所述。

首先，提取隐含层到输出层的规则，例如：要获取 O_1 类别的规则，必须满足 $O_1=1$，通过与 O_1 相连接的隐含层神经元及相应权值可推出 $8.07H_2-4.48\geqslant 0$，得 $H_2=1$。

然后，从输入层到隐含层提取相应的规则，对隐含层神经元 H_2，必须满足 $H_2=1$，通过与 H_2 相连接的输入神经元及相应权值推出 $4.29\times I_1+5.02\times I_2-6.45\times I_6-5.02\times I_8+4.48\times I_{11}+2.97\geqslant 0$，搜索满足不等式的可能组合，得到其中一种可能组合为 $I_1=1$，$I_2=1$。

最后，合并两部分规则可以得到：若 $I_1=1$，$I_2=1$，则 $O_1=1$，由于 I_1 和 I_2 是对压力 *p* 和温度计编码，而对其他参数 *D*、*v*、*B* 并没有进行约束，因此，可以取整个区间范围的值作为规则。对照温度计编码表 7－2～表 7－5，还原到初始的输入变量，得到规则为：若 $28.5<p\leqslant 60$，$13\leqslant D\leqslant 37.5$，$25\leqslant v\leqslant 150$，$0.36\leqslant B\leqslant 2.16$，则 $57.8\leqslant W\leqslant 150$。同理可

获得 O_2，O_3 类别的规则。最终提取到的所有规则如下：

规则 1：若 $28.5<p\leqslant60$，$13\leqslant D\leqslant37.5$，$25\leqslant v\leqslant150$，$0.36\leqslant B\leqslant2.16$，
则 $57.8\leqslant W\leqslant150$（53/118）；

规则 2：若 $19.55<p\leqslant28.5$，$13\leqslant D\leqslant24.25$，$25\leqslant v\leqslant150$，$0.36\leqslant B\leqslant2.16$，
则 $57.8\leqslant W\leqslant150$（12/118）；

规则 3：若 $19.55<p\leqslant28.5$，$24.25<D\leqslant37.5$，$25\leqslant v\leqslant103.5$，$0.36\leqslant B\leqslant2.16$，
则 $57.8\leqslant W\leqslant150$（36/118）；

规则 4：若 $8.7\leqslant p\leqslant19.55$，$24.25<D\leqslant37.5$，$25\leqslant v\leqslant103.5$，$1.06<B\leqslant2.16$，
则 $57.8\leqslant W\leqslant150$（16/118）；

规则 5：若 $8.7\leqslant p\leqslant19.55$，$13\leqslant D\leqslant24.25$，$103.5<v\leqslant150$，$0.36\leqslant B\leqslant0.665$，
则 $150<W\leqslant260$（4/25）；

规则 6：若 $8.7\leqslant p\leqslant19.55$，$24.25<D\leqslant37.5$，$25\leqslant v\leqslant103.5$，$0.36\leqslant B\leqslant0.665$，
则 $150<W\leqslant260$（4/25）；

规则 7：若 $8.7\leqslant p\leqslant19.55$，$24.25<D\leqslant37.5$，$103.5<v\leqslant150$，$0.36\leqslant B\leqslant0.665$，
则 $150<W\leqslant260$（5/25）；

规则 8：若 $19.55<p\leqslant28.5$，$24.25<D\leqslant37.5$，$103.5<v\leqslant150$，$0.36\leqslant B\leqslant1.06$，
则 $150<W\leqslant260$（3/25）；

规则 9：若 $8.7\leqslant p\leqslant19.55$，$24.25<D\leqslant37.5$，$25\leqslant v\leqslant150$，$0.665<B\leqslant1.06$，
则 $260<W\leqslant380$（15/16）。

每条规则后面的括号内，分母表示样本中满足这类锌重的个数，分子表示满足这条规则的样本个数。由此用来表示规则的覆盖率。通过对所提取出的 9 条规则进行分析后，可以发现：在前 3 条规则中，带钢厚度 B 是相同的，机组运行速度 v 是相互包含的，气刀到带钢的距离 D 也是彼此包含的，只有气刀压力 p 存在略微差别，为避免由于工艺参数区间划分得过细给实际操作增加不必要的复杂度，可以把这 3 条规则合并为 1 条规则。同理，对于规则 5 和规则 7，带钢厚度 B、机组运行速度 v 和气刀压力 p 都是相同的，只有气刀到带钢的距离 D 存在差异，因此可以把这两条规则进行合并。经过上述合并后，保留原来的规则 4、6、8 和 9，最终得到如下 6 条规则：

规则 1：若 $19.5<p\leqslant60$，$13\leqslant D\leqslant37.5$，$25\leqslant v\leqslant150$，$0.36\leqslant B\leqslant2.16$，
则 $57.8\leqslant W\leqslant150$（101/118）；

规则 2：若 $8.7\leqslant p\leqslant19.55$，$24.25<D\leqslant37.5$，$25\leqslant v\leqslant103.5$，$1.06<B\leqslant2.16$，
则 $57.8\leqslant W\leqslant150$（16/118）；

规则 3：若 $8.7\leqslant p\leqslant19.55$，$13\leqslant D\leqslant37.5$，$103.5<v\leqslant150$，$0.36\leqslant B\leqslant0.665$，
则 $150<W\leqslant260$（9/25）；

规则 4：若 $8.7\leqslant p\leqslant19.55$，$24.25<D\leqslant37.5$，$25\leqslant v\leqslant103.5$，$0.36\leqslant B\leqslant0.665$，
则 $150<W\leqslant260$（4/25）；

规则 5：若 $19.55<p\leqslant28.5$，$24.25<D\leqslant37.5$，$103.5<v\leqslant150$，$0.36\leqslant B\leqslant1.06$，
则 $150<W\leqslant260$（3/25）；

规则 6：若 $8.7\leqslant p\leqslant19.55$，$24.25<D\leqslant37.5$，$25\leqslant v\leqslant150$，$0.665<B\leqslant1.06$，
则 $260<W\leqslant380$（15/16）。

对上述规则的合并过程可以总结如下：利用神经网络规则提取方法可以获得“原始”的规则，在此基础上需要根据实际生产的操作情况，合并那些区间重叠的规则，减少规则条数，更有利于指导实际生产。但需要说明的是，由于锌层重量 W 有 3 个类别，因此最终合并得到的规则数必须大于等于 3，这样才能满足实际生产的需求。

在得到最终的规则后，可以利用“规则的覆盖率”这一指标来评价上述规则的提取效果，结果见表 7－6。

表 7－6　规则的覆盖率

类　别	规则覆盖率	类　别	规则覆盖率
$57.8 \leqslant W \leqslant 150$	117/118（99.2%）	$260 < W \leqslant 380$	15/16（93.8%）
$150 < W \leqslant 260$	16/25（64%）	总和	148/159（93.1%）

从表 7－6 中可以看出，所提取出的 6 条规则在总体上覆盖了原始数据 93.1% 的信息量，说明这些规则能够较好地反映输入变量和输出变量之间的对应关系。利用上述规则可以帮助操作人员更深入地认识冷轧带钢连续热镀锌生产过程的规律，也可以在连续生产过程中，根据不同的锌层重量要求来选择合适的控制参数值，进行参数的预设定。例如：针对来料板厚在 $0.665\text{mm} < B \leqslant 1.06\text{mm}$ 范围内带钢，若期望获得到大于 260g/m^2 的锌层重量，则可以根据规则 6，将气刀压力控制在 $8.7\text{kPa} \leqslant p \leqslant 19.55\text{kPa}$ 范围内，气刀到带钢的距离控制在 $24.25\text{mm} < D \leqslant 37.5\text{mm}$ 范围内，此外带钢速度控制在 $25\text{m/min} \leqslant v \leqslant 150\text{m/min}$ 范围内。通过上述规则，可使得控制参数的调整有据可寻，而不再依赖人的主观经验，既保证了产品的质量，又提高了生产效率。

7.2.4　工艺参数的优化

通过神经网络可以提取出工艺规则，这些工艺规则经过实际生产的验证后将进入工艺标准库中。但由于工艺标准给出的是一个区间范围，如要使锌层重量在 $260 < W \leqslant 380$ 范围内，需要让 4 个工艺参数分别控制在如下范围内：$8.7\text{kPa} \leqslant p \leqslant 19.55\text{kPa}$，$24.25\text{mm} < D \leqslant 37.5\text{mm}$，$25\text{m/min} \leqslant v \leqslant 150\text{m/min}$，$0.665\text{mm} < B \leqslant 1.06\text{mm}$，这对于操作人员而言，在这些区间范围内来设定控制参数仍有较多的选择，如何能够高效且准确地设定最优的工艺参数是接下来需要解决的问题。这里介绍采用粒子群优化方法对控制参数进行寻优，以工艺参数范围作为每个粒子的取值范围，以工艺参数和产品质量间的规则作为粒子的约束条件，以产品质量目标值和预测模型的输出结果的绝对误差作为粒子的适应度函数值，利用粒子位置迭代的方法在规则的范围内寻找最优的过程控制参数值，从而实现多变量控制参数智能设定的目的。

粒子群算法（Particle Swarm Optimization，PSO）是由美国的 Kennedy 和 Eberhart 提出的，它是一种源于对鸟群觅食行为的研究而提出的优化技术。观察鸟群的飞行可以发现：鸟群中的每只鸟在初始状态处于随机位置，并向各个随机方向飞行。但是随着时间的推移，这些初始处于随机状态的鸟通过自组织逐步聚集成一个个小的群落，并且以相同速度朝着某一方向飞行，然后几个小的群落又聚集成大的群落，最终的结果是整个群落聚集到同一个位置上——食物。

由此可以总结出 PSO 算法的核心思想是：每个粒子通过向个体最优和群体最优学习，不断调整自己的速度和位置，从而搜索到全局最优解。具体来说，每个优化问题的潜在解是搜索空间中的一个粒子，即每个粒子的位置就是一个潜在的解。粒子个数称为种群规模 N(一般取 20～40)；自变量的个数 p 称为粒子的维度，第 i 个粒子在 p 维空间的位置表示为 $\boldsymbol{X}_i=(x_{i1},\ x_{i2},\ \cdots,\ x_{ip})$，$i=1,\ 2,\ \cdots,\ N$；速度 $\boldsymbol{v}_i=(v_{i1},\ v_{i2},\ \cdots,\ v_{ip})$ 决定粒子在搜索空间中每次迭代的位移。计算每一个粒子的适应度值 F，适应度函数一般由实际问题中被优化的函数决定。根据每一个粒子的 F 值，更新粒子的个体最优位置 $\boldsymbol{p}_{\mathrm{b}}$(part best) 和全局最优位置 $\boldsymbol{g}_{\mathrm{b}}$(global best)。粒子通过动态跟踪个体最优和全局最优来更新自身的速度和位置，计算公式为

$$v_{ij}(t+1)=w(t)\times v_{ij}(t)+c_1\times rand()\times(p_{\mathrm{b}j}(t)-x_{ij}(t))+c_2\times rand()\times(g_{\mathrm{b}j}(t)-x_{ij}(t)) \tag{7-10}$$

$$x_{ij}(t+1)=x_{ij}(t)+v_{ij}(t+1) \tag{7-11}$$

其中，i 为第 i 个粒子，$i=1,\ 2,\ \cdots,\ N$，$j=1,\ 2,\ \cdots,\ p$；c_1、c_2 是学习因子，分别调节粒子飞向个体最优位置和全局最优位置的快慢；t 为迭代次数；$rand$ ( ) 为均匀分布在0～1 之间的随机数；w 为惯性权重，它使粒子保持运动惯性，使其有扩展搜索空间的趋势。

图 7－8 为粒子移动位置示意图。从图中可以看出，影响粒子移动位置的有 3 个重要因素：个体的运动速度、个体经历过的最优位置、群体经历过的最优位置。每个粒子不仅向个体最优学习，也向群体最优学习，按照式（7－10）来更新速度信息，再通过式（7－11）来更新位置信息不断地向最优位置方向移动，最终获得全局最优解。

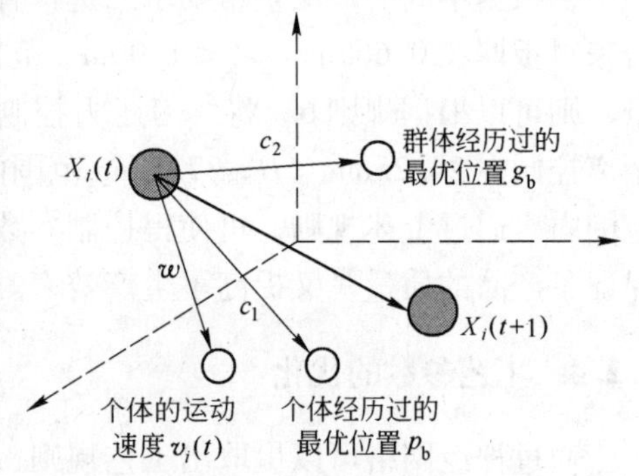

图 7－8　粒子移动位置示意图

粒子群算法与其他进化算法的不同之处在于：(1) 粒子群算法在进化过程中同时记忆位置和速度信息，而遗传算法和蚁群算法通常只记忆位置信息。(2) 粒子群算法的通信机制与其他进化算法不同。遗传算法中染色体相互通过交叉、变异等操作进行通信，蚁群算法中每只蚂蚁以蚁群全体构成的信息素轨迹作为通信机制，因此整个种群比较均匀地向最优区域移动。在粒子群算法中，只有全局最优粒子提供信息给其他的粒子，整个搜索更新过程是跟随当前最优解的过程，因此所有的粒子可以更快地收敛于最优解。

利用粒子群优化算法对控制参数进行寻优，具体的流程如图 7－9 所示。图 7－9 所示流程图的详细步骤如下：

第 1 步，首先对已有的生产数据进行预处理，然后进行神经网络的训练和剪枝，最后提取工艺参数与产品质量之间的规则，经过生产实际验证后的规则进入工艺标准库。

第 2 步，设定质量的目标值、算法参数的初始值和工艺参数的初始值。其中，算法参数的初始值包括粒子种群的个数、粒子的初始位置和速度、适应度值的阈值。工艺参数在初始化时，先根据给定的质量目标值在工艺标准库中找到其对应的工艺标准，然后将工艺参数约束在该标准范围内，可缩小寻优空间，加快寻优速度。

第 3 步，利用多变量统计建模方法建立产品质量预测模型，并计算每个粒子对应的质

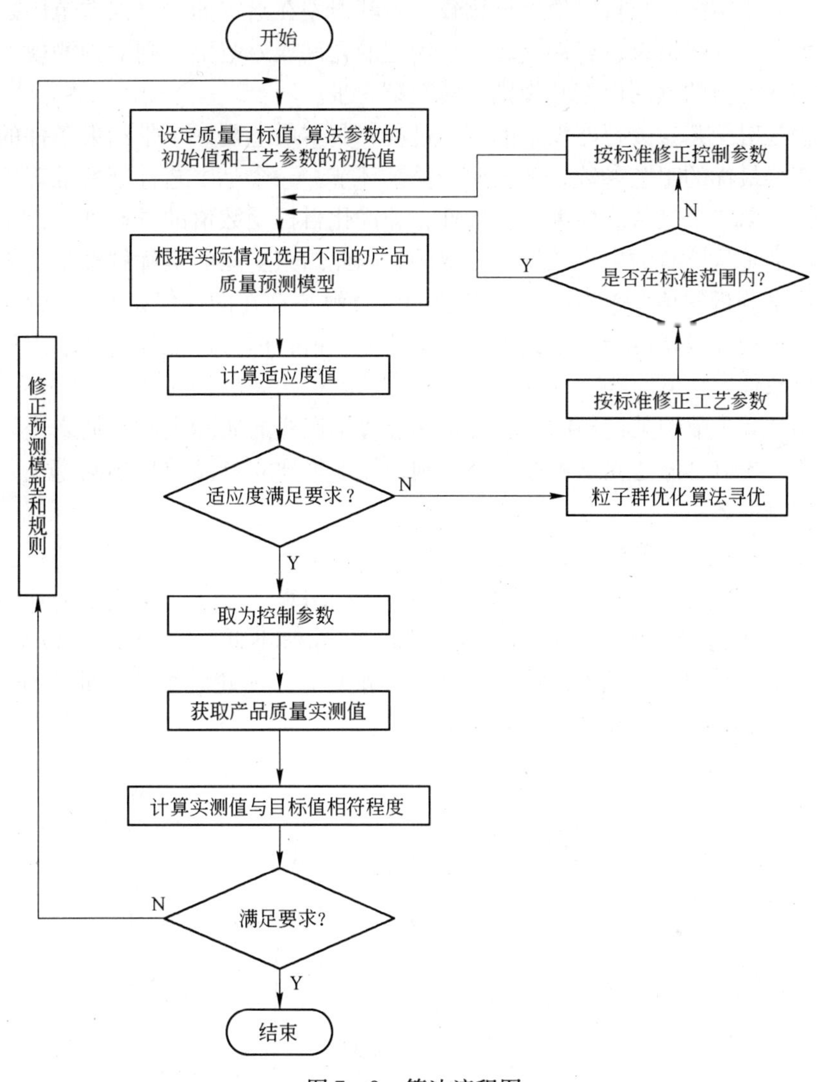

图 7-9　算法流程图

量预测值。

第 4 步，根据每个粒子的质量预测值，计算出与给定的质量目标值的绝对差值，并以此作为适应度值。

第 5 步，将适应度值与给定的阈值进行对比：若小于阈值，则该粒子停止寻优，并取适应度值最小的粒子所对应的工艺参数值作为最优工艺参数值，然后转至第 8 步；若大于阈值，则转至第 6 步。

第 6 步，根据粒子的适应度值来更新粒子的全局最优位置和个体最优位置，得到新的工艺参数值。

第 7 步，判断新的工艺参数值是否在工艺标准范围内，若在工艺标准范围内，则转至第 3 步；若工艺参数值 x 大于工艺标准中的最大值 x_{max}，则令 $x = x_{max}$；若工艺参数值 x 小于工艺标准中的最小值 x_{min}，则令 $x = x_{min}$，从而使工艺参数限定在工艺标准的范围内，然后转至第 3 步。

第 8 步，利用实测值与目标值进行比较，若其误差在给定的允许误差范围之内，则说明工艺参数可用，寻优结束；若误差超出了给定的允许误差范围，则对预测模型和工艺标准进行修正，获得新的预测模型和规则，转至第 3 步。

上述流程是对工艺参数智能设定的一个过程，其本质上是一个带约束条件的多变量优化问题。要获得最优的工艺参数，涉及两个关键环节：一个是工艺标准的准确性，即约束条件的准确性；第二个是预测模型的准确性，即优化目标函数值的准确性。由于作为约束条件的工艺标准是从已有的生产数据中提取的，因此约束空间的最优解都是工程意义上的可行解。从数学分析的角度来看，工艺参数的组合解是存在的，但是对于工业应用而言，在实际生产中，现场设备可能达不到求出的工艺参数值，因此标准是保证求出的工艺参数适用性的前提条件。

下面利用 7.2.3 节中某钢厂的冷轧带钢热镀锌生产线的实际生产数据来进行工艺参数的优化。在 7.2.3 节已经建立了神经网络规则，接下来建立产品质量预测模型，并根据模型获得最优控制参数。

7.2.4.1　建立产品质量预测模型

首先，对数据进行标准化处理，然后利用神经网络算法建立锌层重量的预测模型。该模型的预测精度达到 88.7%。由国家标准可知，实际值不低于设定值的 80% 认为合格，即预测精度大于 80% 认为是合格的。参照国家标准可知，所建立的锌层重量预测模型具有较高的建模精度，预测结果如图 7－10 所示。

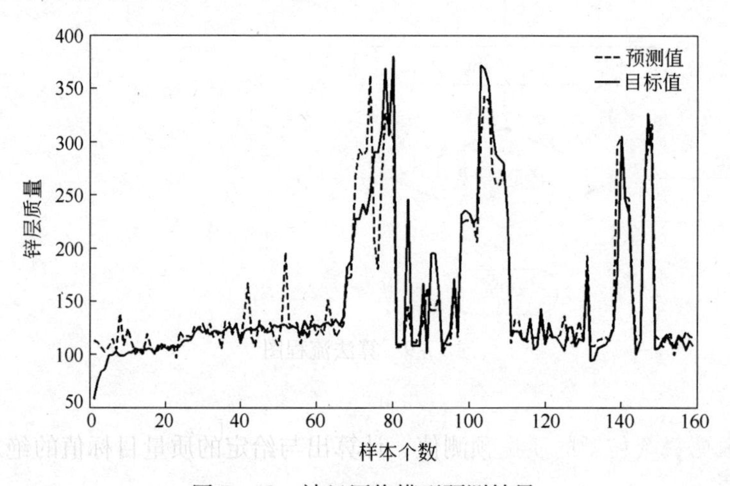

图 7－10　神经网络模型预测结果

7.2.4.2　基于 PSO 的最优控制参数获取

以控制参数作为每个粒子的位置，即 $\boldsymbol{X}_i=(p, v, D, B)$，根据给定的锌层重量的目标值找到对应的工艺标准，以标准的取值范围来约束粒子的寻优空间，从而保证粒子在每次的飞行迭代中，始终在标准范围内寻优。利用已建立的锌层重量神经网络预测模型计算出粒子的适应度值，若达到给定的适应度值，则粒子停止迭代，若未达到给定的适应度值，则继续更新粒子的全局最优位置和个体的最优位置，取适应度值最优的粒子所对应的控制参数值作为最终的控制参数值，并将得到的最优值用于实际的控制参数设定。在最优控制参数下进行生产，可以获得锌层重量的实测值，将该实测值与目标值进行对比，若在允许的误差范围之内，则认为达到了控制要求，否则需要对预测模型和工艺标准库进行修正，重新设定控制参数。

由于不同的锌层重量对应的标准条数不同，而不同工艺标准对应着不同的组合解。同时，在粒子群寻优的整个过程中，每个粒子都有其个体最优解，虽然这些解与粒子的全局最优解有一定的差异，但是这些解在实际生产当中也是可能存在的。因此，本文把这些解定义为控制参数的参考值，可以在这些参考值中选择最接近当前生产条件的一个组合作为控制参数的最终设定值。例如，对来料厚度 $B = 0.67$mm 的带钢，要求的锌层重量为 300g/m^2，那么首先根据给定的目标锌重找到对应的工艺标准，由此找到了规则 6，即

规则 6：若 $8.7 \leqslant p \leqslant 19.55$，$24.25 \leqslant D \leqslant 37.5$，$25 \leqslant v \leqslant 150$，$0.665 < B \leqslant 1.06$，则 $260 < W \leqslant 380$。

根据找到的工艺标准，初始化粒子的位置 $\boldsymbol{X}_i = (p, v, D, B)$，并利用标准约束粒子位置在 $8.7 \leqslant p \leqslant 19.55$，$24.25 \leqslant D \leqslant 37.5$，$25 \leqslant v \leqslant 150$，$B = 0.67$mm 范围之内寻优，利用预测模型计算粒子的适应度值，使粒子朝着锌重 300g/m^2 的方向寻找控制参数值，最终在工艺标准范围内找到 8 组符合要求的控制参数值，见表 7－7。

表 7－7 最优控制参数的参考值

编　号	压力 p	距离 D	速度 v	目标值 W
1	11.3	26.2	32.0	300.0
2	11.3	26.3	33.3	300.0
3	11.3	26.5	35.3	300.0
4	11.3	27.0	39.1	300.1
5	11.3	27.4	42.1	300.1
6	11.5	27.0	36.8	300.1
7	15.8	25.7	126.5	300.2
8	16.4	29.3	111.8	300.5

从表 7－7 中可以看出，这 8 组控制参数存在一定的差异性，主要体现在带钢速度 v 和距离 D 上。这是由于 v 和 D 是一对相关变量，一旦速度变化时，距离也应当做相应的调整，才能保障产品的质量在可控区内。现场可以在上述 8 组参考值中选择最接近当前生产条件的一个组合来作为控制参数的最终设定量。

综上所述，基于规则的工艺参数优化需要分为两步走，首先通过神经网络的建模和剪枝，提取出规则，建立工艺标准库；然后再利用 PSO 优化算法，在工艺标准范围的约束下进行最优控制参数的设定。

7.3 基于数据驱动的工艺参数动态调整

基于规则的工艺参数优化主要为了实现稳态生产过程而进行工艺参数设定，即生产过程处于正常状态，产品质量在允许的偏差范围内，要解决的是如何让质量指标更逼近用户期望的目标值。当产品质量出现异常时，就需要采用新的方法来及时调整工艺参数，一是要求时效性，避免出现更多的质量异常；二是要求准确性，通过工艺参数的调整能够使得

产品质量恢复正常。

下面介绍采用基于数据驱动的工艺参数调整方法。该方法更加强调的是一种在线动态调整策略，主要是通过数据驱动控制器来进行闭环反馈调节，使出现异常的生产状态能够及时地返回到正常状态，并使工艺参数较稳定的控制在最优设定值附近。

7.3.1　数据驱动的基本概念

要实现生产过程的优化控制需要考虑两个关键因素：受控对象和控制器设计。下面将从这两方面进行阐述。

（1）针对受控对象，主要是考虑建模的方法问题，可分为基于过程机理模型的方法和基于数据统计模型的方法。其中，基于机理模型的方法根据过程所遵循的物理化学规律建立关键变量之间的数学方程，具有精确性高、针对性强的特点，但该方法需要对过程的机理有深刻的认识，建模难度大。例如，传统板厚控制策略主要是通过经典的弹跳方程，在基本轧制原理的基础上，辅以不同类型的补偿，以获得精确的控制量。但由于热连轧轧制工艺的复杂性以及未知因素影响的不确定性，很难获得精确的数学模型。而基于数据统计模型的方法则是利用生产过程丰富的数据信息，运用多元统计分析理论建立关键变量与其他可测变量的统计回归模型，具有模型结构统一、建模方法简单和运行维护方便等优点，尤其适用于复杂生产过程，但要建立一个精度较高的统计模型，首先要有足够精确的生产过程数据，另外还要选择合理的模型结构。

（2）针对控制器设计，可以简单地分为基于模型的控制器和基于数据驱动的控制器。基于模型的控制器需要先建立系统的机理模型，然后再根据该模型建立相应的控制器；基于数据驱动的控制器是直接从 I/O 数据出发建立控制器。当受控系统的数学模型已知且精确时，这时可以利用基于模型的控制方法，如最优控制、自适应控制、鲁棒控制、预测控制等，可以有效地依据受控系统的控制模型及系统内部状态和输出的变化规律实现系统的优化控制。而当受控系统的数学模型未知时，或受控系统的模型的不确定性很大时，或受控系统的机理模型太复杂，阶数太高，实际中不便分析和设计时，我们就应该考虑应用数据驱动控制的理论和方法来解决实际的控制问题。

通过上述讨论，可以总结出如下两个基本概念：

（1）数据驱动。主要以多变量统计分析理论为基础，从受控系统的在线和离线的数据中找出规律性信息，分析变量间的相互关系，从而实现系统的预报、监控、诊断、决策和优化等各种功能。

（2）数据驱动控制。在数据驱动思想的指导下，在控制器的设计过程中，不是通过受控系统的机理模型实现优化控制，而是利用受控系统的在线和离线数据以及经过数据处理而得到的知识来设计控制器，并在一定的假设前提下，使所设计的控制器具有动态性、稳定性和鲁棒性。简而言之，数据驱动控制就是直接利用系统 I/O 数据设计控制器的方法。

数据驱动控制与传统的基于机理模型的控制在本质上是趋于一致的，都是来源于数据。具体来说，生产系统的时变性和不确定性在机理模型控制中是通过方程的形式进行显式表达的，而在数据驱动控制中则是蕴含在数据中的。从理论上讲，不管能否推导出数学方程，一个反馈控制器在控制过程中所需要的全部信息都已包含在输入/输出的数据之中。由此可以看出，数据和模型本身是可以互相转换的，对受控对象的知识掌握得越多，控制手段就应该越丰富，控制效果就应该越好。因此，数据驱动的控制理论和方法与基于机理模型的控制理论和方法是相互渗透并优势互补的关系。在本节中，主要讨论的是基于数据驱动的控制器设计及其应用问题。

7.3.2 数据驱动控制器的设计

通常出现质量偏差时，要求操作人员通过工艺参数的调整来纠正质量的偏差。另外，在试制新产品时或提出新的质量目标时，也会要求控制系统通过调整工艺参数来实现最佳的质量目标。如果过程控制系统中有较准确的机理模型，可以通过机理模型来优化工艺参数。但是，在实际工业生产中，这类机理模型往往很难建立。如何运用统计模型来实现质量的优化目标成为现实的要求。常用的控制模型有 PCA 控制器、PLS 控制器等。下面就分别对这两种典型的控制器进行介绍。

7.3.2.1 PCA 控制器

基于 PCA 算法的控制器，简称主元控制器。由原料变量和工艺参数变量构成了输入变量 $\boldsymbol{X}$，通过对输入变量 $\boldsymbol{X}$ 进行数据的采集和重整，可以形成输入矩阵 $\boldsymbol{X}_{n\times p}$。为描述的简便，将 $\boldsymbol{X}_{n\times p}$ 看作是已经过标准化处理的输入矩阵，对该矩阵进行主元分析，得到 $\boldsymbol{X}_{n\times p}$ 的主元模型为

$$\boldsymbol{X}_{n\times p}=\boldsymbol{T}\boldsymbol{L}^{\mathrm{T}}+\boldsymbol{E} \tag{7-12}$$

其中，$\boldsymbol{T}$ 为主成分矩阵（也称为主元矩阵）；$\boldsymbol{L}$ 为主方向矩阵；$\boldsymbol{E}$ 为模型残差。

通过对 $\boldsymbol{X}_{n\times p}$ 进行主元分析，可以将原始 p 维空间压缩为 h 维空间（$h<p$），利用这 h 个主方向来描述 $\boldsymbol{X}$ 变量之间的相关性。由此可以看出，主方向矩阵 $\boldsymbol{L}$ 实质上是给出了工艺参数调整的方向。有关主元分析的内容详见第 5 章。

由产品质量指标构成的输出变量为 $\boldsymbol{Y}$，即输入矩阵 $\boldsymbol{X}_{n\times p}$ 对应的输出矩阵为 $\boldsymbol{Y}_{n\times q}$，利用主元回归的思想可以建立如下的产品质量模型

$$\boldsymbol{Y}_{n\times q}=\boldsymbol{T}\boldsymbol{B}+\boldsymbol{F} \tag{7-13}$$

其中，$\boldsymbol{T}$ 为式（7-12）提取出的主元矩阵；$\boldsymbol{B}$ 为主元回归模型系数；$\boldsymbol{F}$ 为回归模型的误差。

设产品质量的目标值为 $\boldsymbol{Y}_{\mathrm{d}}$，在第 i 个采样时刻对应的质量指标的值为 $\boldsymbol{y}_{(i)}$。当产品质量出现偏差时，需要通过第 i 时刻的质量偏差 $\Delta\boldsymbol{Y}=\boldsymbol{Y}_{\mathrm{d}}-\boldsymbol{y}_{(i)}$ 来确定主元的偏差 $\Delta\boldsymbol{T}$。具体计算式如下

$$\Delta\boldsymbol{T}=\Delta\boldsymbol{Y}\boldsymbol{B}^{+} \tag{7-14}$$

其中，$\boldsymbol{B}^{+}$ 为 $\boldsymbol{B}$ 的广义逆。

在此基础上，再将主元偏差 $\Delta\boldsymbol{T}$ 映射到 $\boldsymbol{X}$ 空间中，就可以得到

$$\Delta\boldsymbol{X}=\Delta\boldsymbol{T}\boldsymbol{L}^{\mathrm{T}}=\Delta\boldsymbol{Y}\boldsymbol{B}^{+}\boldsymbol{L}^{\mathrm{T}} \tag{7-15}$$

其中，$\Delta\boldsymbol{X}$ 为各输入变量的调整量。

由于 $\Delta\boldsymbol{X}$ 是 $\boldsymbol{X}$ 标准化后得到的调整量，所以需将 $\Delta\boldsymbol{X}$ 进行反标准化，实际的调整量为

$$\Delta\widetilde{\boldsymbol{X}}=\Delta\boldsymbol{X}\boldsymbol{D}_{x}=\Delta\boldsymbol{Y}\boldsymbol{B}^{+}\boldsymbol{L}^{\mathrm{T}}\boldsymbol{D}_{x} \tag{7-16}$$

其中，$\boldsymbol{D}_{x}$ 为 $\boldsymbol{X}_{n\times p}$ 的标准差组成的对角矩阵。

在建立模型的过程中，输入变量 $\boldsymbol{X}$ 是由原料变量和工艺参数变量构成的。但在实际的工艺参数调整中，原料变量，如来料的化学成分、厚度等参数是不能调整的，只能对工艺

控制参数进行调整。此时，就不能直接通过式（7－15）来计算输入变量的调整量 $\Delta \boldsymbol{X}$，而需要按照如下方法进行变换。

假设输入变量 $\boldsymbol{X}$ 中有 1 个变量不能被调整（不妨设为最后一个变量 X_p），剩余的 $p-1$ 个变量能够调整，即 $\boldsymbol{X}_{可调}=[X_1, X_2, \cdots, X_{(p-1)}]$，则原始的输入变量可以表示为 $\boldsymbol{X}=[\boldsymbol{X}_{可调}, X_p]$。对于 PCA 方法，主成分矩阵 $\boldsymbol{T}=\boldsymbol{X}_{n\times p}\boldsymbol{L}$，于是有 $\Delta \boldsymbol{T}=\Delta \boldsymbol{X}\boldsymbol{L}$，写成可调整变量 $\boldsymbol{X}_{可调}$和不可调整变量 X_p 的形式为

$$\Delta T=[\Delta X_{可调}, \Delta X_p]\begin{bmatrix}\boldsymbol{L}_{可调}\\ \boldsymbol{l}_{(p)}\end{bmatrix}=\Delta \boldsymbol{X}_{可调}\boldsymbol{L}_{可调}+\Delta X_p\boldsymbol{l}_{(p)}=\Delta \boldsymbol{X}_{可调}\boldsymbol{L}_{可调} \tag{7-17}$$

其中，变量 X_p 不可调，即 $\Delta X_p=0$；$\boldsymbol{l}_{(p)}$为主方向 $\boldsymbol{L}$ 矩阵的第 p 行；$\boldsymbol{L}_{可调}$为主方向 $\boldsymbol{L}$ 矩阵去除 $\boldsymbol{l}_{(p)}$后剩下的矩阵。

根据式（7－17）可以推导出工艺参数调整量 $\Delta \boldsymbol{X}_{可调}$的计算公式为

$$\Delta \boldsymbol{X}_{可调}=\Delta \boldsymbol{T}\boldsymbol{L}_{可调}^{+} \tag{7-18}$$

其中，$\boldsymbol{L}_{可调}^{+}$为 $\boldsymbol{L}_{可调}$的广义逆矩阵，最后再按式（7－16）进行反标准化，求得工艺参数的实际调整量。

通过上述分析可以看出，对于某些工艺参数不能调整的情况，可以根据矩阵的运算法则来进行变换，若输入变量 $\boldsymbol{X}$ 中的第 j 个变量不能被调整，则对应删除主方向 $\boldsymbol{L}$ 矩阵中的第 j 行，再利用式（7－18）就可以计算出工艺参数的调整量。

将主元控制器的优点归纳如下：

（1）经过主元分析后，主元的个数 h 往往远小于输入变量的个数 p，因此可以大大简化过程控制模型的复杂度，提高模型的计算速度，也有利于实时反馈控制器的设计与实现。

（2）主元分析中的主方向量 $\boldsymbol{L}$ 是相互独立的、正交的，调整某个主元不会破坏变量间的相关性，这与调整单个变量的方式不同，采用单个变量调整需与相关的变量做同步调整才能确保变量间的相关性，否则会造成质量偏差。

图 7－11 为主元控制器的调整量计算示意图。设当前的实测点为 A，该实测点超出了控制限，说明生产过程出现了异常，需要将其“拉”回到控制限内，假设目标点为 B。根据主元控制器的原理，可以将实测点与目标点的偏差分别向两个主方向 $\boldsymbol{l}_1$ 和 $\boldsymbol{l}_2$ 上投影，得到主元的偏差量为 $\Delta \boldsymbol{T}_1$ 和 $\Delta \boldsymbol{T}_2$，再利用式（7－15）和式（7－16）就可以得到工艺参数的实际调整量，从而实现对失控生产过程的调整。

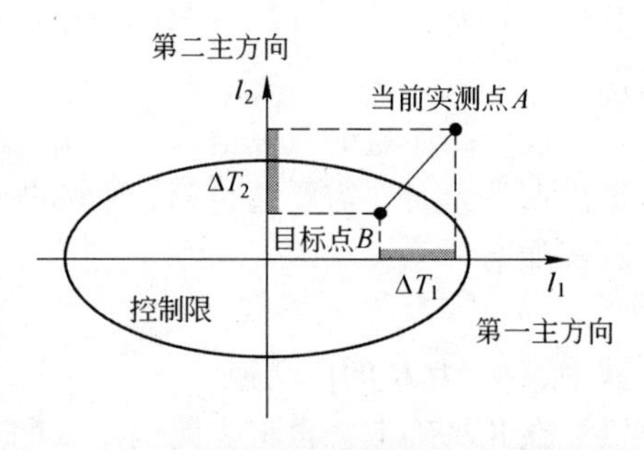

图 7－11　主元控制器的调整量计算示意图

主元控制器的上述优点使得质量控制模型更加简洁、准确。如果在线质量监控中，出现质量偏差，需要对工艺参数做在线调整，就可以采用这种方式来调整工艺参数，以满足产品质量的稳定性要求。为获得理想的控制效果，在实际的使用过程中需要注意如下几个问题：

（1）主元控制器模型是建立在提取出的 h 个主元基础上的，模型本身存在误差 $\boldsymbol{E}$，质量的实际偏差还需通过质量的实测值来微调工艺参数，以确保工艺参数调整后达到质量的真实目标值。

（2）在实际工业生产中，工艺装备的性能往往存在随机因素，如工况的变化、传感器误差、非线性因素等。这些随机扰动因素也会造成工艺参数调整后，质量真实值的波动。因此，需要在实际操作中不断验证模型的精度。

（3）在工艺参数调整过程中，建议采用逐步逼近的方法，即每次调整一个步长，观察参数调整后质量指标的变化情况，逐步调整到目标值。因为控制系统大多具有动态特性，过大的调整量容易造成系统失稳，造成质量的更大偏差。

7.3.2.2 PLS 控制器

PCA 得到的主成分矩阵反映的是 $\boldsymbol{X}$ 的协方差，PLS 得到的主成分矩阵反映的是 $\boldsymbol{X}$ 与 $\boldsymbol{Y}$ 之间的协方差。换句话说，PLS 对输出变量在进行降维分解后，得到输出变量的主成分矩阵，再对输入与输出的主成分矩阵进行线性回归。由此可以看出，PLS 不同于仅对 $\boldsymbol{X}$ 进行主元分析的 PCA 算法，而是构造了一个隐变量空间，在隐变量空间中建立自变量和因变量之间的偏回归关系。正因为这个特点，基于 PLS 算法的控制器设计和操作优化逐渐成为研究的热点。

为方便后续的讨论，这里将标准的 PLS 算法列出如下。设经过标准化处理的自变量数据矩阵 $\boldsymbol{X}_{n\times p}\in\boldsymbol{R}^p$ 和因变量数据矩阵 $\boldsymbol{Y}_{n\times q}\in\boldsymbol{R}^q$，其中 n 为样本数，p 和 q 分别为工艺参数（自变量）和质量指标（因变量）的个数，PLS 算法可简要地由外部关系和内部关系来描述。其中，外部关系可表示为

$$\boldsymbol{X}_{n\times p}=\boldsymbol{TP}^{\mathrm{T}}+\boldsymbol{E}_h=\sum_{j=1}^{h}t_jp_j^{\mathrm{T}}+\boldsymbol{E}_h \tag{7-19}$$

$$\boldsymbol{Y}_{n\times q}=\boldsymbol{UR}^{\mathrm{T}}+\boldsymbol{F}_h=\sum_{j=1}^{h}u_jr_j^{\mathrm{T}}+\boldsymbol{F}_h \tag{7-20}$$

内部关系可表示为

$$\boldsymbol{U}=\boldsymbol{TB}\qquad \boldsymbol{u}_j=\boldsymbol{b}_j\boldsymbol{t}_j\quad (j=1,\ 2,\ \cdots,\ h) \tag{7-21}$$

$$\boldsymbol{b}_j=\frac{\boldsymbol{U}^{\mathrm{T}}\boldsymbol{t}_j}{\boldsymbol{t}_j^{\mathrm{T}}\boldsymbol{t}_j} \tag{7-22}$$

其中，h 为主元的个数，$\boldsymbol{b}_j$ 组成了 B 的第 j 行。于是建立起来的模型为

$$\boldsymbol{Y}_{n\times q}=\boldsymbol{UR}^{\mathrm{T}}+\boldsymbol{F}_h=\boldsymbol{TBR}^{\mathrm{T}}+\boldsymbol{F}_h^* \tag{7-23}$$

由式（7-19）和式（7-20）可以看出，在外部关系中，$\boldsymbol{P}$ 和 $\boldsymbol{R}$ 分别是自变量和因变量的负荷矩阵，分别对应于两个不同变量空间。在公式（7-21）中，$\boldsymbol{T}$ 和 $\boldsymbol{U}$ 分别是自变量和因变量提取出的主成分，通过矩阵 $\boldsymbol{B}$ 建立了主成分 $\boldsymbol{T}$ 和 $\boldsymbol{U}$ 之间的关系，矩阵 $\boldsymbol{B}$ 实质是模型内部关系的回归矩阵。由此可以得到如式（7-23）所示，在变量空间 $\boldsymbol{R}$ 中，建立起的 $\boldsymbol{Y}_{n\times q}$ 的回归方程，其中 $\boldsymbol{F}_h^*$ 为回归模型的预测误差。

由于 PLS 是在对 $\boldsymbol{X}_{n\times p}$ 和 $\boldsymbol{Y}_{n\times q}$ 进行标准化处理后建立的统计模型，所以需先对 $\boldsymbol{X}_{n\times p}$ 和 $\boldsymbol{Y}_{n\times q}$ 进行标准化处理，然后确定 $\boldsymbol{X}_{n\times p}$ 的标准差组成的对角矩阵 $\boldsymbol{D}_x$ 和 $\boldsymbol{Y}_{n\times q}$ 的标准差组成的对角矩阵 $\boldsymbol{D}_y$，以及负荷矩阵 $\boldsymbol{P}$ 和 $\boldsymbol{R}$，回归系数矩阵 $\boldsymbol{B}$。具体过程参见第 5.3.2 节内容。

从式（7-23）可得

$$\begin{aligned}\Delta\boldsymbol{Y}&=\Delta\boldsymbol{UR}^{\mathrm{T}}\\ \Delta\boldsymbol{U}&=\Delta\boldsymbol{Y}(\boldsymbol{R}^{\mathrm{T}})^{+}\end{aligned} \tag{7-24}$$

其中，$(\boldsymbol{R}^{\mathrm{T}})^{+}$ 为 $\boldsymbol{R}^{\mathrm{T}}$ 的广义逆。

由式（7－21）可得

$$\Delta \boldsymbol{U} = \Delta \boldsymbol{T} \boldsymbol{B}$$
$$\Delta \boldsymbol{T} = \Delta \boldsymbol{U} \boldsymbol{B}^{-1} = \Delta \boldsymbol{Y}(\boldsymbol{R}^{\mathrm{T}})^{+} \boldsymbol{B}^{-1} \tag{7-25}$$

再由式（7－19）可得

$$\Delta \boldsymbol{X} = \Delta \boldsymbol{T} \boldsymbol{P}^{\mathrm{T}} = \Delta \boldsymbol{Y}(\boldsymbol{R}^{\mathrm{T}})^{+} \boldsymbol{B}^{-1} \boldsymbol{P}^{\mathrm{T}} \tag{7-26}$$

由于 $\Delta \boldsymbol{X}$ 是 $\boldsymbol{X}$ 标准化后得到的调整量，所以需将 $\Delta \boldsymbol{X}$ 进行反标准化，实际的调整量为

$$\Delta \widetilde{\boldsymbol{X}} = \Delta \boldsymbol{X} \boldsymbol{D}_x = \Delta \boldsymbol{Y}(\boldsymbol{R}^{\mathrm{T}})^{+} \boldsymbol{B}^{-1} \boldsymbol{P}^{\mathrm{T}} \boldsymbol{D}_x \tag{7-27}$$

同 PCA 控制器一样，PLS 控制器也需要考虑一些不可调变量的情况。假设输入矩阵 $\boldsymbol{X}$ 中的最后一个变量不能被调整，剩余的可调整变量组成新矩阵 $\boldsymbol{X}_{可调}$。对于 PLS 建模方法，主方向矩阵 $\boldsymbol{T}^*$ 可直接通过 5.3.2 节的式（5－44）直接求得，则有

$$\Delta \boldsymbol{T} = \Delta \boldsymbol{X} \boldsymbol{L}^* = [\Delta \boldsymbol{X}_{可调}, \Delta X_p] \begin{bmatrix} \boldsymbol{L}^*_{可调} \\ \boldsymbol{l}^*_{(p)} \end{bmatrix} = \Delta \boldsymbol{X}_{可调} \boldsymbol{L}^*_{可调} + \Delta X_p \boldsymbol{l}^*_{(p)} = \Delta \boldsymbol{X}_{可调} \boldsymbol{L}^*_{可调} \tag{7-28}$$

其中，$\boldsymbol{l}^*_{(p)}$ 为 $\boldsymbol{L}^*$ 矩阵的第 p 行，第 p 个变量不可调就对应删除 $\boldsymbol{L}^*$ 矩阵中的第 p 行，$\boldsymbol{L}^*_{可调}$ 为 $\boldsymbol{L}^*$ 矩阵删除第 p 行后剩下的矩阵。于是，可求得的基于 PLS 模型的工艺参数调整量为

$$\Delta \boldsymbol{X}_{可调} = \Delta \boldsymbol{T}(\boldsymbol{L}^*_{可调})^{+} \tag{7-29}$$

其中，$(\boldsymbol{L}^*_{可调})^{+}$ 为 $\boldsymbol{L}^*_{可调}$ 的广义逆，再按式（7－27）反标准化后，就可求得工艺参数的实际调整量。

PLS 控制器的设计流程如图 7－12 所示。$\boldsymbol{D}_x$ 和 $\boldsymbol{D}_y$ 分别是 $\boldsymbol{X}_{n\times p}$ 和 $\boldsymbol{Y}_{n\times q}$ 各列标准差组成的对角矩阵，$(\boldsymbol{R}^{\mathrm{T}})^{+}$ 为 $\boldsymbol{R}^{\mathrm{T}}$ 的广义逆，G_{c} 为控制器，G_{p} 为实际受控系统，G_{d} 为系统扰动。

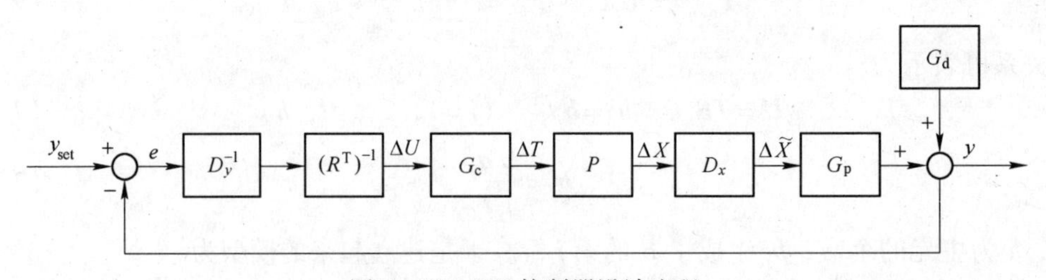

图 7－12　PLS 控制器设计流程

根据图 7－12 可知，在 PLS 控制器的设计过程中，把建模得到的 $\boldsymbol{X}$ 和 $\boldsymbol{Y}$ 的负荷矩阵 $\boldsymbol{P}$ 和 $\boldsymbol{R}$ 分别作为预补偿器和后补偿器。在这种补偿环节下，控制器 G_{c} 由内部关系模型 $\boldsymbol{B}$ 设计得到。控制器 G_{c} 对传送过来的质量指标偏差 $\Delta \boldsymbol{U} = (\boldsymbol{y}_{\mathrm{set}} - \boldsymbol{y})\boldsymbol{R}^{+}$ 产生响应，得到控制器的输出 $\Delta \boldsymbol{T}$；然后将所得的输出通过负荷矩阵 $\boldsymbol{P}$ 的投影，并转换为控制参数所对应的 $\Delta \boldsymbol{X}$，在对 $\Delta \boldsymbol{X}$ 进行反标准化处理后得到实际的调整量 $\Delta \widetilde{\boldsymbol{X}}$，并输入到实际受控系统 G_{p} 中，最终实现对生产过程的实时控制与反馈。

PLS 控制器有如下优点：（1）预补偿器 $\boldsymbol{P}$ 和后补偿器 $\boldsymbol{R}$ 实质是自变量和因变量分别经过主元分析后所得到的隐变量空间，将数据从原始空间投影到隐变量空间，同时也可将数据从隐变量空间返回到原始空间中，由于隐变量空间是由相互独立的主元变量构成的，因此多输入多输出 MIMO 的控制器设计问题就可以简化为几个单输入单输出 SISO 的控制器设计问题，过程得到简化；（2）PLS 模型是基于数据建立的，只要能获得足够的过程精确数据，便可以建立模型，不依赖于任何机理模型，可以实时给出操作变量 X 所对应的调

控值。

但需要指出的是：如果模型残差 $\| \boldsymbol{F}_h^* \|$ 趋于零，则可以获得理想的控制效果；但如果残差 $\boldsymbol{F}_h^*$ 较大，模型存在误差，控制器的性能将会受到影响。因此，需要利用足够多可靠的过程数据来建立模型，尽可能地减小模型误差。

综上所述，无论是 PCA 控制器，还是 PLS 控制器，这两个数据驱动控制器的核心都是从生产实际数据出发，建立过程统计模型，将主元矩阵 $\boldsymbol{T}$ 看作是原始数据的权重矩阵，通过获得权重矩阵的调整量 $\Delta\boldsymbol{T}$，就可实现对控制参数 $\boldsymbol{X}$ 的调整，即控制参数的调整量为 $\Delta\boldsymbol{X}=\Delta\boldsymbol{T}\times\boldsymbol{L}^+$，可以将 $\Delta\boldsymbol{X}$ 作为现场控制参数调整的参考值。

7.3.3 数据驱动控制器的应用

以另一条带钢热镀锌生产线为研究对象，每一卷带钢为一个取样点，分别采集气刀参数、机组运行速度、带钢厚度等工艺参数和带钢下表面锌层重量等数据。数据样本的统计结果见表 7－8。表中有 4 个工艺参数和 1 个质量指标，记 4 个工艺参数为 X_1、X_2、X_3、X_4，1 个质量指标为 Y，下面通过 PCA 控制器和 PLS 控制器对工艺参数进行调整。

表 7－8 数据样本的统计结果表

项　目	变 量 名 称	最大值	最小值	平均值	标准差
工艺参数	气刀压力/kPa	46.9984	7.5002	25.7870	7.7598
	气刀到带钢的距离/mm	32.2000	9.9990	14.2959	3.9539
	机组速度/$m \cdot min^{-1}$	150.0000	37.7870	113.9872	26.5186
	带钢厚度/mm	2.5000	0.3500	0.9309	0.4276
质量指标	表面平均锌重/$g \cdot m^{-2}$	149.0000	40.0000	85.8420	20.7236

7.3.3.1 PCA 控制器

首先对原始数据进行标准化处理，再建立 PCA 主元模型。经过计算，取前 3 个主成分时可以达到 97.04% 的累积贡献率。在此基础上，利用式（7－13）建立产品质量的主元回归模型为

$$\boldsymbol{Y}=0.2241\boldsymbol{t}_1-0.3753\boldsymbol{t}_2-1.2710\boldsymbol{t}_3 \tag{7-30}$$

下面以某个具体的样本点来说明工艺参数调整的思路。实测得到样本点的工艺参数分别为：压力为 19.054kPa、气刀到带钢的距离为 27.828mm、机组速度为 72.332m/min、带钢厚度为 1.5mm，质量指标为 138g/m^2。根据该企业的生产标准，质量指标的目标值应为 140g/m^2。由此可以看出，当前的质量指标未能达到目标值，需要调整工艺参数，使质量指标尽可能地逼近目标值。

首先，计算出质量的偏差为

$$\Delta\boldsymbol{Y}=(140-138)/20.7236=0.0965 \tag{7-31}$$

需要说明的是，$\Delta\boldsymbol{Y}$ 是经过标准化处理后的结果。

然后，根据式（7－14）计算出主元调整量为

$$\Delta\boldsymbol{T}=\Delta\boldsymbol{Y}\boldsymbol{B}^+=0.0965\times\begin{bmatrix}0.2241\\-0.3753\\-1.2710\end{bmatrix}^+=[-0.0120,\ -0.0200,\ -0.0679] \tag{7-32}$$

在热镀锌实际生产过程中，带钢厚度作为来料信息，是无法对其进行参数调整的，故需要将厚度的调整量定为 $\Delta X_4=0$，而只能对气刀压力、气刀到带钢的距离和机组速度这 3 个工艺参数进行调整。基于上述考虑，就无法直接通过式（7－15）来计算出工艺参数的调整量 $\Delta\boldsymbol{X}$，可通过式（7－18）来求工艺参数的调整量为

$$\begin{aligned}\Delta\boldsymbol{X}_{可调} &= [\Delta X_1,\Delta X_2,\Delta X_3]\\ &=\Delta\boldsymbol{T}\times\boldsymbol{L}^{+}_{可调}\\ &=[-0.0120,\ -0.0200,\ -0.0679]\times\begin{bmatrix}-0.4801 & -0.4926 & 0.7135\\ 0.3563 & -0.8654 & -0.3498\\ -0.5734 & -0.0779 & -0.2978\end{bmatrix}^{+}\\ &=[-0.0506,0.0474,0.0510]\end{aligned} \tag{7-33}$$

需要说明的是，原始的主方向矩阵为 $L=\begin{bmatrix}-0.4801 & -0.4926 & 0.7135\\ 0.3563 & -0.8654 & -0.3498\\ -0.5734 & -0.0779 & -0.2978\\ 0.5602 & 0.0484 & 0.5291\end{bmatrix}$，因为第 4 个变量带钢厚度不可调整，则对应地将主方向矩阵中的第 4 行删除，直接利用前 3 行数据来参与矩阵运算。

最终，根据式（7－16）得到工艺参数的实际调整量 $\Delta\widetilde{\boldsymbol{X}}_{PCA}$ 为

$$\begin{aligned}\Delta\widetilde{\boldsymbol{X}}_{PCA} &= [-0.0506,\ 0.0474,\ 0.0510]\times\begin{bmatrix}7.7598 & & \\ & 3.9539 & \\ & & 26.5186\end{bmatrix}\\ &= [-0.3930,\ 0.1875,\ 1.3520]\end{aligned} \tag{7-34}$$

根据计算结果可知，将锌层重量 $138\mathrm{g/m^2}$ 调整为 $140\mathrm{g/m^2}$，需要对工艺参数进行如下调整：气刀压力减少 0.3930kPa，气刀到带钢的距离增加 0.1875mm，机组速度提高 1.3520m/min。

7.3.3.2　PLS 控制器

采用 PLS 控制器对相同的样本进行处理，比较两个控制器的差异性。

首先，将数据进行标准化处理，然后利用式（7－23）建立 PLS 主元模型，通过交叉有效性验证，确定主成分的个数为 3，建立的 PLS 主元回归模型为

$$\boldsymbol{Y}=0.4566\boldsymbol{t}_1+0.7451\boldsymbol{t}_2+0.3572\boldsymbol{t}_3 \tag{7-35}$$

然后，根据式（7－25）计算出主元调整量为

$$\begin{aligned}\Delta\boldsymbol{T} &= \Delta\boldsymbol{Y}(\boldsymbol{R}^{\mathrm{T}})^{+}\boldsymbol{B}^{-1}\\ &=0.0965\times\begin{bmatrix}1\\1\\1\end{bmatrix}^{+}\times\begin{bmatrix}0.4566 & & \\ & 0.7451 & \\ & & 0.3572\end{bmatrix}^{-1}=[0.0705,0.0432,0.0901]\end{aligned} \tag{7-36}$$

其中，0.0965 为经过标准化处理后的质量偏差，$[1,\ 1,\ 1]^{\mathrm{T}}$ 为提取质量指标成分时的方向矩阵。

与主元控制器的情况类似，带钢厚度是不能进行调整的，因此不能直接通过式(7－26)来计算出各工艺参数的调整量，需要进行如下变换

$$\Delta \boldsymbol{X}_{可调} = [\Delta X_1, \Delta X_2, \Delta X_3] = \Delta \boldsymbol{T}(\boldsymbol{L}^*_{可调})^+$$

$$= [0.0705, 0.0432, 0.0901] \times \begin{bmatrix} -0.5631 & -0.3842 & 0.9739 \\ 0.7854 & -0.7868 & -0.2208 \\ -0.1814 & 0.5819 & 0.4340 \end{bmatrix}^+ \quad (7-37)$$

$$= [-0.1011, 0.0144, -0.0121]$$

最后，根据式（7－27）反标准化得到工艺参数的实际调整量 $\Delta \widetilde{\boldsymbol{X}}_{PLS}$ 为

$$\Delta \widetilde{\boldsymbol{X}}_{PLS} = [-0.1011, 0.0144, -0.0121] \times \begin{bmatrix} 7.7598 & & \\ & 3.9539 & \\ & & 26.5186 \end{bmatrix} \quad (7-38)$$

$$= [-0.7847, 0.0570, -0.3200]$$

根据计算结果可知，要将锌层重量 138g/m^2 调整为 140g/m^2，需要对工艺参数进行如下调整：气刀压力减少 0.7847kPa，气刀到带钢的距离增加 0.0570mm，机组速度减小 0.3200m/min。

为比较 PCA 控制器和 PLS 控制器计算结果的差别，将工艺参数的调整信息统计于表 7－9中。从表 7－9 中可以看出，两个控制器对气刀压力 p 和气刀到带钢的距离 D 这两个工艺参数的调整量比较接近，最大的差别在于对机组速度的调整，PCA 控制器要提高机组速度，而 PLS 控制器是要降低机组速度。这主要是由于 PCA 控制器和 PLS 控制器的控制模型不同而导致的。通过计算发现，式（7－30）PCA 回归模型的相对预测误差为 7.81%，式（7－35）PLS 回归模型的相对预测误差为 6.96%，说明 PLS 控制器模型的精度要比 PCA 控制器模型的精度高。通过实验验证，利用 PLS 控制器对工艺参数的调整效果更好，核心在于 PCA 控制器仅考虑了自变量的影响，而 PLS 控制器除了考虑自变量的影响外，还考虑因变量的牵制作用。因此，在进行工艺参数调整时，应该选用模型精度更高的 PLS 控制器，以获得更准确的工艺参数调整量。

表 7－9 两个控制器工艺参数调整结果比较

控制器	气刀压力/kPa		气刀到带钢的距离/mm		机组速度/m · min^{-1}	
	调整量 Δp	控制量 p	调整量 ΔD	控制量 D	调整量 Δv	控制量 v
PCA 控制器	－0.3930	18.66	0.1875	28.02	1.3520	73.68
PLS 控制器	－0.7847	18.26	0.0570	27.89	－0.3200	72.01

在实际应用中需要注意如下两个问题：

（1）无论是 PCA 控制器还是 PLS 控制器，都会存在建模误差，系统的随机干扰会对模型精度产生影响，因此在进行工艺参数调整时，要不断地验证模型的精度。

（2）在实际生产过程中，需要将工艺参数按照"小步长"的调整量来逼近控制模型给出的调整量 ΔX_i，这样可有利于保证生产的稳定顺行，不至于引起较大的质量波动。

7.4 工艺流程的优化

企业能否生产出高质量的产品取决于各种因素，除了严格管理生产过程中的各个环节外，还需要从技术层面上优化工序流程，通过质量监控系统不断地发现问题，解决问题。

在优化工序流程时，首先需要了解流程中工艺装备的能力。本节主要是从工艺装备的能力来阐述工艺流程的优化方法。

7.4.1　工艺装备的能力

对于稳定的生产过程而言，过程所能生产出的满足质量要求的产品或原料的能力称为该工艺装备的过程能力。假设某一工艺装备对产品质量指标的性能控制能力的界限为80～120，如炼钢工序，对钢水中的非金属元素（O、H、N、S、P）总含量的控制范围在$(100 \pm 20) \times 10^{-6}$。如果在稳定生产情况下，钢水中的非金属元素（O、H、N、S、P）服从正态分布$N(\mu, \sigma^2)$，要求平均值为$\mu = 100 \times 10^{-6}$，方差$\sigma = 6.6 \times 10^{-6}$，即满足$\mu \pm 3\sigma$的要求。这种情况下，产品质量指标界限的宽度正好合适。通常，工艺装备的过程能力与产品质量指标6σ控制限之间存在如下三种关系：

（1）过程能力界限与质量指标6σ相符，则称该工艺装备具有中等过程能力，如图7－13（a）所示。

（2）过程能力界限大于质量指标6σ，则称该工艺装备具有较高过程能力，如图7－13（b）所示。

（3）过程能力界限小于质量指标6σ，则称该工艺装备具有较低过程能力，如图7－13（c）所示。

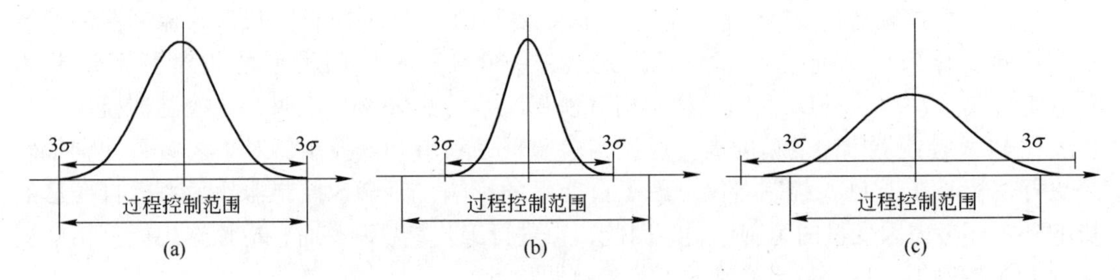

图7－13　工艺装备的过程能力与质量指标间的关系
（a）中等过程能力；（b）较高过程能力；（c）较低过程能力

7.4.2　工艺装备的能力分析

在对装备的过程能力进行分析的过程中，需要注意以下两点：

（1）在操作过程中，应尽量使方差控制在一个合理的范围，通过控制方差来提高控制水平，如图7－14所示。

（2）观察均值的波动情况，是离散的个别点出现质量异常还是连续地出现质量异常。当工艺参数和原料并没有出现大的波动时，但连续发生质量异常时，就应当考虑是否出现了工况的变化，使装备的过程能力下降，如图7－15所示。

在工艺装备过程能力分析中，需要根据不同产品质量要求和质量现状，有针对性地提出解决方案，主要包括以下几个方面：

（1）根据质量波动的情况，确定哪个工序、哪台装备出现了质量问题？

（2）确定出现问题的装备的过程能力是否满足工艺规范的控制范围？

（3）如果满足控制范围，是否由于操作过程中有不符合操作规程的操作，是违规操作还是其他原因造成了质量超差？

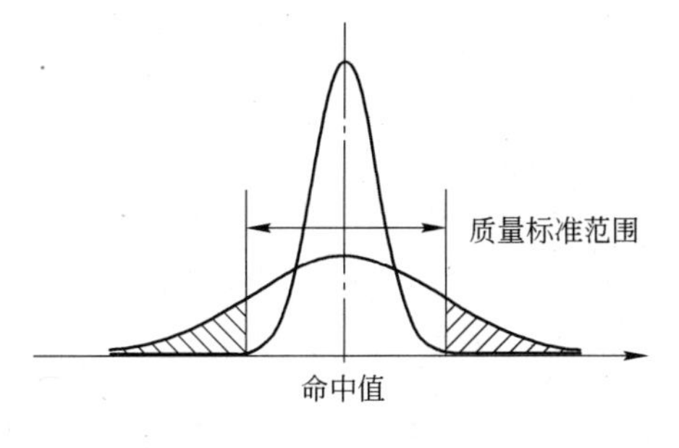

图 7－14 方差对控制水平的影响

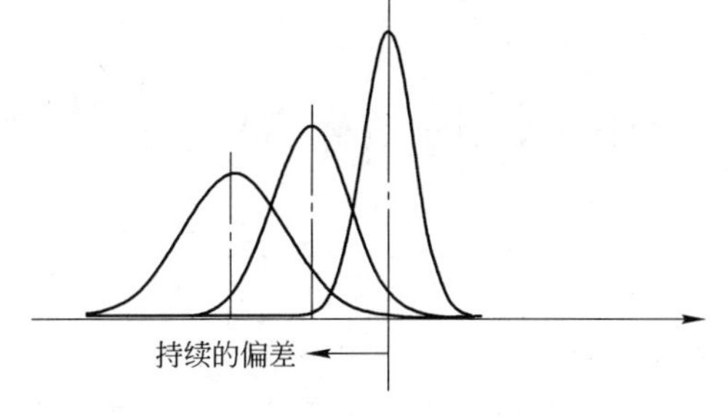

图 7－15 持续偏差对控制水平的影响

（4）如果操作符合规程要求，但仍存在持续的质量偏差，就应分析装备在服役过程中，工况的改变对质量的影响，即装备的过程能力是否持续下降。此外，还需要考虑其他因素，如原料波动、环境变化、操作人员经验、传感器精度等其他方面的原因。

7.4.3 工艺装备的能力优化

工艺流程的优化涉及方方面面的因素，包括工艺装备的过程能力、操作水平、生产成本等。这里仅仅从工艺装备的过程能力来提出工艺流程的优化方案。优化和提升工艺装备的过程能力需从以下几个环节不断修正：

（1）根据工艺要求，选择合适的工艺装备。

（2）采集不同产品规格要求下的质量指标数据，分析工艺装备在生产过程中历史数据中质量指标的均值和方差的分布情况。

（3）检验装备的过程能力是否满足生产要求，尤其是在生产高端产品时，检验装备过程能力能否满足极限条件下的过程控制。

（4）如果不能满足要求，可以考虑重新选择工艺装备，或是针对现有装备，提高其过程能力，如优化工艺参数、提高操作水平等，以满足工艺要求。

7.5 小结

（1）生产过程的优化控制主要是生产过程工序的优化、控制参数最优设定值的确定，以及如何保证控制参数稳定在最优设定值附近。

（2）针对稳态生产过程，可以利用神经网络规则提取的方法挖掘出生产数据背后所隐藏的产品质量与工艺参数之间的知识，提取出规则，形成工艺标准库。并在此基础上，通过粒子群优化算法对工艺参数进行寻优，从而实现工艺参数的智能设定和生产过程的优化控制。

（3）针对动态响应要求高的生产过程，可以利用基于数据驱动的 PCA 控制器和 PLS 控制器来及时调整工艺参数，使产品质量及时调整到受控状态，并在此基础上，保证产品质量稳定在用户目标值的附近。利用 PCA 控制器和 PLS 控制器对工艺参数进行调整，具有更快的反馈速度，因此可以应用在生产过程的实时反馈控制之中。

（4）工艺流程的优化主要是指工艺装备的能力优化，需要根据工艺要求，选择合适的工艺装备，并提高工艺装备的控制水平，才能满足生产要求。

8　非线性预测与诊断

在实际生产过程中，工艺参数和质量指标之间往往存在着复杂的非线性映射关系，如果仍用 MLR、PCA 和 PLS 等线性方法建模，模型的预测精度和诊断的准确性有待进一步提高。因此，需要研究非线性预测与诊断方法。本章将讨论基于核理论的非线性建模方法，在给出了核函数的基本概念后，分别介绍了核主成分分析（KPCA）、核偏最小二乘（KPLS）、支持向量回归（SVR）和流形半监督学习（SKRR）的方法原理和计算流程，并对上述方法进行相应的实例应用分析。

8.1　核函数的基本原理

核函数的理论基础是再生核希尔伯特空间理论（Reproducing Kernel Hilbert Space，RKHS），这个理论出现于 20 世纪初。早在 1909 年，Mercer 就发现在积分方程的所有连续核中，核可以表征为正定积分算子的一个二元函数，并从数学上给出了有关正定核函数存在和判定的充分必要条件，这就是著名的 Mercer 定理。1964 年 Aizerman 等人从几何的角度将核解释为状态空间中的内积，并证明了核映射可以将原始空间线性不可分的问题简化成高维特征空间的线性可分问题，从而提供了一种解决非线性问题的非常巧妙的方法。1998 年 Schölkopf 等人通过引入核方法，将线性主元分析拓展到非线性领域，形成了核主成分分析（Kernel Principal Component Analysis，KPCA）。1998 年 Wahha 和 Williams 等将核函数用于高斯过程预测，也取得了较好的结果。1999 年 Mika 等人把核方法用在非线性的费希尔判别准则中，形成了核费希尔判别分析（Kernel Fisher Discrimination Analysis，KFDA）。2000 年 Lai 则将核函数引入相关分析中，提出了核相关分析算法（Kernel Canonical Correlation Analysis，KCCA）。2001 年 Rosipal 将核方法引入到线性偏最小二乘法中，提出了一种新的非线性方法，即核偏最小二乘算法（Kernel Partial Least Square，KPLS）。2002 年 Bach 等提出了核独立主元分析（Kernel Independent Component Analysis，KICA）。2005 年 Hur 和 Camastra 等还将核引入到无监督学习中，提出了核聚类分析（Kernel Clustering Analysis，KCA），以及将核函数学习引入到半监督学习中，提出半监督支持向量机（Semi-Supervised Support Vector Machines）等。

从上述分析可以看出，有关核方法的扩展与应用的研究目前正处于新的发展时期，可以借助核方法，使很多经典的线性方法向非线性领域扩展，并已在人脸识别、故障诊断和图像处理等方面取得了良好的应用效果。在这里，将核方法应用到冶金领域，可以有效解决工艺参数和质量指标之间复杂的非线性映射关系，使得产品质量的预测和诊断更准确可靠。

8.1.1　核函数

定义 1（核函数）：设 $\boldsymbol{X}$ 是一个 $\mathbf{R}^p$ 的紧凑子集，$k(\boldsymbol{x}, \boldsymbol{z})$ 是 $\boldsymbol{X} \times \boldsymbol{X}$ 上的一个连续的实

值对称函数。如果存在一个从原始 $\boldsymbol{X}$ 空间到高维特征空间 F 的映射 $\boldsymbol{\phi}$: $\boldsymbol{x}\to\boldsymbol{\phi}(\boldsymbol{x})$，使得对 $\forall \boldsymbol{x}$，$z\in \boldsymbol{X}$ 都有

$$k(\boldsymbol{x},z)=\langle \boldsymbol{\phi}(\boldsymbol{x}),\boldsymbol{\phi}(z)\rangle = \boldsymbol{\phi}(\boldsymbol{x})^{\mathrm{T}}\boldsymbol{\phi}(z) \tag{8-1}$$

则称 $k(\boldsymbol{x},z)$ 为定义在 $\boldsymbol{X}\times\boldsymbol{X}$ 上的核函数。

上面已经给出了核函数的定义，那么实值对称函数 $k(\boldsymbol{x},z)$ 在满足什么条件时，存在这样的一个映射 $\boldsymbol{\phi}$: $\boldsymbol{x}\to\boldsymbol{\phi}(\boldsymbol{x})$，使得 $k(\boldsymbol{x},z)$ 可以写成式（8－1）的形式？换言之，如何证明$k(\boldsymbol{x},z)$是一个核函数。我们通过下面的定义来逐步回答这个问题。

定义 2（积分算子 T_k）：设 $\boldsymbol{X}$ 是一个 $\mathbf{R}^p$ 的紧凑子集，$k(\boldsymbol{x},z)$ 是 $\boldsymbol{X}\times\boldsymbol{X}$ 上的一个连续的实值对称函数。按下式在平方可积函数空间 $L_2(X)$ 上定义积分算子 T_k

$$T_k f(\cdot) = \int_X k(\cdot,\boldsymbol{x})f(\boldsymbol{x})\mathrm{d}\boldsymbol{x},\quad \forall f\in L_2(X) \tag{8-2}$$

定义 3（特征值和特征函数）：设 T_k 是按定义 2 给出的积分算子，如果满足式（8－3），则称 λ 为 T_k 的特征值，$\varphi(\boldsymbol{x})$ 为对应的特征函数。

$$T_k\varphi(\boldsymbol{x}) = \lambda\varphi(\boldsymbol{x}) \tag{8-3}$$

定义 4（半正定性）：设 T_k 是按定义 2 给出的积分算子，如果对 $\forall f\in L_2(X)$，有

$$\int_{X\times X} k(\boldsymbol{x},z)f(\boldsymbol{x})f(z)\mathrm{d}\boldsymbol{x}\mathrm{d}z \geqslant 0 \tag{8-4}$$

则称积分算子 T_k 是半正定的。

定理 1（Mercer 定理）：设 $\boldsymbol{X}$ 是一个 $\mathbf{R}^p$ 的紧凑子集，$k(\boldsymbol{x},z)$ 是 $\boldsymbol{X}\times\boldsymbol{X}$ 上的一个连续的实值对称函数，T_k 是按定义 2 给出的积分算子。若积分算子 T_k 是半正定的，则可以在 $\boldsymbol{X}\times\boldsymbol{X}$ 上以一致收敛序列的形式来展开 $k(\boldsymbol{x},z)$

$$k(\boldsymbol{x},z)=\sum_{j=1}^{\infty}\lambda_j\varphi_j(\boldsymbol{x})\varphi_j(z) \tag{8-5}$$

其中，λ_j 是积分算子 T_k 的特征值，$\varphi_j(\boldsymbol{x})$、$\varphi_j(z)\in L_2(X)$ 为对应的特征函数，级数 $\sum_{j=1}^{\infty}\lambda_j\varphi_j(\boldsymbol{x})\varphi_j(z)$ 是收敛的。

从上面的分析中可以看出，当对称函数$k(\boldsymbol{x},z)$ 满足 Mercer 定理时，可以将$k(\boldsymbol{x},z)$ 表示为下列形式

$$k(\boldsymbol{x},z)=\sum_{j=1}^{k}\lambda_j\varphi_j(\boldsymbol{x})\varphi_j(z)\qquad (k\leqslant\infty;\ \boldsymbol{x},\ z\in\boldsymbol{X}) \tag{8-6}$$

于是，可以找到从 $\boldsymbol{X}$ 到特征空间 F 的一个映射 $\boldsymbol{\phi}$。

$$\boldsymbol{\phi}:\boldsymbol{x}\to\boldsymbol{\phi}(\boldsymbol{x})=[\sqrt{\lambda_1}\varphi_1(x),\sqrt{\lambda_2}\varphi_2(x),\cdots,\sqrt{\lambda_k}\varphi_k(x)]^{\mathrm{T}} \tag{8-7}$$

从而，可以将 $k(\boldsymbol{x},z)$ 写成

$$k(\boldsymbol{x},z)=\langle\boldsymbol{\phi}(\boldsymbol{x}),\boldsymbol{\phi}(z)\rangle=\boldsymbol{\phi}(\boldsymbol{x})^{\mathrm{T}}\boldsymbol{\phi}(z) \tag{8-8}$$

所以，可以得出这样的结论：当实值对称函数 $k(\boldsymbol{x},z)$ 满足 Mercer 定理时，就存在映射 $\boldsymbol{\phi}$: $\boldsymbol{x}\to\boldsymbol{\phi}(\boldsymbol{x})$，能将 $k(\boldsymbol{x},z)$ 写成式（8－1）所示的形式。从而，任何核函数 $k(\boldsymbol{x},z)$ 等价于高维特征空间中映射点 $\boldsymbol{\phi}(\boldsymbol{x})$ 和 $\boldsymbol{\phi}(z)$ 的内积。

下面用一个简单的例子来说明核函数的原理。考虑一个二维原始空间 $\boldsymbol{X}\subseteq\mathbf{R}^2$，将其映射为特征空间。

$$\boldsymbol{\phi}: \boldsymbol{x}=(x_1,x_2) \to \boldsymbol{\phi}(\boldsymbol{x})=(x_1^2,x_2^2,\sqrt{2}x_1x_2) \in F=\mathbf{R}^3 \tag{8-9}$$

那么，特征空间 F 中的线性函数的假设空间是：

$$g(\boldsymbol{x}) = w_{11}x_1^2 + w_{22}x_2^2 + w_{12}\sqrt{2}x_1x_2 \tag{8-10}$$

由此可以看出，特征映射 $\boldsymbol{\phi}$ 是让特征空间 F 中的线性关系与原始空间中的二次关系相对应，即把数据从 2 维空间映射到了 3 维空间。在特征空间 F 中，把特征映射点写成内积形式：

$$\begin{aligned}\langle \boldsymbol{\phi}(x),\boldsymbol{\phi}(z) \rangle &= \langle (x_1^2,x_2^2,\sqrt{2}x_1x_2),(z_1^2,z_2^2,\sqrt{2}z_1z_2) \rangle \\ &= x_1^2z_1^2 + x_2^2z_2^2 + 2x_1z_1x_2z_2 \\ &= (x_1z_1 + x_2z_2)^2 = (\boldsymbol{x}^{\mathrm{T}}\boldsymbol{z})^2\end{aligned} \tag{8-11}$$

因此，函数

$$k(\boldsymbol{x},\boldsymbol{z}) = (\boldsymbol{x}^{\mathrm{T}}\boldsymbol{z})^2 \tag{8-12}$$

是一个核函数，F 是它对应的特征空间。这意味着，我们可以计算两个点在特征空间 F 中的投影之间的内积，而不需要用显式求出它们的坐标。另外，同一个核函数也可计算对应于 4 维特征映射的内积，如式（8-9）也可以表达为

$$\boldsymbol{\phi}: \boldsymbol{x}=(x_1,x_2) \to \boldsymbol{\phi}(\boldsymbol{x})=(x_1^2,x_2^2,x_1x_2,x_1x_2) \in F=\mathbf{R}^4 \tag{8-13}$$

这表明，特征空间并不是核函数唯一确定的。

为了更好地理解核函数的原理，用图 8-1 简要描述了核函数的本质。在图 8-1 中，原始空间中的两类数据需要用一个椭圆才能区分开，这是一个非线性的分类问题。但是，通过映射 $\boldsymbol{\phi}$ 转化到特征空间后，则通过一个线性分类面就可以有效分出两类数据。需要说明的是，在数据分类的过程中，我们并不需要知道映射 $\boldsymbol{\phi}$ 具体的函数表达式，而是可以通过核函数 $k(\cdot,\ \cdot)$ 来实现从低维空间到高维特征空间的转换，即可以按照式（8-8），用原始数据空间的核函数运算来表征高维特征空间映射点之间的关系。

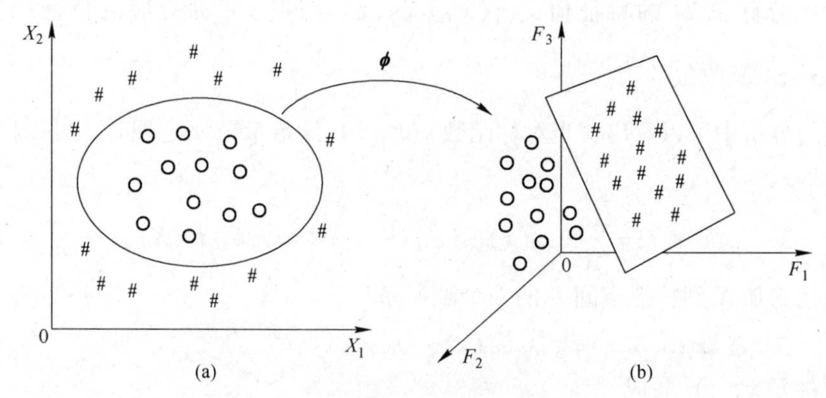

图 8-1 原始数据空间映射到特征空间 F

(a) 非线性可分；(b) 线性可分

现将核函数的本质归纳如下：

(1) 低维空间的数据被映射到一个高维向量空间中，该向量空间通常称为特征空间 F。

(2) 无需知道特征空间 F 中各个映射点的坐标，而只需知道映射点间的内积 $\langle \boldsymbol{\phi}(\boldsymbol{x})$，

$\boldsymbol{\phi}(z)\rangle$。

（3）利用核函数可以直接从原始数据计算出映射点间的内积 $k(x, z)=\langle\boldsymbol{\phi}(\boldsymbol{x}), \boldsymbol{\phi}(\boldsymbol{z})\rangle$。

（4）可以在特征空间 F 中寻找映射点间的线性关系，建立回归、分类等非线性模型。

8.1.2　核矩阵

为进一步深入理解核函数的基本原理，引入核矩阵的概念。给定含 n 个样本点的有限子集 $\boldsymbol{X}=[\boldsymbol{x}_{(1)}, \boldsymbol{x}_{(2)}, \cdots, \boldsymbol{x}_{(n)}]^{\mathrm{T}}\in\mathbf{R}^{p}$，然后通过非线性函数 $\boldsymbol{\phi}(\cdot)$ 将这 n 个样本点映射到特征空间 F 中，得到由这 n 个映射点所构成的有限子集 $\boldsymbol{\phi}(\boldsymbol{X})=[\boldsymbol{\phi}(\boldsymbol{x}_{(1)}), \boldsymbol{\phi}(\boldsymbol{x}_{(2)}), \cdots, \boldsymbol{\phi}(\boldsymbol{x}_{(n)})]^{\mathrm{T}}\in\mathbf{R}^{k}$，$k>p$。事实上，非线性函数 $\boldsymbol{\phi}(\cdot)$ 是未知的，但是可以通过引入核函数 $k(\cdot, \cdot)$ 来计算映射点间的内积，用以描述特征空间 F 中 n 个映射点之间的关系。设特征空间中的映射点 $\boldsymbol{\phi}(\boldsymbol{x}_{(i)})$ 和 $\boldsymbol{\phi}(\boldsymbol{x}_{(j)})$ 之间的内积为 $\langle\boldsymbol{\phi}(\boldsymbol{x}_{(i)}), \boldsymbol{\phi}(\boldsymbol{x}_{(j)})\rangle$，根据前面的分析可知，$\langle\boldsymbol{\phi}(\boldsymbol{x}_{(i)}), \boldsymbol{\phi}(\boldsymbol{x}_{(j)})\rangle=\boldsymbol{\phi}(\boldsymbol{x}_{(i)})^{\mathrm{T}}\boldsymbol{\phi}(\boldsymbol{x}_{(j)})=k(\boldsymbol{x}_{(i)}, \boldsymbol{x}_{(j)})$，记：

$$k(\boldsymbol{x}_{(i)},\boldsymbol{x}_{(j)})=k_{ij}\quad(i,j=1,2,\cdots,n)\tag{8-14}$$

依次计算出所有映射点间的内积，可以得到一个矩阵 $\boldsymbol{K}$，通常将这个矩阵称为核矩阵。

$$\boldsymbol{K}=\begin{bmatrix}k_{11} & k_{12} & \cdots & k_{1n}\\ k_{21} & k_{22} & \cdots & k_{2n}\\ \vdots & \vdots & & \vdots\\ k_{n1} & k_{n2} & \cdots & k_{nn}\end{bmatrix}=(k_{ij})_{n\times n}=\boldsymbol{X}_{\phi}\boldsymbol{X}_{\phi}^{\mathrm{T}}\tag{8-15}$$

其中，$\boldsymbol{X}_{\phi}$ 表示高维特征空间中的数据矩阵，记为 $\boldsymbol{X}_{\phi}=[\boldsymbol{\phi}(\boldsymbol{x}_{(1)}), \boldsymbol{\phi}(\boldsymbol{x}_{(2)}), \cdots, \boldsymbol{\phi}(\boldsymbol{x}_{(n)})]^{\mathrm{T}}$。

从核矩阵 $\boldsymbol{K}$ 的结构可以看出：这是一个对称矩阵，包含了映射点两两之间的内积，也就是说核矩阵是特征空间 F 中映射点信息的集合。根据内积的概念可知，两个样本点的内积表征了这两个样本点间的相似程度，因此核矩阵 $\boldsymbol{K}$ 实质是通过“相似程度”来反映映射点之间的内在关系。由此可以看出，核函数 $k(\cdot, \cdot)$ 是原始数据空间 X 与特征空间 F 的桥梁，即原始数据的信息通过核函数 $k(\cdot, \cdot)$ 被转换到特征空间后被完整地保留下来，这主要是通过映射点间的相似关系来反映的。事实上，除了原始空间的坐标信息没有保留外，其他信息尤其是样本点之间的相关性被完好的保留下来。

更进一步地，可以从矩阵计算的角度来理解核函数。在高维特征空间 F 中，映射点的协方差矩阵可以表示为 $\boldsymbol{C}^{\mathrm{F}}=\dfrac{1}{n}\boldsymbol{X}_{\phi}^{\mathrm{T}}\boldsymbol{X}_{\phi}$，这与核矩阵的计算式（8-15）极其相似。区别在于：协方差矩阵反映的是数据矩阵 $\boldsymbol{X}_{\phi}$ 中各变量之间的关系，而核矩阵反映的是数据矩阵 $\boldsymbol{X}_{\phi}$ 中各样本点之间的关系。关于协方差矩阵 $\boldsymbol{C}^{\mathrm{F}}$ 和核矩阵 $\boldsymbol{K}$ 间的相关性将在 8.2.1 节中详细介绍。

8.1.3　常用的核函数及其特点

根据 Mercer 定理可知，凡是满足 Mercer 条件的任意对称函数都可以作为核函数，常用的核函数有：

（1）线性核函数

$$k(\boldsymbol{x},\boldsymbol{z}) = \boldsymbol{x}^{\mathrm{T}}\boldsymbol{z} \tag{8-16}$$

（2）多项式核函数

$$k(\boldsymbol{x},\boldsymbol{z}) = (\boldsymbol{x}^{\mathrm{T}}\boldsymbol{z} + c)^{d} \tag{8-17}$$

其中，c 和 d 均为常数。根据二项式定理展开这个多项式，可得：

$$k(\boldsymbol{x},\boldsymbol{z}) = \sum_{s=0}^{d}\binom{d}{s}c^{d-s}(\boldsymbol{x}^{\mathrm{T}}\boldsymbol{z})^{s} \tag{8-18}$$

例如，取式（8－17）中 $d=2$，$c=0$ 就可以得到一个最简单的多项式核函数。设 $\boldsymbol{x}=(x_1,\ x_2)^{\mathrm{T}}$，$\boldsymbol{z}=(z_1,\ z_2)^{\mathrm{T}}$，则得到核函数为

$$\begin{aligned} k(\boldsymbol{x},\boldsymbol{z}) &= (\boldsymbol{x}^{\mathrm{T}}\boldsymbol{z})^2 = (x_1z_1 + x_2z_2)^2 = x_1^2z_1^2 + x_2^2z_2^2 + 2x_1z_1x_2z_2 \\ &= \langle (x_1^2, x_2^2, \sqrt{2}x_1x_2), (z_1^2, z_2^2, \sqrt{2}z_1z_2) \rangle = \langle \boldsymbol{\phi}(\boldsymbol{x}), \boldsymbol{\phi}(\boldsymbol{z}) \rangle \end{aligned} \tag{8-19}$$

通过多项式核函数生成的特征空间的维数为 $\dfrac{(p+d-1)!}{d!(p-1)!}$，其中 p 为原始空间的维数。在上述例子中，$p=2$，$d=2$，计算得到特征空间的维数为3，即利用 X_1^2、X_2^2、X_1X_2 这3个坐标构成了特征空间。

（3）高斯核函数（径向基核函数）。

$$k(\boldsymbol{x},\boldsymbol{z}) = \exp\left(-\frac{\|\boldsymbol{x}-\boldsymbol{z}\|^2}{\sigma}\right) \tag{8-20}$$

其中，σ 为大于0的常数。

（4）Sigmoid（S形的）核函数。

$$k(\boldsymbol{x},\boldsymbol{z}) = \tanh(\beta_0\boldsymbol{x}^{\mathrm{T}}\boldsymbol{z} + \beta_1) \tag{8-21}$$

其中，$\beta_0>0$，$\beta_1<0$ 为常数。

这四种核函数中实际应用最多的是高斯核函数，因为线性核函数和Sigmoid核函数都可以认为是高斯核函数在某些参数值下的特例或近似表达，而多项式核函数中待定的核参数较多，核参数的选择难度较大，并且函数会趋向于无穷大或者趋向于0，容易造成数值计算的不稳定。高斯核函数只有一个核参数 σ 待定，而且 $0<k(\boldsymbol{x},\boldsymbol{z})<1$，因而是首选的核函数。核函数选定后，核参数的设定会对最终的预测或诊断结果有一定的影响，尤其是对于比较复杂的预测或诊断模型，需要选择合适的核参数才能达到理想的结果。

核函数一般有如下一些特点：

（1）核函数的计算量与特征空间的维数无关。从式（8－15）可以看出，通过核函数所构造的核矩阵 $\boldsymbol{K}$ 是一个 $n\times n$ 的对称矩阵，意味着核函数的计算量只与样本个数 n 有关，而与特征空间的维数无关。因此，可以选择合适的核函数（如高斯核函数），尽可能大地增加特征空间的维数，以提高模式分析的能力。

（2）无需知道非线性映射函数 $\boldsymbol{\phi}(\cdot)$ 的具体形式。对原始数据空间进行核函数计算，实质是隐式地对特征空间进行运算，即通过核函数可以计算得到特征空间中映射点两两之间的距离关系，而并不需要知道特征空间中映射点的具体坐标，这样可以克服为了确定非线性映射函数的结构及参数所带来的困难。

（3）满足Mercer条件的任意对称函数都可以作为核函数，但核函数的形式及核参数的变化会改变特征空间的性质。实际上，只要核变换后的核矩阵满足半正定性质，都可以认为是有效的核函数。

（4）核函数可以和不同的模式分析算法相结合，形成各种新的算法用于解决非线性问题。

8.1.4　核函数的性质和特征空间的计算

根据核函数的定义和 Mercer 定理，可以证明核函数有以下性质：

性质 1：如果 k_1 和 k_2 是两个核函数，且 a_1 和 a_2 是两个正实数，则 $k(\boldsymbol{x},\boldsymbol{z}) = a_1k_1(\boldsymbol{x},\boldsymbol{z}) + a_2k_2(\boldsymbol{x},\boldsymbol{z})$ 也是核函数。

性质 2：如果 k_1 和 k_2 是两个核函数，则 $k(\boldsymbol{x},\boldsymbol{z}) = k_1(\boldsymbol{x},\boldsymbol{z}) \cdot k_2(\boldsymbol{x},\boldsymbol{z})$ 也是核函数。

性质 3：如果 k_1 是一个核函数，则系数为正且由 k_1 组成的多项式也是核函数，即 $k(\boldsymbol{x},\boldsymbol{z}) = \sum_{i=1}^{n} a_ik_1(\boldsymbol{x},\boldsymbol{z})$，$n \in N$，$a_i \in \mathbf{R}^+$ 也是核函数。

性质 4：如果 k_1 是一个核函数，则 k_1 的指数也是核函数，即 $k(\boldsymbol{x},\boldsymbol{z}) = \exp(k_1(\boldsymbol{x},\boldsymbol{z}))$ 也是核函数。

性质 5：如果 a 是一个实值函数，k_1 是一个核函数，则 $k(\boldsymbol{x},\boldsymbol{z}) = k_1(a(\boldsymbol{x}),a(\boldsymbol{z}))$ 也是核函数。

性质 6：如果 $\boldsymbol{A}$ 是 $n \times n$ 的正定矩阵，则 $k(\boldsymbol{x},\boldsymbol{z}) = \boldsymbol{x}^{\mathrm{T}}\boldsymbol{A}\boldsymbol{z}$ 也是核函数。

性质 7：如果 ω 是一个方差函数，则 $k(\boldsymbol{x},\boldsymbol{z}) = \frac{1}{4}[\omega(\boldsymbol{x}+\boldsymbol{z}) - \omega(\boldsymbol{x}-\boldsymbol{z})]$ 也是核函数。

核函数上述性质对构造新的核函数提供了有效途径，并对分析复杂系统问题有很大的帮助，即可以通过组合多个子系统的核函数，构造一个新的针对复杂系统的核函数来进行分析计算。根据上述性质，可以得出如下几个在特征空间中常用的计算公式。

设在原始数据空间中，给定一个集合 $\boldsymbol{X} = \{\boldsymbol{x}_{(1)}, \boldsymbol{x}_{(2)}, \cdots, \boldsymbol{x}_{(n)}\}^{\mathrm{T}}$，核函数 $k(\boldsymbol{x}, \boldsymbol{z}) = \langle \boldsymbol{\phi}(\boldsymbol{x}), \boldsymbol{\phi}(\boldsymbol{z}) \rangle$，令 $\boldsymbol{\phi}(\boldsymbol{X}) = \{\boldsymbol{\phi}(\boldsymbol{x}_{(1)}), \boldsymbol{\phi}(\boldsymbol{x}_{(2)}), \cdots, \boldsymbol{\phi}(\boldsymbol{x}_{(n)})\}^{\mathrm{T}}$ 是 $\boldsymbol{X}$ 在映射 $\boldsymbol{\phi}$ 下的映像，$\boldsymbol{\phi}(\boldsymbol{X}) \subset F$，核矩阵 $\boldsymbol{K}$ 的元素为 $k_{ij} = k(\boldsymbol{x}_{(i)}, \boldsymbol{x}_{(j)})$，$(i, j = 1, \cdots, n)$。

（1）特征空间样本点 $\boldsymbol{\phi}(\boldsymbol{x})$ 的范数为

$$\|\boldsymbol{\phi}(\boldsymbol{x})\|_2 = \sqrt{\|\boldsymbol{\phi}(\boldsymbol{x})\|_2^2} = \sqrt{\langle \boldsymbol{\phi}(\boldsymbol{x}), \boldsymbol{\phi}(\boldsymbol{x}) \rangle} = \sqrt{k(\boldsymbol{x},\boldsymbol{x})} \tag{8-22}$$

归一化的特征空间样本点为

$$\tilde{\boldsymbol{\phi}}(\boldsymbol{x}) = \frac{\boldsymbol{\phi}(\boldsymbol{x})}{\|\boldsymbol{\phi}(\boldsymbol{x})\|_2} \tag{8-23}$$

（2）特征空间样本点 $\boldsymbol{\phi}(\boldsymbol{x})$ 和 $\boldsymbol{\phi}(\boldsymbol{z})$ 间的欧氏距离为

$$d(\boldsymbol{x},\boldsymbol{z}) = \|\boldsymbol{\phi}(\boldsymbol{x}) - \boldsymbol{\phi}(\boldsymbol{z})\|_2 = \sqrt{k(\boldsymbol{x},\boldsymbol{x}) - 2k(\boldsymbol{x},\boldsymbol{z}) + k(\boldsymbol{z},\boldsymbol{z})} \tag{8-24}$$

（3）特征空间样本点的均值，即集合 $\boldsymbol{\phi}(\boldsymbol{X})$ 的质心为

$$\bar{\boldsymbol{\phi}}_{\mathrm{X}} = \frac{1}{n}\sum_{i=1}^{n} \boldsymbol{\phi}(\boldsymbol{x}_{(i)}) \tag{8-25}$$

虽然，无法显式地表示特征空间中的样本点，但可以通过计算定义在原始数据空间上的核函数，来获得特征空间的质心范数的平方 $\|\bar{\boldsymbol{\phi}}_{\mathbf{X}}\|_2^2 = \langle \bar{\boldsymbol{\phi}}_{\mathbf{X}}, \bar{\boldsymbol{\phi}}_{\mathbf{X}} \rangle = \langle \frac{1}{n}\sum_{i=1}^{n} \boldsymbol{\phi}(\boldsymbol{x}_{(i)}), \frac{1}{n}\sum_{i=1}^{n} \boldsymbol{\phi}(\boldsymbol{x}_{(i)}) \rangle = \frac{1}{n^2}\sum_{i,j=1}^{n} k(\boldsymbol{x}_{(i)}, \boldsymbol{x}_{(j)})$。因此，特征空间中质心的范数的平方等于核矩阵中所

有元素和的平均值。

（4）特征空间样本点 $\boldsymbol{\phi}(\boldsymbol{x})$ 到质心 $\overline{\boldsymbol{\phi}}_{\mathrm{X}}$ 的距离平方为

$$\|\boldsymbol{\phi}(\boldsymbol{x})-\overline{\boldsymbol{\phi}}_{\mathrm{X}}\|_2^2=k(\boldsymbol{x},\boldsymbol{x})+\frac{1}{n^2}\sum_{i,j=1}^{n}k(\boldsymbol{x}_{(i)},\boldsymbol{x}_{(j)})-\frac{2}{n}\sum_{i=1}^{n}k(\boldsymbol{x},\boldsymbol{x}_{(i)}) \tag{8-26}$$

（5）特征空间样本点 $\boldsymbol{\phi}(\boldsymbol{x})$ 的中心化为

$$\hat{\boldsymbol{\phi}}(\boldsymbol{x})=\boldsymbol{\phi}(\boldsymbol{x})-\overline{\boldsymbol{\phi}}_{\mathrm{X}}=\boldsymbol{\phi}(\boldsymbol{x})-\frac{1}{n}\sum_{i=1}^{n}\boldsymbol{\phi}(\boldsymbol{x}_{(i)}) \tag{8-27}$$

经过中心化处理后，得到新的核函数为

$$\begin{aligned}\hat{k}(\boldsymbol{x},\boldsymbol{z})&=\langle\hat{\boldsymbol{\phi}}(\boldsymbol{x}),\hat{\boldsymbol{\phi}}(\boldsymbol{z})\rangle=\langle\boldsymbol{\phi}(\boldsymbol{x})-\frac{1}{n}\sum_{i=1}^{n}\boldsymbol{\phi}(\boldsymbol{x}_{(i)}),\boldsymbol{\phi}(\boldsymbol{z})-\frac{1}{n}\sum_{i=1}^{n}\boldsymbol{\phi}(\boldsymbol{x}_{(i)})\rangle\\&=\langle\boldsymbol{\phi}(\boldsymbol{x}),\boldsymbol{\phi}(\boldsymbol{z})\rangle-\langle\boldsymbol{\phi}(\boldsymbol{x}),\frac{1}{n}\sum_{i=1}^{n}\boldsymbol{\phi}(\boldsymbol{x}_{(i)})\rangle-\langle\frac{1}{n}\sum_{i=1}^{n}\boldsymbol{\phi}(\boldsymbol{x}_{(i)}),\boldsymbol{\phi}(\boldsymbol{z})\rangle+\\&\quad\frac{1}{n^2}\sum_{i,j=1}^{n}\langle\boldsymbol{\phi}(\boldsymbol{x}_{(i)}),\boldsymbol{\phi}(\boldsymbol{x}_{(j)})\rangle\\&=k(\boldsymbol{x},\boldsymbol{z})-\frac{1}{n}\sum_{i=1}^{n}k(\boldsymbol{x},\boldsymbol{x}_{(i)})-\frac{1}{n}\sum_{i=1}^{n}k(\boldsymbol{x}_{(i)},\boldsymbol{z})+\frac{1}{n^2}\sum_{i,j=1}^{n}k(\boldsymbol{x}_{(i)},\boldsymbol{x}_{(j)})\end{aligned} \tag{8-28}$$

由此得到新的核矩阵的元素 $\hat{k}_{ij}$ 为

$$\begin{aligned}\hat{k}_{ij}&=k(\boldsymbol{x}_{(i)},\boldsymbol{x}_{(j)})-\frac{1}{n}\sum_{s=1}^{n}k(\boldsymbol{x}_{(i)},\boldsymbol{x}_{(s)})-\frac{1}{n}\sum_{s=1}^{n}k(\boldsymbol{x}_{(s)},\boldsymbol{x}_{(j)})+\frac{1}{n^2}\sum_{s,t=1}^{n}k(\boldsymbol{x}_{(t)},\boldsymbol{x}_{(s)})\\&=k_{ij}-\frac{1}{n}\sum_{s=1}^{n}k_{is}-\frac{1}{n}\sum_{s=1}^{n}k_{sj}+\frac{1}{n^2}\sum_{s,t=1}^{n}k_{st}\end{aligned} \tag{8-29}$$

则得到新的核矩阵 $\hat{K}$ 为

$$\hat{\boldsymbol{K}}=\boldsymbol{K}-\frac{1}{n}\boldsymbol{j}\boldsymbol{j}^{\mathrm{T}}\boldsymbol{K}-\frac{1}{n}\boldsymbol{K}\boldsymbol{j}\boldsymbol{j}^{\mathrm{T}}+\frac{1}{n^2}(\boldsymbol{j}^{\mathrm{T}}\boldsymbol{K}\boldsymbol{j})\boldsymbol{j}\boldsymbol{j}^{\mathrm{T}} \tag{8-30}$$

其中，$\boldsymbol{j}$ 是所有元素均为 1 的 n 维列向量。

在后面利用 KPCA、KPLS 和 SKRR 方法进行建模时，都需要利用式（8－30）先将数据进行中心化处理，然后再进行后续的建模分析。

8.1.5　核函数方法实施步骤

核函数方法可分为核函数设计和算法设计两个部分，具体如图 8－2 所示。其中，核函数完成的是把原始数据映射到特征空间的过程，需要构造一个核矩阵 $\boldsymbol{K}$；而算法设计则是在特征空间中利用模式分析（Pattern Analysis，PA）算法来处理核矩阵，从而得到一个模式函数 f，用来进行后续的预测或诊断分析。

核函数方法的实施步骤，可以具体描述为：

（1）收集和整理样本。

（2）选择或构造核函数。

（3）通过核函数将样本变换为核矩阵，这一步相当于将输入数据通过非线性函数映射到特征空间。

（4）在特征空间中，对核矩阵进行中心化处理，然后实施各种模式分析算法，如下面

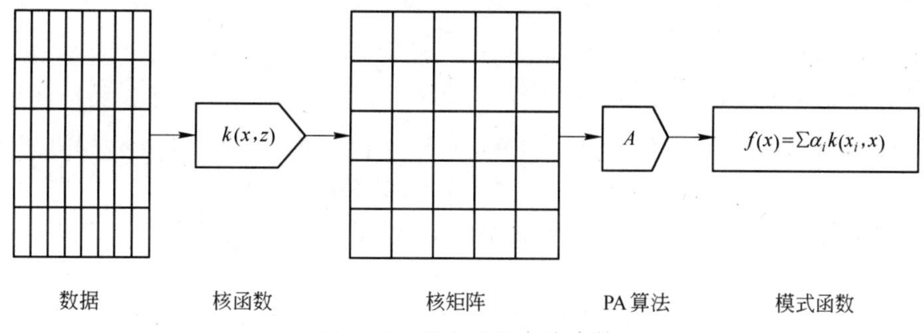

图 8－2 核方法的实施步骤

将要涉及到的核主成分分析、核偏最小二乘分析和流形半监督学习等。

（5）最后，可以得到一个关于原始数据样本的统计模型，可用于质量预测、质量诊断和模式分类等。

8.2 核主成分分析的过程监控与诊断

核主成分分析（Kernel Principal Component Analysis，KPCA）的基本思想是利用核函数 $k(\boldsymbol{x},\boldsymbol{z})$ 将原始空间的数据映射到特征空间 F，然后在特征空间中利用线性主成分分析方法（PCA）计算主成分。本节先介绍核矩阵和协方差矩阵的关系，然后介绍核主成分的提取方法以及如何在核空间中数据重构，最后给出监控模型的建立步骤并用具体实例进行验证分析。

8.2.1 核矩阵与协方差矩阵

在原始空间中，给定含 n 个样本点的数据矩阵 $\boldsymbol{X}=[\boldsymbol{x}_{(1)},\boldsymbol{x}_{(2)},\cdots,\boldsymbol{x}_{(n)}]^{\mathrm{T}}\in\mathbf{R}^{p}$。由非线性函数 $\boldsymbol{\phi}(\cdot)$ 将数据矩阵 $\boldsymbol{X}$ 从原始空间映射到高维特征空间 F(假设高维特征空间的维数为 k)，得到 n 个样本点在非线性函数 $\boldsymbol{\phi}(\cdot)$ 映射下的映像 $\boldsymbol{\phi}(\boldsymbol{X})=\{\boldsymbol{\phi}(\boldsymbol{x}_{(1)}),\boldsymbol{\phi}(\boldsymbol{x}_{(2)}),\cdots,\boldsymbol{\phi}(\boldsymbol{x}_{(n)})\}^{\mathrm{T}}\in\mathbf{R}^{k},k>p$，记高维特征空间中的数据矩阵为 $\boldsymbol{X}_{\phi}=[\boldsymbol{\phi}(\boldsymbol{x}_{(1)}),\boldsymbol{\phi}(\boldsymbol{x}_{(2)}),\cdots,\boldsymbol{\phi}(\boldsymbol{x}_{(n)})]^{\mathrm{T}}$。事实上，我们并不需要得到非线性函数 $\boldsymbol{\phi}(\cdot)$ 的显式表达式，也就是说，特征空间中的样本点 $\boldsymbol{\phi}(\boldsymbol{x}_{(1)})$，$\boldsymbol{\phi}(\boldsymbol{x}_{(2)})$，…，$\boldsymbol{\phi}(\boldsymbol{x}_{(n)})$ 的坐标并不需要知道。它是通过核函数求样本点之间的内积来隐式地表达特征空间中的样本点之间的关系。根据式（8－15），核矩阵可以表示为

$$\boldsymbol{K}=(k_{ij})_{n\times n}=[k(\boldsymbol{x}_{(i)},\boldsymbol{x}_{(j)})]_{n\times n}=\boldsymbol{X}_{\phi}\boldsymbol{X}_{\phi}^{\mathrm{T}} \tag{8-31}$$

在式（8－31）中，$\boldsymbol{X}_{\phi}\in\mathbf{R}^{k}$，代表在特征空间中的映射点所构成的数据矩阵。

在特征空间中，映射点的协方差矩阵 $\boldsymbol{C}^{\mathrm{F}}$ 为

$$\boldsymbol{C}^{\mathrm{F}}=\frac{1}{n}\boldsymbol{X}_{\phi}^{\mathrm{T}}\boldsymbol{X}_{\phi} \tag{8-32}$$

实际上，我们并不需要构造协方差矩阵 $\boldsymbol{C}^{\mathrm{F}}$，而是通过核矩阵 $\boldsymbol{K}$ 来求 $\boldsymbol{C}^{\mathrm{F}}$ 的特征值和特征向量，即从核矩阵 $\boldsymbol{K}$ 来间接求得 $\boldsymbol{C}^{\mathrm{F}}$ 的特征值和对应的特征向量。

由于 $n\boldsymbol{C}^{\mathrm{F}}$ 和 $\boldsymbol{K}$ 均为实对称矩阵，故矩阵 $n\boldsymbol{C}^{\mathrm{F}}$ 和 $\boldsymbol{K}$ 进行奇异值分解得：

$$n\boldsymbol{C}^{\mathrm{F}}=\boldsymbol{X}_{\phi}^{\mathrm{T}}\boldsymbol{X}_{\phi}=\boldsymbol{L}\tilde{\boldsymbol{\Lambda}}_{k}\boldsymbol{L}^{\mathrm{T}} \tag{8-33}$$

$$K = X_\phi X_\phi^T = H\Lambda_n H^T \tag{8-34}$$

从式（8－33）和式（8－34）可以看出，nC^F 和 K 有着密切的联系。其中，正交矩阵 L 的列向量 l_j 是 nC^F 的单位特征向量，正交矩阵 H 的列向量 h_j 是 K 的单位特征向量。

现考虑 K 的一个特征值 λ_j 和对应的特征向量 h_j，由 $K = X_\phi X_\phi^T$ 和 $Kh_j = \lambda_j h_j$ 可得

$$nC^F(X_\phi^T h_j) = X_\phi^T(X_\phi X_\phi^T)h_j = X_\phi^T K h_j = \lambda_j(X_\phi^T h_j) \tag{8-35}$$

根据特征值和特征向量的定义可知，上式中的 λ_j 和 $X_\phi^T h_j$ 分别是 nC^F 的一个特征值和对应的特征向量。

同样，考虑 nC^F 的一个特征值 $\tilde{\lambda}_j$ 和对应的特征向量 l_j，由 $nC^F = X_\phi^T X_\phi$ 和 $nC^F l_j = \tilde{\lambda}_j l_j$ 可得：

$$K(X_\phi l_j) = X_\phi(X_\phi^T X_\phi)l_j = X_\phi nC^F l_j = \tilde{\lambda}_j(X_\phi l_j) \tag{8-36}$$

所以，上式中的 $\tilde{\lambda}_j$ 和 $X_\phi l_j$ 分别是 K 的一个特征值和对应的特征向量。

通过上面的分析可知，$\tilde{\lambda}_j$ 和 $X_\phi l_j$ 是核矩阵 K 的一个特征值和特征向量对，λ_j 和 h_j 也是 K 的一个特征值和特征向量对，因此 $\tilde{\lambda}_j$ 和 $X_\phi l_j$ 与 λ_j 和 h_j 之间存在一一对应的关系。对核矩阵 K 而言，特征值是唯一的，如果 $\tilde{\Lambda}_k$ 和 Λ_n 对角线上的元素都按降序排列，则有 $\tilde{\lambda}_j = \lambda_j$。将 $X_\phi l_j$ 单位化后，则与 h_j 相等。同样，对于矩阵 nC^F，也有同样的规律，将 $X_\phi^T h_j$ 单位化后，则与 l_j 相等。单位化的过程如下所述。

首先，分别计算 $X_\phi l_j$ 和 $X_\phi^T h_j$ 的范数为

$$\| X_\phi l_j \| = \sqrt{l_j^T X_\phi^T X_\phi l_j} = \sqrt{l_j^T nC^F l_j} = \sqrt{l_j^T L\tilde{\Lambda}_k L^T l_j} = \tilde{\lambda}_j^{1/2} = \lambda_j^{1/2} \tag{8-37}$$

$$\| X_\phi^T h_j \| = \sqrt{h_j^T X_\phi X_\phi^T h_j} = \sqrt{h_j^T K h_j} = \sqrt{h_j^T H\Lambda_n H^T h_j} = \lambda_j^{1/2} = \tilde{\lambda}_j^{1/2} \tag{8-38}$$

然后，将 $X_\phi l_j$ 除以 $\| X_\phi l_j \|$，即可得 K 的单位特征向量：$h_j = X_\phi l_j / \| X_\phi l_j \| = \lambda_j^{-1/2} X_\phi l_j$。同理，将 $X_\phi^T h_j$ 除以 $\| X_\phi^T h_j \|$，即可得 nC^F 的单位特征向量：$l_j = X_\phi^T h_j / \| X_\phi^T h_j \| = \lambda_j^{-1/2} X_\phi^T h_j$。

综上所述，核矩阵 K 的特征值为 λ_j，对应的特征向量为 $h_j = \lambda_j^{-1/2} X_\phi l_j$；协方差矩阵 C^F 的特征值为$\frac{1}{n}\lambda_j$，对应的特征向量为 $l_j = \lambda_j^{-1/2} X_\phi^T h_j$。

下面通过一个数据矩阵来验证上述的分析过程。设数据矩阵 X 包含 4 个样本点，每个样本点由 2 维向量构成，即在 2 维空间中的 4 个样本点构成了矩阵 X。

$$X = \begin{bmatrix} 1 & 3 \\ 5 & 4 \\ 3 & 9 \\ 6 & 7 \end{bmatrix}$$

首先，选择多项式核函数 $k(x, z) = (x^T z)^2$，将 2 维的数据矩阵 X 映射到 3 维特征空间中，即 $\phi: x = (x_1, x_2) \to \phi(x) = (x_1^2, x_2^2, \sqrt{2}x_1x_2) \in F = \mathbf{R}^3$，得到新的数据矩阵为

$$X_\phi = \begin{bmatrix} 1 & 9 & 3\sqrt{2} \\ 25 & 16 & 20\sqrt{2} \\ 9 & 81 & 27\sqrt{2} \\ 36 & 49 & 42\sqrt{2} \end{bmatrix} \xrightarrow{\text{中心化}} \begin{bmatrix} -16.75 & -29.75 & -28.29 \\ 7.25 & -22.75 & -4.24 \\ -8.75 & 42.25 & 5.66 \\ 18.25 & 10.25 & 26.87 \end{bmatrix}$$

然后，利用式（8－33）和式（8－34）分别对 $n\boldsymbol{C}^{\mathrm{F}}$ 和 $\boldsymbol{K}$ 进行奇异值分解，结果为

$$n\boldsymbol{C}^{\mathrm{F}}=\boldsymbol{X}_{\phi}^{\mathrm{T}}\boldsymbol{X}_{\phi}=\begin{bmatrix}742.75 & 150.75 & 883.88\\ 150.75 & 3292.75 & 1452.40\\ 883.88 & 1452.40 & 1572.00\end{bmatrix}$$

$$=\boldsymbol{L}\tilde{\boldsymbol{\Lambda}}_k\boldsymbol{L}^{\mathrm{T}}=\begin{bmatrix}-0.1679 & 0.6695 & -0.7236\\ -0.8394 & -0.4820 & -0.2512\\ -0.5170 & 0.5652 & 0.6429\end{bmatrix}\times\begin{bmatrix}4217.4 & & \\ & 1380.4 & \\ & & 9.7379\end{bmatrix}\times$$

$$\begin{bmatrix}-0.1679 & 0.6695 & -0.7236\\ -0.8394 & -0.4820 & -0.2512\\ -0.5170 & 0.5652 & 0.6429\end{bmatrix}^{\mathrm{T}}$$

$$\boldsymbol{K}=\boldsymbol{X}_{\phi}\boldsymbol{X}_{\phi}^{\mathrm{T}}=\begin{bmatrix}1965.63 & 675.38 & -1270.38 & -1370.63\\ 675.38 & 588.13 & -1048.63 & -214.88\\ -1270.38 & -1048.63 & 1893.63 & 425.38\\ -1370.63 & -214.88 & 425.38 & 1160.13\end{bmatrix}$$

$$=\boldsymbol{H}\boldsymbol{\Lambda}_n\boldsymbol{H}^{\mathrm{T}}=\begin{bmatrix}-0.6530 & 0.3461 & 0.4514 & 0.5\\ -0.3091 & -0.3613 & -0.7239 & 0.5\\ 0.5685 & 0.6198 & -0.2067 & 0.5\\ 0.3936 & -0.6046 & 0.4791 & 0.5\end{bmatrix}\times\begin{bmatrix}4217.4 & & & \\ & 1380.4 & & \\ & & 9.7379 & \\ & & & 0\end{bmatrix}\times$$

$$\begin{bmatrix}-0.6530 & 0.3461 & 0.4514 & 0.5\\ -0.3091 & -0.3613 & -0.7239 & 0.5\\ 0.5685 & 0.6198 & -0.2067 & 0.5\\ 0.3936 & -0.6046 & 0.4791 & 0.5\end{bmatrix}^{\mathrm{T}}$$

从上面的分解结果中可以看出，核矩阵 $\boldsymbol{K}$ 分解得到的最后一个特征值为0，其余3个特征值与 $n\boldsymbol{C}^{\mathrm{F}}$ 的特征值相同，这是因为核矩阵 $\boldsymbol{K}$ 和 $n\boldsymbol{C}^{\mathrm{F}}$ 的秩一样，都为3。在实际问题中，样本点的个数 n 一般都比较大，意味着核矩阵 $\boldsymbol{K}$ 的特征值除了包含与 $n\boldsymbol{C}^{\mathrm{F}}$ 相同的特征值外，其余的特征值都为0。

下面比较协方差矩阵和核矩阵的特征向量。分别计算出 $n\boldsymbol{C}^{\mathrm{F}}$ 和 $\boldsymbol{K}$ 的第1个特征向量为

$$\boldsymbol{l}_1=\lambda_1^{-1/2}\boldsymbol{X}_{\phi}^{\mathrm{T}}\boldsymbol{h}_1$$

$$=\frac{1}{\sqrt{4217.4}}\times\begin{bmatrix}-16.75 & -29.75 & -28.29\\ 7.25 & -22.75 & -4.24\\ -8.75 & 42.25 & 5.66\\ 18.25 & 10.25 & 26.87\end{bmatrix}^{\mathrm{T}}\times\begin{bmatrix}-0.6530\\ -0.3091\\ 0.5685\\ 0.3936\end{bmatrix}=\begin{bmatrix}-0.1679\\ -0.8394\\ -0.5170\end{bmatrix}$$

$$\boldsymbol{h}_1=\lambda_1^{-1/2}\boldsymbol{X}_{\phi}\boldsymbol{l}_1=\frac{1}{\sqrt{4217.4}}\times\begin{bmatrix}-16.75 & -29.75 & -28.29\\ 7.25 & -22.75 & -4.24\\ -8.75 & 42.25 & 5.66\\ 18.25 & 10.25 & 26.87\end{bmatrix}\times\begin{bmatrix}-0.1679\\ -0.8394\\ -0.5170\end{bmatrix}=\begin{bmatrix}-0.6530\\ -0.3091\\ 0.5685\\ 0.3936\end{bmatrix}$$

从计算中可以看出：在特征空间中，协方差矩阵和核矩阵的特征向量之间存在着如下关系：$\boldsymbol{l}_j=\lambda_j^{-1/2}\boldsymbol{X}_{\phi}^{\mathrm{T}}\boldsymbol{h}_j$，$\boldsymbol{h}_j=\lambda_j^{-1/2}\boldsymbol{X}_{\phi}\boldsymbol{l}_j$。利用两者之间的关系，可以进行下面的核主成分

分析。

8.2.2　核主成分

实际上，协方差矩阵的特征向量 $\boldsymbol{l}_j$ 就是特征空间中映射点的主方向，$\boldsymbol{l}_1$ 为第一主方向，$\boldsymbol{l}_2$ 为第二主方向……依次类推，$\boldsymbol{l}_k$ 为第 k 主方向。主方向 $\boldsymbol{l}_j$ 可以表示为

$$\begin{aligned}\boldsymbol{l}_j &= \lambda_j^{-1/2}\boldsymbol{X}_\phi^{\mathrm{T}}\boldsymbol{h}_j \\ &= \lambda_j^{-1/2}\sum_{i=1}^{n}(h_j)_i\boldsymbol{\phi}(\boldsymbol{x}_{(i)}) \\ &= \sum_{i=1}^{n}(\alpha_j)_i\boldsymbol{\phi}(\boldsymbol{x}_{(i)}) \quad (j=1,2,\cdots,k)\end{aligned} \tag{8-39}$$

其中，$\boldsymbol{h}_j$ 和 λ_j 是核矩阵 $\boldsymbol{K}$ 的第 j 个特征向量和特征值，$(h_j)_i$ 是 $\boldsymbol{h}_j$ 的第 i 个分量，$\boldsymbol{\alpha}_j$ 是新定义的变量，其表达式为 $\boldsymbol{\alpha}_j=\lambda_j^{-1/2}\boldsymbol{h}_j$，$(\alpha_j)_i$ 是 $\boldsymbol{\alpha}_j$ 的第 i 个分量。

在此基础上，可以计算出特征空间中第 s 个样本点 $\boldsymbol{\phi}(\boldsymbol{x}_{(s)})$ 在主方向 $\boldsymbol{l}_j$ 上的投影：

$$\begin{aligned}P_{l_j}(\boldsymbol{\phi}(\boldsymbol{x}_{(s)})) &= \boldsymbol{\phi}(\boldsymbol{x}_{(s)})^{\mathrm{T}}\boldsymbol{l}_j \\ &= \sum_{i=1}^{n}(\alpha_j)_i\boldsymbol{\phi}(\boldsymbol{x}_{(s)})^{\mathrm{T}}\boldsymbol{\phi}(\boldsymbol{x}_{(i)}) \\ &= \left\langle \sum_{i=1}^{n}(\alpha_j)_i\boldsymbol{\phi}(\boldsymbol{x}_{(i)}),\boldsymbol{\phi}(\boldsymbol{x}_{(s)})\right\rangle \\ &= \sum_{i=1}^{n}(\alpha_j)_i\langle\boldsymbol{\phi}(\boldsymbol{x}_{(i)}),\boldsymbol{\phi}(\boldsymbol{x}_{(s)})\rangle \\ &= \sum_{i=1}^{n}(\alpha_j)_i k(\boldsymbol{x}_{(i)},\boldsymbol{x}_{(s)})\end{aligned} \tag{8-40}$$

式（8－40）是第 s 个样本点的投影结果，若将 n 个样本点都往第 j 个主方向 $\boldsymbol{l}_j$ 上投影，则可以对应得到第 j 个主成分 $\boldsymbol{t}_j$：

$$\begin{aligned}\boldsymbol{t}_j &= (P_{l_j}(\boldsymbol{\phi}(\boldsymbol{x}_{(1)})),P_{l_j}(\boldsymbol{\phi}(\boldsymbol{x}_{(2)})),\cdots,P_{l_j}(\boldsymbol{\phi}(\boldsymbol{x}_{(n)})))^{\mathrm{T}} \\ &= \left(\sum_{i=1}^{n}(\alpha_j)_i k(\boldsymbol{x}_{(i)},\boldsymbol{x}_{(1)}),\sum_{i=1}^{n}(\alpha_j)_i k(\boldsymbol{x}_{(i)},\boldsymbol{x}_{(2)}),\cdots,\sum_{i=1}^{n}(\alpha_j)_i k(\boldsymbol{x}_{(i)},\boldsymbol{x}_{(n)})\right)^{\mathrm{T}} \\ &= \boldsymbol{K}\boldsymbol{\alpha}_j\end{aligned} \tag{8-41}$$

由上述分析可知，有 k 个主方向，就对应可以得到 k 个主成分。一般地，可以计算前 h 个主成分的累积贡献率 $CPV_h=\sum_{j=1}^{h}\lambda_j\Big/\sum_{j=1}^{k}\lambda_j$ 来确定主成分的个数。一般当前 h 个主成分的累积贡献率 CPV 达到85%以上的时候，可以认为前 h 个主成分包含了足够多的信息。由此，得到的主成分数据矩阵 $\boldsymbol{T}$，$\boldsymbol{T}=[\boldsymbol{t}_1,\ \boldsymbol{t}_2,\ \cdots,\ \boldsymbol{t}_h]$。

通过上面的描述，可以将核主成分分析归纳为如下几个步骤：

（1）将原始数据进行标准化处理，消除量纲影响。

（2）选择核函数 k，确定核参数，计算核矩阵 $\boldsymbol{K}$。

（3）对核矩阵进行中心化处理，即将核矩阵 $\boldsymbol{K}$ 变换为 $\hat{\boldsymbol{K}}=\boldsymbol{K}-\frac{1}{n}\boldsymbol{j}\boldsymbol{j}^{\mathrm{T}}\boldsymbol{K}-\frac{1}{n}\boldsymbol{K}\boldsymbol{j}\boldsymbol{j}^{\mathrm{T}}+$

$\frac{1}{n^2}(\boldsymbol{j}^{\mathrm{T}}\boldsymbol{K}\boldsymbol{j})\boldsymbol{j}\boldsymbol{j}^{\mathrm{T}}$。为描述的简便，下面所涉及的核矩阵 $\boldsymbol{K}$ 都是指已经过中心化处理的。

（4）对核矩阵 $\boldsymbol{K}$ 进行奇异值分解 $\boldsymbol{K}=\boldsymbol{X}_{\phi}\boldsymbol{X}_{\phi}^{\mathrm{T}}=\boldsymbol{H}\boldsymbol{\Lambda}_{n}\boldsymbol{H}^{\mathrm{T}}$，从而得到核矩阵 $\boldsymbol{K}$ 的特征值 λ_j 和对应的特征向量 $\boldsymbol{h}_j$，再利用式（8－39）计算出协方差矩阵 $\boldsymbol{C}^{\mathrm{F}}$ 的特征向量 $\boldsymbol{l}_j$，即为第 j 个主方向，共可以得到 k 个主方向。

（5）利用式（8－41）将所有映射点分别向这 k 个主方向进行投影，可以得到 k 个主成分，再根据累积贡献率 $CPV>85\%$ 的原则，可以取出前 h 个主成分构成主成分数据矩阵 $\boldsymbol{T}$。

按照上述步骤进行核主成分分析，可以有效提取出原始数据间的非线性关系，所保留的 h 个主成分解释了原始数据的主要信息，而未被解释的信息则被认为统计过程的误差，可以看作是模型的噪声。因此，可以通过对统计过程误差的监测来判断生产过程正常与否。

8.2.3 核空间的数据重构

第5章中介绍了基于 PCA 的多变量统计过程监控模型，同样也可以建立基于 KPCA 的多变量统计过程监控模型。我们知道，PCA 和 KPCA 的区别是 KPCA 方法是将原始数据通过非线性映射投影到高维特征空间中，然后再进行主成分分析。但是，由于特征空间中样本点的坐标是未知的，因而不能直接在特征空间中计算出 SPE 统计量。因此，需要在特征空间中进行数据重构，反求出重构点 $\hat{\boldsymbol{\phi}}(\boldsymbol{x}_{(i)})$ 在原始空间中的对应值 $\boldsymbol{z}_{(i)}$，然后利用平方预测误差 SPE 来进行统计过程监控。下面将详细介绍数据重构的过程。

在特征空间中进行主成分分析，提取出映射数据的 h 个主成分 $\boldsymbol{t}_j(j=1,2,\cdots,h)$ 后，再利用这 h 个主成分可以重构出特征空间中的数据矩阵 $\hat{\boldsymbol{X}}_{\phi}$，其计算式为

$$\hat{\boldsymbol{X}}_{\phi}=\boldsymbol{T}[\boldsymbol{l}_1,\boldsymbol{l}_2,\cdots,\boldsymbol{l}_h]^{\mathrm{T}}=\sum_{j=1}^{h}\boldsymbol{t}_j\boldsymbol{l}_j^{\mathrm{T}} \tag{8-42}$$

从而，在特征空间中重构出的样本点 $\hat{\boldsymbol{\phi}}(\boldsymbol{x}_{(i)})$ 为

$$\hat{\boldsymbol{\phi}}(\boldsymbol{x}_{(i)})=\sum_{j=1}^{h}t_{ij}\boldsymbol{l}_j=\sum_{j=1}^{h}t_{ij}\sum_{s=1}^{n}(\alpha_j)_s\boldsymbol{\phi}(\boldsymbol{x}_{(s)})=\sum_{j=1}^{h}\sum_{s=1}^{n}t_{ij}(\alpha_j)_s\boldsymbol{\phi}(\boldsymbol{x}_{(s)}) \tag{8-43}$$

重构出的样本点 $\hat{\boldsymbol{\phi}}(\boldsymbol{x}_{(i)})$ 实质上可以看作是在特征空间中进行了主成分回归后所得到的预测点。但要利用 SPE 统计量进行生产过程监控，需要将 $\hat{\boldsymbol{\phi}}(\boldsymbol{x}_{(i)})$ 转换为原始数据空间中的值 $\boldsymbol{z}_{(i)}$。下面通过使式（8－44）最小化来求解目标值 $\boldsymbol{z}_{(i)}$。

$$\min_{\boldsymbol{z}_{(i)}}f(\boldsymbol{z}_{(i)})=\|\boldsymbol{\phi}(\boldsymbol{z}_{(i)})-\hat{\boldsymbol{\phi}}(\boldsymbol{x}_{(i)})\|^2 \tag{8-44}$$

式（8－44）可以展开为

$$\min_{\boldsymbol{z}_{(i)}}f(\boldsymbol{z}_{(i)})=\|\boldsymbol{\phi}(\boldsymbol{z}_{(i)})\|^2-2\langle\boldsymbol{\phi}(\boldsymbol{z}_{(i)}),\hat{\boldsymbol{\phi}}(\boldsymbol{x}_{(i)})\rangle+\|\hat{\boldsymbol{\phi}}(\boldsymbol{x}_{(i)})\|^2 \tag{8-45}$$

式（8－45）中的内积形式可用核函数表示，并将式（8－43）代入式（8－45），可以得到如下的表达式：

$$\min_{\boldsymbol{z}_{(i)}}f(\boldsymbol{z}_{(i)})=k(\boldsymbol{z}_{(i)},\boldsymbol{z}_{(i)})-2\sum_{j=1}^{h}\sum_{s=1}^{n}t_{ij}(\alpha_j)_s k(\boldsymbol{z}_{(i)},\boldsymbol{x}_{(s)})+\|\hat{\boldsymbol{\phi}}(\boldsymbol{x}_{(i)})\|^2 \tag{8-46}$$

如果采用高斯核函数 $k(\boldsymbol{x},\boldsymbol{y})=\exp(-\|\boldsymbol{x}-\boldsymbol{y}\|^2/\sigma)$，则 $k(\boldsymbol{z}_{(i)},\boldsymbol{z}_{(i)})$ 为常数1，

且 $\|\hat{\boldsymbol{\phi}}(\boldsymbol{x}_{(i)})\|^2$ 也是与 $z_{(i)}$ 无关的常数，因此可将式（8－46）的最小化问题转化为式(8－47)的最大化问题。

$$\begin{aligned}\max_{z_{(i)}}\tilde{f}(\boldsymbol{z}_{(i)}) &= \sum_{j=1}^{h}\sum_{s=1}^{n}t_{ij}(\alpha_j)_s k(\boldsymbol{z}_{(i)},\boldsymbol{x}_{(s)}) \\ &= \sum_{s=1}^{n}\beta_s k(\boldsymbol{z}_{(i)},\boldsymbol{x}_{(s)}) \\ &= \sum_{s=1}^{n}\beta_s \exp(-\|\boldsymbol{z}_{(i)}-\boldsymbol{x}_{(s)}\|^2/\sigma)\end{aligned} \tag{8-47}$$

其中，$\beta_s = \sum_{j=1}^{h}t_{ij}(\alpha_j)_s$。

通过上述的推导可知，对 $z_{(i)}$ 的求解可转化为一个求极值的问题。通常采用梯度下降法来进行求解。令式（8－47）对 $z_{(i)}$ 的梯度为零，可得 $\nabla_z\tilde{\rho}(\boldsymbol{z}_{(i)}) = \sum_{s=1}^{n}\beta_s\exp(-\|\boldsymbol{z}_{(i)}-\boldsymbol{x}_{(s)}\|^2/\sigma)(-2/\sigma)(\boldsymbol{z}_{(i)}-\boldsymbol{x}_{(s)})=0$，从而可得 $z_{(i)}$ 的表达式为

$$\boldsymbol{z}_{(i)} = \frac{\sum_{s=1}^{n}\beta_s\exp(-\|\boldsymbol{z}_{(i)}-\boldsymbol{x}_{(s)}\|^2/\sigma)\boldsymbol{x}_{(s)}}{\sum_{i=1}^{n}\beta_s\exp(-\|\boldsymbol{z}_{(i)}-\boldsymbol{x}_{(s)}\|^2/\sigma)} \tag{8-48}$$

由式（8－48）可以得到求解 $z_{(i)}$ 的迭代式为

$$\boldsymbol{z}_{(i)}^{t+1} = \frac{\sum_{s=1}^{n}\beta_s\exp(-\|\boldsymbol{z}_{(i)}^{t}-\boldsymbol{x}_{(s)}\|^2/\sigma)\boldsymbol{x}_{(s)}}{\sum_{i=1}^{n}\beta_i\exp(-\|\boldsymbol{z}_{(i)}^{t}-\boldsymbol{x}_{(s)}\|^2/\sigma)} \tag{8-49}$$

其中，$\boldsymbol{z}_{(i)}^1=\boldsymbol{x}_{(i)}$ 为迭代初值，当 $\|z_{(i)}^{t+1}-z_{(i)}^{t}\|\leqslant 10^{-3}$ 或迭代次数大于 m 时终止迭代。通过迭代最终求得满足式（8－44）的 $z_{(i)}$，即获得了特征空间的重构点 $\hat{\boldsymbol{\phi}}(\boldsymbol{x}_{(i)})$ 在原始数据空间的对应样本点 $z_{(i)}$，一般也将 $z_{(i)}$ 称为原始数据空间中第 i 个样本点 $\boldsymbol{x}_{(i)}$ 的预测值。需要指出的是，由于核函数的凸特征，$\boldsymbol{z}_{(i)}$ 收敛于唯一解。

8.2.4　基于核方法的监控模型

8.2.4.1　生产过程监控

在实际质量监控过程中，需要根据历史数据集中记录的数据来建立监控模型。设第 i 个样本点的平方预测误差为

$$SPE_i = \sum_{j=1}^{p}(z_{ij}-x_{ij})^2 \tag{8-50}$$

其中，x_{ij} 为待分析样本点 $\boldsymbol{x}_{(i)}$ 的第 j 个分量；z_{ij} 为 $\boldsymbol{x}_{(i)}$ 的重构数据 $\boldsymbol{z}_{(i)}$ 的第 j 个分量；p 为变量个数。在显著性水平为 α 的情况下，SPE 统计量的控制限可以按式（8－51）计算得到：

$$UCL = \theta_1\left[\frac{u_\alpha\sqrt{2\theta_2 h_0^2}}{\theta_1}+1+\frac{\theta_2 h_0(h_0-1)}{\theta_1^2}\right]^{\frac{1}{h_0}} \tag{8-51}$$

其中，$\theta_i = \sum_{j=h+1}^{p}\lambda_j^i(i=1,2,3)$，$h_0 = 1-\frac{2\theta_1\theta_3}{3\theta_2^2}$，$u_\alpha$ 是正态分布在显著性水平为 α 下的临界

值，h 为核主成分分析中保留的主成分个数，λ_j^i 表示核主成分分析中第 j 个特征值的 i 次方。与第5章所讨论的质量监控方法相似，当样本点的 *SPE* 统计量超出控制限，则认为该样本点出现了异常。

8.2.4.2 生产过程诊断

当生产过程出现异常，同样可以进行过程诊断，即检验异常样本点中哪个或哪些变量引起了过程的异常。在第5章中介绍了通过计算第 i 个样本点的第 j 个变量的值对 *SPE* 的总贡献值 $Contr_{ij}^{SPE}$ 来判定究竟是哪个变量引起了过程的异常，KPCA 的诊断同样也可以用该方法。

当第 i 个样本点的平方预测误差 *SPE* 超过其控制限时，可以按式（8-52）计算出第 i 个样本点的第 j 个变量对平方预测误差 *SPE* 的贡献值，并绘制出 *SPE* 贡献图，通过比较各个变量贡献值的大小，从而判断究竟是哪个变量或哪些变量异常导致了 *SPE* 值超过了控制限。

$$Contr_{ij}^{SPE} = (z_{ij} - x_{ij})^2 \tag{8-52}$$

其中，x_{ij}为异常样本点 $\boldsymbol{x}_{(i)}$ 的第 j 个分量，z_{ij}为 $\boldsymbol{x}_{(i)}$ 的重构数据 $\boldsymbol{z}_{(i)}$ 的第 j 个分量。

8.2.4.3 生产过程监控与诊断的步骤

核主成分分析的过程监控与诊断的具体步骤如图8-3所示。

（1）数据预处理。对历史数据集进行标准化处理，消除量纲的影响。

（2）建立 KPCA 模型。选择高斯核函数，确定核参数 σ，根据主成分累计方差贡献率大于85%的准则，选取主成分个数 h。

（3）分别利用式（8-50）和式（8-51）计算出用于生产过程监控的 *SPE* 统计量和控制限，绘制出 *SPE* 控制图。

（4）当采集到新的生产过程样本点时，利用式（8-50）计算出新样本点的 *SPE* 统计量，当新样本点的 *SPE* 统计量超出控制限时，则认为生产过程异常，否则认为生产过程处于统计受控状态。

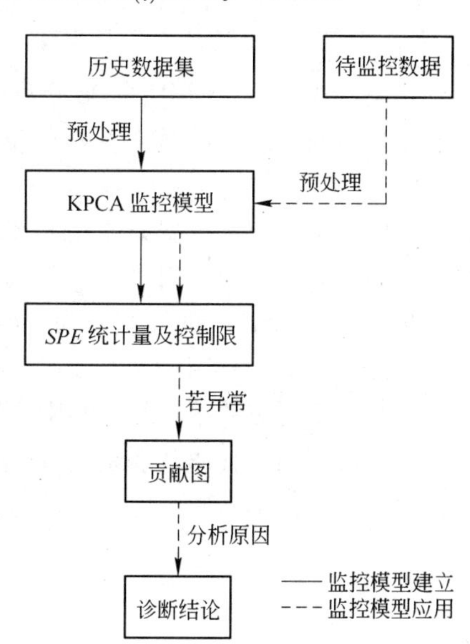

图 8-3 KPCA 过程监控与诊断的流程图

（5）若过程异常，则利用式（8-52）计算各个变量对 *SPE* 的贡献值 $Contr_{ij}^{SPE}$，并绘制出 *SPE* 贡献图，再比较各变量对 *SPE* 统计量的作用大小，最大贡献值对应的变量则认为是引起过程异常的主要原因。

8.2.5 应用实例

在带钢热镀锌的生产工艺过程中，带钢原板的化学成分（如 C、Si、Mn、P、S、Ti 等化学元素的含量）、带钢均热段温度、光整延伸率等是影响热镀锌带钢屈服强度、抗拉强度等力学性能的重要因素。

根据实际的生产情况，选择 C、Si、Mn、P、S、Ti 等化学元素的含量、退火炉区的带钢温度、张力和光整延伸率作为工艺参数，热镀锌带钢屈服强度、抗拉强度为质量指标。

从某钢厂热镀锌生产线上共采集到了 970 个样本，数据的统计特征见表 8 - 1。下面按照图 8 - 3 所示的流程，利用核主成分分析方法对采集到的实际生产数据进行过程监控与诊断。

表 8 - 1　带钢力学性能数据统计特征表

变量名称		最小值	最大值	平均值	标准差
工艺参数	C 含量/%	0.001	0.078	0.026	0.012
	Si 含量/%	0.003	0.116	0.014	0.015
	Mn 含量/%	0.100	0.560	0.226	0.052
	P 含量/%	0.005	0.050	0.010	0.006
	S 含量/%	0.001	0.013	0.006	0.002
	Ti 含量/%	0.001	0.072	0.013	0.022
	均热段温度/℃	726	823	759.57	17.07
	张力/kN	56	707	289.30	109.55
	光整延伸率/%	1	17	8.92	1.58
质量指标	屈服强度/MPa	154	316	250.99	39.16
	抗拉强度/MPa	249	383	341.92	24.36

首先，在原始数据中取 700 个样本点作为训练数据，显著性水平设为 $\alpha=0.01$，利用第 6 章介绍的方法，根据正态分布理论进行异常点的剔除，共剔除 82 个样本点，将剩余的 618 个样本点作为历史数据集。

然后，利用历史数据集建立 KPCA 的 *SPE* 监控模型。通过交叉验证法确定核参数 $\sigma=32$，根据主成分累积贡献率大于 85%，选取 3 个主成分，再由式（8 - 51）计算出在 $\alpha=0.01$ 时的 *SPE* 统计量的控制限为：$UCL=0.7387$。

在此基础上，利用式（8 - 50）计算出 100 个测试数据（即待监测样本点）的 *SPE* 统计量，并利用历史数据集的控制限 *UCL* 来进行监控，得到如图 8 - 4 所示的 *SPE* 控制图。从图中可以看出：在整个监控过程中，第 20、25、45、63、66 和 82 样本点超出了控制限，说明这些样本点所对应的生产过程出现了异常。

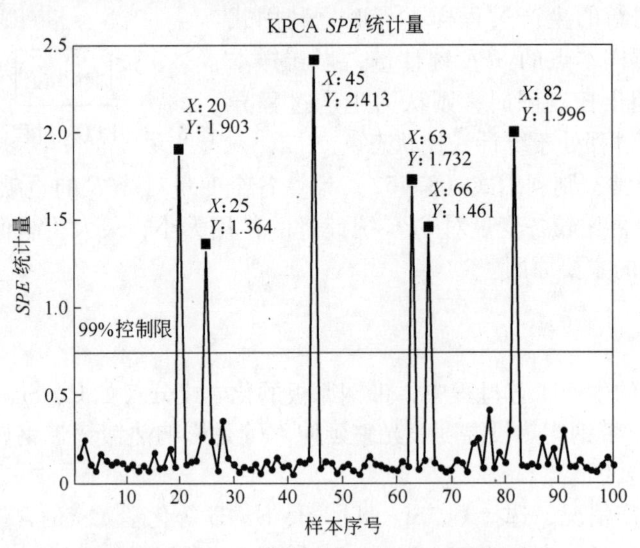

图 8 - 4　100 个待监测样本点的 *SPE* 控制图

为了诊断异常出现的原因，需要计算出异常样本点的各个变量对 *SPE* 统计量的贡献值，并绘制出贡献图。以图 8－4 中比较严重的第 20、45 和 82 号样本点为例，它们的贡献图如图 8－5 所示。

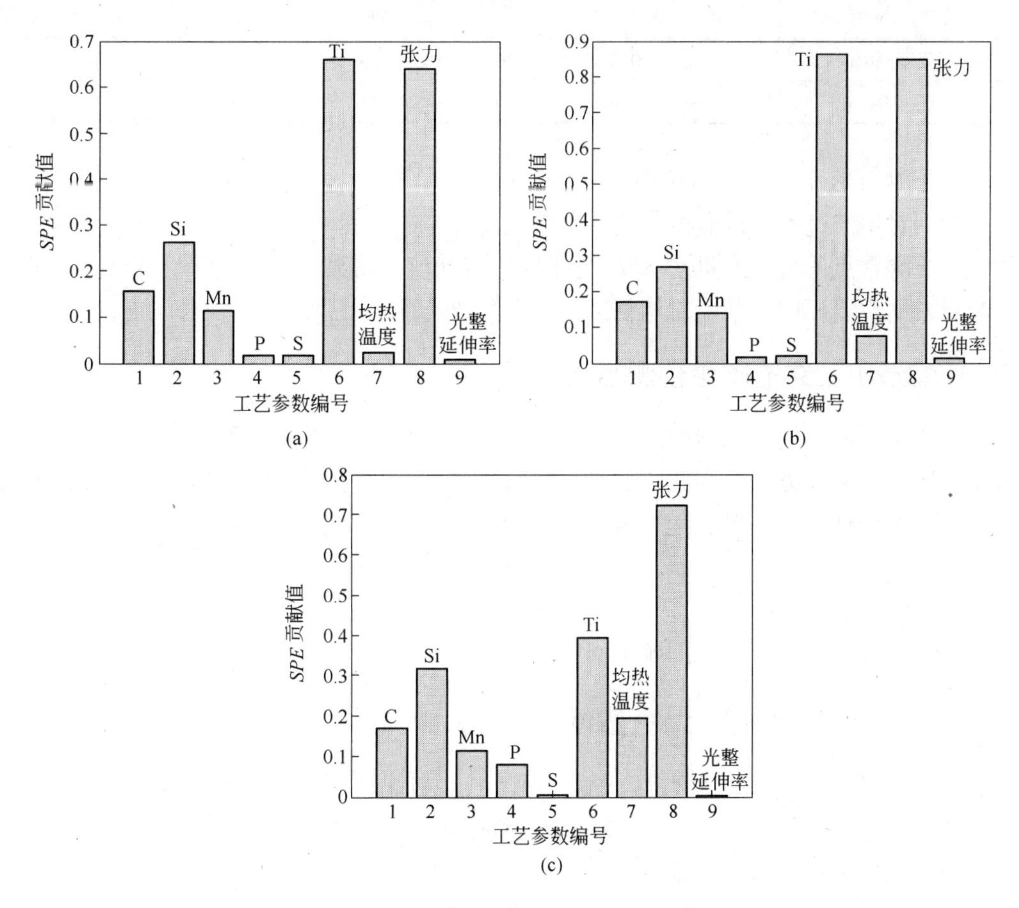

图 8－5 异常样本点的 *SPE* 贡献图

（a）第 20 号样本点的 *SPE* 贡献图；（b）第 45 号样本点的 *SPE* 贡献图；（c）第 82 号样本点的 *SPE* 贡献图

从贡献图中可以看出，导致这 3 个样本点出现异常的主要因素是 Ti 含量和张力。为进一步分析工艺参数与质量指标之间的关系，将这 3 个异常点的 Ti 含量、张力和质量指标分别列于表 8－2 中。从表中可以看出：这 3 个异常点的 Ti 含量都是 0.001，是所有样本点中的最低值，对应的张力都远大于平均值。根据实际生产工艺可知，Ti 含量越低，带钢的屈服强度和抗拉强度越高；而张力越大，带钢的屈服强度和抗拉强度就越高。此外，关注表 8－2 中的两个质量指标可以发现：第 20、82 号样本点的屈服强度和抗拉强度都远大于平均值，并接近于最大值；而第 45 号样本点的屈服强度达到 316MPa，是所有样本点中的最大值。综上所述，由于 Ti 含量过低，张力过大导致了屈服强度和抗拉强度偏离平均值，出现较大的质量波动。因此，在实际生产过程中，需要严格控制原料化学成分，且及时调整合适的工艺控制参数，以保证产品质量的稳定。

表 8-2 三个异常点的工艺参数和质量指标

变量名称	第 20 号样本点	第 45 号样本点	第 82 号样本点
Ti 含量/%	0.001	0.001	0.001
张力/kN	557	590	521
屈服强度/MPa	300	316	305
抗拉强度/MPa	364	343	360

通过带钢力学性能监控与诊断的例子可以发现：通过建立 KPCA 监控模型，并利用 *SPE* 控制图对生产过程实行监控，能够有效地发现生产过程中的异常点。更进一步地，可以通过计算异常点的各个变量对 *SPE* 统计量的贡献值，得到 *SPE* 贡献图，由此可以诊断出引起异常的主要原因，并及时调整工艺控制参数。

8.3 核偏最小二乘的质量预测方法

产品质量预测常用多元回归方法，如最小二乘法、岭回归、偏最小二乘法等。这些方法大多属于线性回归方法，即建立自变量（工艺参数）与因变量（质量指标）之间的线性函数关系。线性回归一般表达式为

$$\boldsymbol{Y} = \boldsymbol{X}\boldsymbol{w} + \boldsymbol{\varepsilon} \tag{8-53}$$

其中，$\boldsymbol{w}$ 为回归系数，$\boldsymbol{\varepsilon} = [\varepsilon_1, \varepsilon_2, \cdots, \varepsilon_n]^{\mathrm{T}}$ 为随机误差向量。

最小二乘法通过下面优化问题求回归系数 $\boldsymbol{w}$：

$$\min_{w} \sum_{i=1}^{n} \varepsilon_i^2 = \sum_{i=1}^{n} (y_{(i)} - \hat{y}_{(i)})^2 = \| \boldsymbol{Y} - \boldsymbol{X}\boldsymbol{w} \|^2 \tag{8-54}$$

其中，$y_{(i)}$ 是实测值，$\hat{y}_{(i)}$ 是预测值，将式（8-54）对 $\boldsymbol{w}$ 求导，并令其为 0，得：

$$\boldsymbol{X}^{\mathrm{T}}(\boldsymbol{Y} - \boldsymbol{X}\boldsymbol{w}) = 0 \tag{8-55}$$

由此，求得回归方程的原始形式为

$$\boldsymbol{w} = (\boldsymbol{X}^{\mathrm{T}}\boldsymbol{X})^{-1}\boldsymbol{X}^{\mathrm{T}}\boldsymbol{Y} \tag{8-56}$$

$$\hat{\boldsymbol{Y}} = \boldsymbol{w}^{\mathrm{T}}\boldsymbol{x} = [(\boldsymbol{X}^{\mathrm{T}}\boldsymbol{X})^{-1}\boldsymbol{X}^{\mathrm{T}}\boldsymbol{Y}]^{\mathrm{T}}\boldsymbol{x} = \langle \boldsymbol{w}, \boldsymbol{x} \rangle \tag{8-57}$$

如果将 $\boldsymbol{w}$ 做线性变化，得到回归方程的对偶形式：

$$\boldsymbol{w} = \boldsymbol{X}\boldsymbol{\alpha} = \sum_{i=1}^{n} \alpha_i \boldsymbol{x}_{(i)} \tag{8-58}$$

$$\hat{y} = \langle \boldsymbol{w}, \boldsymbol{x} \rangle = \sum_{i=1}^{n} \alpha_i \langle \boldsymbol{x}_{(i)}, \boldsymbol{x} \rangle = \sum_{i=1}^{n} \alpha_i k(\boldsymbol{x}_{(i)}, \boldsymbol{x}) \tag{8-59}$$

从式（8-59）可以看出，回归方程的预测值 $\hat{y}$ 是系数 α_i 和核 $\boldsymbol{k}(\boldsymbol{x}_{(i)}, \boldsymbol{x})$ 的线性组合。需要指出的是，式（8-59）中的核函数 $k(\cdot, \cdot)$ 是线性核。回归方程的原始形式与对偶形式只是表达式的差异，本质上两个表达式是一致的，主要的差别在于：

（1）原始形式是通过 $\boldsymbol{X}^{\mathrm{T}}\boldsymbol{X}$ 的逆矩阵求解得到的。

（2）对偶形式是利用线性核矩阵 $\boldsymbol{X}\boldsymbol{X}^{\mathrm{T}}$ 特征分解来求系数 $\boldsymbol{\alpha}$。

上述结论从另一个角度解释了协方差矩阵和核矩阵（内积矩阵）间的内在关联。这进一步说明可以通过核矩阵来解决模式分析的很多问题，如回归、分类和聚类等。

8.3.1　核偏最小二乘法的基本原理

核偏最小二乘法（Kernel Partial Least Square，KPLS）的基本思想是利用核函数 $k(\boldsymbol{x},\boldsymbol{z})$ 将自变量样本数据映射到高维特征空间 F，然后在特征空间中利用线性偏最小二乘法，建立自变量和因变量的质量预测模型。

在原始空间中，给定含 n 个样本点的自变量数据矩阵 $\boldsymbol{X} = [\boldsymbol{x}_{(1)},\boldsymbol{x}_{(2)},\cdots,\boldsymbol{x}_{(n)}]^{\mathrm{T}} \in \mathbf{R}^p$ 和因变量数据矩阵 $\boldsymbol{Y} = [\boldsymbol{y}_{(1)},\boldsymbol{y}_{(2)},\cdots,\boldsymbol{y}_{(n)}]^{\mathrm{T}} \in \mathbf{R}^q$ 。由非线性函数 $\boldsymbol{\phi}(\cdot)$ 将自变量数据从原始空间映射到特征空间 F（假设高维特征空间的维数为 k），得到含 n 个样本点的新的自变量数据矩阵为 $\boldsymbol{X}_{\phi} = [\boldsymbol{\phi}(\boldsymbol{x}_{(1)}),\boldsymbol{\phi}(\boldsymbol{x}_{(2)}),\cdots,\boldsymbol{\phi}(\boldsymbol{x}_{(n)})]^{\mathrm{T}} \in \mathbf{R}^k$ ，然后对新的自变量数据矩阵 $\boldsymbol{X}_{\phi}$ 和原始因变量数据矩阵 $\boldsymbol{Y}$ 进行 PLS 分析。

由于映射函数 $\boldsymbol{\phi}(\cdot)$ 的显式表达式是未知的，使得 $\boldsymbol{X}$ 的映射样本矩阵 $\boldsymbol{X}_{\phi}$ 也未知，因而在特征空间中进行 PLS 分析时，不能简单地套用 5.3.2 节的 PLS 分析方法，需要做出相应的调整。根据式（5－38）可知，映射样本矩阵 $\boldsymbol{X}_{\phi}$ 的主方向 $\boldsymbol{l}_1$ 的求解方法为

$$\boldsymbol{X}_{\phi0}^{\mathrm{T}}\boldsymbol{Y}_0\boldsymbol{Y}_0^{\mathrm{T}}\boldsymbol{X}_{\phi0}\boldsymbol{l}_1 = \lambda_1\boldsymbol{l}_1 \tag{8-60}$$

式中，下标“0”表示原始数据矩阵；$\boldsymbol{l}_1$ 为 $\boldsymbol{X}_{\phi0}^{\mathrm{T}}\boldsymbol{Y}_0\boldsymbol{Y}_0^{\mathrm{T}}\boldsymbol{X}_{\phi0}$ 的最大特征值 λ_1 所对应的特征向量。由于 $\boldsymbol{X}_{\phi0}$ 未知，无法直接由 $\boldsymbol{X}_{\phi0}^{\mathrm{T}}\boldsymbol{Y}_0\boldsymbol{Y}_0^{\mathrm{T}}\boldsymbol{X}_{\phi0}$ 计算出 $\boldsymbol{l}_1$。KPLS 方法在引入核矩阵 $\boldsymbol{K}_0 = \boldsymbol{X}_{\phi0}\boldsymbol{X}_{\phi0}^{\mathrm{T}}$ 的基础上，将式（8－60）两边左乘 $\boldsymbol{X}_{\phi0}$，并将 $\boldsymbol{t}_1 = \boldsymbol{X}_{\phi0}\boldsymbol{l}_1$ 代入，得到

$$\boldsymbol{K}_0\boldsymbol{Y}_0\boldsymbol{Y}_0^{\mathrm{T}}\boldsymbol{t}_1 = \lambda_1\boldsymbol{t}_1 \tag{8-61}$$

式中，$\boldsymbol{t}_1$ 为 $\boldsymbol{X}_{\phi0}$ 在主方向 $\boldsymbol{l}_1$ 上的投影值，即第一主成分；因变量数据矩阵 $\boldsymbol{Y}_0$ 和核矩阵 $\boldsymbol{K}_0$ 是已知的，即 λ_1、$\boldsymbol{t}_1$ 分别为矩阵 $\boldsymbol{K}_0\boldsymbol{Y}_0\boldsymbol{Y}_0^{\mathrm{T}}$ 的特征值和对应的特征向量。由此可求得特征空间中数据矩阵 $\boldsymbol{X}_{\phi}$ 的第一主成分 $\boldsymbol{t}_1$，也即为第一核主成分。

求得第一核主成分 $\boldsymbol{t}_1$ 后，计算 $\boldsymbol{K}_0$ 和 $\boldsymbol{Y}_0$ 的残差矩阵，得到 $\boldsymbol{K}_1$ 和 $\boldsymbol{Y}_1$，以便求下一个主成分 $\boldsymbol{t}_2$。根据式（5－40）和式（5－41）的形式，在特征空间中，进行第 i 次计算时，可按式（8－62）和式（8－63）计算出残差矩阵 $\boldsymbol{X}_{\phi i}$ 和 $\boldsymbol{Y}_i$。

$$\boldsymbol{X}_{\phi i} = \boldsymbol{X}_{\phi i-1} - \boldsymbol{t}_i\boldsymbol{p}_i^{\mathrm{T}} = \boldsymbol{X}_{\phi i-1} - \boldsymbol{t}_i\frac{\boldsymbol{t}_i^{\mathrm{T}}\boldsymbol{X}_{\phi i-1}}{\|\boldsymbol{t}_i\|^2} = (\boldsymbol{I} - \boldsymbol{t}_i\boldsymbol{t}_i^{\mathrm{T}}/\|\boldsymbol{t}_i\|^2)\boldsymbol{X}_{\phi i-1} \tag{8-62}$$

$$\boldsymbol{Y}_i = \boldsymbol{Y}_{i-1} - \boldsymbol{t}_i\boldsymbol{r}_i^{\mathrm{T}} = \boldsymbol{Y}_{i-1} - \boldsymbol{t}_i\frac{\boldsymbol{t}_i^{\mathrm{T}}\boldsymbol{Y}_{i-1}}{\|\boldsymbol{t}_i\|^2} = (\boldsymbol{I} - \boldsymbol{t}_i\boldsymbol{t}_i^{\mathrm{T}}/\|\boldsymbol{t}_i\|^2)\boldsymbol{Y}_{i-1} \tag{8-63}$$

其中，$\boldsymbol{p}_i = \dfrac{\boldsymbol{X}_{\phi i-1}^{\mathrm{T}}\boldsymbol{t}_i}{\|\boldsymbol{t}_i\|^2}$，$\boldsymbol{r}_i = \dfrac{\boldsymbol{Y}_{i-1}^{\mathrm{T}}\boldsymbol{t}_i}{\|\boldsymbol{t}_i\|^2}$。

但由于非线性映射函数 $\boldsymbol{\phi}(\cdot)$ 的表达式实际上是未知的，因而无法用式（8－62）计算 $\boldsymbol{X}_{\phi}$ 的残差矩阵，而只能对核矩阵 $\boldsymbol{K}$ 进行缩并，计算其残差核矩阵 $\boldsymbol{K}_i$，计算式为

$$\begin{aligned}\boldsymbol{K}_i &= \boldsymbol{X}_{\phi i}\boldsymbol{X}_{\phi i}^{\mathrm{T}} \\ &= (\boldsymbol{I} - \boldsymbol{t}_i\boldsymbol{t}_i^{\mathrm{T}}/\|\boldsymbol{t}_i\|^2)\boldsymbol{X}_{\phi i-1}\boldsymbol{X}_{\phi i-1}^{\mathrm{T}}(\boldsymbol{I} - \boldsymbol{t}_i\boldsymbol{t}_i^{\mathrm{T}}/\|\boldsymbol{t}_i\|^2)^{\mathrm{T}} \\ &= (\boldsymbol{I} - \boldsymbol{t}_i\boldsymbol{t}_i^{\mathrm{T}}/\|\boldsymbol{t}_i\|^2)\boldsymbol{K}_{i-1}(\boldsymbol{I} - \boldsymbol{t}_i\boldsymbol{t}_i^{\mathrm{T}}/\|\boldsymbol{t}_i\|^2)^{\mathrm{T}}\end{aligned} \tag{8-64}$$

当已知 $\boldsymbol{Y}_{i-1}$ 和 $\boldsymbol{K}_{i-1}$，则可以通过下式求得数据矩阵 $\boldsymbol{X}_{\phi}$ 的第 i 个主成分 $\boldsymbol{t}_i$。因此，计算主成分 $\boldsymbol{t}_i$ 的一般公式可以表示为

$$\boldsymbol{K}_{i-1}\boldsymbol{Y}_{i-1}\boldsymbol{Y}_{i-1}^{\mathrm{T}}\boldsymbol{t}_i = \lambda_i\boldsymbol{t}_i \tag{8-65}$$

同理，根据式（5 -39）可得数据矩阵 $\boldsymbol{Y}$ 的主方向 $\boldsymbol{c}_1$ 的求解方法为

$$\boldsymbol{Y}_0^{\mathrm{T}}\boldsymbol{X}_{\phi0}\boldsymbol{X}_{\phi0}^{\mathrm{T}}\boldsymbol{Y}_0\boldsymbol{c}_1 = \lambda_1\boldsymbol{c}_1 \tag{8-66}$$

将式（8 -66）两边左乘 $\boldsymbol{Y}_0$，并将 $\boldsymbol{K}_0=\boldsymbol{X}_{\phi0}\boldsymbol{X}_{\phi0}^{\mathrm{T}}$ 和 $\boldsymbol{u}_1=\boldsymbol{Y}_0\boldsymbol{c}_1$ 代入，得到

$$\boldsymbol{Y}_0\boldsymbol{Y}_0^{\mathrm{T}}\boldsymbol{K}_0\boldsymbol{u}_1 = \lambda_1\boldsymbol{u}_1 \tag{8-67}$$

式中，λ_1 和 $\boldsymbol{u}_1$ 是矩阵 $\boldsymbol{Y}_0\boldsymbol{Y}_0^{\mathrm{T}}\boldsymbol{K}_0$ 的特征值和对应的特征向量，且原始的数据矩阵 $\boldsymbol{Y}_0$ 和核矩阵 K_0 都是已知的。

依次类推，利用式（8 -63）和式（8 -64）计算出残差核矩阵 $\boldsymbol{K}_{i-1}$ 和残差矩阵 $\boldsymbol{Y}_{i-1}$ 后，则可以通过式（8 -68）求得数据矩阵 $\boldsymbol{Y}$ 的第 i 个主成分 $\boldsymbol{u}_i$。因此，计算数据矩阵 $\boldsymbol{Y}$ 的主成分 $\boldsymbol{u}_i$ 的一般公式可以表达为

$$\boldsymbol{Y}_{i-1}\boldsymbol{Y}_{i-1}^{\mathrm{T}}\boldsymbol{K}_{i-1}\boldsymbol{u}_i = \lambda_i\boldsymbol{u}_i \tag{8-68}$$

利用式（8 -63）~式（8 -65）和式（8 -68）提取出特征空间中的数据矩阵 $\boldsymbol{X}_\phi$ 的前 h 个主成分为 $\boldsymbol{t}_1$，$\boldsymbol{t}_2$，…，$\boldsymbol{t}_h$ 和原始空间中的数据矩阵 $\boldsymbol{Y}$ 的前 h 个主成分 $\boldsymbol{u}_1$，$\boldsymbol{u}_2$，…，$\boldsymbol{u}_h$，分别记作 $\boldsymbol{T}_h=[\boldsymbol{t}_1,\ \boldsymbol{t}_2,\ \cdots,\ \boldsymbol{t}_h]$，$\boldsymbol{U}_h=[\boldsymbol{u}_1,\ \boldsymbol{u}_2,\ \cdots,\ \boldsymbol{u}_h]$，称 $\boldsymbol{T}_h$ 和 $\boldsymbol{U}_h$ 为数据矩阵 $\boldsymbol{X}_\phi$ 和 $\boldsymbol{Y}$ 的主成分矩阵。

根据式（5 -46）给出的线性 PLS 的回归系数矩阵 $\boldsymbol{B}$ 的表达式，可以建立数据矩阵 $\boldsymbol{X}_\phi$ 和 $\boldsymbol{Y}$ 的 KPLS 回归模型为

$$\boldsymbol{Y} = \boldsymbol{X}_\phi\boldsymbol{B}_{\mathrm{KPLS}} + \boldsymbol{Y}_h \tag{8-69}$$

式中，$\boldsymbol{Y}_h$ 为 $\boldsymbol{Y}$ 的第 h 个残差矩阵；$\boldsymbol{B}_{\mathrm{KPLS}}$ 为回归系数矩阵，其表达式为

$$\boldsymbol{B}_{\mathrm{KPLS}} = \boldsymbol{X}_\phi^{\mathrm{T}}\boldsymbol{U}_h(\boldsymbol{T}_h^{\mathrm{T}}\boldsymbol{X}_\phi\boldsymbol{X}_\phi^{\mathrm{T}}\boldsymbol{U}_h)^{-1}\boldsymbol{T}_h^{\mathrm{T}}\boldsymbol{Y} \tag{8-70}$$

由于映射函数 $\boldsymbol{\phi}(\cdot)$ 的表达式未知，所以将核矩阵 $\boldsymbol{K}=\boldsymbol{X}_\phi\boldsymbol{X}_\phi^{\mathrm{T}}$ 代入式（8 -70），可得回归系数矩阵 $\boldsymbol{B}_{\mathrm{KPLS}}$ 的表达式为

$$\boldsymbol{B}_{\mathrm{KPLS}} = \boldsymbol{X}_\phi^{\mathrm{T}}\boldsymbol{U}_h(\boldsymbol{T}_h^{\mathrm{T}}\boldsymbol{K}\boldsymbol{U}_h)^{-1}\boldsymbol{T}_h^{\mathrm{T}}\boldsymbol{Y} \tag{8-71}$$

将式（8 -71）代入式（8 -69），可得 KPLS 回归模型的输出估计值为

$$\hat{\boldsymbol{Y}} = \boldsymbol{X}_\phi\boldsymbol{B}_{\mathrm{KPLS}} = \boldsymbol{K}\boldsymbol{U}_h(\boldsymbol{T}_h^{\mathrm{T}}\boldsymbol{K}\boldsymbol{U}_h)^{-1}\boldsymbol{T}_h^{\mathrm{T}}\boldsymbol{Y} \tag{8-72}$$

8.3.2　核偏最小二乘的预测模型

通过上一节已经了解了核偏最小二乘方法的基本原理，下面将介绍基于核偏最小二乘方法的建模流程，以及预测模型的三种常见评价指标。

8.3.2.1　建模流程

在实际生产过程中，对 p 个工艺参数（自变量）和 q 个质量指标（因变量），获取 n 个观测样本点，由此可以得到工艺参数和质量指标的数据矩阵 $\boldsymbol{X}=[\boldsymbol{x}_{(1)},\boldsymbol{x}_{(2)},\cdots,\boldsymbol{x}_{(n)}]_{n\times p}^{\mathrm{T}}$ 和 $\boldsymbol{Y}=[\boldsymbol{y}_{(1)},\boldsymbol{y}_{(2)},\cdots,\boldsymbol{y}_{(n)}]_{n\times q}^{\mathrm{T}}$。可以将数据矩阵 $\boldsymbol{X}$ 和 $\boldsymbol{Y}$ 作为训练样本，并按如下步骤利用核偏最小二乘方法建立质量预测模型：

（1）将原始数据 $\boldsymbol{X}$ 和 $\boldsymbol{Y}$ 进行标准化处理，消除量纲影响。

（2）选择核函数 k，确定核参数，并利用核函数计算出核矩阵 $\boldsymbol{K}$。

（3）对核矩阵进行中心化处理。

（4）利用式（8 -63）~式（8 -65）和式（8 -68）分别提取出映射数据矩阵 $\boldsymbol{X}_\phi$ 和原始数据矩阵 $\boldsymbol{Y}$ 的主成分矩阵 $\boldsymbol{T}_h$ 和 $\boldsymbol{U}_h$。

（5）建立 KPLS 回归模型，按式（8－72）计算出 n 个训练样本的质量指标的拟合值。

（6）为验证模型的有效性，对新样本 $\boldsymbol{X}^{\text{test}}$ 和 $\boldsymbol{Y}^{\text{test}}$ 进行预测，具体计算过程如下。

首先，计算出预测样本 $\boldsymbol{X}^{\text{test}}$ 和训练样本 $\boldsymbol{X}$ 之间的核矩阵：

$$\boldsymbol{K}^{\text{test}} = [k(\boldsymbol{x}_{(i)},\boldsymbol{x}_{(j)})]_{n_1\times n} \quad (i = n+1,n+2,\cdots,n+n_1;j = 1,2,\cdots,n) \tag{8-73}$$

然后，利用训练数据的核矩阵 $\boldsymbol{K}$ 对测试数据的核矩阵 $\boldsymbol{K}^{\text{test}}$ 进行中心化：

$$\boldsymbol{K}^{\text{test}} = \boldsymbol{K}^{\text{test}} - \frac{1}{n}\boldsymbol{j}_{n_1}\boldsymbol{j}_n^{\text{T}}\boldsymbol{K} - \frac{1}{n}\boldsymbol{K}^{\text{test}}\boldsymbol{j}_n\boldsymbol{j}_n^{\text{T}} + \frac{1}{n^2}(\boldsymbol{j}_n^{\text{T}}\boldsymbol{K}\boldsymbol{j}_n)\boldsymbol{j}_{n_1}\boldsymbol{j}_n^{\text{T}} \tag{8-74}$$

其中，$\boldsymbol{j}_n$ 是元素都为 1 的 n 维列向量；$\boldsymbol{i}_{n_1}$ 是元素都为 1 的 n_1 维列向量。

最后，可以得到预测模型为：

$$\hat{\boldsymbol{Y}}^{\text{test}} = \boldsymbol{X}_{\phi}^{\text{test}}\boldsymbol{B} = \boldsymbol{K}^{\text{test}}\boldsymbol{U}_h(\boldsymbol{T}_h^{\text{T}}\boldsymbol{K}^{\text{test}}\boldsymbol{U}_h)^{-1}\boldsymbol{T}_h^{\text{T}}\boldsymbol{Y} \tag{8-75}$$

8.3.2.2　预测模型的评价指标

对于上面已经建立的质量预测模型，可以用均方根误差、复测定系数和相对预测误差三个指标来评价模型的精度。

A　均方根误差（Root Mean Square Error，RMSE）

$$RMSE = \sqrt{\frac{\sum_{i=n+1}^{n+n_1}\|\boldsymbol{y}_{(i)} - \hat{\boldsymbol{y}}_{(i)}\|^2}{n_1}} \tag{8-76}$$

式中，$\boldsymbol{y}_{(i)}$ 为真实值；$\hat{\boldsymbol{y}}_{(i)}$ 为预测值；n_1 为预测样本数。均方根误差越小说明模型的预测能力越强。

B　复测定系数 R^2

$$R^2 = 1 - \frac{SSE}{SST} \tag{8-77}$$

式中，$SSE = \sum_{i=n+1}^{n+n_1}\|\boldsymbol{y}_{(i)} - \hat{\boldsymbol{y}}_{(i)}\|^2$ 为残差平方和；$SST = \sum_{i=n+1}^{n+n_1}(\boldsymbol{y}_{(i)} - \bar{\boldsymbol{y}})^2$ 为总偏差平方和；$\hat{\boldsymbol{y}}_{(i)}$ 为预测值；$\boldsymbol{y}_{(i)}$ 为真实值；$\bar{\boldsymbol{y}}$ 为真实值的平均值，$\bar{\boldsymbol{y}} = \frac{1}{n_1}\sum_{i=n+1}^{n+n_1}\boldsymbol{y}_{(i)}$；$n_1$ 为预测样本数。

复测定系数反映模型中某一个因变量的可解释的变异占总变异的百分比，取值在 0 到 1 之间。复测定系数越接近 1 表明该因变量可解释的变异占总变异的比例越高，回归模型越适用。$R^2=1$ 代表回归模型完全拟合了因变量与自变量之间的数据关系，$R^2=0.5$ 代表总偏差平方和中只有一半可以解释模型，另一半是残差。$R^2>0.7$ 认为数据的拟合效果一般，$R^2>0.9$ 认为拟合较好。

C　相对预测误差（Relative Prediction Error，RPE）

$$RPE = \frac{\sum_{i=n+1}^{n+n_1}|\boldsymbol{y}_{(i)} - \hat{\boldsymbol{y}}_{(i)}|}{\sum_{i=n+1}^{n+n_1}|\boldsymbol{y}_{(i)}|} \tag{8-78}$$

式中，RPE 为相对预测误差；$\boldsymbol{y}_{(i)}$ 为真实值；$\hat{\boldsymbol{y}}_{(i)}$ 为预测值；n_1 为预测样本数。相对预测误差越小说明模型的预测能力越强。

8.3.3　应用实例

针对表7－8中的带钢热镀锌生产线数据，分别运用PLS方法和KPLS方法进行回归建模，并对带钢表面的锌层重量进行预测。为了检验样本的随机性选择和不同的回归样本数对预测结果的影响，进行如下两组试验。

第一组试验：为了检验样本随机性选择对预测精度的影响，在回归和预测样本数目相同的情况下，以不同的数据起始点进行等间隔取样。分别以数据集的第1，401，801，1201个样本点为起始点，连续选择1200个样本点作为一个数据子集，共选择了四个数据子集。每个数据子集的前1000个样本作为训练数据，用于回归建模，后200个样本作为预测数据，用于验证模型的有效性。

四个数据子集的回归复测定系数和回归均方根误差如图8－6所示。从图中可以看出，KPLS的回归复测定系数和回归均方根误差总体上都要优于PLS，说明KPLS比PLS具有更强的拟合能力。

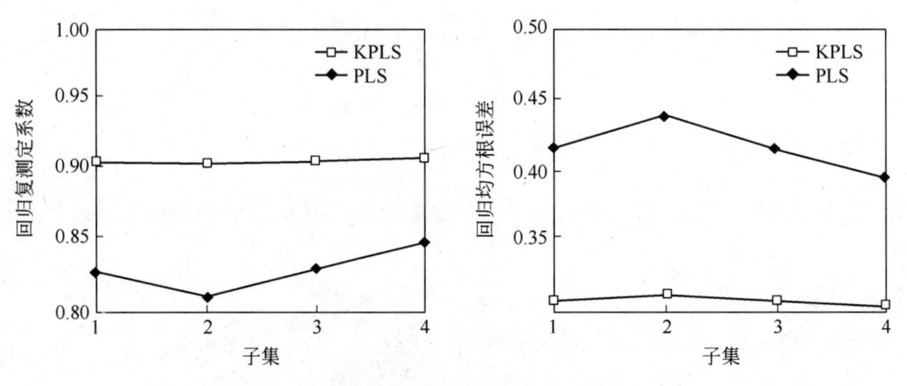

图8－6　回归复测定系数和均方根误差对比图

四个数据子集的预测复测定系数和预测均方根误差如图8－7所示。从图中可以看出，对于不同的四个子集，KPLS的预测效果都要优于PLS，具有更好的泛化能力。

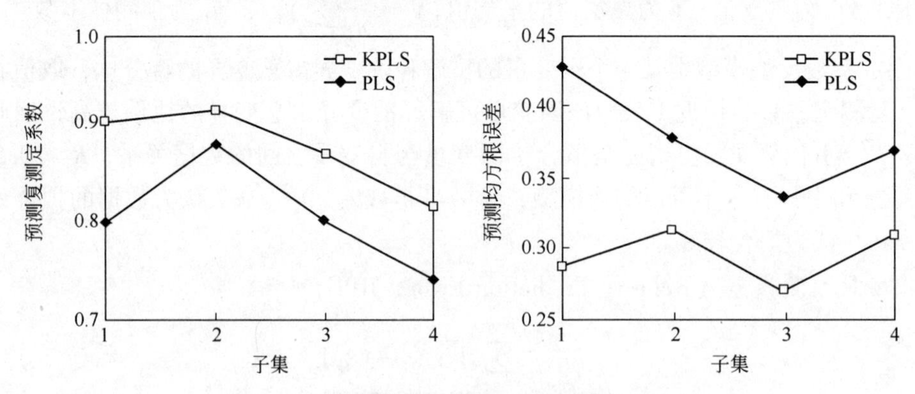

图8－7　预测复测定系数和均方根误差对比图

通过反标准化，可以将数据还原到原始数据空间中去，PLS和KPLS两种方法的相对预测误差见表8－3。从表中发现，对于四个子集，KPLS方法的相对预测误差都要比PLS小，说明KPLS模型要比PLS模型更精确，具有更强的泛化能力。

表 8-3 第一组试验 PLS 和 KPLS 的相对预测误差对比

	子集 1	子集 2	子集 3	子集 4
PLS/%	7.2998	6.1081	6.1990	7.0920
KPLS/%	4.8364	4.7452	5.0624	5.8013

通过对 PLS 和 KPLS 方法的三个评价指标的对比分析，可以发现，KPLS 模型精度要比 PLS 模型精度高，预测效果更好。

第二组试验：为测试不同的回归样本数对预测精度的影响，在数据起始点和预测样本数相同的情况下，以等长度增加的方式选取不同的回归样本数。以第 1 个样本点为起始点，分别选取 1000，1400，1800，2200 个训练样本数，其后的 200 个数据样本点作为预测样本点。

四个数据子集的回归复测定系数和回归均方根误差如图 8-8 所示，四个数据子集的预测复测定系数和预测均方根误差如图 8-9 所示，PLS 和 KPLS 两种方法的相对预测误差见表 8-4。通过分析后可以得到与第一组试验相同的结论：KPLS 模型相比于 PLS 模型具有更好的拟合能力和预测能力。

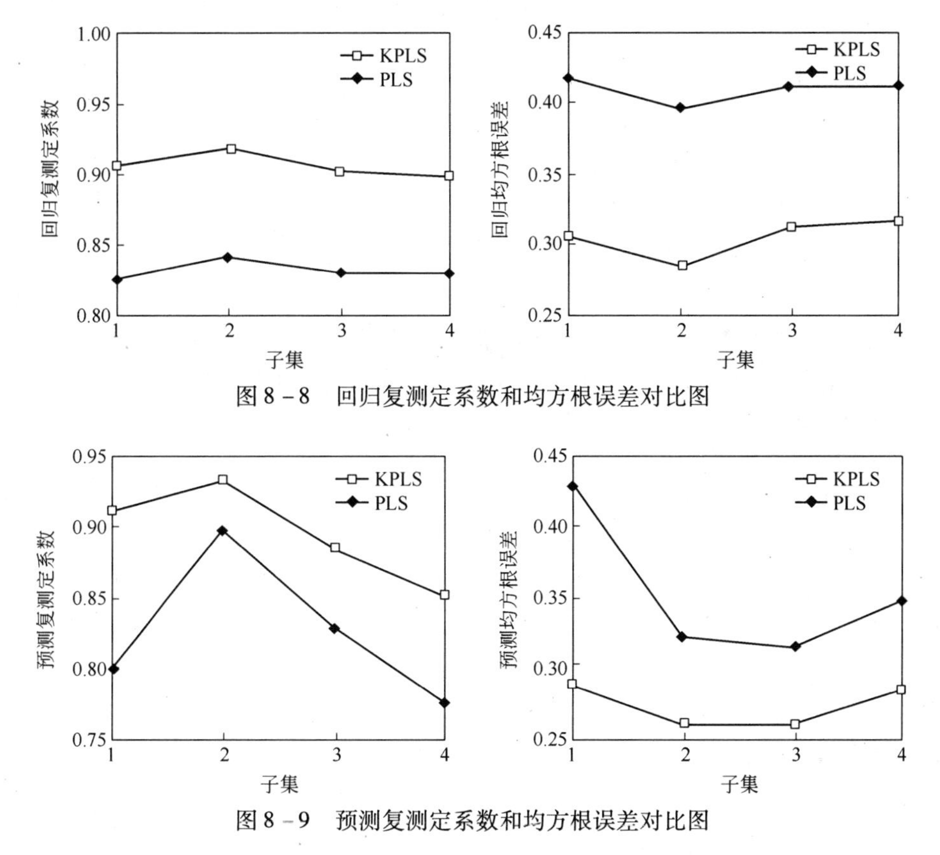

图 8-8 回归复测定系数和均方根误差对比图

图 8-9 预测复测定系数和均方根误差对比图

表 8-4 第二组试验 PLS 和 KPLS 的相对预测误差对比

	子集 1	子集 2	子集 3	子集 4
PLS/%	7.2998	5.7404	5.9154	6.6708
KPLS/%	4.8364	4.4939	4.9405	4.9860

为了更加直观地比较 PLS 和 KPLS 方法的预测效果，对数据子集 1 进行分析，绘制出了两种方法的预测效果对比图，如图 8－10 所示。从图中可以发现，KPLS 模型的预测线基本与真实值的线重合，而 PLS 模型的预测线与真实值的线差距较大，因此 KPLS 模型总体上较 PLS 模型可以更有效地反映各工艺参数对锌层重量的影响。

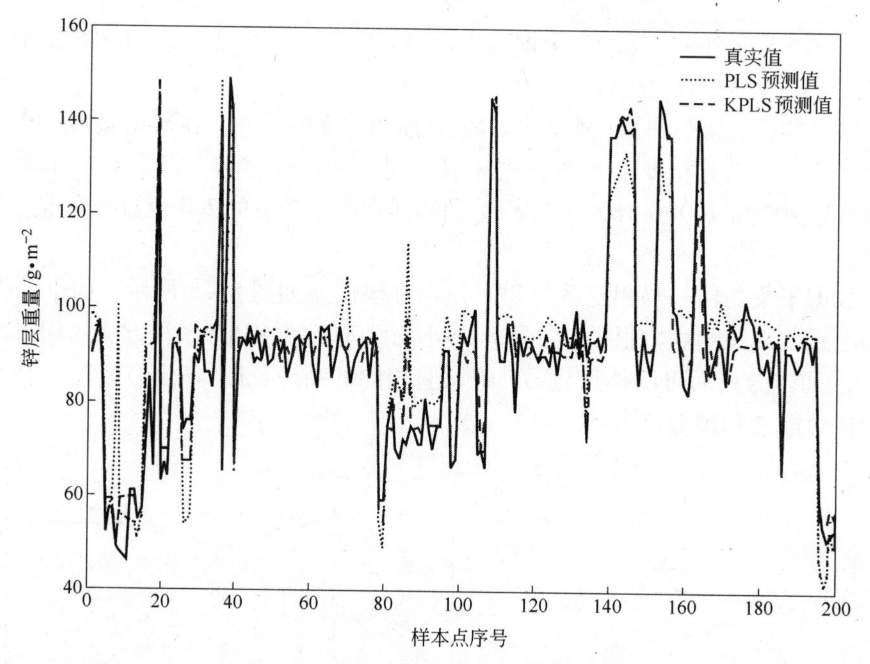

图 8－10　PLS 和 KPLS 预测结果对比图

上述两组试验分析都说明，KPLS 方法比 PLS 方法具有更好的回归效果和预测精度，即 KPLS 的拟合能力和泛化能力都比 PLS 优越，具有更好的建模效果。这是由于 KPLS 充分利用了核函数方法的优势，反映了工艺参数与质量指标之间复杂的非线性映射关系。通过将原始空间的数据映射到高维特征空间，在高维特征空间建立线性关系来实现原始空间的复杂非线性映射关系。对于镀锌带钢锌层重量的控制来说，它是一个多变量的复杂系统，具有较强的非线性特征，而 PLS 方法是一种线性方法，只能近似描述实际的生产过程，因此预测效果要逊于 KPLS 方法。

8.4　支持向量机的质量预测方法

在实际生产过程中，尤其是在新钢种的开发过程中，要获得大量样本来建立产品质量的预测模型往往存在一定困难。因此，在小样本情况下，如何提高质量预测模型的精度是需要重点解决的问题。本节主要介绍了支持向量机的基本原理，在此基础上，利用支持向量机回归的方法来建立产品质量预测模型，并将其应用到锌层重量的预测中。

8.4.1　支持向量机的基本原理

支持向量机（Support Vector Machine，SVM）是 20 世纪 90 年代由 Vapnik 等在统计学习理论的基础上提出的一种模式识别方法，在解决小样本、非线性和高维模式识别问题中表现出许多特有的优势，被广泛应用于机器学习、数据挖掘和模式分类等领域。

支持向量机的核心思想是：在待分析样本中找到一个最优分类面，不仅要将样本无错误地分开，而且要使样本的分类间隔最大化。在寻找最优分类面的过程中，主要涉及线性可分、近似线性可分和线性不可分三种情况，如图 8 – 11 所示。下面分别针对这三种情况进行具体阐述。

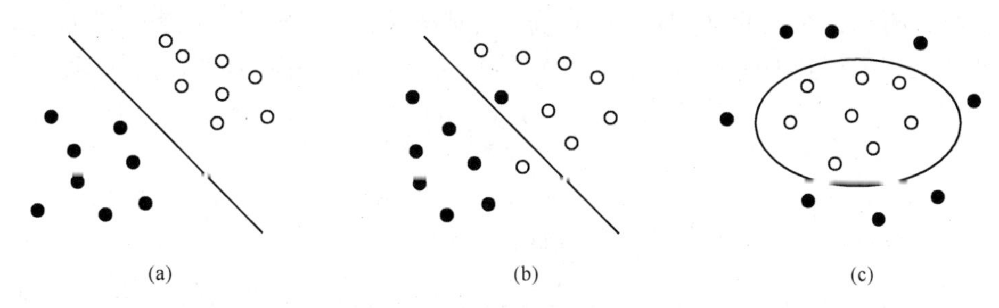

图 8 – 11 分类问题的三种情况

（a）线性可分；（b）近似线性可分；（c）线性不可分

8.4.1.1 线性可分问题

设有 n 个样本点 $\boldsymbol{X}=[\boldsymbol{x}_{(1)},\boldsymbol{x}_{(2)},\cdots,\boldsymbol{x}_{(n)}]^{\mathrm{T}}\in\mathbf{R}^{p}$，每个样本点对应的分类标签为 $y_{(i)}$，$i=1, 2, \cdots, n$，$y_{(i)}\in\{-1, 1\}$ 表示只有两类样本。如图 8 – 12 所示，○代表一类样本，●代表另一类样本，H 为把两类样本无错误分开的分类线，H_1、H_2 分别是过两类样本中离分类线 H 最近的样本点且平行于分类线的直线，H_1 和 H_2 之间的距离称为两类样本的分类间隔。通常将两类样本中离分类线 H 最近的样本点称为“支持向量”。从二维空间推广到高维空间，最优分类线就成为最优分类面，也称为最优超平面。

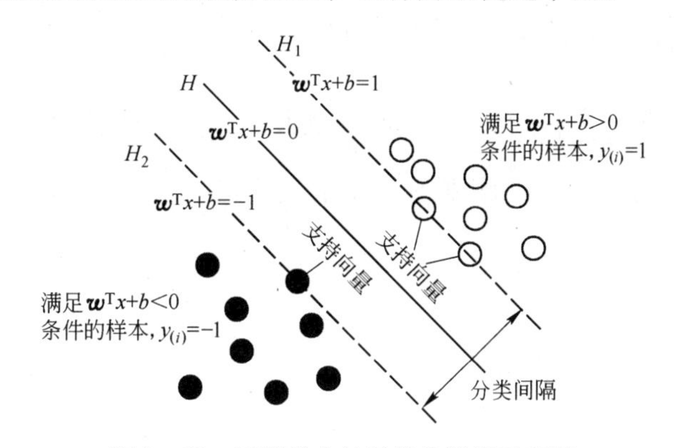

图 8 – 12 两类样本的最优分类线示意图

超平面 H 的一般形式可表示为

$$\boldsymbol{w}^{\mathrm{T}}\boldsymbol{x}+b=0 \tag{8-79}$$

其中，对于高维问题，$\boldsymbol{w}$ 为超平面的法向量，通常称为权向量；b 是将超平面平移到坐标原点的距离。若是二维问题，则超平面就退化为一条分类线，此时 $\boldsymbol{w}$ 可以理解为分类线的斜率，b 为分类线的截距。

在图 8 – 12 中，$\boldsymbol{w}^{\mathrm{T}}\boldsymbol{x}+b=0$ 为最优分类线 H，而满足 $\boldsymbol{w}^{\mathrm{T}}\boldsymbol{x}+b>0$ 的样本点对应于标签为 $y_{(i)}=1$ 的这类样本，满足 $\boldsymbol{w}^{\mathrm{T}}\boldsymbol{x}+b<0$ 的样本点则对应于标签为 $y_{(i)}=-1$ 的另一类样本。换言之，在进行分类时，新的待识别的样本点 $\boldsymbol{x}$，可将其代入到式 $\boldsymbol{w}^{\mathrm{T}}\boldsymbol{x}+b$ 中，若计算结

果 $w^{\mathrm{T}}x+b<0$，就将该样本点的类别赋为 -1；反之，若 $w^{\mathrm{T}}x+b>0$，就将该样本点的类别赋为 1。需要进一步说明的是，作为 $w^{\mathrm{T}}x+b>0$ 的一个特例，当 $w^{\mathrm{T}}x+b=1$ 时，说明满足该条件的样本点可以作为支持向量；同理，$w^{\mathrm{T}}x+b=-1$ 作为 $w^{\mathrm{T}}x+b<0$ 的一个特例，意味着满足该条件的样本点也是支持向量，如图 8－12 所示。

由此可以看出，在超平面 $w^{\mathrm{T}}x+b=0$ 确定的情况下，$|w^{\mathrm{T}}x+b|$ 代表了样本点 x 与超平面的距离。根据点到平面的距离定义，可将样本点 x 到超平面的距离用下式来表示

$$d=\frac{|w^{\mathrm{T}}x+b|}{\|w\|} \tag{8-80}$$

在此基础上，计算出两类样本的分类间隔，即 H_1 和 H_2 之间距离，该距离越大，则两类样本的可区分性就越好，由此可以得到如下的优化问题：

$$\max_{w} d_{12}=\max\left(\min_{\{x_{(i)},y_{(i)}=1\}}\frac{|w^{\mathrm{T}}x_{(i)}+b|}{\|w\|}+\min_{\{x_{(j)},y_{(j)}=-1\}}\frac{|w^{\mathrm{T}}x_{(j)}+b|}{\|w\|}\right) \tag{8-81}$$

其中，$\min\limits_{\{x_{(i)},y_{(i)}=1\}}\frac{|w^{\mathrm{T}}x_{(i)}+b|}{\|w\|}$ 表示在标签为 1 的这类样本中，要找到与超平面距离最近的点，实质上是要寻找出可以作为支持向量的样本点；同理，$\min\limits_{\{x_{(j)},y_{(j)}=-1\}}\frac{|w^{\mathrm{T}}x_{(j)}+b|}{\|w\|}$ 表示在标签为 -1 的另一类样本中，要找到与超平面距离最近的样本点。在每个类别中找到可以作为支持向量的样本后，期望两类支持向量所在的直线间的距离越大越好，即期望 d_{12} 趋于最大化。

根据上述分析可知，若要满足式（8－81）的要求，则需要使得 $w^{\mathrm{T}}x_{(i)}+b=1$ 或 $w^{\mathrm{T}}x_{(j)}+b=-1$ 才能对应地让式 $\frac{|w^{\mathrm{T}}x_{(i)}+b|}{\|w\|}$ 或式 $\frac{|w^{\mathrm{T}}x_{(j)}+b|}{\|w\|}$ 最小。由此可以推出图 8－12中的分类间隔等于 $\frac{2}{\|w\|}$，要使分类间隔最大，等价于使 $\frac{1}{2}\|w\|^2$ 最小。

由此，可以将求解最优超平面转换成如下的优化问题

$$\begin{aligned}&\min_{w,b}\frac{1}{2}\|w\|^2\\&\text{s.t. } y_{(i)}[w^{\mathrm{T}}x_{(i)}+b]\geqslant 1,\quad i=1,2,\cdots,n\end{aligned} \tag{8-82}$$

其中，约束条件 $y_{(i)}[w^{\mathrm{T}}x_{(i)}+b]\geqslant 1$ 涵盖了样本点的属性特征，即：属于支持向量的样本点刚好在边界 H_1 和 H_2 上，它们满足 $y_{(i)}[w^{\mathrm{T}}x_{(i)}+b]=1$，而对于那些不是支持向量的样本点，显然有 $y_{(i)}[w^{\mathrm{T}}x_{(i)}+b]>1$。

将上述优化问题可以进一步表示成拉格朗日泛函形式的优化问题：

$$\min_{w,b}\max_{\alpha_i\geqslant 0}L(w,b,\alpha)=\frac{1}{2}\|w\|^2-\sum_{i=1}^{n}\alpha_i[y_{(i)}(w^{\mathrm{T}}x_{(i)}+b)-1] \tag{8-83}$$

其中，α_i 为拉格朗日因子。由于上述拉格朗日优化问题满足最优解条件（Karush－Kuhn－Tucker 条件，简称 KKT 条件），因此可以将式（8－83）的优化问题转化为对偶优化问题：

$$\max_{\alpha_i\geqslant 0}\min_{w,b}L(w,b,\alpha)=\frac{1}{2}\|w\|^2-\sum_{i=1}^{n}\alpha_i[y_{(i)}(w^{\mathrm{T}}x_{(i)}+b)-1] \tag{8-84}$$

于是，可以先求解 $\min\limits_{w,b}L(w,b,\alpha)$，得到

$$\frac{\partial L}{\partial b}=0\Rightarrow\sum_{i=1}^{n}\alpha_i y_{(i)}=0 \tag{8-85}$$

$$\frac{\partial L}{\partial \boldsymbol{w}}=0\Rightarrow\boldsymbol{w}=\sum_{i=1}^{n}\alpha_i \boldsymbol{x}_{(i)} y_{(i)} \tag{8-86}$$

将式（8－85）和式（8－86）代入到式（8－84），最终得到如下优化问题：

$$\max_{\alpha} W(\alpha)=\sum_{i=1}^{n}\alpha_i-\frac{1}{2}\sum_{i=1}^{n}\sum_{j=1}^{n}\alpha_i\alpha_j y_{(i)}y_{(j)}\boldsymbol{x}_{(i)}^{\mathrm{T}}\boldsymbol{x}_{(j)} \tag{8-87}$$

$$\text{s. t. } \alpha_i\geqslant 0,\quad i=1,2,\cdots,n$$

$$\sum_{i=1}^{n}\alpha_i y_{(i)}=0$$

通过式（8－87）可以求解得到 α_i。通常，绝大部分的解 $\alpha_i=0$，此时对应的样本点为非支持向量；而只有很少一部分的解 $\alpha_i\neq 0$，此时所对应的样本点可以作为支持向量。为什么非支持向量对应的 α_i 等于零呢？直观上可以这样理解：两类样本能够正确地区分开，完全是由超平面 H 决定的，而这些远离超平面的样本点对超平面是没有影响的，所以这些无关的样本点就不会参与寻找超平面的计算过程，故拉格朗日因子 α_i 被赋予零值。这也就是支持向量机可以在只有少量样本的情况下，仍然可以进行分类建模的原因。

进一步地，根据式（8－86）求出 $\boldsymbol{w}$ 后，可以通过式（8－88）求得 b：

$$b=-\frac{1}{2}[\boldsymbol{w}^{\mathrm{T}}\boldsymbol{x}(1)+\boldsymbol{w}^{\mathrm{T}}\boldsymbol{x}(-1)] \tag{8-88}$$

其中，$\boldsymbol{x}(1)$ 表示第一类样本中的任意一个支持向量，$\boldsymbol{x}(-1)$ 表示第二类样本中的任意一个支持向量。

最终，得到最优超平面为

$$\sum_{i=1}^{n}\alpha_i y_{(i)}\boldsymbol{x}_{(i)}^{\mathrm{T}}\boldsymbol{x}+b=0 \tag{8-89}$$

将式（8－89）与式（8－79）进行对比可以看出，求解最优超平面的过程，实质是对权向量 $\boldsymbol{w}$ 的求解。在获得最优超平面基础上，定义分类决策函数为

$$f(\boldsymbol{x})=\sum_{i=1}^{n}\alpha_i y_{(i)}\boldsymbol{x}_{(i)}^{\mathrm{T}}\boldsymbol{x}+b \tag{8-90}$$

式（8－90）的含义是：利用 n 个训练样本 $\boldsymbol{x}_{(i)}$ 来寻找最优超平面，但真正起作用的只有 k 个支持向量（$k\ll n$），非支持向量所对应的拉格朗日系数 α_i 均为0。因此，对测试样本 $\boldsymbol{x}$ 而言，它只需要与 k 个支持向量做内积运算就可以了，而不需要与 n 个训练样本都进行运算，因此支持向量可以大幅提高计算效率。

8.4.1.2　近似线性可分问题

对于一些近似线性可分的情况，如图8－11(b) 所示，可以在式（8－82）的约束条件中增加一个松弛变量 $\xi_i\geqslant 0$，将式（8－82）改为

$$\min_{\boldsymbol{w},b}\frac{1}{2}\|\boldsymbol{w}\|^2+C\sum_{i=1}^{n}\xi_i \tag{8-91}$$

$$\text{s. t. } y_{(i)}[\boldsymbol{w}^{\mathrm{T}}\boldsymbol{x}_{(i)}+b]\geqslant 1-\xi_i\quad(\xi_i\geqslant 0;\ i=1,2,\cdots,n)$$

其中，$\xi_i\geqslant 0$ 为控制允许错分样本个数的参数，$C>0$ 为惩罚系数，控制对错分样本的惩罚程度。通过引入松弛变量 ξ_i 和惩罚系数 C，允许存在少量错分的样本，目的是提高分类模

型在训练过程的计算速度，降低建模的复杂度。

式（8－91）将优化目标从 $\min\limits_{w,b}\frac{1}{2}\|\boldsymbol{w}\|^2$ 变为 $\min\limits_{w,b}\frac{1}{2}\|\boldsymbol{w}\|^2+C\sum\limits_{i=1}^{n}\xi_i$，意味着需要折中考虑最少错分样本和最大分类间隔。按照之前的步骤，最终可得与式（8－89）和式（8－90）相同形式的最优超平面和分类决策函数，区别在于常数 b 的计算公式不同，具体计算方法可以查阅支持向量机的 SMO 算法（Sequential Minimal Optimization，序贯最小化），在此不再赘述。

8.4.1.3　线性不可分问题

所谓的线性不可分问题，是指无法通过一条分类线或一个分类平面将两类样本区分开的情况，如图 8－11(c) 所示。此时，就可以通过核函数将样本点从原始空间映射到高维特征空间，将原始空间的非线性问题转化为高维特征空间中的线性问题，然后再在高维特征空间中寻找最优超平面。根据上述思想，式（8－90）的分类决策函数可写为

$$f(\boldsymbol{x})=\sum_{i=1}^{n}\alpha_i y_{(i)}\boldsymbol{\phi}(\boldsymbol{x}_{(i)})^{\mathrm{T}}\boldsymbol{\phi}(\boldsymbol{x})+b=\sum_{i=1}^{n}\alpha_i y_{(i)}k(\boldsymbol{x}_{(i)},\boldsymbol{x})+b \tag{8-92}$$

在式（8－92）中，高维空间中的映射点 $\boldsymbol{\phi}(\boldsymbol{x})$ 通常是无法求解得到的，但可以通过核函数 $k(\cdot,\cdot)$ 将其转换为原始数据空间中样本点的内积形式，同样可以将原始数据空间映射到一个高维特征空间，并在这个特征空间中求解最优超平面，最终完成样本的分类。

8.4.2　支持向量回归

支持向量机不仅可以解决分类问题，还可以求解回归问题。支持向量回归（Support Vector Regression，SVR）分为线性回归和非线性回归两类，具体阐述如下。

8.4.2.1　线性回归

设给定一个含 n 个样本点的自变量矩阵 $\boldsymbol{X}=[\boldsymbol{x}_{(1)},\boldsymbol{x}_{(2)},\cdots,\boldsymbol{x}_{(n)}]^{\mathrm{T}}\in\mathbf{R}^p$ 和因变量矩阵 $\boldsymbol{Y}=[y_{(1)},y_{(2)},\cdots,y_{(n)}]^{\mathrm{T}}\in\mathbf{R}$，用式（8－93）的线性回归函数来进行建模。

$$f(\boldsymbol{x})=\boldsymbol{w}^{\mathrm{T}}\boldsymbol{x}+b \tag{8-93}$$

现在的问题是寻求一个最优超平面，使得在给定精度 $\varepsilon(\varepsilon\geqslant 0)$ 条件下可以最好地拟合出 $\boldsymbol{Y}$，即所有样本点到最优超平面的距离都不大于 ε。这时的寻优问题可以表示为

$$\begin{aligned}&\min_{w,b}\frac{1}{2}\|\boldsymbol{w}\|^2\\&\text{s.t. }|y_{(i)}-(\boldsymbol{w}^{\mathrm{T}}\boldsymbol{x}_{(i)}+b)|\leqslant\varepsilon\end{aligned} \tag{8-94}$$

与式（8－82）相比可发现，回归问题和分类问题的本质是一样的，不同之处仅在于输出 $y_{(i)}$ 的取值范围不同。在分类问题中，$y_{(i)}$ 只取两个值 1 和 －1，即 $y_{(i)}$ 只作为一个符号量来参与计算；而在回归问题中，$y_{(i)}$ 可取任意实数，需要带入具体的数值进行求解计算。

与分类问题类似，考虑到允许误差的情况，引入松弛变量 ξ_i，ξ_i^* 和惩罚系数 C，因此式（8－94）就可以写为

$$\begin{aligned}&\min_{w,b}\frac{1}{2}\|\boldsymbol{w}\|^2+C\sum_{i=1}^{n}(\xi_i+\xi_i^*)\\&\text{s.t. }y_{(i)}-\boldsymbol{w}^{\mathrm{T}}\boldsymbol{x}_{(i)}-b\leqslant\varepsilon+\xi_i\\&\quad\ \ \boldsymbol{w}^{\mathrm{T}}\boldsymbol{x}_{(i)}+b-y_{(i)}\leqslant\varepsilon+\xi_i^*\\&\quad\ \ \xi_i,\xi_i^*\geqslant 0\end{aligned} \tag{8-95}$$

将上述优化问题转化成拉格朗日问题的对偶优化形式：

$$\max_{\alpha_i,\alpha_i^*,\beta_i,\beta_i^*\geqslant 0}\ \min_{w,b,\xi_i,\xi_i^*} L(\boldsymbol{w},b,\xi,\xi^*,\alpha,\alpha^*,\beta,\beta^*)$$

$$= \frac{1}{2}\|\boldsymbol{w}\|^2 + C\sum_i^n(\xi_i+\xi_i^*) - \sum_{i=1}^n \alpha_i[\varepsilon+\xi_i-(y_{(i)}-\boldsymbol{w}^{\mathrm{T}}\boldsymbol{x}_{(i)}-b)] - \quad (8-96)$$

$$\sum_{i=1}^n \alpha_i^*[\varepsilon+\xi_i^*-(\boldsymbol{w}^{\mathrm{T}}\boldsymbol{x}_{(i)}+b-y_{(i)})] - \sum_{i=1}^n(\beta_i\xi_i+\beta_i^*\xi_i^*)$$

其中，α_i、α_i^*、β_i、β_i^* 为拉格朗日因子，$\varepsilon(\varepsilon>0)$ 为允许的回归误差，即认为测试样本 $\boldsymbol{x}$ 的实际值 $y_{(i)}$ 与回归值 $f(\boldsymbol{x})$ 之差不超过事先给定的 ε，则认为该测试样本的回归值是有效的。

通过求解上面的对偶优化问题可以得到最优回归函数为

$$f(\boldsymbol{x}) = \sum_{i=1}^n(\alpha_i-\alpha_i^*)\boldsymbol{x}_{(i)}^{\mathrm{T}}\boldsymbol{x}+b \quad (8-97)$$

在求解出各参数 α_i、α_i^*、b 后，将测试样本 $\boldsymbol{x}$ 代入式（8-97）中，就可以计算出回归值 $f(\boldsymbol{x})$。

8.4.2.2 非线性回归

基于核的非线性支持向量回归（KSVR），其基本思想通过核函数将样本点从原始数据空间映射到高维特征空间，并在这个特征空间中进行线性回归。这样，在高维特征空间的线性回归就对应于原始空间的非线性回归。因而，最优回归函数可以写为

$$f(\boldsymbol{x}) = \sum_{i=1}^n(\alpha_i-\alpha_i^*)\boldsymbol{\phi}(\boldsymbol{x}_{(i)})^{\mathrm{T}}\boldsymbol{\phi}(\boldsymbol{x})+b = \sum_{i=1}^n(\alpha_i-\alpha_i^*)k(\boldsymbol{x}_{(i)},\boldsymbol{x})+b \quad (8-98)$$

为更好地理解支持向量机的回归问题，利用图 8-13 解释如下：可以把求解回归问题看作寻找一个尽可能多地包含所有样本点的“管道”，这个管道的中心线就是回归函数 $\boldsymbol{y}=\boldsymbol{w}^{\mathrm{T}}\boldsymbol{x}+b$，如图 8-13 中的实线，管道通过不断地改变高度和走向，来逼近回归误差 ε 的设定值，最终得到的结果是管道在垂直方向上的高度为 2ε。在此过程中，管道要和若干个样本点接触，这些分布在“管壁”上的样本点称为支持向量，它们决定了管道的走向，如图 8-13 中的⊕所示，而那些分布在管道内的点以及管道外的点都不是支持向量，它们对回归函数没有贡献，换句话说，去掉这些样本点，不会影响管道的走向。

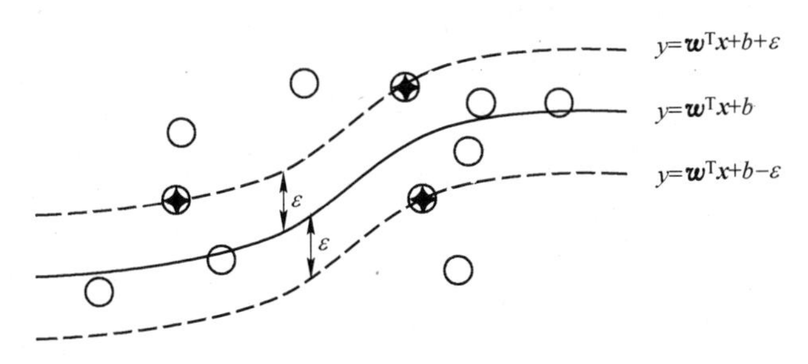

图 8-13 支持向量机回归示意图

通过上述分析可知，在式（8-97）或式（8-98）中，测试样本 $\boldsymbol{x}$ 只与支持向量进行运算就可以了，不需要与 n 个训练样本都进行计算，这样有利于提高计算效率，并且适合小样本数据的回归建模分析。

8.4.3　应用实例

利用8.3.2节中锌层重量的数据，利用KSVR和KPLS两种方法进行回归建模。为了检验不同回归样本数对预测结果的影响，均以第1个样本点为起始点，分别选取100，200，400，800个数据样本点作为回归样本，其后的50个数据样本点作为预测样本点。四个数据子集的回归复测定系数和回归均方根误差如图8－14所示，预测复测定系数和预测均方根误差如图8－15所示。

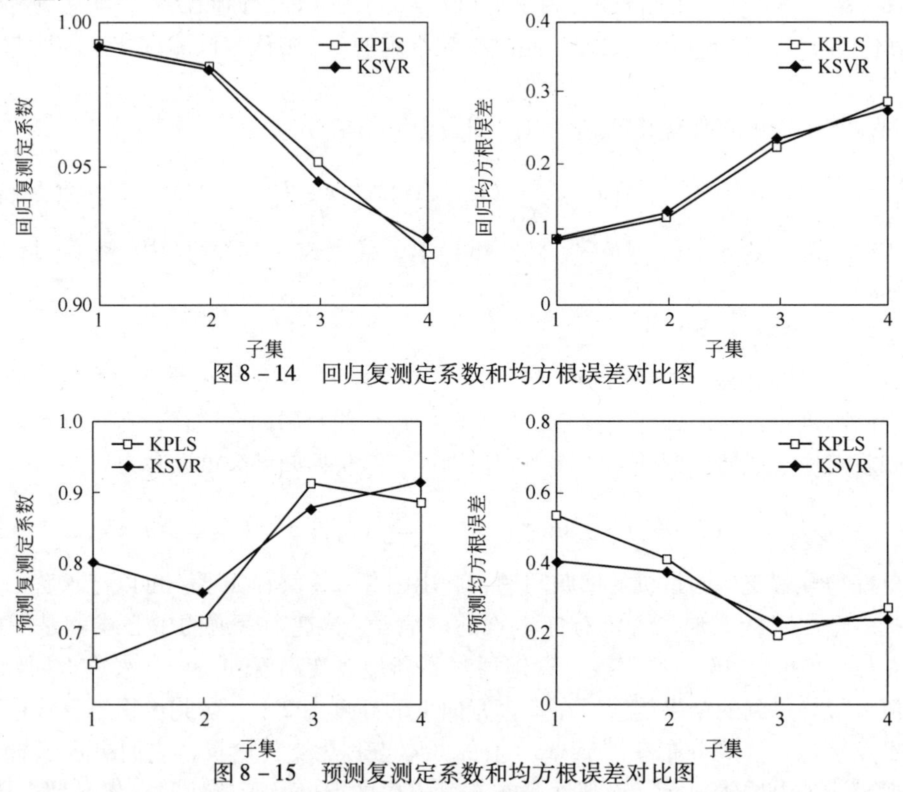

图8－14　回归复测定系数和均方根误差对比图

图8－15　预测复测定系数和均方根误差对比图

从图8－14中可以看出，KSVR和KPLS的回归复测定系数较为接近，两种方法随样本子集的变化趋势较为一致，即：子集1的回归复测定系数最高，随着参与建模的样本点数的增加，回归复测定系数逐渐降低。这主要是因为当参与建模的样本点数较少时，在高维的特征空间中，容易出现过拟合的现象。尽管如此，两个方法的复测定系数仍然可以达到0.9以上，均方根误差小于0.3，说明两个方法都具有较好的拟合能力。

从图8－15可以发现，在样本数为100和200的情况下（即子集1和子集2），KSVR方法的预测复测定系数高于KPLS方法，而且预测均方根误差也比KPLS方法的计算结果小，说明当样本个数较少时，KSVR方法的泛化能力更强，因此可以获得良好的预测结果。随着样本数的增加，KSVR和KPLS的预测复测定系数和均方根误差就较为接近了，说明在大样本情况下，两个方法的预测能力相当。

通过上述实验表明，在实际生产过程中，尤其是在新钢种的开发过程中，在小样本情况下，可以利用KSVR方法来建立产品质量的预测模型，有利于提高质量预测模型的精度。

8.5　数据缺失情况下质量预测方法

在统计建模过程中，当输入变量和输出变量一一对应时，则称该样本为有标签样本。然而，在实际的生产中，尤其在冶金工业生产过程中，在线获取产品质量指标比较困难，往往是通过离线取样、实验测试等方式来获取。因此，能实测得到的产品质量指标较少，而工艺参数则可以通过计算机进行实时记录，使得作为统计模型输入的工艺参数的数据量非常丰富。在对实际生产过程进行统计建模的过程中，常常会面对大量的无标签样本，即只有工艺参数但没有质量指标的样本。为了解决上述问题，需要研究如何在只有少量有标签样本的情况下，利用无标签的样本数据进行产品质量建模。本节将介绍基于流形学习的半监督回归建模方法，解决数据缺失情况下的质量预测，并将其应用到带钢的力学性能的预测中。

8.5.1　流形半监督学习

随着信息技术的飞速发展，一些新的机器学习方法，如流形学习、半监督学习等，得到了广泛的关注。流形学习（Manifold Learning）是通过寻求隐含在数据中的流形结构和相应的低维坐标来实现对高维数据的非线性约简和可视化。半监督学习（Semi - supervised Learning）主要关注在训练数据的部分信息缺失的情况下，如何获得具有良好性能和泛化能力的数学模型。需要说明的是，这里的信息缺失主要是指数据的类别标签缺失。

流形学习可以不依赖于样本的标签信息而发现样本数据的内在结构，而半监督学习可以联合有标签样本和无标签样本来建立模型。因此，将流形学习和半监督学习相结合成为了当前机器学习的前沿方向。基本思想是：如果高维数据来自于一个低维流形，且样本的标签数据在流形上具有某种比较好的性质，那么就可以用部分的标签样本和大量无标签样本学习出数据中的内在几何结构；然后利用这种结构和它的标签性质，通过一定的标签样本学习出整个流形上的标签信息，在此基础上，再利用传统建模方法，就可以实现对数据的预测与分析。下面将主要介绍流形学习的基本原理。

8.5.1.1　流形学习的概念

在给出流形学习的概念之前，需要首先了解如下几个基本定义。

拓扑空间：设 $\boldsymbol{X}$ 是一个非空集合，$\boldsymbol{\tau}$ 是 $\boldsymbol{X}$ 的子集所组成的一个集合。若 $\boldsymbol{\tau}$ 满足以下条件：

（1）$\boldsymbol{\tau}$ 中元素的任意并集仍属于 $\boldsymbol{\tau}$；

（2）$\boldsymbol{\tau}$ 中元素的有限交集仍属于 $\boldsymbol{\tau}$；

（3）空集 $\boldsymbol{\Theta}$ 和 $\boldsymbol{X}$ 都属于 $\boldsymbol{\tau}$。

则称 $\boldsymbol{\tau}$ 为 $\boldsymbol{X}$ 的一个拓扑结构。集合 $\boldsymbol{X}$ 及其拓扑结构 $\boldsymbol{\tau}$ 组成的（$\boldsymbol{X}$，$\boldsymbol{\tau}$）称为拓扑空间。

基于以上拓扑空间的定义，可以定义一种特殊的拓扑空间——*Hausdorff* 拓扑空间。如果对 $\boldsymbol{X}$ 中任意两个不同点 $\boldsymbol{p}$、$\boldsymbol{q}$，都存在 $\boldsymbol{p}$ 的邻域 $\boldsymbol{U}$ 以及 $\boldsymbol{q}$ 的邻域 $\boldsymbol{V}$，使得 $\boldsymbol{V}\cap\boldsymbol{U}=\boldsymbol{\Theta}$。此时，称（$\boldsymbol{X}$，$\boldsymbol{\tau}$）为 *Hausdorff* 拓扑空间。

流形：设 $\boldsymbol{M}$ 是一个 *Hausdorff* 拓扑空间，若对任意一点 $\boldsymbol{p}\in\boldsymbol{M}$，都有 $\boldsymbol{p}$ 在 $\boldsymbol{M}$ 中的一个开邻域 $\boldsymbol{U}$ 同胚于 d 维欧氏空间 $\boldsymbol{R}^d$ 中的一个开集，则称 $\boldsymbol{M}$ 是一个 d 维拓扑流形，简称 d 维流形。

嵌入：若在保留流形拓扑或连接特性的条件下，把 $\boldsymbol{M}$ 表示在某个低维子空间中，这样的表示称为嵌入。

光滑嵌入函数：设 f：$\boldsymbol{M}\to\boldsymbol{R}$ 是定义在光滑流形 $\boldsymbol{M}$ 上的连续函数，若 f 在每一点 $\boldsymbol{x}\in\boldsymbol{M}$ 都是光滑的，即 f 在每一点 $\boldsymbol{x}\in\boldsymbol{M}$ 都是连续可微的，则称 f 是流形 $\boldsymbol{M}$ 上的光滑嵌入函数。

简单地说一个流形就是一个拓扑空间，它在局部上是欧氏空间。从流形的定义可以看出，流形最基本的一个性质就是可以在局部建立与欧氏空间的微分同胚，并借以研究流形的全局性质。在几何上，研究对象通常是连续可微的流形，但在实际问题中，通常给出的是高维观测数据集。若要揭示出高维数据潜在的几何结构，就需要根据有限的离散样本数据挖掘出嵌入在高维空间中的低维光滑流形 $\boldsymbol{M}$，这就是流形学习的主要目标。

根据上述分析，流形学习的数学描述可以表示为：给定高维观测数据集 $\boldsymbol{X}=\{\boldsymbol{x}_{(1)},\boldsymbol{x}_{(2)},\cdots,\boldsymbol{x}_{(n)}\}$，其中 $\boldsymbol{x}_{(i)}\in\boldsymbol{R}^D(i=1,2,\cdots,n)$ 为独立同分布的随机样本，散布在光滑的 d 维流形 $\boldsymbol{M}\in\boldsymbol{R}^D$ 上，即 $\boldsymbol{M}$ 为嵌入在 D 维欧氏空间中 d 维流形，定义嵌入映射 $f:\boldsymbol{M}\in\boldsymbol{R}^D\to\boldsymbol{R}^d$，这里 $d\ll D$。流形学习是在没有任何关于 $\boldsymbol{M}$ 和 d 的先验知识的条件下，根据有限的观测数据集 $\boldsymbol{X}$ 来挖掘未知的嵌入映射 f 的过程。但是利用什么方法来获取 d 维流形 $\boldsymbol{M}$，是流形学习需要解决的关键问题。用谱图的方法来逼近流形 $\boldsymbol{M}$ 是目前应用比较广泛的方法之一。

8.5.1.2　基于谱图理论的流形学习

谱图理论是数学领域里一种经典的分析和代数方法，在高维数据的低维表示中有着广泛的应用。首先，根据给定的样本数据集定义一个描述数据之间相似度的关系矩阵，并计算此矩阵的特征值和特征向量；然后，选择合适的特征向量，将数据向特征向量上投影得到数据的低维嵌入。如果相似度矩阵定义在一个图上，如图的邻接矩阵、Laplacian 矩阵等，则称为基于谱图理论的流形学习方法。具体的方法有很多种，如等距映射算法（Isomap)、局部线性嵌入算法（LLE)、拉普拉斯特征映射算法（LE)、海赛局部线性嵌入算法（HLLE）和局部切空间排列算法（LTSA）等。下面主要介绍 LE 算法。

拉普拉斯映射法（LE）的假设前提是：在高维空间中相邻的点在低维空间中也应该相邻，而对于高维空间中的距离较远的点则不加约束。基于此，LE 算法通常用权值 W_{ij} 来关联各个样本点，权值 W_{ij} 的设定方法有如下两种。

第一种：

$$W_{ij}=\begin{cases}1,若\ \boldsymbol{x}_{(i)}\ 与\ \boldsymbol{x}_{(j)}\ 邻接\\0,若\ \boldsymbol{x}_{(i)}\ 与\ \boldsymbol{x}_{(j)}\ 不邻接,或\ i=j\end{cases}\tag{8-99}$$

第二种：

$$W_{ij}=\begin{cases}\exp(\|\boldsymbol{x}_{(i)}-\boldsymbol{x}_{(j)}\|/k_{\mathrm{c}}),若\ \boldsymbol{x}_{(i)}\ 与\ \boldsymbol{x}_{(j)}\ 邻接\\0,若\ \boldsymbol{x}_{(i)}\ 与\ \boldsymbol{x}_{(j)}\ 不邻接,或\ i=j\end{cases}\tag{8-100}$$

其中，k_{c} 是一个比例常数，称为热核参数。

设给定一组数据 $\boldsymbol{X}=[\boldsymbol{x}_{(1)},\boldsymbol{x}_{(2)},\cdots,\boldsymbol{x}_{(l)},\boldsymbol{x}_{(l+1)},\cdots,\boldsymbol{x}_{(l+u)}]^{\mathrm{T}}\in\mathbf{R}^p$，$\boldsymbol{Y}=[y_{(1)},y_{(2)},\cdots,y_{(l)}]^{\mathrm{T}}\in\mathbf{R}^q$。其中，前 l 个样本为标签样本，后 u 个样本为无标签样本。LE 算法的基本思想是：原始数据空间 $\boldsymbol{X}$ 中的邻近点在流形结构 $\hat{\boldsymbol{X}}$ 上仍然保持邻近关系，根据式（8－99）或式（8－100）可以获得邻近数据点之间的连接权值 W_{ij}，利用该连接权值对映射值 $g(\hat{\boldsymbol{X}})$

进行约束，期望映射后两点之间的关系仍然保持与流形结构相对应的关系，即流形结构上邻近的点，经过 g 映射后，也保持邻近关系。

为获得映射关系 g，首先需求出流形结构 $\hat{\boldsymbol{X}}$，这也是LE算法的核心。具体求解过程如下：设 $\boldsymbol{L}$ 为拉普拉斯矩阵，$\boldsymbol{L}=\boldsymbol{D}-\boldsymbol{W}$，$\boldsymbol{D}$ 为对角矩阵，且对角线上的元素为 $D_{ii}=\sum_{j=1}^{n}W_{ij}(i,j=1,2,\cdots,n)$，$\boldsymbol{W}$ 为连接权值构成的权值矩阵。对拉普拉斯矩阵 $\boldsymbol{L}$ 进行特征分解，取前 d 个最大的特征向量。将原始数据矩阵 $\boldsymbol{X}$ 向提取出的 d 个特征向量投影，则可以得到一个低维嵌入，即获得了流形结构 $\hat{\boldsymbol{X}}\in\mathbf{R}^{d}$。在此基础上，就可以建立流形结构 $\hat{\boldsymbol{X}}$ 与有标签的因变量 $\boldsymbol{Y}$ 之间的映射关系：$g(\boldsymbol{X})$。

由此，可以将LE算法的优化问题总结如下：

$$\min_{g}L(g)=\min_{g}\frac{1}{2}\sum_{i,j=1}^{n}(g(\hat{\boldsymbol{x}}_{(i)})-g(\hat{\boldsymbol{x}}_{(j)}))^{2}W_{ij}=\min_{g}\boldsymbol{g}^{\mathrm{T}}\boldsymbol{L}\boldsymbol{g} \tag{8-101}$$

其中，$\boldsymbol{g}=[g(\hat{\boldsymbol{x}}_{(1)}),\ g(\hat{\boldsymbol{x}}_{(2)}),\ \cdots,\ g(\hat{\boldsymbol{x}}_{(l+u)})]$ 为流形结构 $\hat{\boldsymbol{X}}$ 的映射点集合，$\boldsymbol{L}$ 为拉普拉斯矩阵，要求解的是在邻近点关系 $\boldsymbol{W}_{ij}$ 约束条件下的最优映射 g。通过这个映射 g，可以进一步“学习”出未标签的样本，为后续模型的建立提供完整的数据源。

8.5.2 核岭回归的基本原理

一般的多元线性回归模型可表示为 $f(\boldsymbol{x}_{(i)})=\boldsymbol{w}^{\mathrm{T}}\boldsymbol{x}_{(i)}$，若给定含 n 个样本点的自变量数据矩阵 $\boldsymbol{X}=[\boldsymbol{x}_{(1)},\boldsymbol{x}_{(2)},\cdots,\boldsymbol{x}_{(n)}]^{\mathrm{T}}\in\mathbf{R}^{p}$ 和因变量数据矩阵 $\boldsymbol{Y}=[y_{(1)},y_{(2)},\cdots,y_{(n)}]^{\mathrm{T}}\in\mathbf{R}^{q}$，则回归模型系数 $\boldsymbol{w}$ 可通过最小二乘法求出，其优化问题如下：

$$\min_{\boldsymbol{w}}\frac{1}{n}\sum_{i=1}^{n}(y_{(i)}-f(\boldsymbol{x}_{(i)}))^{2}=\min_{w}\frac{1}{n}\sum_{i=1}^{n}(\boldsymbol{y}_{(i)}-\boldsymbol{w}^{\mathrm{T}}\boldsymbol{x}_{(i)})^{2} \tag{8-102}$$

取上式关于参数 $\boldsymbol{w}$ 的导数，并令其为零，得到方程：

$$\boldsymbol{X}^{\mathrm{T}}\boldsymbol{X}\boldsymbol{w}=\boldsymbol{X}^{\mathrm{T}}\boldsymbol{Y} \tag{8-103}$$

求解的回归系数 $\boldsymbol{w}$ 为

$$\boldsymbol{w}=(\boldsymbol{X}^{\mathrm{T}}\boldsymbol{X})^{-1}\boldsymbol{X}^{\mathrm{T}}\boldsymbol{Y} \tag{8-104}$$

但是，当矩阵 $\boldsymbol{X}$ 具有较强的线性相关性时，即 $\boldsymbol{X}^{\mathrm{T}}\boldsymbol{X}$ 不可逆，则最小二乘法无法准确地拟合数据，被称为不适定问题。在这种情况下，常采用某种方法来限制函数的选择，这种限制称为正则化。岭回归就是利用这种方法解决不适定问题的，其基本思想是：当自变量线性相关时，即 $|\boldsymbol{X}^{\mathrm{T}}\boldsymbol{X}|=0$ 时，给 $\boldsymbol{X}^{\mathrm{T}}\boldsymbol{X}$ 加上一个约束项 $\lambda\boldsymbol{I}$，使 $\boldsymbol{X}^{\mathrm{T}}\boldsymbol{X}+\lambda\boldsymbol{I}$ 可逆，可将上述不适定问题转化成适定问题，则使最小二乘法的优化问题转化为如下的岭回归优化问题：

$$\min_{\boldsymbol{w}}\frac{1}{n}\sum_{i=1}^{n}(\boldsymbol{y}_{(i)}-f(\boldsymbol{x}_{(i)}))^{2}+\lambda\|\boldsymbol{w}\|^{2} \tag{8-105}$$

其中，λ 是控制岭回归的正则化程度的参数。

取式（8-105）对参数 $\boldsymbol{w}$ 的导数，并令其为零，得到方程：

$$\boldsymbol{X}^{\mathrm{T}}\boldsymbol{X}\boldsymbol{w}+\lambda\boldsymbol{w}=\boldsymbol{X}^{\mathrm{T}}\boldsymbol{Y} \tag{8-106}$$

求解得到岭回归模型的系数 $\boldsymbol{w}$ 为

$$\boldsymbol{w}=(\boldsymbol{X}^{\mathrm{T}}\boldsymbol{X}+\lambda\boldsymbol{I})^{-1}\boldsymbol{X}^{\mathrm{T}}\boldsymbol{Y} \tag{8-107}$$

但是，岭回归属于线性回归，而在实际工业中广泛存在的是非线性问题。因此，为解决非线性问题，需要引入核函数方法。

首先，由非线性函数 $\boldsymbol{\phi}(\cdot)$ 将自变量数据矩阵 $\boldsymbol{X}$ 从原始空间映射到高维特征空间 F，可以得到经过映射后的自变量数据矩阵为 $\boldsymbol{X}_{\phi}=[\boldsymbol{\phi}(\boldsymbol{x}_{(1)}),\boldsymbol{\phi}(\boldsymbol{x}_{(2)}),\cdots,\boldsymbol{\phi}(\boldsymbol{x}_{(n)})]^{\mathrm{T}}\in\mathbf{R}^{k}$，$k>p$。然后，对新的自变量数据矩阵 $\boldsymbol{X}_{\phi}$ 和因变量数据矩阵 $\boldsymbol{Y}$ 进行岭回归分析。在特征空间中，应用岭回归得到回归系数 $\boldsymbol{w}$ 为

$$\boldsymbol{w}=(\boldsymbol{X}_{\phi}^{\mathrm{T}}\boldsymbol{X}_{\phi}+\lambda\boldsymbol{I})^{-1}\boldsymbol{X}_{\phi}^{\mathrm{T}}\boldsymbol{Y} \tag{8-108}$$

根据式（8－106），还可以将 $\boldsymbol{w}$ 写为

$$\boldsymbol{w}=\frac{1}{\lambda}\boldsymbol{X}_{\phi}^{\mathrm{T}}(\boldsymbol{Y}-\boldsymbol{X}_{\phi}\boldsymbol{w})=\boldsymbol{X}_{\phi}^{\mathrm{T}}\boldsymbol{a} \tag{8-109}$$

其中

$$\boldsymbol{a}=\frac{1}{\lambda}(\boldsymbol{Y}-\boldsymbol{X}_{\phi}\boldsymbol{w}) \tag{8-110}$$

将 $\boldsymbol{w}=\boldsymbol{X}_{\phi}^{\mathrm{T}}\boldsymbol{a}$ 代入式（8－110）得到：

$$\lambda\boldsymbol{a}=\boldsymbol{Y}-\boldsymbol{X}_{\phi}\boldsymbol{X}_{\phi}^{\mathrm{T}}\boldsymbol{a} \tag{8-111}$$

解上式得到：

$$\boldsymbol{a}=(\boldsymbol{X}_{\phi}\boldsymbol{X}_{\phi}^{\mathrm{T}}+\lambda\boldsymbol{I})^{-1}\boldsymbol{Y}=(\boldsymbol{K}+\lambda\boldsymbol{I})^{-1}\boldsymbol{Y} \tag{8-112}$$

所以，核岭回归模型为

$$\begin{aligned}f(\boldsymbol{x}_{(i)})&=\boldsymbol{w}^{\mathrm{T}}\boldsymbol{\phi}(\boldsymbol{x}_{(i)})=\boldsymbol{a}^{\mathrm{T}}\boldsymbol{X}_{\phi}\boldsymbol{\phi}(\boldsymbol{x}_{(i)})=\sum_{s=1}^{n}\boldsymbol{a}_{s}^{\mathrm{T}}\boldsymbol{\phi}(\boldsymbol{x}_{(s)})^{\mathrm{T}}\boldsymbol{\phi}(\boldsymbol{x}_{(i)})\\&=\sum_{s=1}^{n}\boldsymbol{a}_{s}^{\mathrm{T}}\langle\boldsymbol{\phi}(\boldsymbol{x}_{(s)}),\boldsymbol{\phi}(\boldsymbol{x}_{(i)})\rangle=\sum_{s=1}^{n}\boldsymbol{a}_{s}^{\mathrm{T}}k(\boldsymbol{x}_{(s)},\boldsymbol{x}_{(i)})\end{aligned} \tag{8-113}$$

其中，$\boldsymbol{K}$ 为核矩阵，$\boldsymbol{a}_s$ 为 $\boldsymbol{a}=(\boldsymbol{K}+\lambda\boldsymbol{I})^{-1}\boldsymbol{Y}$ 的第 s 行。

建立了核岭回归模型后，就可以得到样本的估计值为 $\hat{\boldsymbol{Y}}=\boldsymbol{K}\boldsymbol{a}$。

8.5.3　基于流形学习的半监督核岭回归预测模型

由于核岭回归可以将低维的非线性数据映射到高维特征空间，从而使低维的非线性问题转化成高维的线性问题，而且还能解决不适定情况。在这里，我们选择岭回归方法主要是由于低维流形空间和有限的标签样本点很容易出现不适定问题，而岭回归方法可以很好地解决这个问题。选择流形半监督方法，可以通过一定的标签样本和大量的无标签样本学习出整个流形上的标签信息，发现数据的内在结构或规律。因此，将流形的半监督方法与核岭回归方法相结合，可以很好地提高模型的泛化能力和预测精度。将这种方法称为基于流形学习的半监督核岭回归方法（SKRR），该方法的主要思路如图 8－16 所示。

从图 8－16 中可以看出，SKRR 方法实质是在核岭回归方法的基础上，增加了流形半监督学习方法，实质是将得到的映射关系用于约束核岭回归，就是将式（8－101）中的 $L(g)$ 作为正则项添加到式（8－105）上，使核岭回归的优化问题合并为式（8－114）所示的基于流形学习的半监督核岭回归优化问题。

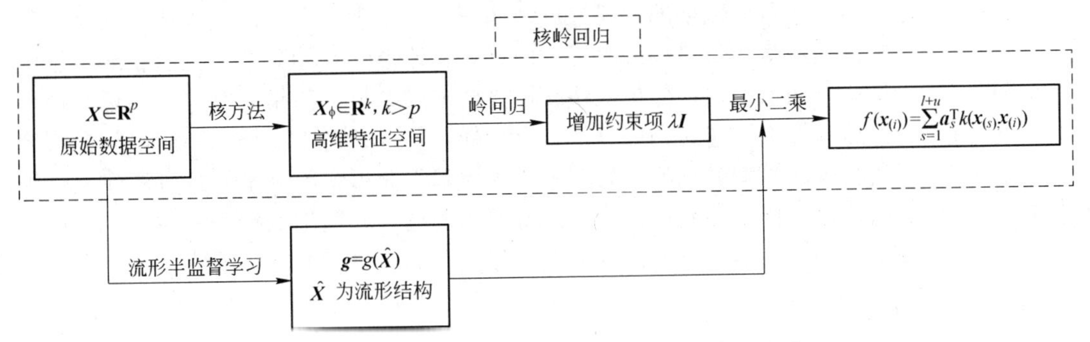

图 8－16　基于流形学习的半监督方法的主要思路

$$\begin{aligned}&\min_{\boldsymbol{a}\in\mathbf{R}^{l+u}}\frac{1}{l}\sum_{i=1}^{l}(y_{(i)}-f(\boldsymbol{x}_{(i)}))^2+\lambda\|\boldsymbol{w}\|^2+\frac{\gamma}{(u+l)^2}L(g)\\&=\min_{\boldsymbol{a}\in\mathbf{R}^{l+u}}\frac{1}{l}\sum_{i=1}^{l}(y_{(i)}-f(\boldsymbol{x}_{(i)}))^2+\lambda\|\boldsymbol{w}\|^2+\frac{\gamma}{(u+l)^2}\boldsymbol{g}^{\mathrm{T}}\boldsymbol{L}\boldsymbol{g}\end{aligned}\tag{8-114}$$

其中，λ 是控制岭回归正则化程度的参数，γ 是控制 f 关于内在几何结构光滑性的参数。式（8－114）中每一项用矩阵运算形式表示如下：

$$\frac{1}{l}\sum_{i=1}^{l}(y_{(i)}-f(\boldsymbol{x}_{(i)}))^2=\frac{1}{l}(\boldsymbol{Y}-\boldsymbol{JKa})^{\mathrm{T}}(\boldsymbol{Y}-\boldsymbol{JKa})\tag{8-115}$$

$$\lambda\|\boldsymbol{w}\|^2=\lambda\langle\boldsymbol{w},\boldsymbol{w}\rangle=\lambda\boldsymbol{a}^{\mathrm{T}}\boldsymbol{X}_{\phi}^{\mathrm{T}}\boldsymbol{X}_{\phi}\boldsymbol{a}=\lambda\boldsymbol{a}^{\mathrm{T}}\boldsymbol{Ka}\tag{8-116}$$

$$\frac{\gamma}{(u+l)^2}L(g)=\frac{\gamma}{(u+l)^2}\boldsymbol{g}^{\mathrm{T}}\boldsymbol{Lg}=\frac{\gamma}{(u+l)^2}(\boldsymbol{Ka})^{\mathrm{T}}\boldsymbol{L}(\boldsymbol{Ka})^{\mathrm{T}}\tag{8-117}$$

其中，$\boldsymbol{K}$ 为数据矩阵 $\boldsymbol{X}$ 的核矩阵；$\boldsymbol{Y}$ 为将 u 个无标签样本用 0 补齐后的输出向量；$\boldsymbol{J}$ 为 $(l+u)\times(l+u)$ 的对角阵，即为 $\boldsymbol{J}=\mathrm{diag}[1,1,\cdots,1,0,\cdots,0]$，前 l 个对角值为 1，其余为 0。

最终，基于半监督流形的核岭回归方法可转为如下的优化问题：

$$\begin{aligned}&\min_{\boldsymbol{a}\in\mathbf{R}^{l+u}}\frac{1}{l}\sum_{i=1}^{l}(y_{(i)}-f(\boldsymbol{x}_{(i)}))^2+\lambda\|\boldsymbol{w}\|^2+\frac{\gamma}{(u+l)^2}L(g)\\&=\min_{\boldsymbol{a}\in\mathbf{R}^{l+u}}\frac{1}{l}(\boldsymbol{Y}-\boldsymbol{JKa})^{\mathrm{T}}(\boldsymbol{Y}-\boldsymbol{JKa})+\lambda\boldsymbol{a}^{\mathrm{T}}\boldsymbol{Ka}+\frac{\gamma}{(u+l)^2}\boldsymbol{a}^{\mathrm{T}}\boldsymbol{KLKa}\end{aligned}\tag{8-118}$$

根据式（8－118），对 $\boldsymbol{a}$ 进行求导，并令其为 0，得到如下方程：

$$\frac{1}{l}(\boldsymbol{Y}-\boldsymbol{JKa})^{\mathrm{T}}(-\boldsymbol{JK})+\left[\lambda\boldsymbol{K}+\frac{\gamma}{(u+l)^2}\boldsymbol{KLK}\right]\boldsymbol{a}=0\tag{8-119}$$

求出方程的解为

$$\boldsymbol{a}=\left[\boldsymbol{JK}+\lambda l\boldsymbol{I}+\frac{\gamma l}{(u+l)^2}\boldsymbol{LK}\right]^{-1}\boldsymbol{Y}\tag{8-120}$$

所以，得到基于流形学习的半监督核岭回归预测模型为

$$f(\boldsymbol{x}_{(i)})=\sum_{s=1}^{l+u}\boldsymbol{a}_s^{\mathrm{T}}k(\boldsymbol{x}_{(s)},\boldsymbol{x}_{(i)})\tag{8-121}$$

其中，$\boldsymbol{a}_s$ 为系数 $\boldsymbol{a}$ 的第 s 行。

综上所述，该方法的优势在于：在标签样本较少的情况下，能够借助于少量的标签样

本和大量的未标签样本学习出数据的内在流形结构信息，发现数据的潜在规律。而对于传统的预测方法，如神经网络、偏最小二乘等，由于缺少流形学习的环节，无法获取数据的潜在信息。对于这些方法来说，过分地依赖有标签样本的数目，如果只有少量的标签样本参与建模过程，而这些样本所包含的信息都是有限的。另外，对于小样本的回归问题很容易造成不适定问题，因此模型的预测能力较差。利用基于流形学习的半监督方法建立预测模型，可以预测出未标签样本的质量指标，使得模型的输入和输出数据一一对应，降低了在实际建模过程中对标签样本数量上的依赖，增强了产品质量模型的实用性。

8.5.4　应用实例

对于表 8－1 中的带钢力学性能数据，下面将利用核偏最小二乘回归（KPLS）、核岭回归（KRR）、基于流形学习的半监督核岭回归（SKRR）建立热镀锌带钢力学性能（屈服强度、抗拉强度）的质量预测模型，并比较它们在不同标签样本比例下的建模精度。

首先，对数据进行标准化处理，消除量纲的影响。然后，将 970 个样本分成 670 个训练样本，300 个测试样本，其中训练样本又分成有标签样本和无标签样本，并以标签样本比例逐渐增加的方式分别对屈服强度和抗拉强度建立预测模型。最终得到的预测结果如图 8－17 和图 8－18 所示。

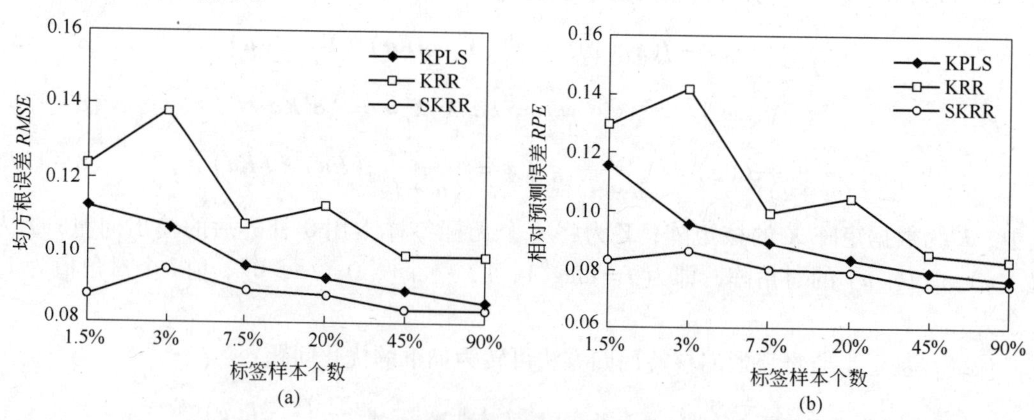

图 8－17　不同标签样本数情况下的屈服强度预测误差图
（a）均方根误差图；（b）相对预测误差图

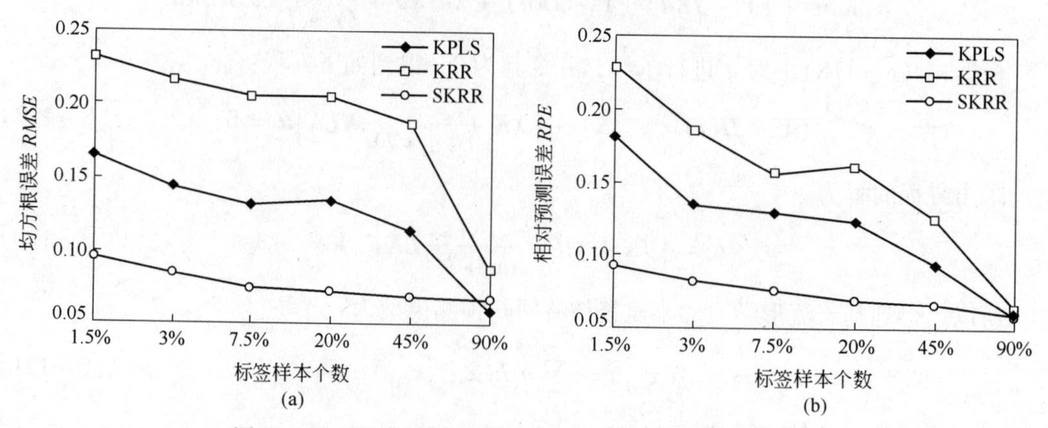

图 8－18　不同标签样本数情况下的抗拉强度预测误差图
（a）均方根误差图；（b）相对预测误差图

上述试验结果表明：在标签样本较少的情况下，利用基于流形学习的半监督核岭回归建模方法可以获得较高的预测精度。从图8－17和图8－18中可知，在标签样本少于20%时，SKRR方法的均方根误差和相对预测误差要明显低于KRR、KPLS算法，即SKRR方法的预测精度有明显的优势。当标签样本数达到20%并逐渐增多的情况下，SKRR算法的优势逐渐减低。分析其原因，主要是在标签样本较少的情况下，SKRR算法可以借助少量的标签样本和大量的无标签样本学习出数据的内在流形结构信息，发现数据的潜在规律，从而有较高的预测精度；而KRR、KPLS方法无法获取数据的潜在信息，对这些方法来说，只有少量的标签样本是可用的，这些少量的样本蕴含的信息量少，因此预测能力比较差。但是当标签样本逐渐增多时，数据蕴含的信息就越多，KRR、KPLS这些算法能学习到的信息就越多，特别是标签样本数增至可以覆盖整个数据内在信息的时候，SKRR方法就基本失去优势，与KRR、KPLS方法相当。因此，SKRR质量预测模型在标签样本较少的情况下具有明显的优势，当有大量标签样本时，可采用KPLS、KRR等方法进行质量建模。

8.6 小结

（1）将核函数与主成分分析结合可以将原始空间中的非线性问题转换为高维特征空间中的线性问题，建立KPCA模型，并利用*SPE*控制图进行生产过程的监控，可以通过绘制异常样本点的*SPE*贡献图来分析异常原因。

（2）核偏最小二乘法是将核函数与偏最小二乘法结合，将原始数据拓展到高维空间后，再利用传统的PLS方法建立工艺参数和质量指标的统计模型，进行产品质量的预测，可以获得较好的预测效果。

（3）在实际生产过程中，尤其是在新钢种的开发过程中，在小样本情况下，可以利用SVR方法来建立产品质量的预测模型，有利于在样本数目较少的情况下提高质量预测模型的精度。

（4）将流形半监督学习的方法与核岭回归的方法相结合，建立产品质量预测模型，在产品质量数据缺失的情况下，仍然能达到较高的预测精度。该方法适用于在新产品、新工艺开发过程中所存在的样本数据少，生产数据不完备的情况，该方法为工业生产过程的产品质量建模提供了新的方法。

9 案例分析

为了能够清晰展示冶金生产过程质量分析流程，本章使用一个实例从历史数据集的构建、产品质量的建模与预测（包括线性分析方法和非线性分析方法）、生产过程监控与诊断等方面介绍质量分析过程。另外，还给出热轧带钢头部拉窄原因分析案例。

9.1 汽车用钢案例分析

9.1.1 质量建模方法与流程

质量建模是利用观测数据，建立生产过程工艺参数与产品质量指标之间的统计关系，寻找对产品质量影响最大的关键参数，确定这些关键参数的控制范围，以便于更好的监控产品质量。预测问题是依据已知的生产工艺参数，推断出产品质量的状态。监控问题是利用生产过程数据的统计规律实时监控生产过程，及时发现生产异常情况，一旦出现异常采用质量诊断方法确定异常原因。

9.1.1.1 多元线性回归

多元线性回归是由样本数据建立统计模型的基本方法，回归所采用的数学模型可以写成矩阵形式：

$$\boldsymbol{Y} = \boldsymbol{XB} + \boldsymbol{E} \tag{9-1}$$

其中，$\boldsymbol{X}$ 为 $n \times p$ 的自变量矩阵，对应工艺参数矩阵，$\boldsymbol{Y}$ 为 $n \times q$ 的因变量矩阵，对应质量指标矩阵，n 为样本容量，p 和 q 分别为自变量（工艺参数）和因变量（质量参数）的个数，$\boldsymbol{B}$ 为 $p \times q$ 维的回归系数矩阵，$\boldsymbol{E}$ 为 $n \times q$ 维的残差矩阵。通常，采用最小二乘方法（Ordinary Least Squares，OLS）来计算 $\boldsymbol{B}$ 的估计值 $\hat{\boldsymbol{B}}_{\mathrm{OLS}}$

$$\hat{\boldsymbol{B}}_{\mathrm{OLS}} = (\boldsymbol{X}^{\mathrm{T}}\boldsymbol{X})^{-1}\boldsymbol{X}^{\mathrm{T}}\boldsymbol{Y} \tag{9-2}$$

有关线性回归的其他方法，如偏最小二乘法、岭回归等，请参阅第 5 章和第 8 章内容相关文献，这里不再赘述。

9.1.1.2 多元线性回归的流程

多元回归分析流程可以总结为如下步骤，具体过程如图 9-1 所示。

（1）确定质量指标和工艺参数。首先需要确定待分析的质量指标，然后根据经验和领域知识确定可能与质量指标相关的工艺参数。

（2）数据采集和预处理。确定质量指标和工艺参数后，需要采集实际生产过程的质量指标和工艺参数，并对数据进行预处理，详细过程参阅第 6 章内容。

（3）建立回归模型。分析变量间自相关、互相关关系，并剔除异常数据，利用实际生产数据建立多元线性回归模型，并检验各变量是否可以通过线性检验，最终得到回归方程。

（4）回归模型评价。利用复测定系数、均方根误差或相对预测误差等对模型进行拟合程度的评价。

（5）质量分析与预测。利用回归模型分析各工艺参数对质量的影响程度，当产生新的工艺参数后，利用回归模型进行质量预测。

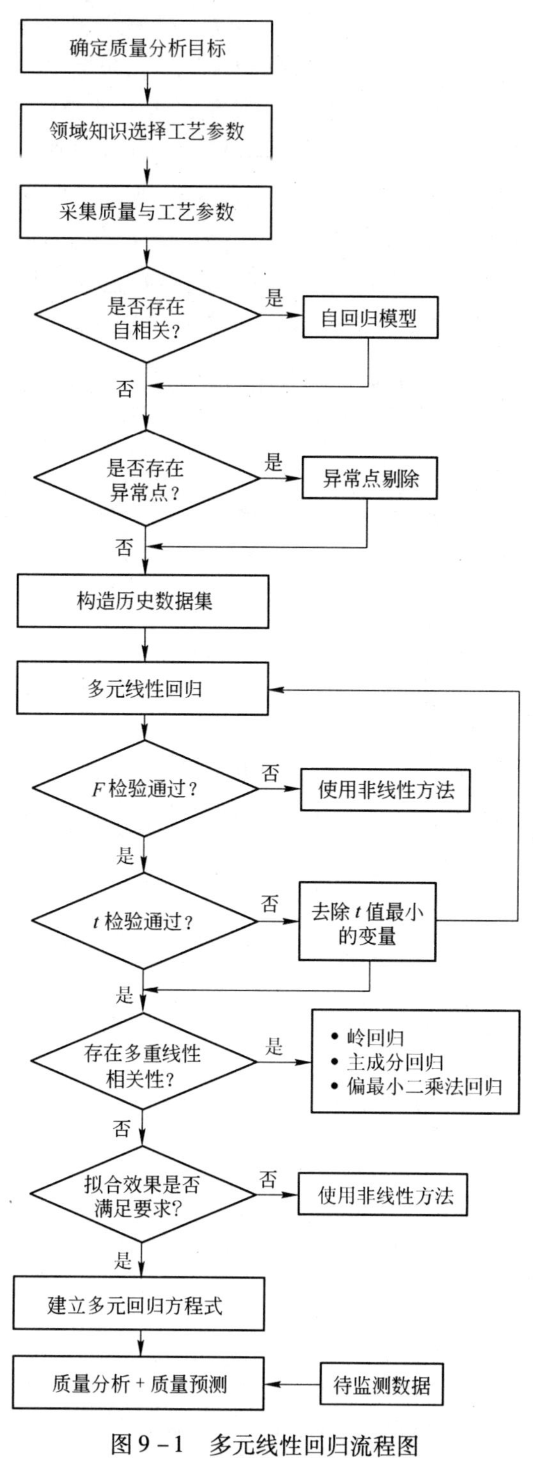

图9-1 多元线性回归流程图

9.1.2 IF 钢力学性能分析与预测

9.1.2.1 数据采集和统计量分析

为分析 IF 钢屈服强度和延伸率性能，经过对关键工艺参数进行筛选，最后收集了包括冶炼、热轧、冷轧和退火过程中可能与屈服强度、延伸率相关的工艺参数 12 个，共 200 组样本。在数据分析之前首先需要观察各数据的统计量，包括最大值、最小值、均值和标准差等，见表 9－1。为初步了解变量间的相关关系，给出了变量间的相关系数，见表 9－2。从表 9－2 中可以看到各自变量与屈服强度（Y_2）的相关性要强于延伸率（Y_1），如 Mn 含量（X_6）与屈服强度（Y_2）的相关性达到 0.56，热轧卷取温度（X_{12}）与屈服强度（Y_2）的相关性达到 0.65。而自变量中与延伸率（Y_1）相关性相对较小，如 Mn 含量（X_6）与其的相关系数仅为 －0.37。此外，部分自变量间也存在较强的相关性，如连退快冷出口温度平均值（X_2）与连退缓冷出口温度平均值（X_3）间的相关系数为 0.63。

表 9－1 IF 钢屈服强度、延伸率及相关工艺参数统计量

编号	变量	最大值	最小值	平均值	标准差
Y_1	延伸率/%	57	38	45.12	2.42
Y_2	屈服强度/MPa	160	116	140.23	9.347
X_1	连退均热温度平均值/℃	854.97	789.66	824.27	12.352
X_2	连退快冷出口温度平均值/℃	455.73	299.84	431.13	24.296
X_3	连退缓冷出口温度平均值/℃	676.39	605.97	641.61	11.280
X_4	冷轧压下率/%	82.90	65.50	80.49	4.139
X_5	C 含量/%	0.0028	0.0011	0.0018	0.0004
X_6	Mn 含量/%	0.160	0.09	0.1263	0.0154
X_7	P 含量/%	0.014	0.007	0.0099	0.0019
X_8	加热炉出口温度/℃	1277.30	1247.10	1263.04	5.998
X_9	热轧厚度/mm	5.8	3.5	4.44	0.5646
X_{10}	精轧入口温度/℃	1083.94	1014.03	1039.08	9.804
X_{11}	精轧出口温度/℃	928.46	898.68	917.17	4.167
X_{12}	卷取温度/℃	755.40	654.45	711.70	41.358

表 9－2 IF 钢屈服强度、延伸率及相关工艺参数相关系数

编号	Y_1	Y_2	X_1	X_2	X_3	X_4	X_5	X_6	X_7	X_8	X_9	X_{10}	X_{11}	X_{12}
Y_1	1.00	－0.19	0.15	0.00	0.21	－0.27	－0.18	－0.37	－0.02	－0.05	0.27	－0.23	0.14	0.33
Y_2	－0.19	1.00	－0.53	－0.25	－0.05	－0.46	0.31	0.56	0.25	－0.22	0.38	0.22	－0.39	－0.65
X_1	0.15	－0.53	1.00	－0.02	0.11	0.10	－0.19	－0.35	－0.07	0.09	－0.07	－0.12	0.31	0.60
X_2	0.00	－0.25	－0.02	1.00	0.63	0.35	－0.07	－0.10	0.03	－0.01	－0.29	0.05	0.26	0.04
X_3	0.21	－0.05	0.11	0.63	1.00	－0.04	－0.05	－0.13	0.05	－0.19	0.14	－0.08	0.13	0.13
X_4	－0.27	－0.46	0.10	0.35	－0.04	1.00	－0.05	－0.06	0.12	0.24	－0.83	0.10	0.19	0.04

续表9－2

编号	Y_1	Y_2	X_1	X_2	X_3	X_4	X_5	X_6	X_7	X_8	X_9	X_{10}	X_{11}	X_{12}
X_5	-0.18	0.31	-0.19	-0.07	-0.05	-0.05	1.00	0.01	0.24	-0.22	0.08	-0.19	-0.44	-0.07
X_6	-0.37	0.56	-0.35	-0.10	-0.13	-0.06	0.01	1.00	0.12	-0.06	0.01	0.50	-0.10	-0.73
X_7	-0.02	0.25	-0.07	0.03	0.05	0.12	0.24	0.12	1.00	-0.01	-0.18	0.07	-0.30	-0.19
X_8	-0.05	-0.22	0.09	-0.01	-0.19	0.24	-0.22	-0.06	-0.01	1.00	-0.27	0.34	0.18	0.03
X_9	0.27	0.38	-0.07	-0.29	0.14	-0.83	0.08	0.01	-0.18	-0.27	1.00	-0.11	-0.06	0.01
X_{10}	-0.23	0.22	-0.12	0.05	-0.08	0.10	-0.19	0.50	0.07	0.34	-0.11	1.00	0.19	-0.43
X_{11}	0.14	-0.39	0.31	0.26	0.13	0.19	-0.44	-0.10	-0.30	0.18	-0.06	0.19	1.00	0.25
X_{12}	0.33	-0.65	0.60	0.04	0.13	0.04	-0.07	-0.73	-0.19	0.03	0.01	-0.43	0.25	1.00

9.1.2.2 自相关和多重线性相关性检验

在建模前，需要对各变量的自相关性和多重相关性进行分析。根据第6章中对历史数据集构造的相关理论，首先我们给出了各变量延时1、2、3个样本点情况下与原始数据的自相关系数，见表9－3。总体而言，所有变量的自相关系数均较小，因此可以认为变量自相关不明显。

为了综合分析各变量间的相关性，对样本的多重相关进行定量描述。利用第6章的方差膨胀因子法和条件数判定法分别对12个自变量的多重相关性进行判断，具体计算结果见表9－3。各变量的方差膨胀因子均小于10，条件数为4.404，小于30，则认为自变量间的多重相关性较弱。

表9－3 相关工艺参数自相关系数、方差膨胀因子和条件数

编号	变 量	延时1	延时2	延时3	方差膨胀因子	条件数
Y_1	延伸率/%	0.0163	0.1584	0.180	—	—
Y_2	屈服强度/MPa	0.06	0.0312	0.0317	—	—
X_1	连退均热温度平均值/℃	0.189	0.141	0.095	1.809	4.404
X_2	连退快冷出口温度平均值/℃	0.023	0.048	0.023	2.525	
X_3	连退缓冷出口温度平均值/℃	0.096	0.052	0.028	2.253	
X_4	冷轧压下率/%	0.148	0.063	0.024	3.626	
X_5	C含量/%	0.053	0.036	0.062	1.379	
X_6	Mn含量/%	0.127	0.009	0.023	2.561	
X_7	P含量/%	0.067	0.072	0.058	1.246	
X_8	加热炉出口温度/℃	0.094	0.005	0.010	1.386	
X_9	热轧厚度/mm	0.052	0.082	0.071	3.890	
X_{10}	精轧入口温度/℃	0.045	0.013	0.093	1.813	
X_{11}	精轧出口温度/℃	0.027	0.026	0.017	1.761	
X_{12}	卷取温度/℃	0.030	0.018	0.025	3.284	

9.1.2.3 异常样本的剔除

为了能够建立准确的历史数据集，需要对原始采集数据进行异常点的识别，并剔除异常点。异常点剔除通常指利用概率统计分析方法排除小概率样本点，即对不符合数据集中统计规律的那些样本点进行剔除。根据第 6 章内容，分别通过单变量的 3σ 理论和多变量的 T^2 统计量来剔除异常点。

利用 3σ 理论分别对自变量和因变量进行样本剔除，对任一变量超出 3σ 控制限的样本点进行剔除。为了形象的展示剔除过程，给出了部分变量的 3σ 理论异常样本剔除过程图。利用 3σ 理论对连退快冷出口温度平均值和延伸率进行样本剔除过程如图 9－2 和图 9－3 所示，对超出控制限的样本进行剔除。对所有自变量和因变量进行异常样本识别，共剔除异常样本 42 个，最终剩余 158 个样本点。

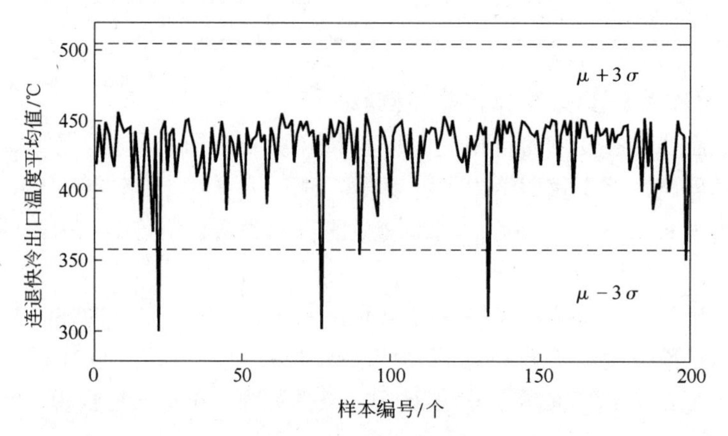

图 9－2　连退快冷出口温度平均值 3σ 控制图

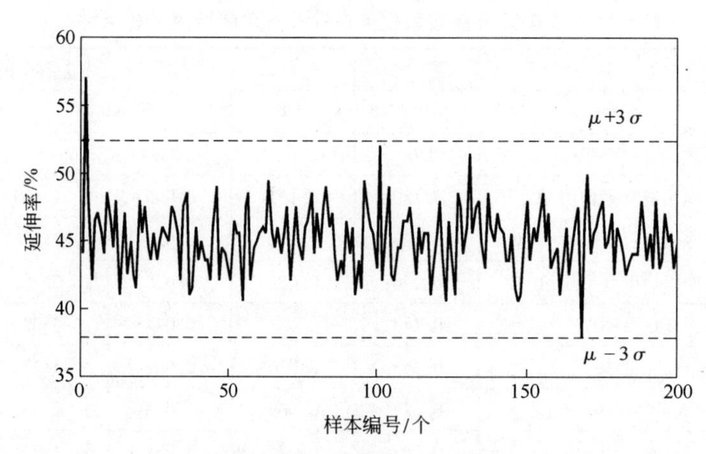

图 9－3　延伸率 3σ 控制图

但在实际工业生产中，各变量之间通常都会存在某种程度的相关性，用 3σ 理论来进行异常点的检测将变得不准确，而 T^2 控制区域考虑了各变量间的相关性。因此当变量存在相关性时，利用 T^2 控制区域进行异常点的检测更为合理。对原始数据集采用 T^2 统计量进行异常点的剔除，对第一次剔除后的样本集，还需进行后续的筛选，即对剩余的样本点，再次计算其 T^2 统计量及其控制限，如此反复，直至没有异常点为止。针对本实例，T^2 统计量异常样本剔除进行了 7 次循环，共剔除 46 个样本，最终剩余 154 个样本构成历史数据集。如图 9－4 和图 9－5 分别给出了第 1 次和第 7 次的 T^2 统计量异常样本剔除过程。

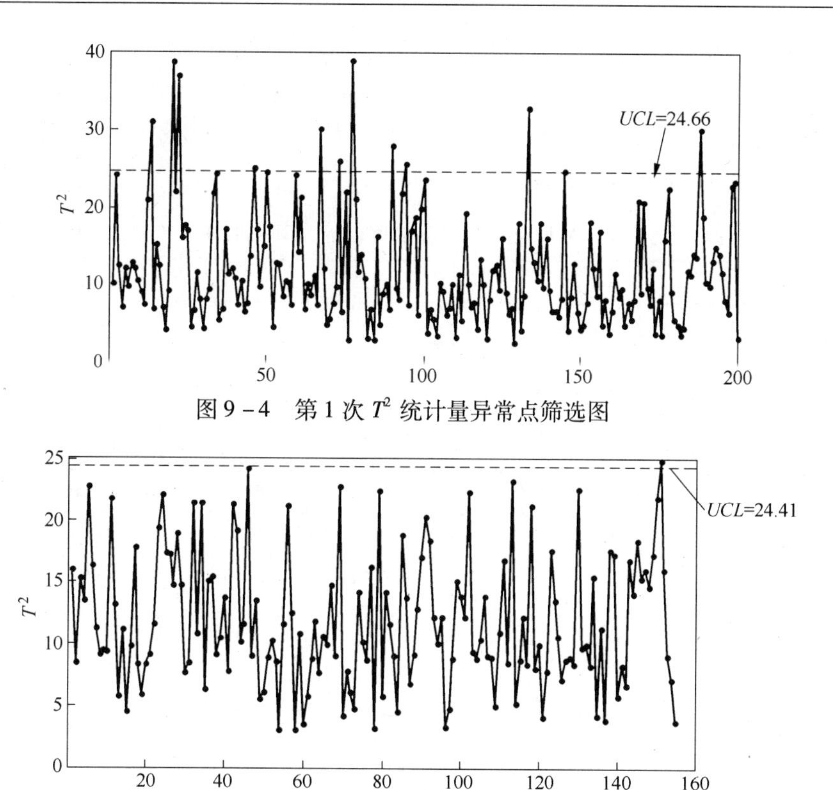

图 9-4 第 1 次 T^2 统计量异常点筛选图

图 9-5 第 7 次 T^2 统计量异常点筛选图

T^2 统计量每次剔除过程的控制限值和剔除的样本数量见表 9-4。为了对比 3σ 理论和 T^2 统计量剔除样本过程的差异，表 9-5 给出了两种方法剔除的样本点的编号信息，发现大部分剔除数据点是重复的，但也有部分剔除样本点是不同的。原因如第 6 章图 6-21 异常点的检验方法中描述：部分样本点位于休哈特控制区域外，但位于 T^2 统计量控制区域内，此时采用休哈特控制区域来判定为异常，而采用 T^2 控制区域来判定，则为正常点。反之，有部分样本点则采用休哈特区域来判定为正常点，而采用 T^2 控制区域却判定为异常点。出现这种检测结果的差异是因为休哈特区域没有考虑到变量间的相关性，而 T^2 控制区域考虑了各变量间的相关性。因此在实际工业生产中，当多变量间存在相关性时，利用 T^2 控制区域进行异常点的检测更为合理。

表 9-4 T^2 统计量原理剔除结果（显著性水平 0.0125）

筛选次序	第 1 次	第 2 次	第 3 次	第 4 次	第 5 次	第 6 次	第 7 次
UCL	24.66	24.61	24.55	24.50	24.45	24.43	24.41
异常点数量	12	12	8	8	3	2	1

表 9-5 3σ 理论和 T^2 统计量剔除结果对比

剔除方法	剔除的共有样本编号	剔除的不同样本编号
3σ 理论	2，3，12，13，16，20，21，22，23，33，34，45，50，59，61，67，75，77，78，90，94，96，97，108，130，133，145，153，170，178，188，189，199	36，37，41，54，62，111，124，150，186
T^2 统计量		24，25，46，51，73，85，93，100，113，139，177，194，198

构造历史数据集后重新计算历史数据集的统计量，见表9－6。从表9－6中可以看到去除了大量的处于取值边界的样本，标准差值变小，表明数据更加集中，更有利于数据的分析。表9－7给出了T^2统计量剔除异常样本前后自变量与因变量间相关系数的对比，从中可以看到变量间的相关系数整体有明显增加。

表9－6　剔除样本后冷轧带钢屈服强度、延伸率及相关工艺参数统计量

编　号	变　量	最大值	最小值	平均值	标准差
Y_1	延伸率/%	52	40.5	44.96	2.28
Y_2	屈服强度/MPa	158	116	138.40	8.99
X_1	连退均热温度平均值/℃	854.97	797.75	825.95	10.87
X_2	连退快冷出口温度平均值/℃	455.73	398.63	436.28	13.70
X_3	连退缓冷出口温度平均值/℃	665.38	614.99	642.06	9.31
X_4	冷轧压下率/%	82.9	77.8	81.94	1.13
X_5	C含量/%	0.0025	0.0011	0.0017	0.0003
X_6	Mn含量/%	0.16	0.09	0.1256	0.0160
X_7	P含量/%	0.014	0.007	0.0101	0.0020
X_8	加热炉出口温度/℃	1277.3	1247.1	1263.44	5.33
X_9	热轧厚度/mm	5	3.5	4.28	0.33
X_{10}	精轧入口温度/℃	1076.42	1014.03	1039.11	8.74
X_{11}	精轧出口温度/℃	928.46	912.54	917.90	3.87
X_{12}	卷取温度/℃	753.42	654.45	712.59	41.54

表9－7　剔除前后冷轧带钢屈服强度、延伸率及相关工艺参数相关系数对比

		Y_1	Y_2	X_1	X_2	X_3	X_4	X_5	X_6	X_7	X_8	X_9	X_{10}	X_{11}	X_{12}
剔除前	Y_1	1.00	−0.19	0.15	0.00	0.21	−0.27	−0.18	−0.37	−0.02	−0.05	0.27	−0.23	0.14	0.33
	Y_2	−0.19	1.00	−0.53	−0.25	−0.05	−0.46	0.31	0.56	0.25	−0.22	0.38	0.22	−0.39	−0.65
剔除后	Y_1	1.00	−0.46	0.31	0.11	0.22	−0.15	−0.27	−0.47	−0.02	0.04	0.12	−0.24	0.24	0.47
	Y_2	−0.46	1.00	−0.73	−0.19	−0.15	−0.22	0.31	0.64	0.36	−0.14	0.04	0.35	−0.42	−0.77

9.1.2.4　多元线性回归模型及评判

通过自相关、多重线性相关分析，并剔除异常样本形成历史数据集后，下面分别对冷轧带钢的屈服强度和延伸率进行多元线性回归建模分析。

A　屈服强度建模

首先利用T^2统计量进行异常样本剔除后形成的历史样本集进行多元线性回归，然后分别进行F检验和t检验。发现F检验满足模型线性要求，而部分变量的t检验值未通过检验，依次剔除t检验中t统计量最小值所对应的变量，再重新建立多元线性回归模型，直到所有变量的t检验通过。在本例中，取显著性水平$\alpha=0.1$，t检验的临界值为1.653，依次去掉热轧精轧出口温度（X_{11}）、热轧厚度（X_9）、加热炉出口温度（X_8）后，剩下变量的t检验均可通过，所有变量和剩下变量进行多元线性回归时的t检验值见表9－8。

表 9-8 屈服强度多元线性回归方程 t 检验值

编 号	变 量	全部变量情况下的 t 统计量	剔除部分变量后的 t 统计量
X_1	连退均热温度平均值/℃	3.712	3.859
X_2	连退快冷出口温度平均值/℃	2.796	3.130
X_3	连退缓冷出口温度平均值/℃	2.185	2.679
X_4	冷轧压下率/%	4.537	8.172
X_5	C 含量/%	4.153	4.907
X_6	Mn 含量/%	2.780	3.074
X_7	P 含量/%	3.488	3.631
X_8	加热炉出口温度/℃	1.223	—
X_9	热轧厚度	0.468	—
X_{10}	精轧入口温度/℃	1.785	2.124
X_{11}	精轧出口温度/℃	0.366	—
X_{12}	卷取温度/℃	4.791	4.943

观察被剔除变量热轧厚度（X_9）的数据分布，发现取值是一些离散的数据点，而且其与冷轧压下率（X_4）相关系数高达 -0.83，在回归过程中信息重合度较大，因此剔除该变量后仍可保留工艺参数中的主要变异信息。重新计算回归模型，发现冷轧压下率的 t 统计量有明显提升，从 4.537 增加到 8.172。需要说明的是，在本实例中，由于热轧厚度仅仅是由少数离散值构成，且与冷轧压下率有密切的相关性，所以被删除了，但并不说明热轧厚度这个变量不重要，它只是在本实例中的一个特例。

此外，由于多元线性回归中，相关系数只是两变量局部的相关性质，并没有考虑其他自变量的影响，因此可以看到通过 t 检验剔除的并不是相关系数依次最小的变量。虽然热轧精轧出口温度（X_{11}）与屈服强度的相关系数为 -0.42，但在多元线性回归中，主要考虑其与屈服强度的线性相关性不显著，因此被剔除。

最终，得到多元线性回归方程：

[屈服强度] = -0.193[连退均热温度平均值] - 0.178[连退快冷出口温度平均值] + 0.143[连退缓冷出口温度平均值] - 0.363[冷轧压下率] + 0.20[C] + 0.180[Mn] + 0.146[P] - 0.09[精轧入口温度] - 0.333[卷取温度]

为了直观观察回归数据拟合效果，给出多元线性回归值与实际值的对比图，如图 9-6 所示。回归复测定系数为 0.737，说明回归效果较为理想。与未剔除 3 个变量之前的复测定系数 0.728 相比，精度有所提高。

建立多元线性回归方程后，可以在已知工艺参数情况下给出相应的屈服强度值，即实现产品质量的预测。采集了 31 组工艺数据，利用模型对屈服强度进行预测，预测值与实际值如图 9-7 所示。预测复测定系数值为 0.684，说明预测效果较为理想，但仍有较大的误差，可以进一步采用非线性的方法来建立高精度的预测模型。

实际应用中，现场工程师会更多的关注预测值与实际值的差值，如图 9-8 所示给出了预测值与实际值的差值。从图 9-8 中可以看到绝大多数的屈服强度的预测偏差在 ±10MPa左右，具有较好的预测效果。

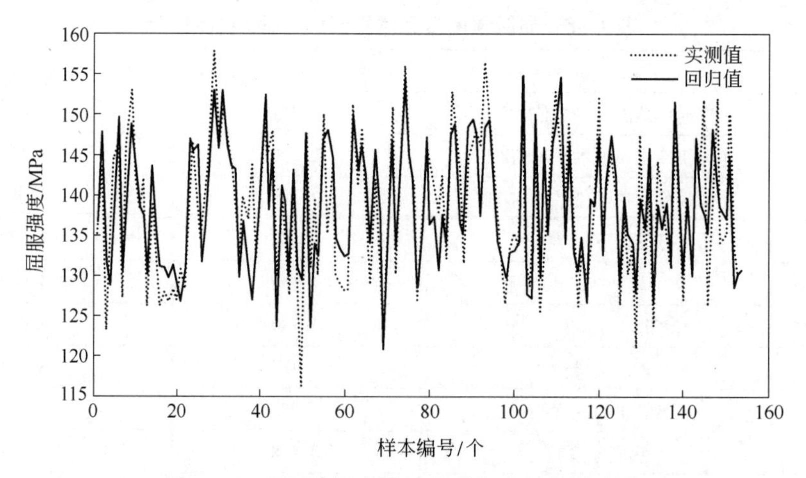

图9-6　多元线性方法回归值与实际值对比图

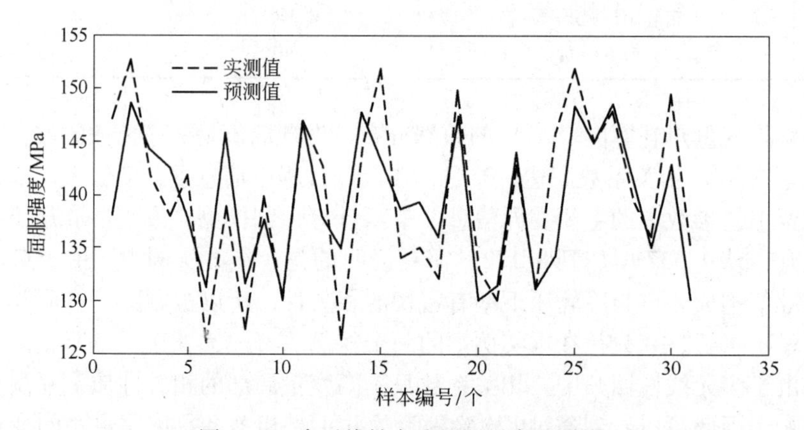

图9-7　多元线性方法屈服强度预测图

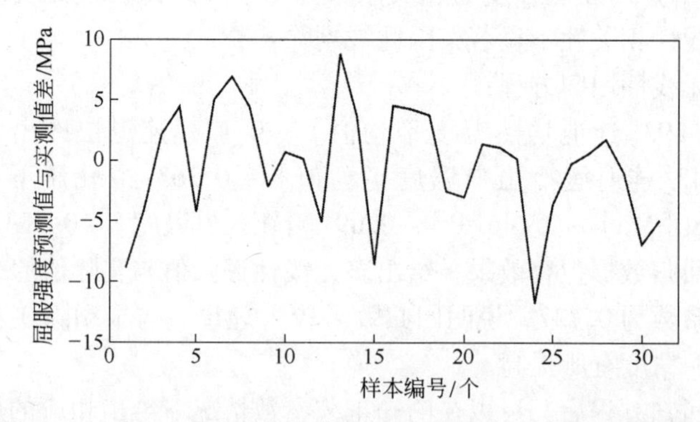

图9-8　基于多元线性回归的屈服强度预测值与实际值的偏差

B　延伸率建模

对IF钢延伸率建模分析后，回归复测定系数仅为0.362，对新采集的31组工艺参数进行延伸率预测，预测值与实测值的结果如图9-9所示，预测复测定系数也只有0.390。可见采用多元线性回归方法的精度较低，难以有效描述数据的变化规律。因此需要采用非线性建模方法对延伸率进行回归分析。

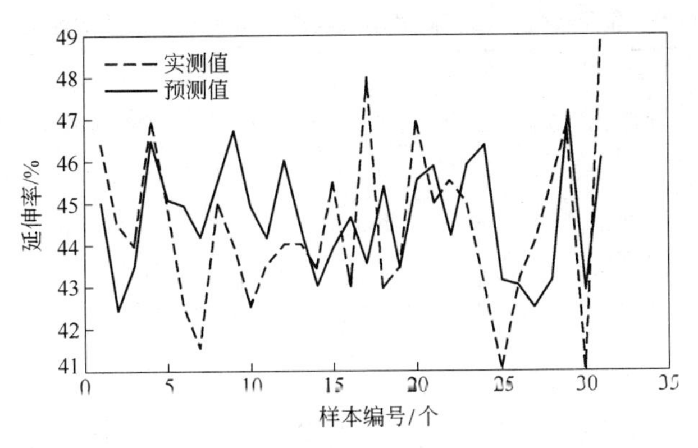

图9-9 基于多元线性回归的延伸率预测图

9.1.2.5 非线性质量建模与预测

因延伸率的多元线性回归模型精度较差，难以满足分析要求，因此采用第8章介绍的核偏最小二乘法进行质量建模分析。对于已构造的历史数据集，采用12个工艺参数对延伸率进行非线性回归分析。核偏最小二乘法中选择高斯核函数，模型分析中需要确定两个重要参数，即核成分数和高斯核参数，采用5折交叉验证法搜索确定最优参数。让每个参数在一定的取值区间内变化，最后选择预测复测定系数最大值所对应的参数。具体计算结果如图9-10所示，最终选择核主成分数为37，高斯核参数为156。

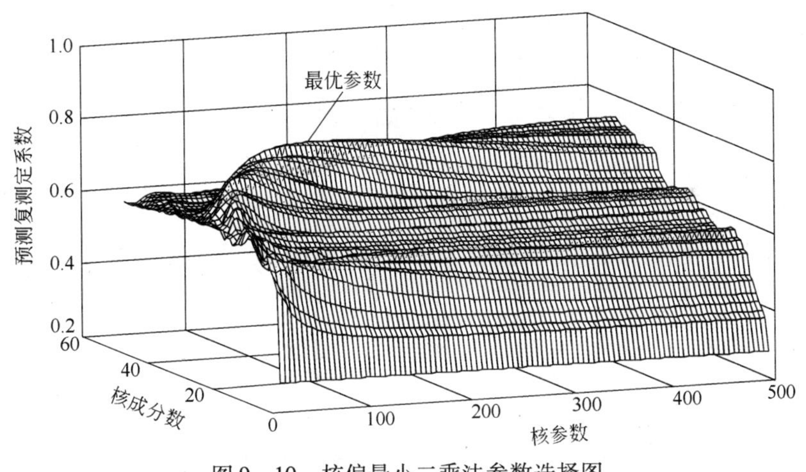

图9-10 核偏最小二乘法参数选择图

利用优化后的参数建立屈服强度和延伸率的核偏最小二乘法回归模型，回归的复测定系数为0.835，然后对新采集的31组预测样本集进行预测，复测定系数为0.660，说明模型的预测效果较好，与多元线性回归相比，模型精度有明显改善。

为了比较线性方法和非线性方法的结果，表9-9给出了多元线性回归、偏最小二乘法和核偏最小二乘法的回归和预测复测定系数的结果对比。为更直观的对比分析结果，图9-11~图9-14给出了屈服强度和延伸率的回归和预测结果对比图。从表9-9和图9-11~图9-14中可以看到，工艺参数与屈服强度采用线性和非线性回归方法的模型精度均较高，而非线性预测方法在预测精度上稍有提升；工艺参数与延伸率的线性回归方法精度较差，使用非线性预测方法可以明显提升预测精度。

表 9 - 9　多元线性回归、偏最小二乘法和核偏最小二乘法结果对比

	延伸率		屈服强度	
	回归复测定系数	预测复测定系数	回归复测定系数	预测复测定系数
多元线性回归	0.362	0.390	0.737	0.684
偏最小二乘法	0.376	0.416	0.741	0.678
核偏最小二乘法	0.835	0.660	0.795	0.758

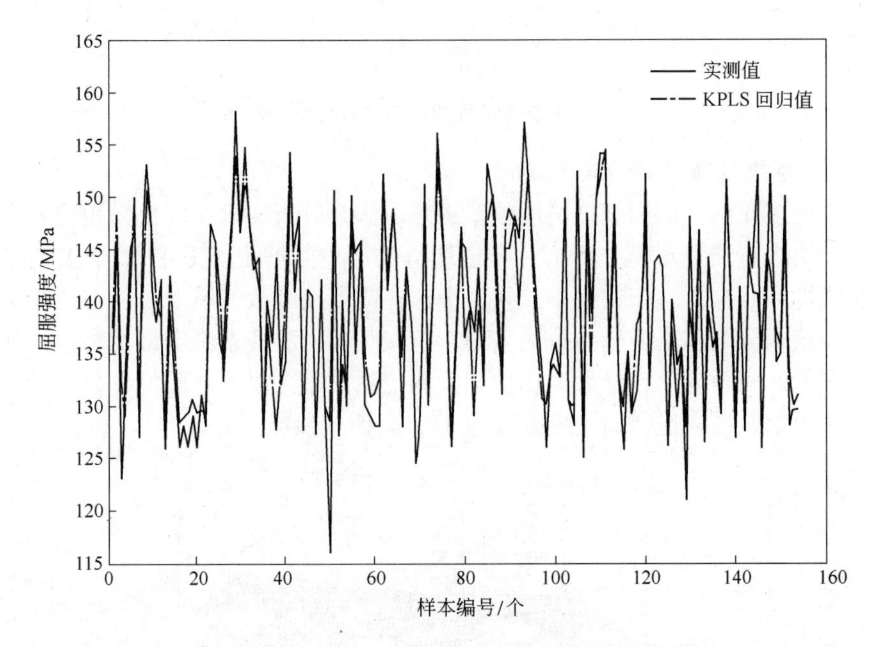

图 9 - 11　屈服强度回归结果对比

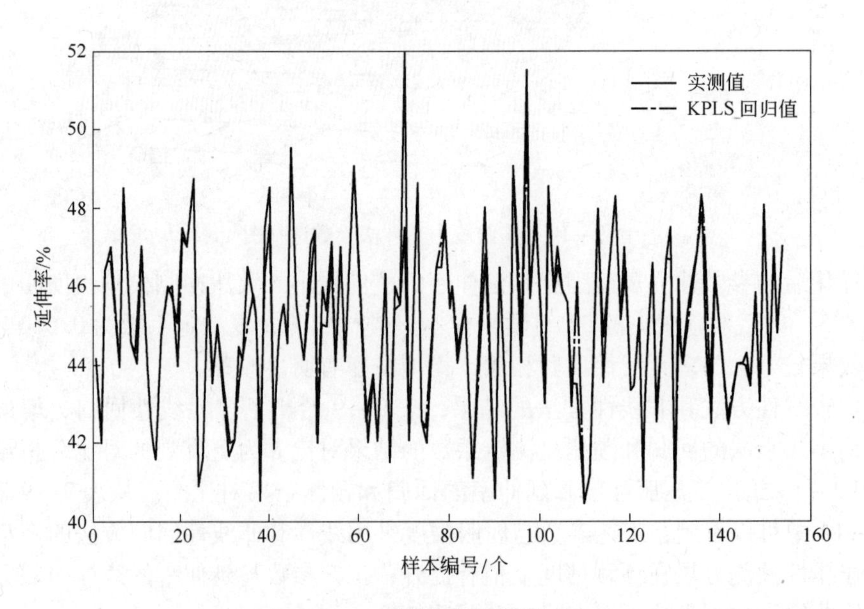

图 9 - 12　延伸率回归结果对比

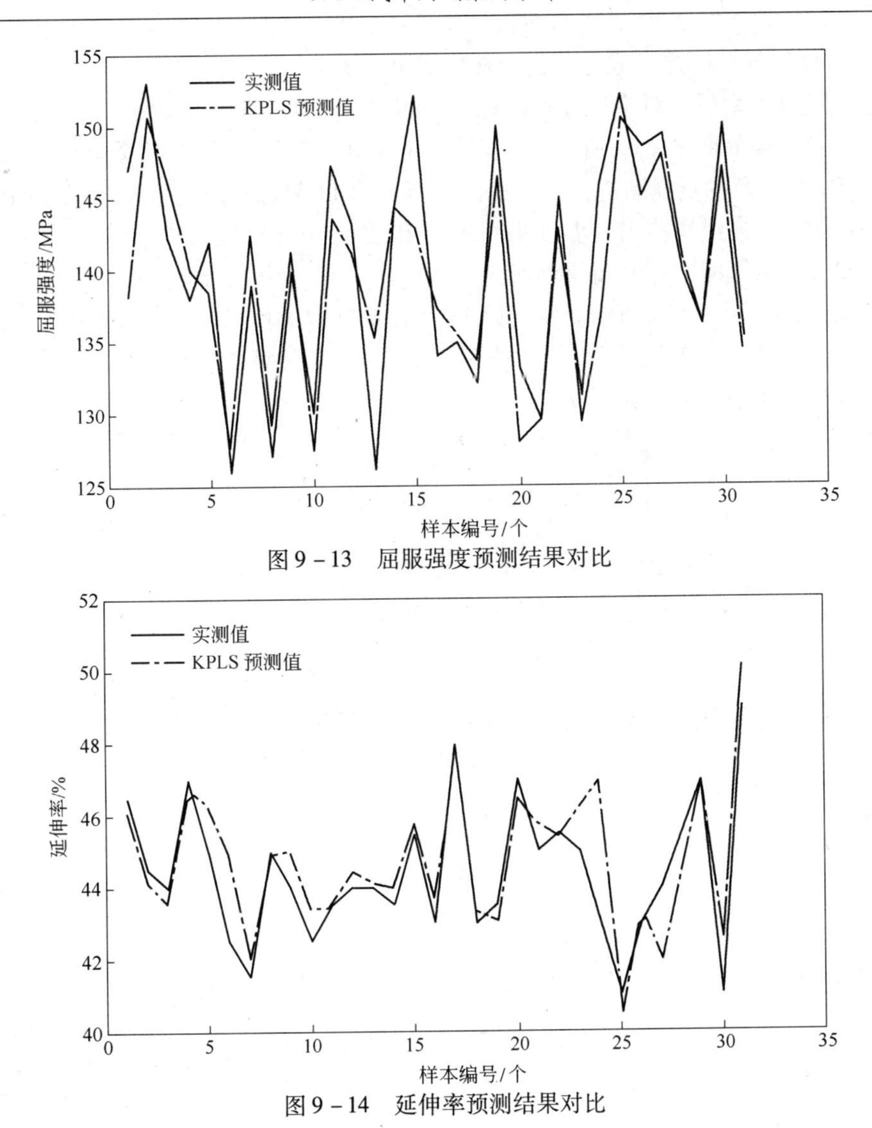

图 9 – 13 屈服强度预测结果对比

图 9 – 14 延伸率预测结果对比

9.1.3 质量监控与诊断

目前力学性能的检测采取离线抽检方式，而且检测结果存在较长时间的滞后，一旦出现质量异常，容易造成批量的质量判废。利用与力学性能相关的工艺参数建立质量监控模型，可以实时监控生产过程。如果生产过程出现异常，则利用诊断方法进行异常原因定位，及时调整工艺参数，避免批量的产品报废。

首先利用历史数据集建立力学性能的主成分分析监控模型。对历史数据集进行标准化后，根据累计方差贡献率进行主成分个数的选取，如图 9 – 15 所示。设定主成分累计

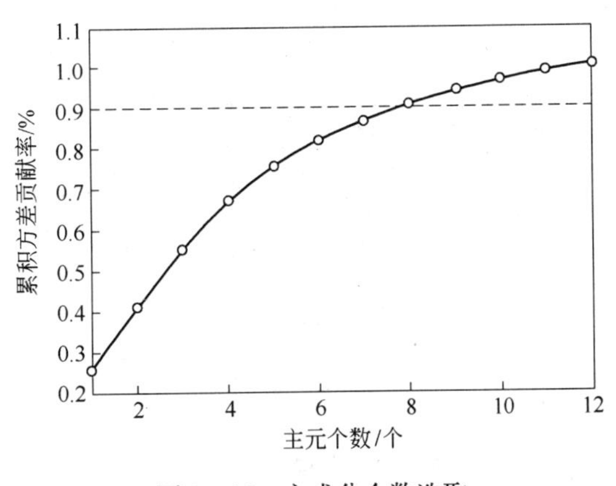

图 9 – 15 主成分个数选取

方差贡献率为90%，因此主成分分析中选取8个主成分。

建立主成分模型后，对生产过程进行 T^2 和 SPE 的实时监控与诊断，新采集到34组数据，具体监控结果如图9－16所示。发现第11、20、31号样本的 T^2 和 SPE 均超出控制限，利用 T^2 和 SPE 的贡献图进行异常原因分析。第11号样本点的诊断结果如图9－17所示。发现变量2（连退快冷出口温度平均值）和变量10（精轧入口温度）分别是引起 T^2 和 SPE 异常的主要原因。为验证诊断结论，给出了154个历史数据和34个待监测样本的变量2的取值，如图9－18所示。发现第11号监测样本的变量2（连退快冷出口温度平均值）值很低，仅为377.1℃，而变量2的平均值为436℃。另外，变量10（精轧入口温度）的值在所有样本中也较大，如图9－19所示。

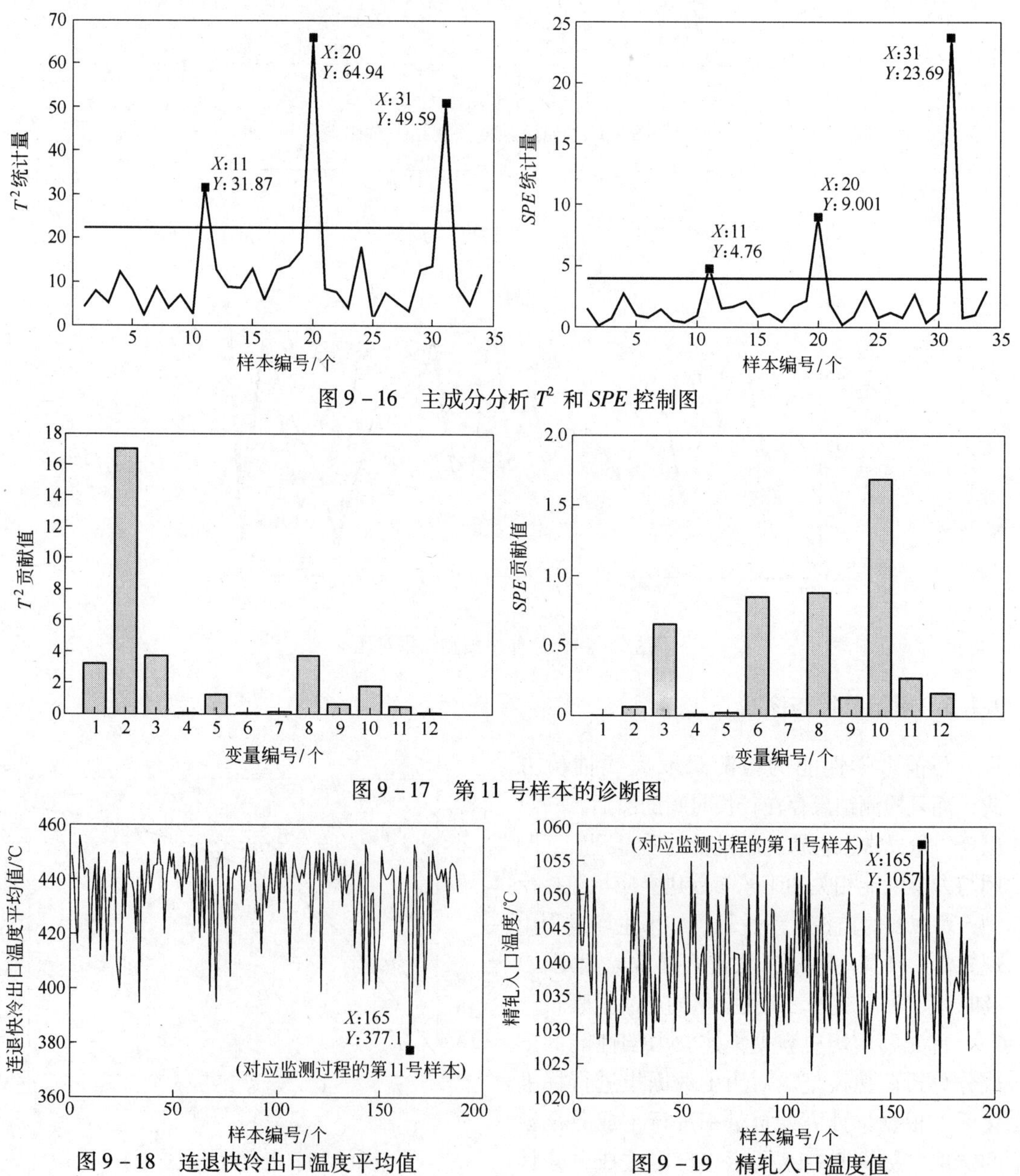

图9－16　主成分分析 T^2 和 SPE 控制图

图9－17　第11号样本的诊断图

图9－18　连退快冷出口温度平均值

图9－19　精轧入口温度值

第 20 号和 31 号样本点的诊断结果如图 9－20 和图 9－21 所示，无论是 T^2 还是 *SPE* 诊断均发现变量 4（冷轧压下率）和变量 9（热轧厚度）对异常的贡献较大。进一步分析这两个变量在所有 154 个历史数据和 34 个待监测样本的冷轧压下率和热轧厚度的分布情况，如图 9－22 所示，可以看到测试数据集中第 20 号和 31 号（所有样本中第 174 号和 185 号）异常样本的冷轧压下率取值远低于其他样本，而热轧厚度远大于其他样本。

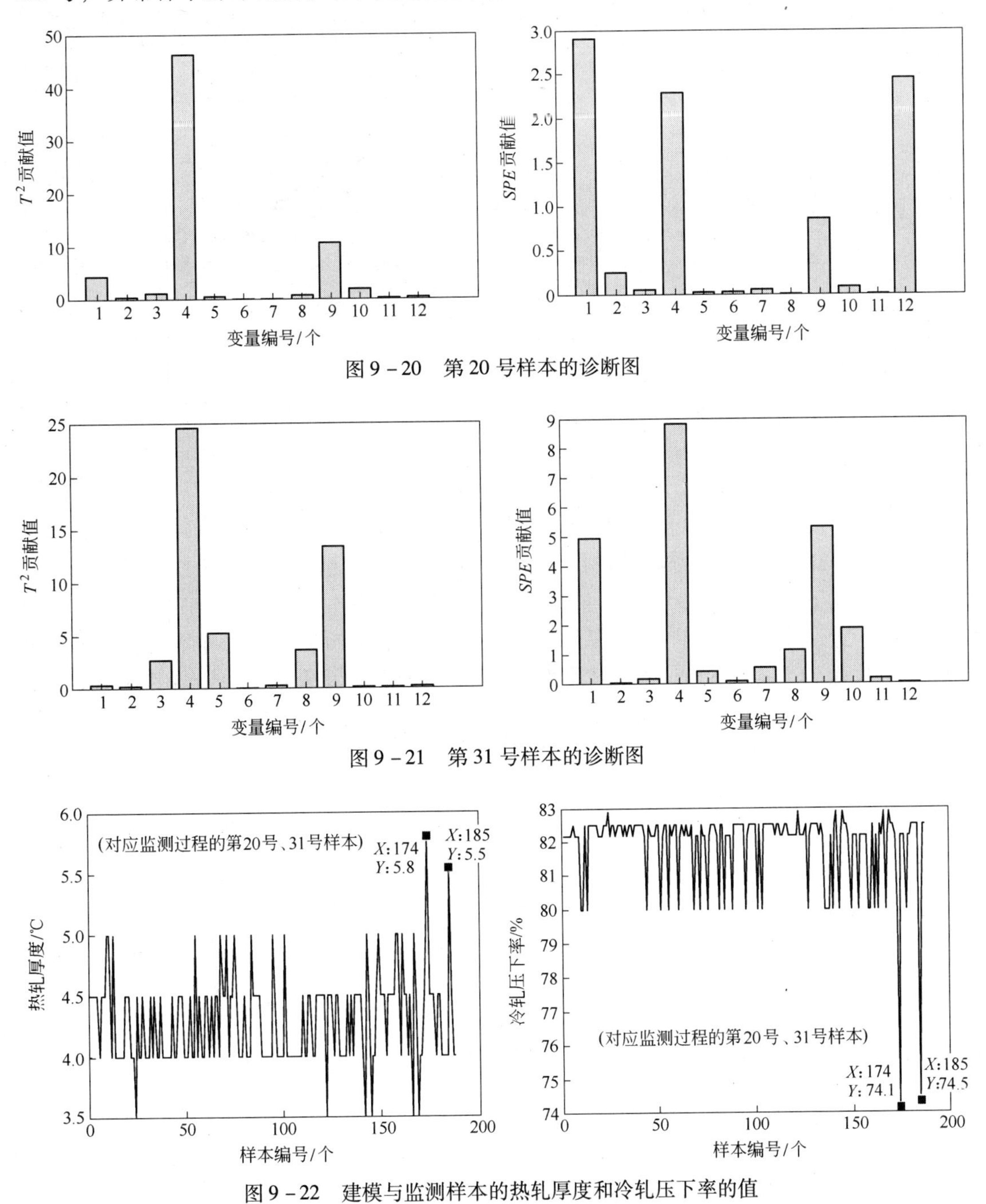

图 9－20　第 20 号样本的诊断图

图 9－21　第 31 号样本的诊断图

图 9－22　建模与监测样本的热轧厚度和冷轧压下率的值

此外，从图 9－20 可以看到，第 20 号样本点的 *SPE* 贡献最大的前三个变量分别为：

变量 X_1（连退均热温度平均值）、变量 X_{12}（卷取温度）和变量 X_4（冷轧压下率）。如图 9－23给出了 188 个样本（154 个历史数据和 34 个待监测数据）中这 3 个变量的三维结构图。从图中可以看到：待监测的第 20 号样本的这 3 个变量均较大程度地偏离其他样本，不仅冷轧压下率值较小，而且连退均热温度和卷取温度值也较低。

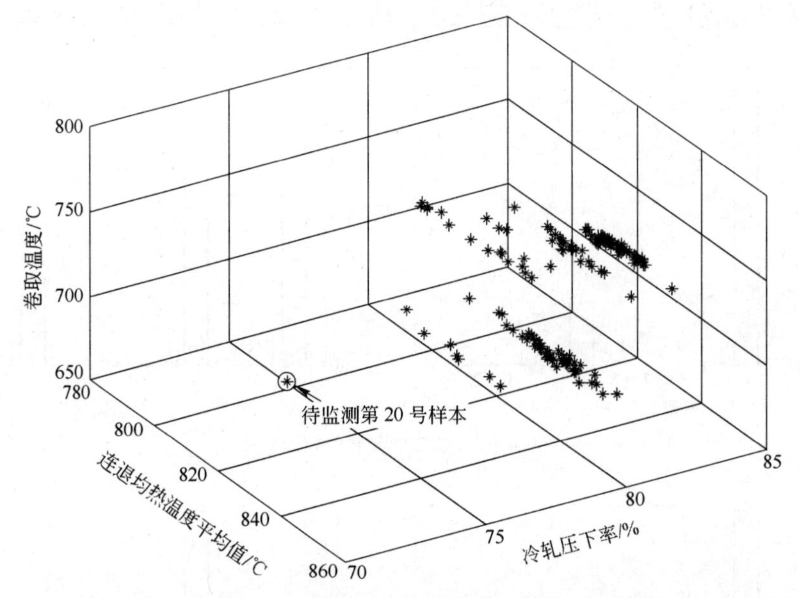

图 9－23　卷取温度、冷轧压下率和连退均热温度平均值三维图

从图 9－21 可以看到，待监测 31 号样本点的 *SPE* 贡献最大的前三个变量分别为：变量 4（冷轧压下率）、变量 9（热轧厚度）和变量 1（连退均热温度平均值）。如图 9－24 给出了这三个变量的三维结构图。从图中可以看到：待监测的第 31 号样本的这 3 个变量均较大程度地偏离其他样本，冷轧压下率值较小，而热轧厚度和连退均热温度值较高。

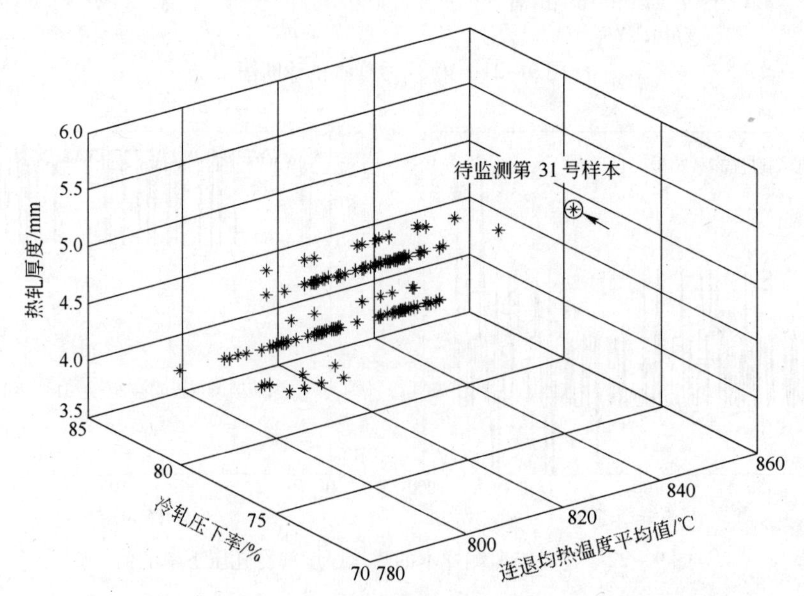

图 9－24　热轧厚度、冷轧压下率和连退均热温度平均值三维图

为了进一步观测异常点对产品质量的影响，表9－10给出了这3个异常样本的材料力学性能指标，第11号样本点塑性应变比为3.4，从统计角度看质量指标已偏离平均值2.845。在实际生产过程中希望塑性应变比值越大越好，但从控制角度来看，这个样本属于异常点（注：异常点是从统计学的角度来判定的，对于第11号样本属于质量超常现象）。而第20号和31号样本的屈服强度分别为159MPa和160MPa，超出了样本统计量中的最大值，这是由于工艺参数设定不当造成的质量异常。

表9－10 异常样本的质量指标

样本编号	延伸率/%	抗拉强度/MPa	屈服强度/MPa	塑性应变比
11	44	293	136	3.40
20	45	291	159	2.45
31	47	287	160	2.30

通过上面工业实例的讨论，可以看出：采用主成分的监控与诊断为生产过程的产品质量监控提供了有效的手段。一旦在生产过程中发现工艺参数设置不当或者产品质量异常，可以根据 T^2 和 SPE 贡献率的大小来排查出现质量异常的原因。

9.2 热轧带钢头部拉窄案例分析

9.2.1 变量选择和数据采集

由于热轧生产过程数据量大、变量多，依据热轧工艺知识，从600余个监测变量中选择62个直接或间接影响头部宽度质量的变量，试图从中找出影响头部拉窄的主要因素，具体的变量见表9－11。

表9－11 头部拉窄数据分析变量表

类别		具体变量名称	编号	个数
工艺参数	温度	精轧入口温度、精轧出口温度	1、2	2
	设定速度	精轧机 F_1 ~ F_7 设定速度	3~9	7
	实测速度	精轧机 F_1 ~ F_7 实测速度	10~16	7
	套量	活套1~6套量	17~22	6
	轧制力	（1）精轧机 F_1 ~ F_7 双侧轧制力设定值 （2）精轧机 F_1 ~ F_7 工作侧轧制力实测值 （3）精轧机 F_1 ~ F_7 传动侧轧制力实测值	23~43	21
	辊缝	精轧机 F_1 ~ F_7 辊缝值	44~50	7
	速度差	前机架计算前滑后的速度与后机架计算后滑后的速度的差值	51~56	6
	活套高度	活套1~6高度值	57~62	6
质量指标		宽度误差		1

9.2.2 变量的匹配

从现场采集的热轧生产数据有如下特点：

（1）由于热轧生产采用提速轧制的方法，造成钢板通过不同测量点的时间长度不同。又由于不同变量的采样策略不同，造成各变量的采样间隔不同，从而使各变量测量得到的数据长度不同。

（2）各变量采集点分布在热轧生产线的不同位置，热轧生产过程中，钢板依次进入各轧机，造成各变量开始测量和结束测量的时间不同，同一时刻各变量采集的数据所对应的钢板位置不同。

使用数据统计方法进行过程监控与诊断，要求各工艺变量间，工艺变量与质量变量间要对应钢板的同一位置，即每一个样本点都是由对应钢板相同位置的工艺参数和质量参数组成。

由于提速轧制和活套的作用，钢板在同一时间间隔内通过各机架的长度不是保持同一比例，所以数据匹配时要考虑轧制速度的变化。

具体的匹配思想是：由于速度是等间隔采样的，所以通过速度的积分，可以得出当前时刻通过的钢板量占总量的百分比。各过程变量均利用当前时刻通过的钢板量占总量的百分比进行插值，得到变换后的工艺数据与质量数据对应。如图 9－25 所示，L'为钢板的最终长度，为了计算出生产 l'处钢板的各工艺参数的值，首先通过速度的积分计算出某个测量点处通过钢板的长度 L，然后利用等比例关系$\frac{l}{L}=\frac{l'}{L'}$找出 l 的位置，将 l 处的工艺参数与 l'处的质量参数对应。各工艺参数均按以上方法与质量参数对应，同时也实现各工艺参数间的对应。

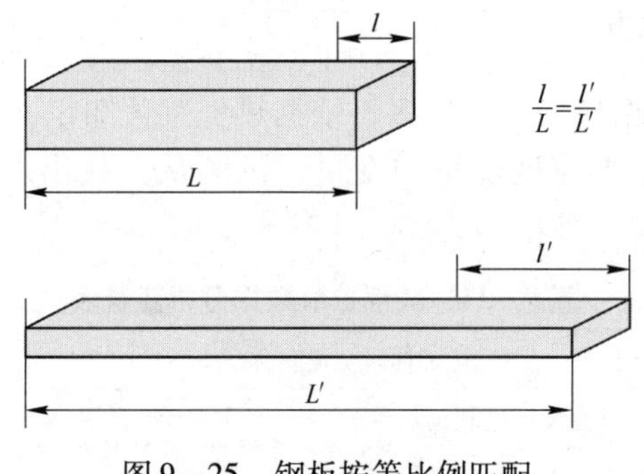

图 9－25　钢板按等比例匹配

9.2.3　核主成分分析监控与诊断

利用第 8 章介绍的核主成分分析方法（Kernel Pricipal Componet Analysis，KPCA）进行监控与诊断。将每块钢板作为一个样本点，选取各变量对应的头部拉窄部分的平均值作为分析用变量。由于头部拉窄部分占整块钢板的比例的平均值不会超过 5%，所以在头部宽度正常的样本中，选取头部 5% 的数据的平均值作为正常样本的变量值。为了消除带钢力学性能和厚度对结果的影响，选择了同一钢种，厚度为 3mm 的数据作为研究对象。在现场实际生产数据中，选择头部宽度正常的样本数据 150 个，利用 KPCA 建模。然后对新的 153 个带钢样本进行监控，KPCA 监控图如图 9－26 所示，图中给出了 0.95 置信度下的控制限。从图 9－26 中可以看到，大部分样本的统计量均在控制限下，但有 3 个样本的统计量值超过了控制限，需要进行生产状态异常诊断。

为了分析引起异常的原因，分别给出了图 9－26 中异常样本点 30、60 和 119 的故障诊断图，如图 9－27 所示。

从上述故障诊断图中分析出现故障的原因为：

（1）从图 9 – 27（a）中可以看到引起第 30 号样本头部拉窄的主要原因是第 19 和第 22 个变量（活套 3 和 6 的套量）。

（2）从图 9 – 27（b）中可以看到引起第 60 号样本头部拉窄的主要原因是第 55 个变量（5、6 机架的速度差）。

（3）从图 9 – 27（c）中可以看到引起第 119 号样本头部拉窄的主要原因是第 2 和第 55 个变量（精轧出口温度；5、6 机架的速度差）。

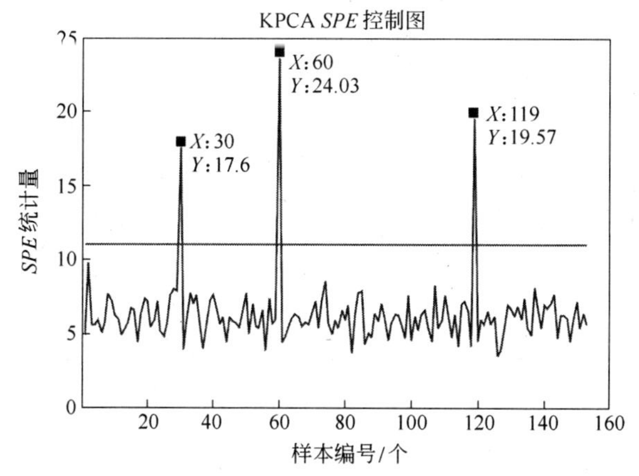

图 9 – 26 KPCA 监控的 SPE 统计量

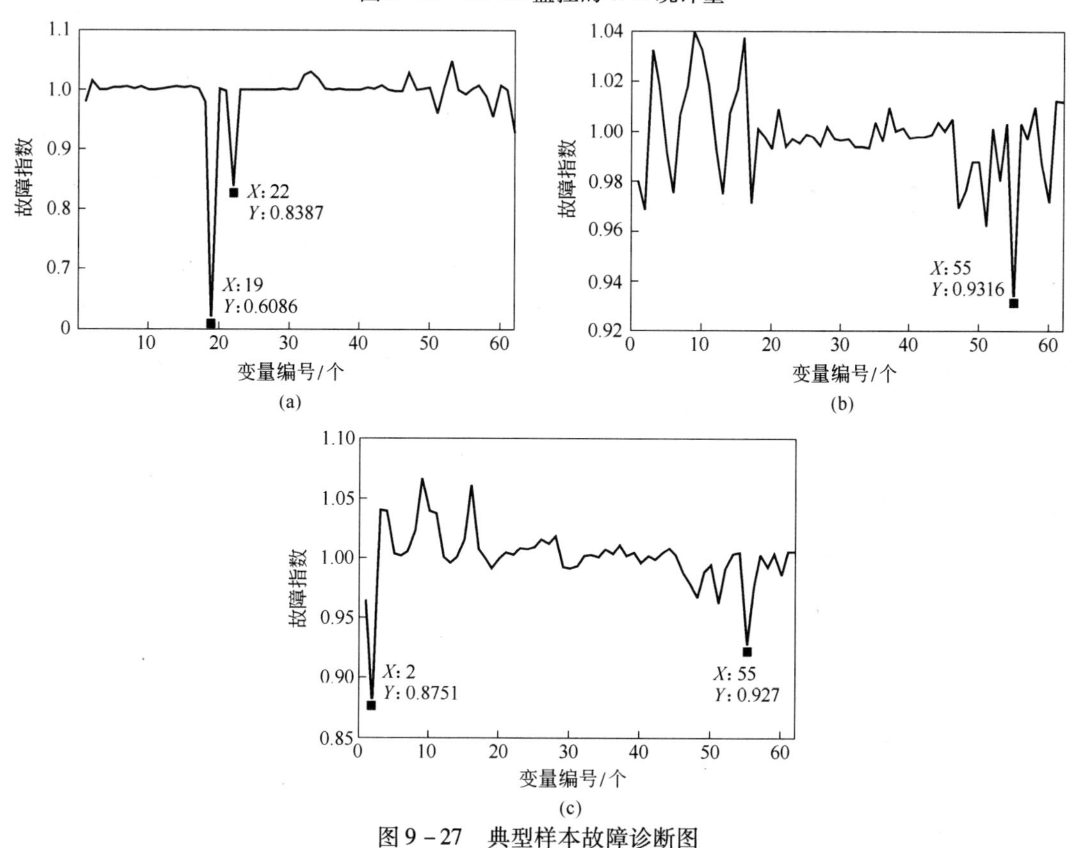

图 9 – 27 典型样本故障诊断图

（a）第 30 号样本点；（b）第 60 号样本点；（c）第 119 号样本点

从以上分析可以看到，精轧出口温度、活套 3 和 6 的套量以及 5、6 机架的速度差是引起头部拉窄的主要原因，在后续的精确分析中应对上述参数做重点研究。

经过现场的分析发现了如下的问题:

（1）由于温度传感器的原因导致了精轧出口温度测量值精度不高，给后续的控制带来影响，导致了第 119 号样本点出现质量异常。

（2）由于第 5 机架与第 6 机架速度差设置不当，导致了第 60 号样本点出现质量异常。

（3）控制模型的设定问题，导致了最后两个活套和机架间的速度差的不协调，造成了质量偏差。

9.3 小结

（1）实现冶金生产过程的全流程质量监控是一个循序渐进的过程。由于冶金生产的工艺特点，上工序的产品质量会影响到下工序的产品质量；不同产品的工艺规范标准也各不相同；不同工艺装置的过程能力的差异性等各种因素均会影响最终的产品质量。

（2）本章从实际生产过程的案例出发，介绍了质量检测、质量预测、质量诊断的过程。这些案例只是提供了质量分析过程的基本方法、主要流程以及需要关注的重要环节。实现生产过程的全流程质量监控需要大量的实践，从实践中不断地完善、提高，实践出真知。

10　全流程质量监控系统框架

钢铁生产是典型的由多个工序集成的流程型制造工业。由于生产过程本身的特征，使得钢铁材料生产过程中产品质量监控成为一个十分复杂的问题。目前，企业产品质量标准、批次之间质量差异性、批次内质量稳定性，以及能否按客户的需求进行质量设计、质量监控、质量检验、质量判定，以满足客户的个性化质量需求等，已成为钢铁企业在实际生产过程中亟待解决的难题。

当前，钢铁企业中基于“事后”离线检验与判定的质量管理模式已经不能适应现代化钢铁企业的质量管控需求。钢铁产品最终质量不是检验出来的，也不是几个工艺参数能够完全决定的，最终产品质量与各工序的工艺参数、设备工况、操作水平等一系列因素相关。单纯的“事后”检验模式不利于产品质量的持续改进，难以稳定产品质量和降低制造成本。

如何利用现有的信息化系统，对钢铁产品制造过程实行全流程的产品质量、工艺参数、操作规范等全线监控；并根据领域专家的经验和知识，借助现代信息处理与分析手段，实现产品质量在线判定与全流程质量追溯分析；利用统计分析方法和数据挖掘技术实现质量的诊断与分析、工艺标准的制定、工艺参数的优化，帮助工艺技术人员和现场操作人员提出质量改进措施，已成为钢铁企业实现质量改进的重要举措。

本章从 3 个方面讨论了全流程质量监控系统的基本构架。首先，提出了 4 个平台作为全流程质量监控系统的基础；然后，讨论了数据采集、预处理和数据利用的主要方法；最后，介绍了系统的主要功能模块。

10.1　系统基本架构

整个钢铁企业全流程在线质量监控系统可以分为四大功能平台，包括：数据采集与重整平台、数据集成平台、实时质量监控与预警平台、离线数据分析平台。四大功能平台从应用角度看，可以分为在线应用与离线应用两大部分。

在线应用部分主要针对各个工序，实时采集并展示制造过程中各工艺参数、质量指标、设备工况、质量判定等数据，向现场操作人员、质检人员提供制造过程中实时的工艺参数与质量判定与预警信息，便于其在后续操作中进行在线质量优化。在线应用部分的主要功能包括：工艺参数与质量指标的采集、质量在线监控与预警、质量分析与诊断和质量在线优化。主要的用户是现场的质检人员、工艺技术人员、现场操作人员等，强调系统处理的实时性。

离线应用部分主要依据产品制造工艺流程，对全流程质量数据进行整合，对产品制造全过程的工艺参数、质量指标、质量检验与判定结果等进行追溯与分析；运用前几章讨论的过程统计方法和其他信息处理技术，分析出现产品质量问题的原因；优化工艺参数和工艺流程，解决企业内各工序间、各工艺装备间的生产工艺标准、技术规范、质量判定的检验与优化问题，同时还解决产品质量出问题时的责任界定与划分问题。

全流程质量监控系统的总体框架如图 10 - 1 所示。系统中四个平台的功能如下所述。

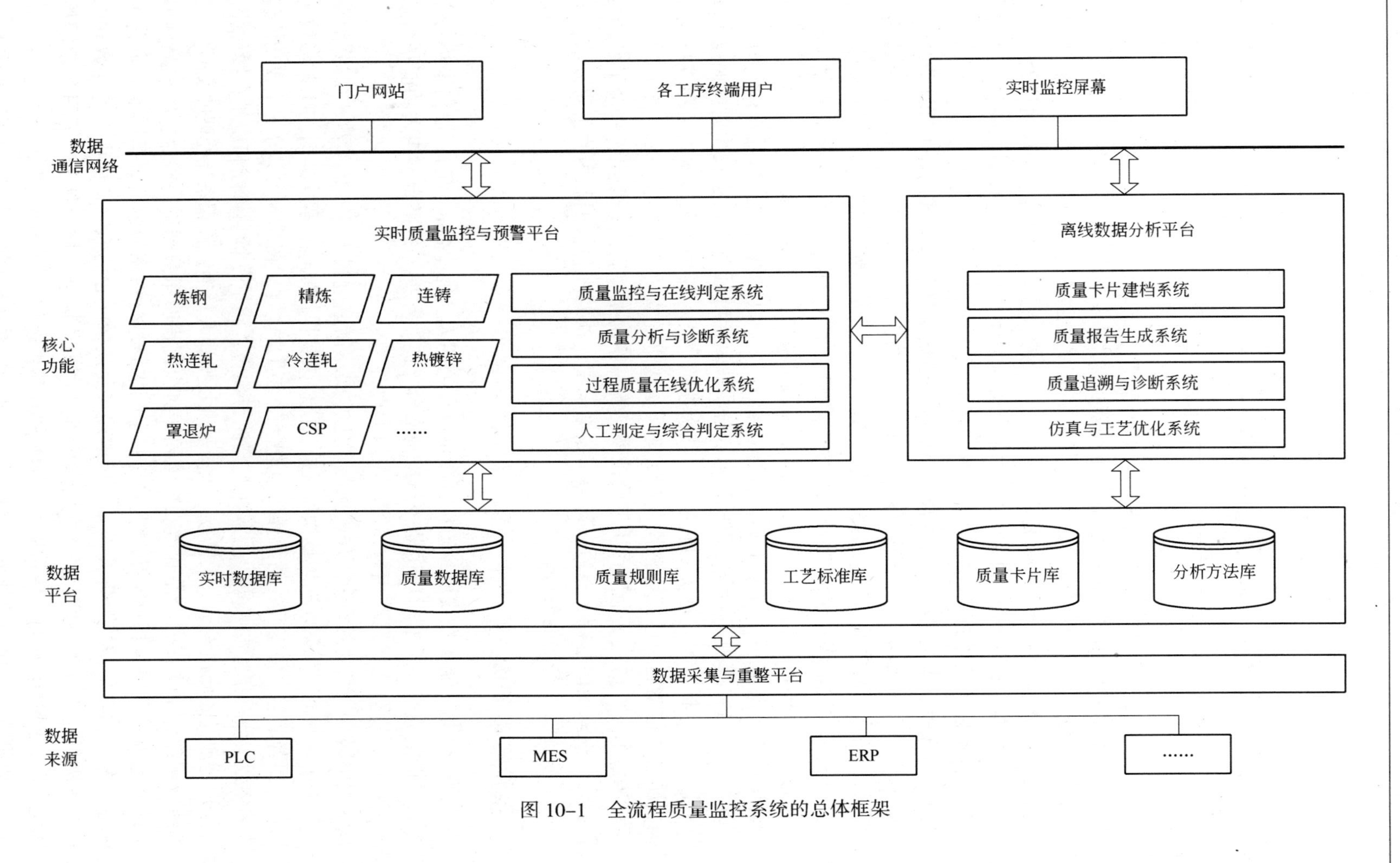

图 10-1　全流程质量监控系统的总体框架

10.1.1 数据采集与重整平台

根据系统总体目标及参数要求，数据采集与重整平台采集各个工序中重要的工艺参数、物料参数、质量指标、质检参数、设备状态等原始数据，实现多源、异构、多分辨率的数据采集与整合。同时，根据后续质量监控、分析、诊断、优化的需求，利用数据预处理算法、数据重整算法等进行数据预处理与重整，为产品质量综合分析提供准确、完整的数据源。

10.1.2 数据集成平台

数据集成平台用来存储整个系统应用中所涉及的工艺参数、质量指标、各种事件、设备状况，建立实时数据库和质量数据库以及用于全流程分析的质量卡片数据等。这些数据是进行在线与离线监控、预警、分析与诊断的数据源。另外，数据集成平台将相关平台中需要的工艺标准、质量规则、分析方法等进行标准化、规范化，形成相应工艺标准库、质量规则库、分析方法库，提高系统的可管理性、可维护性、可扩展性。

10.1.3 实时质量监控与预警平台

实时质量监控与预警平台以在线的形式向现场操作人员、质检人员提供整合后的过程工艺参数、质量判定结果，便于现场人员根据系统设定的工艺标准、质量规则来判定目前的产品质量状况，对不规范操作及出现质量异常时给出预警，并依据质量判定结果在线优化工艺参数，以避免出现批量不合格的产品，造成重大经济损失。

现场工程师可以利用该平台所提供的质量分析与诊断功能进行产品质量判定、工艺流程优化、工艺参数调整，提高在实际生产过程中对产品质量的监控能力。整个平台可以分为四个部分：质量监控与在线判定、质量分析与诊断、人工判定与综合判定、过程质量在线优化。由于每个工序具有其自身的工艺特征，该平台在各个工序的功能并不完全相同。在实际应用中需要根据不同工序、不同工艺装备特点和要求，在功能、界面、规则和逻辑等方面进行合理配置，构建满足现场要求的实时质量监控与预警平台。

10.1.4 离线数据分析平台

离线数据分析平台面向全流程质量分析、质量追溯、质量优化等需求，利用数据集成平台的方法库所提供的各种数据分析方法，对产品在制造过程的工艺参数、质量指标、检验与判定结果等进行分析处理。主要研究产品在不同工序间质量的遗传特性、批次间质量的波动性、产品批量判废的原因，为整个流程工艺参数与工艺流程优化提供决策支持。另外，离线数据平台也提供一些质量管理的辅助功能，如产品质量报告、质量追溯分析等，为公司级技术主管部门在质量绩效考核、质量事故责任认定等提供必要的信息支持。

上述四大平台的各个功能定位、数据需求、业务流程虽各不相同，但需在统一的数据规范定义与系统业务逻辑下，构成一个完整的系统。各个功能模块可根据企业实际的业务需求进行个性化设计、统一部署，形成一个完整的全流程质量信息监控、分析、诊断、优化平台。根据总体规划，系统的业务逻辑框架如图 10－2 所示。

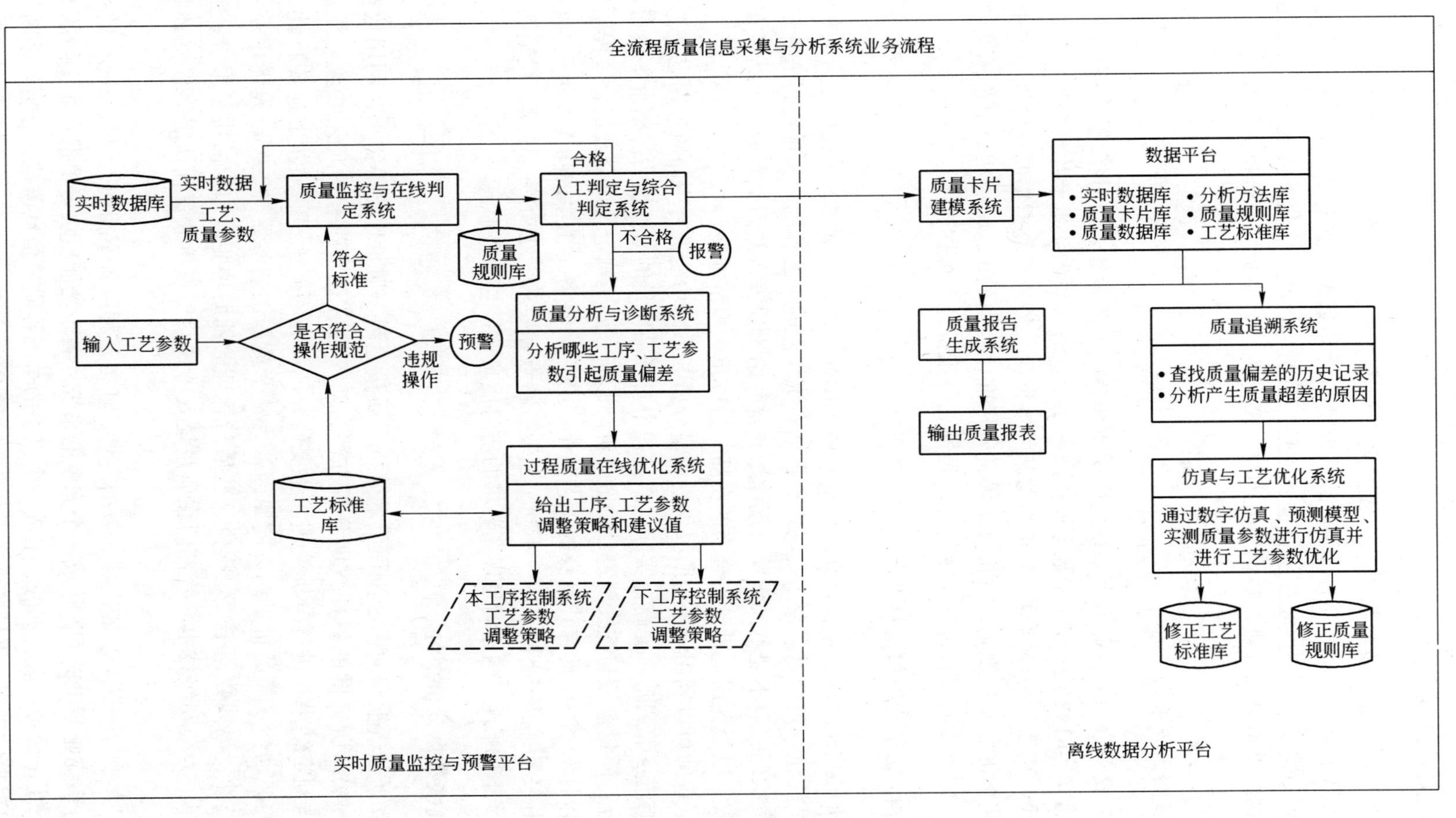

图 10-2　系统的总体业务流程图

10.2 数据采集、预处理和数据利用

10.2.1 数据采集与重整

由于冶金生产的流程特征，使得生产数据具有海量信息、多源异构、多变量、多时间粒度等特点。深入认识冶金生产数据的基本特点，将有利于对数据进行后续处理，实现高效的生产过程与产品质量监控。通过实时数据库提供的标准接口驱动程序以及自主开发的各种接口，从自动化控制系统 PLC、MES、ERP、大型仪表中，按设定要求采集产品制造过程中重要的工艺参数、物料参数、质量指标、判定结果以及控制系统报警事件等，并利用数据预处理算法对采集到的数据进行预处理，确保数据的实时性、完整性和准确性。同时，结合冶金流程工艺特征和专家经验，运用相应预处理算法对数据进行重整，为产品质量监控、分析、诊断、优化等功能模块提供准确、完备的数据源。

数据采集平台以实时数据库为基础，对数据进行配置与管理，并根据企业实际情况和已有的信息系统采用不同的数据采集模式，如，标准 OPC 协议或其他标准协议的数据采集，包括从 PLC 中采集的工艺参数与质量数据；ODBC 驱动的数据采集，包括从 MES、ERP 系统及表检仪中的标准规范、物料数据、生产投料信息、生产计划数据、质量判定和表面质量判定结果和图像等；外部文件的数据采集，包括从外部文件或 iba 系统采集外部各类文件型数据等；人工录入数据，包括设备状态、原料消耗以及其他数据。

数据预处理包括两方面功能：一是对采集的过程数据（包括实时数据与历史数据）进行降噪、异常值剔除、缺失数据重构、数据偏移的修正等，以提高建模精度；二是根据质量分析与诊断的需要对数据进行分类、平滑、主成分提取等，以此来提高质量诊断与分析算法的精准性。有关数据预处理方法已在前面章节中讨论过，这里不再赘述。

数据重整模型与算法主要解决生产过程工艺参数、质量数据与钢卷位置同步、板坯数据定位、子母卷同步问题，并协调不同数据的采样频率、存在时滞的工序之间各工艺参数与物料、批次信息之间的关联。根据冶金生产过程的工艺流程特征，利用相应的数据重整模型和算法对多源、异构、不同采样频率的工艺参数与质量指标进行重整，实现沿产品长度方向、生产时间上的产品质量、工艺参数等数据的时序同步，便于长期存储和后续分析。图 10 - 3 所示为经过数据重整后某钢厂 LF 精炼炉的实际工艺参数。

在数据预处理和数据重整的基础上，依照不同工序、不同装备、不同钢种、不同时刻的实际需求建立历史数据库，作为在线系统和离线系统在质量监控过程中所需的历史数据集。

10.2.2 数据集成平台

10.2.2.1 实时数据库

依据钢铁制造过程的全流程质量信息采集与分析系统的需求，实时数据库为整个系统提供主要数据来源。在实时数据库设计过程中，需考虑数据检索的实时性、完备性、可维护性要求以及数据存储、查询、修改的便捷性。此外，由于热连轧、冷连轧机组的自动化系统采样频率很高，部分工艺参数采集速度需要达到每点 40 ~ 50ms 左右，因此实时数据库需要支持高速数据采集与高精度时间分辨率的数据存储。实时数据库用以存储从 PLC、MES、ERP、大型仪表等采集的制造过程工艺参数、质量参数变化曲线，以及报警事件等各类原始信息。

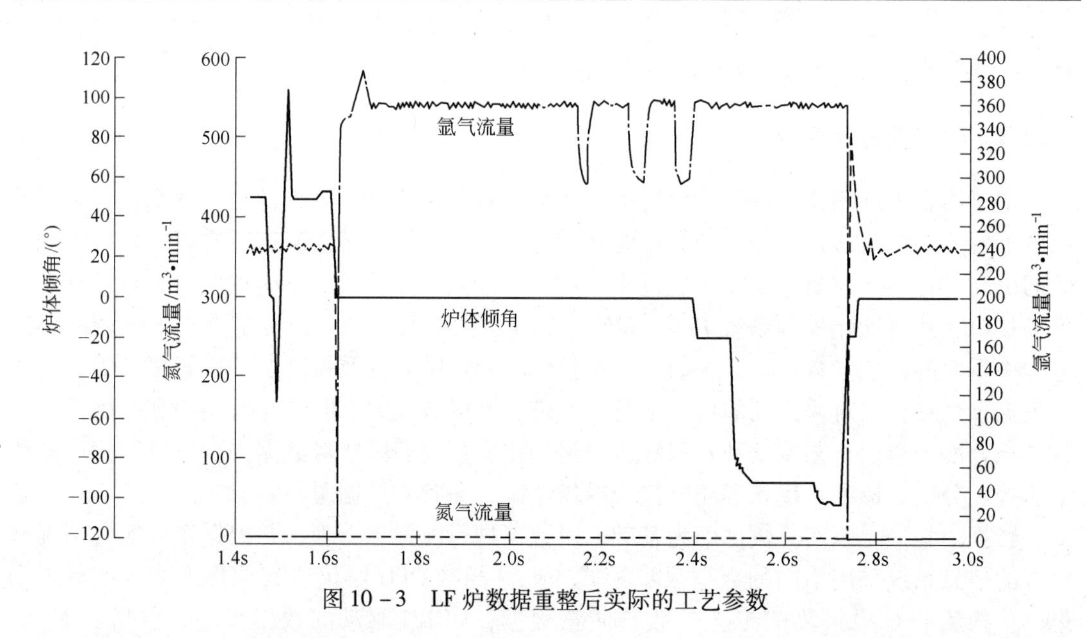

图 10－3　LF 炉数据重整后实际的工艺参数

实时数据库存储从各个数据采集点采集的最原始数据，为后续工艺参数回放、趋势分析、统计分析、质量诊断等功能模块提供数据源。同时，也存储经过数据预处理、重整后的曲线型数据，为质量在线预测、在线判定、统计监控等功能提供数据。另外，根据质量卡片建档需求，实时数据库存储的数据成为质量卡片建档、工艺参数和质量指标生成表格或曲线形式时的数据源。由于涉及海量数据，需在保证数据存储精度和数据可靠性、完备性的同时，最大化磁盘利用与数据查询效率。

10.2.2.2　质量数据库

质量数据库是由全流程离散数据和统计数据构成的数据库。通常以物料号为标记，存储从炼钢到成品全流程的订单物料信息、生产操作记录、工艺参数和产品质量的统计信息、质量判定、质量报警信息，人工干预、质量改判等其他信息。

质量数据库和实时数据库构成全流程所有质量数据记录信息，为质量卡片库提供信息来源，记录所有过程参数和质量指标的统计信息，为整体评价每批次、班组、每天、每周、每月等生产状况提供数据依据；记录所有人工干预信息，为评判、干预是否合理提供分析依据；记录所有质量超差、质量判定信息，形成质量报表的重要数据来源。

10.2.2.3　质量卡片库

质量卡片库是由每一块（卷）钢的全流程制造过程的信息构成的数据库，记录产品在全流程制造过程中的重要生产数据，并以物料关系为关联，形成相应层次数据库模型。每一块（卷）钢的质量卡片包含了整个生产过程中各工序的订单物料信息、客户要求信息、生产操作记录、工艺参数信息、质量指标信息、过程监控与质量报警记录、质量诊断与质量判定记录等相关信息。

当生产过程监控或质量判定出现报警时，系统应自动将相关的生产过程工艺参数、质量指标、报警依据、质量缺陷数据等信息，按照实时数据库和质量数据库中的最小数据粒度全部加以保存，便于后续的质量追溯与质量分析。非报警状态下的相关数据，则只抽取生产过程中工艺参数和质量指标的最大值、最小值、平均值等统计信息进行存储。

产品质量卡片的数据将永久保存在质量卡片数据库中，可用于后期的质量追溯与质量统计分析。系统能根据产品订单、批次、板坯号/钢卷号、时间段等信息追踪到每个工序的关键工艺参数的分布，产品的质量检验特性及判定结果，查看指定缺陷数据，表面质检系统中的钢卷表面图片等。

图 10－4 给出了从质量卡片中调出的某钢卷在热轧过程中部分工艺参数与实测板型的示意图。

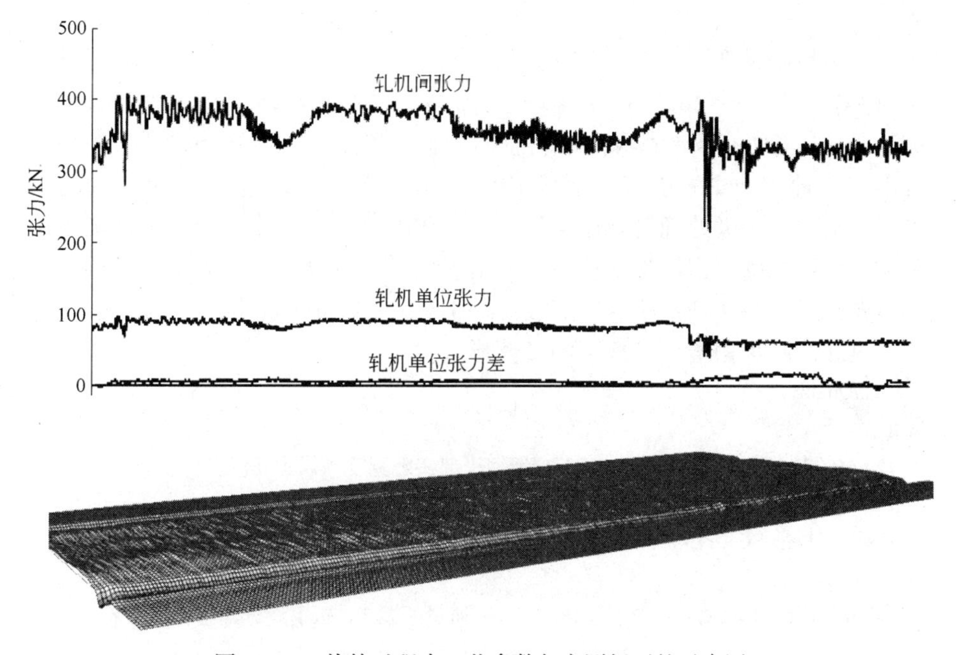

图 10－4 热轧过程中工艺参数与实测板型的示意图

10.2.2.4 工艺标准库

工艺标准库需要根据企业的冶金技术规范及质量设计要求进行工艺规范化设计，形成全流程质量信息采集与分析系统中工艺参数预设定、在线工艺参数优化、在线质量判定等标准规范。

工艺标准库主要存储不同工序、不同钢种，物料自炼钢至成品出厂的所有生产过程中质量目标参数、工艺规范标准。在实际生产过程中，应根据产品的国标、厂标的质量要求和用户提出的特殊质量要求进行质量设计，并制定各工序的工艺规范标准。在经过生产实际验证后，形成相应的工艺标准库。工艺标准库以订单号的产品质量设计为主线，实现所有工序之间工艺标准规范的关联。在实际生产过程中，各工序应根据产品质量设计的要求从工艺标准库中提取相应的工艺标准对工艺参数进行预设定，并在线判定工艺参数是否满足工艺标准要求以及质量指标是否在质量目标范围内。工艺标准库也是形成质量卡片建档时技术规范的主要数据源。

工艺标准库需在生产实践中不断地完善和优化，尤其是在新产品研发过程中不断总结和实践。有关工艺规则的提取和规则优化方法在第 7 章已做过介绍，这里不再赘述。

10.2.2.5 质量规则库

为提高全流程质量监控系统的适用性，经常需要动态调整企业对不同产品分类、分级进行质量判定规则。质量在线判定功能模块通过基于规则推理引擎，实现动态可扩展的规则修改模式，并将用户定义的规则集中存储与管理，形成产品质量判定规则库。系统在运行过程中，一旦发现质量异常或工艺参数设定不合理，从规则库中调取各工序相应的质量判定规则实现质量在线判定。质量规则库可以根据企业对产品质量规格要求，建立不同工序、不同产品的质量判定规则，并根据工业实际需求不断补充、修订、优化规则库，以满足不同用户对产品质量标准的需求。规则库主要用于存储各个工序的在线质量判定规则集。

规则库采用规则推理引擎 Drools 实现规则推理。Drools 每条规则都可抽象为一个 Left Hand Side（LHS）和一个 Right Hand Side（RHS）。规则的 LHS 可由一个或者多个条件组成（Conditions），当所有条件都满足时，总体表达式判定为真，RHS 被执行。Drools 采用了原生语言（一种非 xml 的语言）形成 DRL 文件。DRL 文件可以有多个 rule、function，也可以在多个文件中定义处理复杂逻辑的规则，DRL 文件是一个集合所有规则和函数调用的文本文件。质量规则中还应当记载历史上出现该类质量异常时已查明的原因，以便于再次出现该类异常时，快速确定哪些工序、哪些工艺参数造成了质量异常。

下面以热轧产品为例给出了规则的具体形式：

```
Rule1 HeadQuality1
  When
      Count（WidthB（i））> 20 mm   //带钢头部实际宽度与设定宽度差大于20mm
      and
      Count（LengthL（i））>5m       //宽度变窄的长度超过5m
  Then
    Headquality（"头部尺寸不符合要求"）   //质量原因1：压下量分配不合理
                                          //质量原因2：张力设定不合理
                                          //质量原因3：……
End
```

10.2.2.6 分析方法库

分析方法库主要包括6种类型的各种算法。这些算法封装在各个函数模块中，通过调用这些函数实现相应的算法。

数据预处理：包括异常值的判定、变量选择或特征提取、平滑降噪处理、缺失数据的处理、停机数据处理、工艺参数与产品质量时间同步处理等。

质量预测：如果工艺参数与质量指标间为线性关系，采用线性预测方法，包括：多元线性回归、岭回归、主成分回归、偏最小二乘法等。如果工艺参数与产品质量间为非线性关系，则采用非线性预测方法，包括：人工神经网络、核偏最小二乘法、回归支持向量机等。对于缺失数据可以使用插值、基于流形的半监督学习算法等。

单变量过程监控与质量诊断：针对生产过程中的少数几个重要指标可采用单变量统计过程控制方法，主要有：休哈特控制图、移动平均控制图、指数加权滑动平均控制图、累积和控制图等，过程能力指数 C_p 值、C_{pk} 值等。

多变量统计过程监控：对于多变量统计过程监控可采用多元投影方法，将工艺数据和质量数据从高维数据空间投影到低维特征空间，保留原始数据中的特征信息，摒弃冗余的残差信息。主要方法有：主成分分析、偏最小二乘法等线性方法；核主成分分析、核偏最小二乘法、支持向量机等非线性过程监控方法。通过 T^2 统计图、SPE 控制图对工艺参数进行实时监控，并通过 T^2 正交分解、贡献图和故障指数等实现质量异常的原因诊断，具体步骤参阅第 5 章内容。

质量分类与聚类：如果已知质量数据或其类别信息，则可以利用历史数据对生产状态进行分类，进而实现对当前生产状态的评估和质量判定。质量分类算法包括：费希尔判别、人工神经网络、核费希尔判别和支持向量机等。聚类分析作为预处理方法，可以剔除异常样本、质量异常诊断和操作过程优化。聚类分析方法包括：模糊均值聚类、K 均值聚类、谱聚类、核熵聚类分析等。

优化算法：从大量的实际生产数据中挖掘潜在的规律是大数据时代的发展趋势。优化算法可以优化工艺参数、抽取工艺标准与操作规程。常用的优化算法有：粒子群优化算法、蚁群算法、模拟退火算法、遗传算法等。规则抽取方法有：神经网络规则抽取、决策树规则抽取、支持向量机规则抽取等。这部分内容已在第 7 章介绍，在这里不再赘述。

10.3　主要功能模块

10.3.1　质量监控与在线判定

质量监控与在线判定模块主要针对来自实时数据库，并已经过数据转换与重整后的工艺参数和质量指标信息，提供趋势分析、生产过程监控、过程质量分析、过程质量评价、质量诊断与预警、质量预测、质量在线判定等功能模块；并将分析及诊断过程中产生的分析结果、报警记录、质量判定结果等相关信息保存至质量数据库中。预警和诊断报告可以输送给“过程质量在线优化系统”进行在线的工艺优化。质量评价结果可用于“人工判定与综合判定系统”，为产品质量等级的判定、改判提供数据支撑。

质量预测与在线判定系统的业务流程如图 10－5 所示。系统从实时数据库中获取相应的实时数据后，用 T^2 统计图、SPE 监控曲线及表格等方式对生产过程进行实时监控，然后结合国标、厂标、用户要求等质量标准信息，对过程质量进行符合性分析、控制图分析和相关性分析。

对不符合质量规则要求的生产过程进行质量诊断与预警，找出引起异常的原因，并将诊断结论发送至“过程质量在线优化系统”。对满足工艺规范标准的工艺参数，可运用方法库中的各类质量预测模型进行产品质量的目标区间值预测，并与实测值或人工输入值进行对比。

根据自定义的质量判定规则进行在线质量判定，若不符合质量要求，则进行系统报警，并将质量报警信息传送至“过程质量在线优化系统”，必要时对预测模型进行相应的修正，以提高预测模型的精度。结合生产过程质量分析报表和产品质量对标分析报表，系统提供生产过程质量评价的功能，质量评价结果可用于“人工判定与综合判定系统”。所有质量分析、质量诊断及质量判定的结果及相关数据都存入动态质量卡片和质量数据库中，以便于质量卡片建档、质量追溯等后续分析与处理操作。

生产过程监控模块：对生产过程关键工艺参数进行实时监控。以趋势图、数据表格等形式为现场操作人员提供各关键变量变化趋势分析。根据设定的查询条件，显示数据项的趋势图、移动平均控制图、指数加权滑动平均控制图、累积和控制图等趋势数据以及参数的最大值、最小值、平均值和方差值等统计数据。

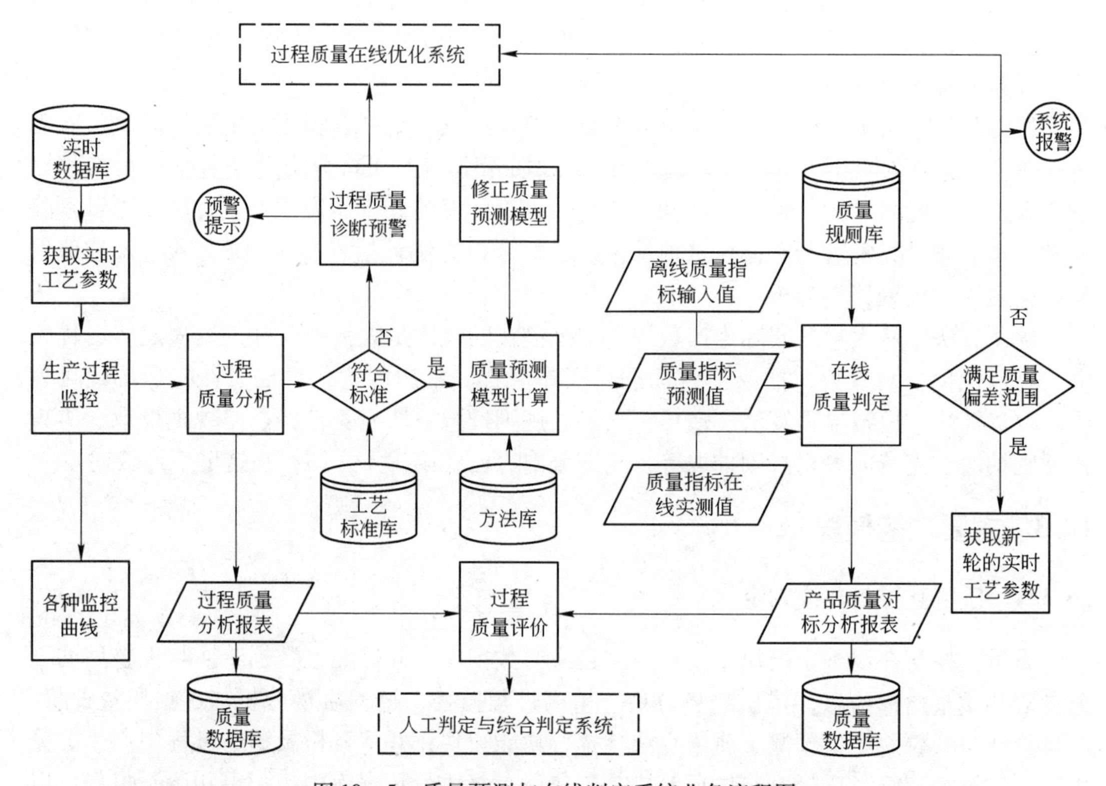

图 10－5　质量预测与在线判定系统业务流程图

过程质量分析模块：对关键质量指标按国标、厂标、用户要求等进行符合性分析。通过多变量 T^2 图、*SPE* 图、关键变量休哈特图实时监控工艺参数和产品质量波动情况，同时对装备的工况进行状态监控，避免出现批量质量偏差。

过程质量评价模块：根据过程质量分析报表和在线产品质量对标分析报表，按照给定的质量判定规则对产品质量指标进行统计分析，并进行综合评价。质量规则需由经过授权的相关技术人员设定。

质量诊断与预警模块：将生产过程的工艺参数通过 T^2 统计图、*SPE* 控制图等方法，对实时数据进行质量状态分析，并根据工艺标准库相应的工艺标准统计关键工艺参数的违规记录。一旦出现 T^2 统计值或 *SPE* 值出现异常，通过正交分解、贡献图或故障指数找出质量异常原因，也可以根据事先录入的质量判定规则，快速分析质量异常的原因，为质量管理人员分析违规的原因以及违规对产品质量的影响提供决策数据支持。

产品质量预测模块：对符合各工序工艺标准要求的实时工艺参数，采用各种预测模型，预测产品质量的目标区间值，并与实测值进行对比。通过不断完善预测模型，为工艺参数的预设定、在线优化和工艺标准的提取和质量优化提供依据。

在线质量判定模块：根据质量实测值，与质量判定规则进行在线质量判定，并生成产品质量对标分析报表。若不符合质量要求，则进行系统报警，并进行生产过程工艺优化。若预测模型与质量实测值存在较大偏差，需通过离线系统对预测模型进行相应的修正，提高预测模型的精度。

10.3.2 质量分析与诊断

在实时质量监测过程中一旦发现存在质量异常时，运用 T^2 统计图、SPE 统计图、相关分析等手段可以分析各工艺参数对产品质量的影响程度。通过 T^2 正交分解、主成分贡献图、SPE 故障指数分析等方法对可能引起质量异常的工艺参数进行排查，并根据质量规则库中历史上已发生过的质量异常状况进行质量异常原因对比分析，找出引起质量异常的原因。质量分析与诊断过程可以采用在线或离线形式实现。质量分析与诊断业务流程如图 10－6 所示。

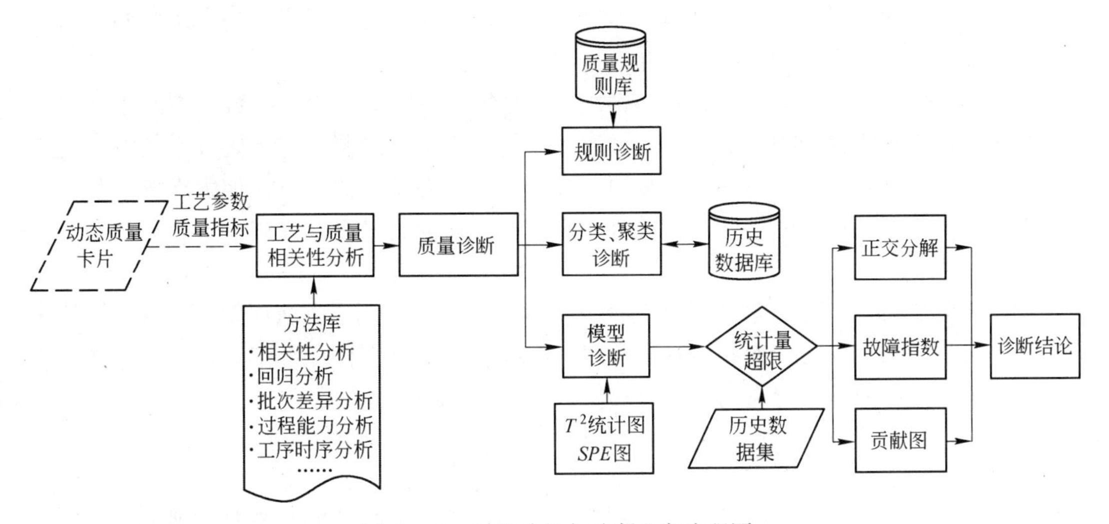

图 10－6 质量分析与诊断业务流程图

首先从动态质量卡片中获得工艺参数和质量指标数据，根据各工序的质量规则及用户需求来判断当前质量波动是否满足质量偏差范围。若满足则进行人工判定并确认产品质量合格；否则需要运用 T^2 正交分解、主成分贡献图、SPE 故障指数分析、工艺参数与产品质量间的相关性分析等进行质量诊断，分析引起质量异常的原因。在此基础上，利用“过程质量在线优化”模块对工艺参数进行在线调整，实现产品质量的优化。

该流程的主要功能子模块包括：

（1）工艺参数与质量指标相关性分析。通过工艺与质量相关性分析，确定可能引起质量异常的相关工序及工艺参数。主要采用统计分析和相关分析等方法来确定哪些工序、哪些工艺参数可能引起质量异常。

1）统计分析。计算关键工艺参数和质量指标的最大值、最小值、平均值、标准差，并给出统计直方图及统计分布曲线，运用单变量休哈特图检验关键变量的超差情况，是否存在明显异常的现象。

2）相关性分析。分析工艺参数与质量指标相关性，包括线性相关系数、复相关系数、典型相关系数，通过相关值来查找可能造成质量超差的工序以及相关的工艺参数区间范围，提高在质量分析过程的针对性。

3）回归分析。利用多元线性回归、主成分回归分析、偏最小二乘回归、核偏最小二乘回归等模型，分析可能造成质量偏差的工序的工艺参数，以及对产品质量的影响关系

（正相关或负相关）和影响程度。

4）批次差异性分析。分析各批次之间产品质量的差异，首先利用显著性差异分析，给出是否存在明显的批次差异性。若存在，则使用批次差异性分析，比较不同批次间从炼钢到冷轧所有工序中关键工艺参数间的差异性。由于批次数据是将批内样本做了统计平均后作为一个样本点，所以能更好地反映在同一生产条件下产品的质量状况，避免了批次内个别样本的偶发事件影响对整批产品质量的判断。

5）装备工况分析。有些生产装备在服役过程中由于磨损、侵蚀、老化等原因会造成装备工况的变化，导致由于生产状态改变引起产品质量异常。对于工艺装备工况随服役时间的改变，如轧辊磨损、转炉炉壁的侵蚀等，可以利用前面章节所讨论的方法判断装备工况变化情况，并对所采集的实时数据和质量判据做适当的修正。

6）过程能力分析。通过分析各工序中关键工艺装备的过程能力指数，判断生产过程中各工序保障产品质量稳定性的能力。如果过程能力不足，需调整与优化过程的参数设置和操作规程，使过程的分布中心与规范中心或用户目标保持一致；还需加强岗位管理、提高操作水平，降低过程的波动性，必要时需修改不合理的工艺设计，调整工艺流程和工艺装备的配置。

（2）质量诊断。在工艺和质量相关性分析基础上，需要调用方法库中质量诊断算法来确定质量异常原因，对可能引起质量异常的工序及工艺参数进行仔细排查，并运用基于规则判断、统计过程分析、分类与聚类算法等进行质量诊断。

1）基于质量规则的诊断。调用相应的质量判定规则，可以快速分析质量异常的原因。基于质量规则的质量诊断方法的前提是质量规则库中须包含引起质量异常原因的工艺标准的判据。从概念上讲，质量规则与工艺标准是互为相关的正向推理与逆向推理关系。工艺标准是以工艺参数作为前提，通过正向推理来确定质量指标的范围。质量规则是以质量指标作为前提来判定所设定工艺参数是否满足质量要求，出现质量问题是由于哪些工艺参数设定不当造成的。换言之，从质量指标来推断哪些工艺参数引起异常是逆向推理。不幸的是，逆向推理远比正向推理复杂。但是，还是可以通过生产实践的积累逐步建立质量指标与工艺参数的对应关系，并在质量规则中给出异常原因分析。因此，建议在制定质量规则时应当给出历史上经过验证的引起质量指标异常的主要原因，尤其对于常见的质量异常情况应将可能引发的原因列入质量规则库，便于质量诊断时快速查找原因。

2）基于统计过程的诊断。利用第4章介绍的统计过程控制方法和第5章介绍的多变量统计过程控制方法（如主成分分析、偏最小二乘法、核主成分分析等监控方法）建立质量监控 T^2 和 SPE 模型，将待监控数据输入质量监控模型中，计算 T^2 和 SPE 值。若统计量超限，利用 T^2 正交分解、各成分贡献图或故障指数确定引起质量异常的原因。

3）基于分类与聚类的质量诊断。利用过程质量分析中有记录的、已确定质量异常原因的历史结果，使用分类和聚类算法对待识别样本与历史数据进行质量类别的划分。通过与历史数据匹配的相似性来判定当前质量异常的可能原因。

10.3.3　过程质量在线优化

过程质量在线优化模块是为现场操作人员提供对工艺流程和工艺参数进行在线调控的工具。当系统的质量实测值与目标值范围不相符时，系统将根据质量分析与诊断的结论和过程能力分析结果，对生产过程进行在线优化。在线优化分为两类：第一种为工序与流程优化，即根据上游工序或本工序的产品质量情况，重新规划下游工艺流程和装备的配置，以达到调整或改善最终产品质量的目标；第二种是对本工序或下游工序生产工艺参数的优化，即利用各种优化方法，根据当前生产的品种、质量规格等要求，查询最优的工艺参数调控实施方案，包括单参数调控策略及多参数调控策略，并经质量预测系统计算质量预测值。优化后工艺流程和工艺参数调控策略须经人工调整与确认后，再发送至本工序或下游工序控制系统进行产品质量控制。从本质上讲，生产过程优化控制是综合应用数学建模技术、优化技术以及先进控制技术，在满足装备过程能力的前提下，不断改进工序流程和工艺参数，使得生产过程始终处于受控状态。过程质量在线优化系统的业务流程如图 10 –7 所示。

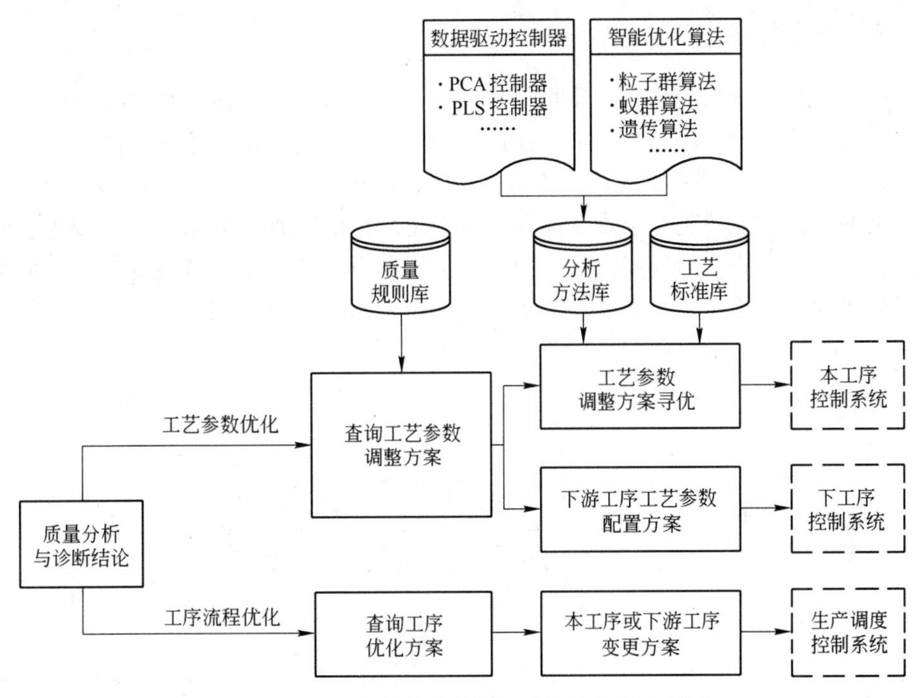

图 10 –7　过程质量在线优化系统的业务流程图

10.3.3.1　工序与流程优化

系统可以根据上游工序或本工序的质量分析与诊断结论，优化本工序或下游工序的流程。工序与流程优化能力取决于流程与装备的过程能力。如果产品质量指标超差部分已经超出了本工序或下游工序的装备过程能力，就应当改判或下线。如果质量指标超差部分可以在本工序或下游工序中进行调整，则启动工序与流程优化功能模块，对工序与流程进行优化，以保障产品最终质量。工序与流程优化关键在于选择合适的装备过程能力以及合理的工艺参数。

10.3.3.2　工艺参数优化

系统可以根据在线质量诊断的结论，查询工艺标准库中的相应控制规则，选择出控制方案中经优化后的工艺参数作为预设定值，并应用粒子群算法、蚁群算法等优化方法在可行区内进一步动态优化工艺参数，提供给本工序或下游工序控制系统，以实现提高产品品质量的目标。如果过程控制系统中有较准确的机理模型，也可以通过机理模型来优化工艺参数。

针对动态响应要求高的生产过程，可以利用基于数据驱动的控制器设计方法。常用的控制器模型有 PCA 控制器、PLS 控制器等。无论是 PCA 控制器，还是 PLS 控制器，这两个数据驱动控制器的核心都是从生产实际数据出发，建立数学统计模型，将主元矩阵 $\boldsymbol{T}$ 看作是原始数据的权重矩阵，通过获得权重矩阵的调整量 $\Delta\boldsymbol{T}$，就可实现对控制参数 $\boldsymbol{X}$ 的调整，即控制参数的调整量为 $\Delta\boldsymbol{X}=\Delta\boldsymbol{T}\boldsymbol{L}^{\mathrm{T}}$，可以将 $\Delta\boldsymbol{X}$ 作为现场控制参数调整的参考值。利用 PCA 控制器和 PLS 控制器的优势在于：提取出的主元 $\boldsymbol{T}$ 中包含了变量之间的耦合关系，避免了传统方法在调整某一工艺参数时，必须同步调整相关的其他工艺参数所存在的不足。有关的优化方法参阅第 7 章内容，这里不再赘述。

10.3.4　人工判定与综合判定

根据产品质量在线判定结果、质量在线实测值、离线质量检测数据等信息以及工艺标准规范要求，由质检人员决策相应产品的质量判定结果，并将判定结果存储在质量数据库，然后提交给 MES、ERP 系统。为了保证最终产品的出厂质量，在产品出厂前，可以通过系统提供的综合判定功能，实现全流程质量判定结果的审查与判定，减少因为中间过程质量改判、物料转单等原因造成工序间由于制造过程不符合技术规范标准等问题而引起的产品质量异议和用户提出经济索赔，维护企业的声誉和经济效益。

人工判定与综合判定模块与其他相关系统的关系及主要业务流程如图 10－8 所示。

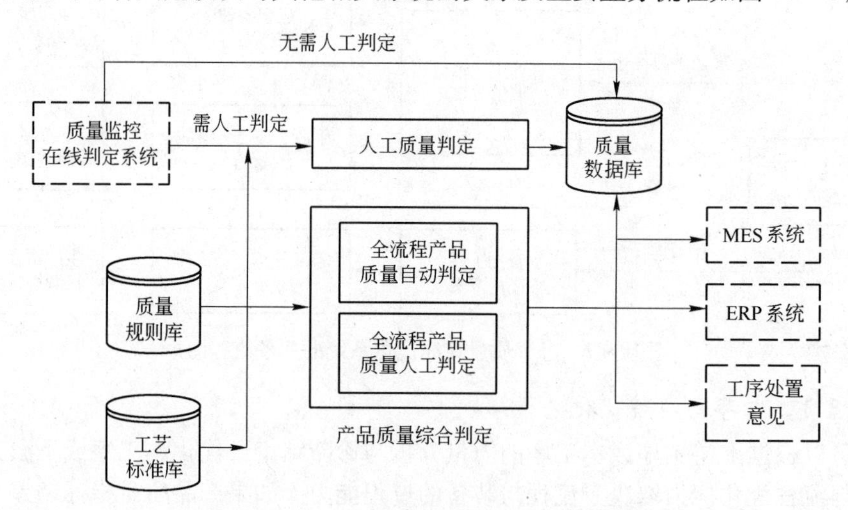

图 10－8　人工判定与综合判定业务流程图

该流程的主要功能子模块包括：

（1）人工质量判定。人工质量判定主要用于在线质量判定，一旦发现产品制造过程中工艺参数与质量指标存在异常，由质检人员根据在线质量判定结果、质量指标的实测值和离线质量检测数据等信息，并结合相应工序的质量规则与质检要求，进行人工判定，并将判定结果提交给相应的系统，其主要功能有：

1）在线质量判定异常结果及判异规则查询。由质量监控在线判定系统向质检人员显示产品各工序的在线质量判异结果和相应的质量规则信息。质检人员可以根据查询指定条件，查看质量在线判定结果。

2）工艺参数与质量指标查询与回放。对于指定的产品，按要求查询、显示制造过程工艺参数与质量参数，为质检人员在质量判定时提供参考。查询与回放主要参数有：工艺参数、仪表记录数据、表面质量检查结果、化验结果、人工检验数据等。

3）技术规范标准查询。根据国标、厂标和用户特殊需求要求，质量判定人员可以查询各工序相应的技术规范和质量规则，提高人工判定的针对性和准确性。

4）人工质量判定。根据系统提供的相关信息，由质检人员根据质量判定规则、实践经验对产品进行本工序的质量判定，如强判合格、降级、改判、判废等处理，并将判定结果存储在质量数据库，并由系统发送给生产管理系统。

（2）产品质量综合判定。产品质量综合判定模块主要基于全流程工艺参数信息、质量信息、工序判定结果等，在产品完工并准备出厂时，对产品质量按全流程质量规范要求进行质量审核与判定，确保产品出厂的最终质量。采用由系统自动比对、审核方式对产品质量进行综合判定，质检人员在审核时对存在问题的物料进行人工质量综合判定与处置。主要功能有：

1）全流程产品质量自动判定。针对每件物料在其完工入库时，由系统按产品实际制程获取制造过程相关工艺参数、质量参数，并按照订单质量设计结果给出的技术规范需求进行逐工序质量指标核准，并给出最终结果。对于已通过产品自动判定的产品放行，并提交相关系统。对于自动判定存在问题的产品，系统将给出质量不符合要求工序、工艺参数及各工序中间判定结果等信息，由质检人员进行最终人工认定。

2）全流程产品质量人工判定。自动判定中发现存在质量异议的，启动相应工序的人工质量判定功能，但其判定依据为最终产品的质量规范要求，而非产品在制造过程的质量指标要求。全流程人工质量判定给出最终的处置意见，并提交给 ERP、MES 等系统。综合判定结果包括：强判合格、降级改判、增补工序质检信息等。同时，根据人工质量判定结果向生产管理系统、控制系统发送相应的处置意见。另外，对已确认的质量问题，查明原因后，修改、补充相关的工艺标准和质量规则并存入历史案例库，避免类似质量问题的发生。

10.3.5 产品质量卡建档

产品质量卡片建档模块从各工序的实时数据库和质量数据库中，对各工序的订单物料信息、生产操作记录、工艺参数信息、质量指标信息、过程监控与质量报警记录、质量诊断与质量判定记录等相关信息进行抽取、转换、装载（ETL 模块，Extract、Transform、Load），为每一块（卷）交付给最终用户的产品建立全流程各工序的产品质量信息卡。产品质量卡片的数据将永久保存在质量卡片库中，可用于后期的质量追溯与质量统计分析。系统根据产品订单、批次、板坯号/钢卷号、时间段等信息追踪到每个工序的关键工艺参数信息、产品质量检验数据及判定结果等。

产品质量卡片建档的流程如图 10－9 所示。

该流程的主要功能子模块包括：

（1）质量卡片数据库的构建。系统提供构建质量卡片数据库所需的数据抽取、清洗、转换、装载等基本操作。从各工序实时数据库和质量数据库中抽取出质量建档所需的相关

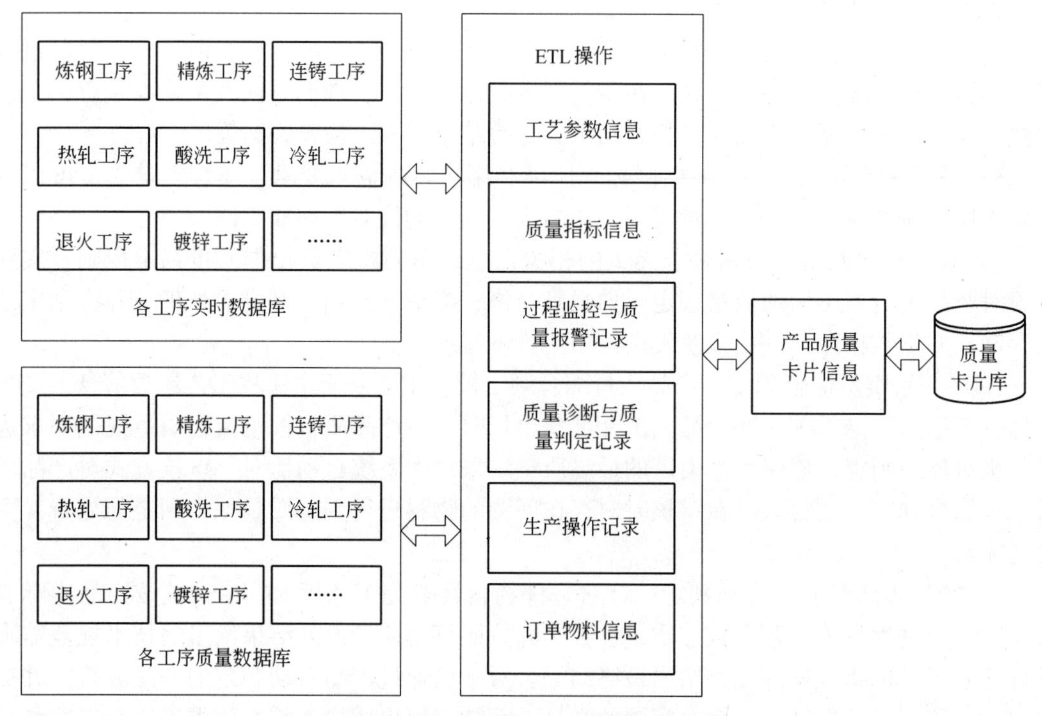

图 10－9　产品质量卡片建档流程图

数据，经过数据清洗、转换后，最终按照预先定义好的订单物料信息、生产操作记录、工艺参数信息、质量指标信息、过程监控与质量报警记录、质量诊断与质量判定记录等数据加载到质量卡片的数据库中去。

（2）报警记录的全程数据存档。当生产过程监控和质量在线判定出现报警时，系统应自动将相关的生产过程报警依据、工艺参数、质量实测值、缺陷类型与尺寸等数据信息，按照实时数据库和质量数据库中的最小数据粒度全部加以保存，便于后续的质量追溯与质量分析。非报警状态下的相关数据，则只抽取生产过程中工艺参数的最大值、最小值、平均值等统计信息进行存储。

（3）产品生产过程与质量信息查询。质检人员通过自定义查询条件，对产品编码、物料编码、合同编码、建档时间等相关信息进行查询。同时，根据对质检人员设定的权限，查阅产品订单、批次、板坯号/钢卷号、时间段等信息，并追踪到每个工序的关键工艺参数信息、产品质量检验及判定结果、产品交付状态等各种数据和信息。

10.3.6　质量报表生成

根据企业提出的个性化配置要求，提供不同的时间粒度、不同的空间尺度、不同的对象、不同的统计分析参数的质量数据接口作为查询条件，自定义报表内容和格式。按班组、日报、周报、旬报、月报、年报等不同时间粒度设置查询条件；以机组、作业区、工序段、产线等不同的空间尺度设置查询条件；以钢种、客户、订单、产品用途等不同的对象为查询条件，从实时数据库、质量数据库、质量卡片库中对全生产过程的工艺参数数据、质量指标数据、过程质量预警信息、质量判定结果等信息进行抽取、转换与装载

（ETL 模块），生成质量统计报表，包括产量、产品合格率、内控率、降级原因、违规记录，指定工艺参数/质量指标的最大值、最小值、平均值、标准方差等。报表展示提供图形、曲线、表格等多种形式。用户可以自定义报表的格式和内容。质量报表生成业务流程如图 10－10 所示。

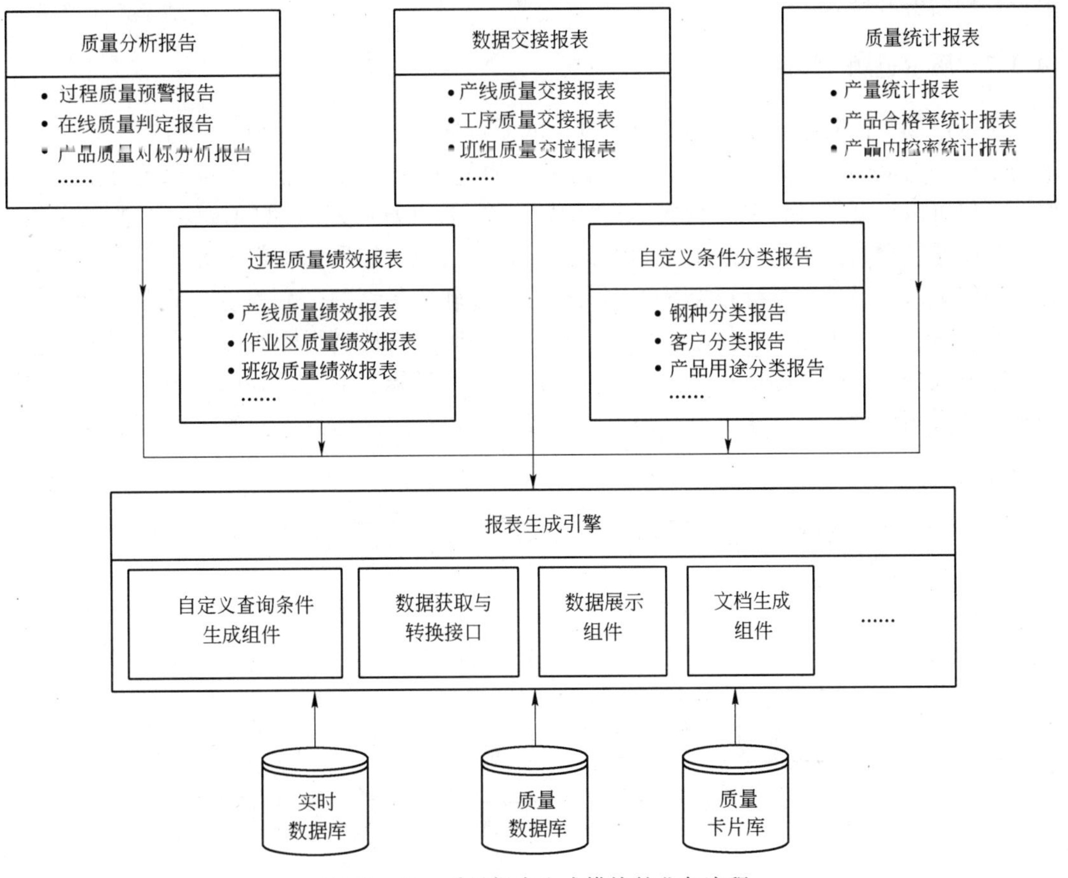

图 10－10 质量报表生成模块的业务流程

该流程的主要功能子模块包括：

（1）质量分析报告。根据不同钢种提供质量诊断、质量判定、违规报警等记录数据为每个产品出具质量分析报告。

（2）数据交接报表。提供重要的质量交接数据，提供产线质量交接报告、工序质量交接报告、班组质量交接报告。

（3）统计分析报表。根据生产过程质量统计数据、质量预警记录、在线和离线质量判定结果等信息生成质量统计报表，并可定制各种过程质量统计分析报表。统计分析报表包括：产量、产品合格率、内控率、降级原因、违规记录，重要工艺参数和质量指标的最大值、最小值、平均值、标准差等。

（4）过程质量绩效报表。可根据用户的配置要求，按班组、日报、周报、旬报、月报、年报等生成统计分析报表，可以作为各班组、各岗位生产过程质量考核绩效依据以及质量评价依据。

（5）自定义条件分类报告。提供以钢种、客户、订单、产品用途等条件分类的报告。系统的报表提供柱状图、曲线图、饼状图、表格等丰富的数据展现形式。用户可以根据需要，系统提供自定义查询条件的接口，设定不同的时间粒度、不同的空间尺度、不同的分析对象、不同的分析参数（生产条件参数、工艺参数、质量指标）作为查询条件，自定义报表各种内容和格式。

10.3.7　质量追溯与诊断

质量追溯与诊断模块主要用于出现批量的质量异常后，以离线的方式分析造成质量异常的工序和对应的坯料及工艺参数。通过调用质量卡片库的工艺参数与质量历史记录数据，不仅可以根据产品订单、批次、板坯号/钢卷号、时间段等信息追踪回放各工序相关工艺与质量数据，并给出每个工序的关键工艺参数的统计结果和参数分布，产品的质量检验及判定结果。另外，系统根据从炼钢、热轧、冷轧搜集到的全流程生产数据，以及各个工序间原料卷号、子卷号等信息，可追溯到产品在整个制造过程的所有生产过程的工艺参数与质量数据。分析实际质量检测结果及生产过程质量异常情况，调用相关质量指标和工艺参数，采用质量分析算法进行全流程质量诊断。质量追溯与诊断业务流程图如图 10－11 所示。

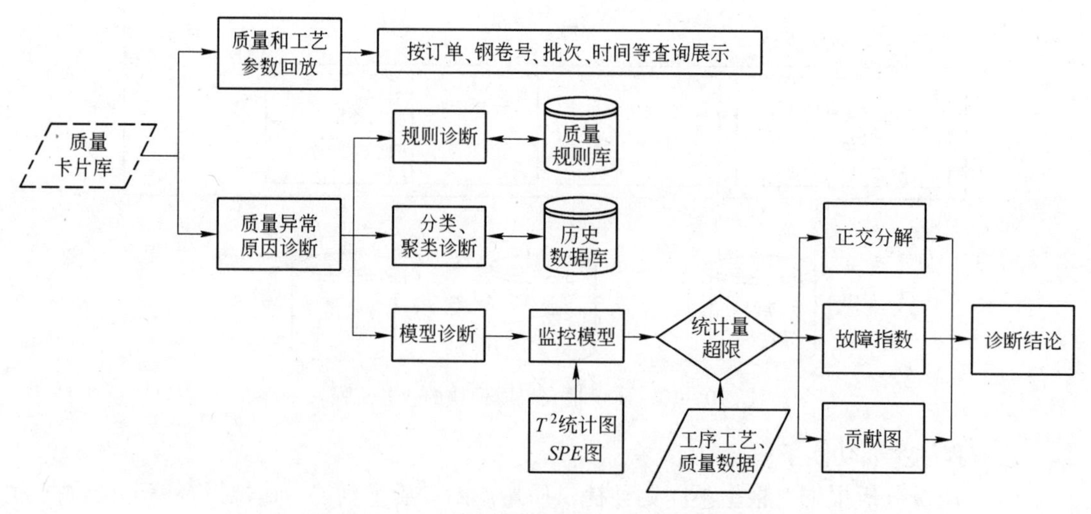

图 10－11　全流程质量追溯与诊断业务流程图

该流程的主要功能子模块包括如下。

10.3.7.1　数据回放及分析

（1）质量回放。查看每卷/块钢材的宽度、厚度、平直度等尺寸精度信息和表面质量缺陷的分布以及合金成分、金相组织、力学性能等质量数据。

（2）工序回放及分析。从物料、钢种、时间和机组等方式对质量分布情况进行多维分析，包括：从现有指标体系中抽取关键指标项按班次、岗位、炉次号进行质量瓶颈的分析；按钢种和规格对不同品种的质量分布情况进行多维分析；对上下工序间、产线、机组不同时间段，关键质量指标进行相关分析，将上下工序间存在强相关的质量指标作为重点监控参数，并列入质量规则库。

10.3.7.2 质量异常诊断

引起质量异常的原因是多方面的，其中主要有工艺参数设置不当、装备工况出现异常、检测传感器失效、环境影响等各种因素。对于在实时质量监控平台上无法确定或不能及时确定的质量异常问题，需在离线质量分析平台上确诊引起质量异常的原因。

首先，调用出现异常的质量卡片数据以及相关的历史数据集，使用单变量和多变量统计过程等各种方法，分析质量异常是随机的偶发事件还是连续出现的事件，是在某些钢种还是普遍出现的，是在哪些工序、哪些装备、哪些班组容易出现质量问题？通过这些因果关系和关联性分析，筛选出相关的钢种、工序、装备、生产时间等关键影响因素。

在初步的质量分析基础上，利用相关质量诊断模型进行质量异常原因的分析。如果质量规则库中有类似质量异常记录，且有相关的质量异常原因记录的，则可以使用规则诊断方法进行异常原因的初步分析。如果质量数据库中有类似的质量异常记录，但无质量异常原因记录，则使用质量分类或聚类分析方法，定位异常原因。如果在质量数据库中尚无相关质量异常记录，则利用历史质量卡片数据，建立统计过程控制模型，利用 T^2 正交分解、*SPE* 分析、故障指数等方法确定可能引起质量异常的工艺参数及其他引起质量异常的原因，并将诊断结果补充到质量规则库。

在质量诊断过程中，尤其要注意装备工况、环境变化对产量质量的影响。另外，一旦出现连续的质量劣化，就要关注目前装备的工况是否能满足生产合格产品的过程能力，传感器和检测系统是否出现了异常，是否为原料和环境的变化对产品质量的影响等非操作因素造成了质量异常。

10.3.8 系统仿真与质量优化

在实际生产中，产品质量由于受到设备能力、原材料、工艺参数、操作水平和生产环境等多方面因素的综合影响，产品质量的波动是不可避免的。生产过程的系统仿真与质量优化模块的目的是，通过建立产品的质量预测模型，优化工艺流程和工艺参数，提高产品质量稳定性。传统的过程工艺流程设计、产品质量设计、工艺参数的设定主要依赖于以往积累的生产数据、现场操作人员的生产经验和各种模型预测结果。但是，在多变量过程控制中，工艺参数间、质量指标间、工艺参数与质量指标间往往存在强耦合、非线性、非稳态等复杂情况，传统的系统仿真与质量优化的方法往往存在一定的局限性，容易造成质量控制过程中的不确定性。

通过离线的统计和机理仿真模型，可以模拟各工序在不同工艺参数组合下质量主要指标值，并根据预测结果来设定过程控制参数。在实际工业应用中，可以将质量主要指标的预测结果与实测值进行对比，并不断完善仿真模型的精度和适用性。同时，运用各种优化算法，总结挖掘出蕴含在数据中的生产规律并提取出工艺标准，寻求生产过程控制中工序与工艺参数的优化，达到提高生产效率，稳定产品质量的目的。

图 10－12 给出了系统仿真与质量优化模块的业务流程基本构架，具体实施方案需根据企业实际需求和实施条件进行补充、修正和完善。

10.3.8.1 系统仿真

在进行产品质量优化时，过程控制参数的预设定是基于产品质量预测模型的。基本思路是：先建立产品质量预测模型，运用迭代的方法调整过程参数，使预测模型的预测结果

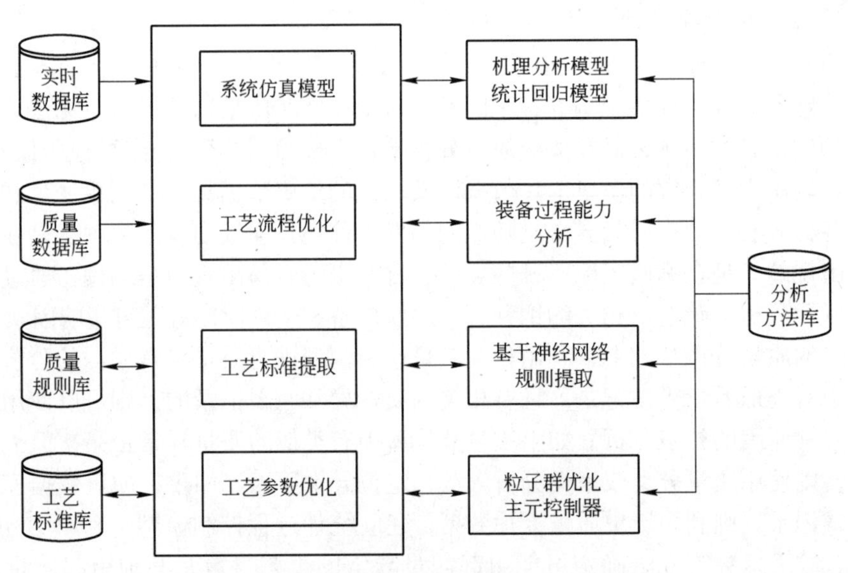

图 10－12　系统仿真与质量优化流程业务基本构架

与产品质量的目标值之间误差最小，最终得到的过程控制参数即为生产过程中的执行机构所需设定的参数。

目前，主要是通过各种机理模型和统计模型，预测在各工艺参数组合下产品质量指标的范围。但是，机理模型是在设定某些假设条件下，且对模型做了简化情况下得到的预测结果，因此需要对模型的适用性和预测精度进行检验，以确保系统仿真的功效。统计模型是基于大量的历史数据，通过统计建模方法建立工艺参数与质量指标之间映射关系，常用的方法包括神经元网络和线性或非线性回归模型。统计模型同样需要确定模型的适用范围、历史数据的建立、模型的预测精度等问题。这意味着，不论是机理模型还是统计模型都需要在实际工业生产中进行检验，验证其适用性和精度。这就需要在实际工业应用中针对不同的对象不断完善预测模型，提高模型的适用性和精度。从这个角度讲，基于数据的统计模型可以根据实际的工业生产数据，按照不同的应用对象建立预测模型，其适用性通常优于机理模型。相对而言，机理模型主要针对一般的情况，且对一些假设条件做了简化。尽管基于机理模型的适用性需进行工业验证，但对模型的解释性上具有一定的优势。

10.3.8.2　工艺流程优化

通过历史数据集所建立的各工序的装备过程能力指数，可以针对不同钢种质量指标要求进行工序过程能力匹配与优化。由于每台工艺装备的性能特征、服役状况、操作水平各不相同，在进行工序与流程设计时还应当综合考虑这些因素，选择合适的工艺流程和工艺装备，以确保产品质量，降低生产成本。在工艺流程优化过程中，需密切关注工艺装备的现状，因为装备的过程能力是随着服役时间、生产环境和操作水平等各种因素改变的。因此，需要建立关键工艺装备过程能力指数的动态监控制度，并通过装备过程能力指数对装备的工况和操作水平进行考核。

10.3.8.3　工艺标准提取

通过系统仿真模块所建立的质量预测模型，可以用于提取不同类别的产品在各工序的工艺标准。在产品质量设计时，往往会要求各工序在生产过程中需控制的关键工艺参数控制范围和主要质量指标。因此，通常工艺标准是按照不同类别的钢种质量要求来设计的。

基于神经网络的规则提取方法可以解决多变量、多重耦合情况下的工艺参数与质量指标之间的映射问题。该方法的主要原理是将各工序的工艺参数与质量指标划分成多个子空间，通过统计数据分析寻求不同工艺参数子空间的组合在质量指标子空间中的映射关系，然后抽取出相应的工艺标准，以解决映射中多重解耦的难题。

在工艺标准提取过程中，特别要注意几个方面。第一，历史数据集的可靠性和完备性，因为建立神经元网络模型的基础是来自于实际生产线的数据集，如果数据不可靠或不完整，那么神经元网络模型同样是不可靠的，所提取的工艺标准也是不准确的。第二，针对不同应用对象建立神经元网络模型，由于不同类别的钢种系列对质量指标的要求也是有区别的，因此需针对不同质量要求的钢种建立对应工艺标准，以提高工艺标准的适用性。第三，选择合理的子空间粒度，空间划分过细会造成工艺标准的复杂化，划分过粗会影响工艺标准的适用性。第四，选择主要的工艺参数和质量指标作为网络模型的输入输出变量，因为并不是变量越多，模型适用性和精度越好，关键在于确定与主要质量指标相关的重要工艺参数。最重要的是，所建立的工艺标准需在实际生产过程中不断验证和完善。

10.3.8.4 工艺参数优化

在线工艺参数优化功能模块主要解决工艺参数的实时调控问题。但是，无论粒子群优化算法还是主元控制器优化算法的基础是产品质量预测模型。离线工艺参数优化功能模块重点是建立这些算法所需的质量预测模型。由于这些预测模型主要是基于过程统计数据的建模方法，因此历史数据集的可靠性和完备性同样是工艺参数优化的必要条件。

从概念上讲，基于工艺标准的质量优化是解决质量可控区的问题的；粒子群、蚁群等优化算法是针对可控区内精确控制问题的；主元控制器是解决多重耦合下快速响应问题的。因此，不同的场合需采用不同的优化方法。有关数据处理方法和建模技术已在前面章节中做了介绍，这里不再赘述。

10.4 小结

本章介绍了全流程质量监控系统的框架，主要包括数据采集与重整、数据集成、实时质量监控与预警、离线数据分析等四大平台，可以实现质量监控与在线判定、质量分析与诊断、过程质量在线优化、人工判定与综合判定、产品质量卡建档、质量报表生成、质量追溯与诊断、系统仿真与质量优化等八个核心功能，这些平台和功能模块为冶金生产过程的稳定性和产品质量的持续提升提供有力的分析工具，并可不断提高顾客的满意度和企业的持续竞争力。

附录 A　概率分布表

附表 A-1　标准正态分布表

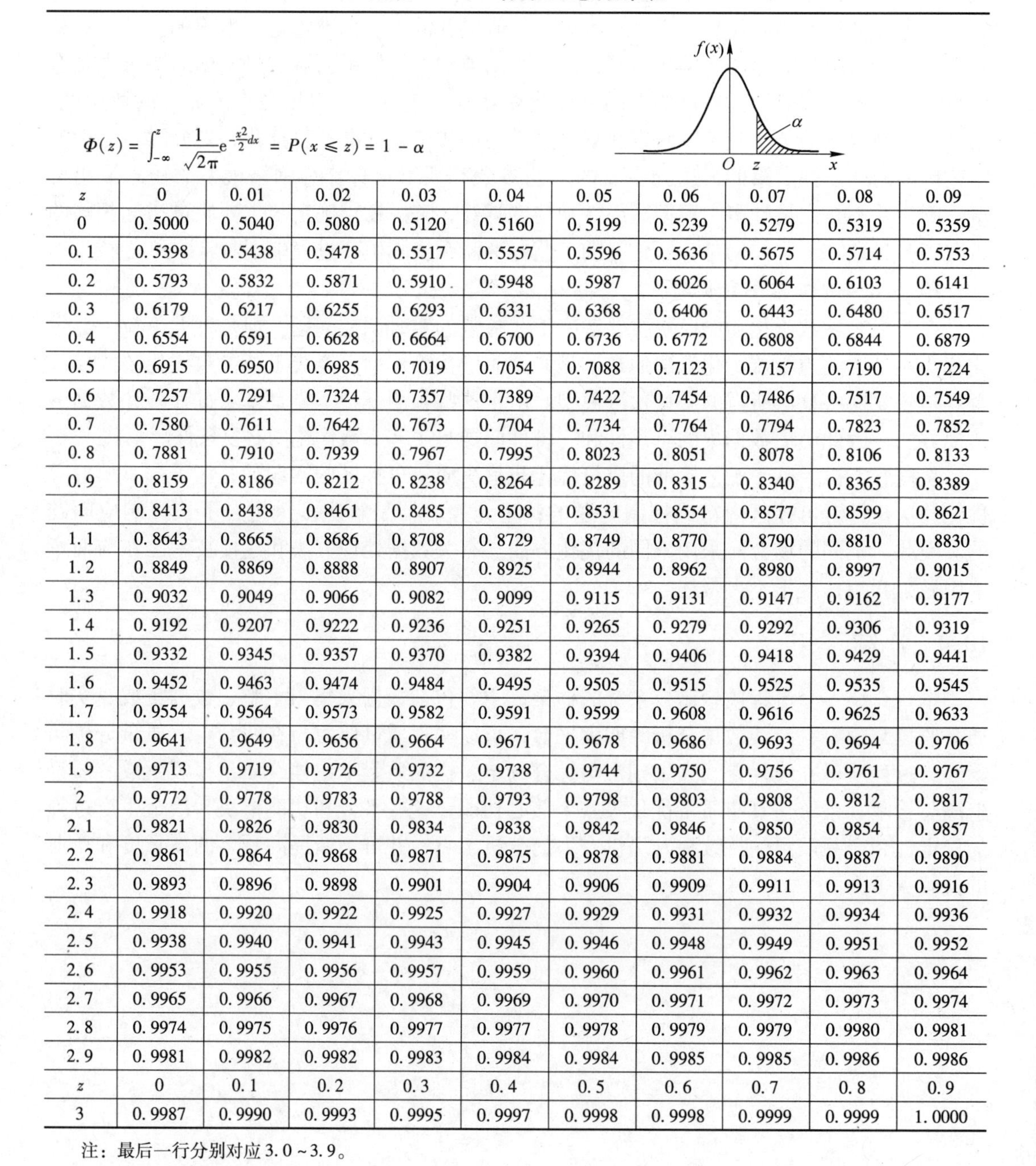

$$\Phi(z)=\int_{-\infty}^{z}\frac{1}{\sqrt{2\pi}}e^{-\frac{x^2}{2}dx}=P(x\leqslant z)=1-\alpha$$

z	0	0.01	0.02	0.03	0.04	0.05	0.06	0.07	0.08	0.09
0	0.5000	0.5040	0.5080	0.5120	0.5160	0.5199	0.5239	0.5279	0.5319	0.5359
0.1	0.5398	0.5438	0.5478	0.5517	0.5557	0.5596	0.5636	0.5675	0.5714	0.5753
0.2	0.5793	0.5832	0.5871	0.5910	0.5948	0.5987	0.6026	0.6064	0.6103	0.6141
0.3	0.6179	0.6217	0.6255	0.6293	0.6331	0.6368	0.6406	0.6443	0.6480	0.6517
0.4	0.6554	0.6591	0.6628	0.6664	0.6700	0.6736	0.6772	0.6808	0.6844	0.6879
0.5	0.6915	0.6950	0.6985	0.7019	0.7054	0.7088	0.7123	0.7157	0.7190	0.7224
0.6	0.7257	0.7291	0.7324	0.7357	0.7389	0.7422	0.7454	0.7486	0.7517	0.7549
0.7	0.7580	0.7611	0.7642	0.7673	0.7704	0.7734	0.7764	0.7794	0.7823	0.7852
0.8	0.7881	0.7910	0.7939	0.7967	0.7995	0.8023	0.8051	0.8078	0.8106	0.8133
0.9	0.8159	0.8186	0.8212	0.8238	0.8264	0.8289	0.8315	0.8340	0.8365	0.8389
1	0.8413	0.8438	0.8461	0.8485	0.8508	0.8531	0.8554	0.8577	0.8599	0.8621
1.1	0.8643	0.8665	0.8686	0.8708	0.8729	0.8749	0.8770	0.8790	0.8810	0.8830
1.2	0.8849	0.8869	0.8888	0.8907	0.8925	0.8944	0.8962	0.8980	0.8997	0.9015
1.3	0.9032	0.9049	0.9066	0.9082	0.9099	0.9115	0.9131	0.9147	0.9162	0.9177
1.4	0.9192	0.9207	0.9222	0.9236	0.9251	0.9265	0.9279	0.9292	0.9306	0.9319
1.5	0.9332	0.9345	0.9357	0.9370	0.9382	0.9394	0.9406	0.9418	0.9429	0.9441
1.6	0.9452	0.9463	0.9474	0.9484	0.9495	0.9505	0.9515	0.9525	0.9535	0.9545
1.7	0.9554	0.9564	0.9573	0.9582	0.9591	0.9599	0.9608	0.9616	0.9625	0.9633
1.8	0.9641	0.9649	0.9656	0.9664	0.9671	0.9678	0.9686	0.9693	0.9694	0.9706
1.9	0.9713	0.9719	0.9726	0.9732	0.9738	0.9744	0.9750	0.9756	0.9761	0.9767
2	0.9772	0.9778	0.9783	0.9788	0.9793	0.9798	0.9803	0.9808	0.9812	0.9817
2.1	0.9821	0.9826	0.9830	0.9834	0.9838	0.9842	0.9846	0.9850	0.9854	0.9857
2.2	0.9861	0.9864	0.9868	0.9871	0.9875	0.9878	0.9881	0.9884	0.9887	0.9890
2.3	0.9893	0.9896	0.9898	0.9901	0.9904	0.9906	0.9909	0.9911	0.9913	0.9916
2.4	0.9918	0.9920	0.9922	0.9925	0.9927	0.9929	0.9931	0.9932	0.9934	0.9936
2.5	0.9938	0.9940	0.9941	0.9943	0.9945	0.9946	0.9948	0.9949	0.9951	0.9952
2.6	0.9953	0.9955	0.9956	0.9957	0.9959	0.9960	0.9961	0.9962	0.9963	0.9964
2.7	0.9965	0.9966	0.9967	0.9968	0.9969	0.9970	0.9971	0.9972	0.9973	0.9974
2.8	0.9974	0.9975	0.9976	0.9977	0.9977	0.9978	0.9979	0.9979	0.9980	0.9981
2.9	0.9981	0.9982	0.9982	0.9983	0.9984	0.9984	0.9985	0.9985	0.9986	0.9986
z	0	0.1	0.2	0.3	0.4	0.5	0.6	0.7	0.8	0.9
3	0.9987	0.9990	0.9993	0.9995	0.9997	0.9998	0.9998	0.9999	0.9999	1.0000

注：最后一行分别对应3.0～3.9。

附表 A－2　t 分布表

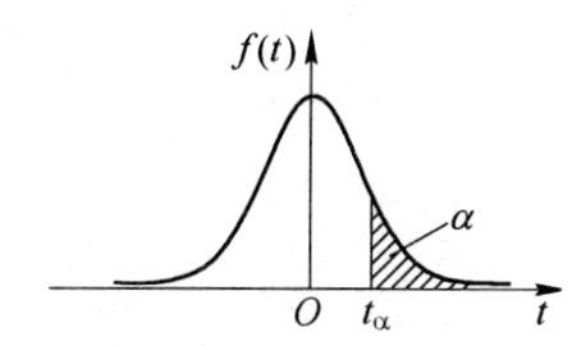

$P(t > t_\alpha) = \alpha$

n \ α	0. 25	0. 2	0. 15	0. 1	0. 05	0. 025	0. 01	0. 005	0. 0025	0. 001	0. 0005
1	1. 000	1. 376	1. 963	3. 078	6. 314	12. 71	31. 82	63. 66	127. 3	318. 3	636. 6
2	0. 816	1. 061	1. 386	1. 886	2. 920	4. 303	6. 965	9. 925	14. 09	22. 33	31. 60
3	0. 765	0. 978	1. 250	1. 638	2. 353	3. 182	4. 541	5. 841	7. 453	10. 21	12. 92
4	0. 741	0. 941	1. 190	1. 533	2. 132	2. 776	3. 747	4. 604	5. 598	7. 173	8. 610
5	0. 727	0. 920	1. 156	1. 476	2. 015	2. 571	3. 365	4. 032	4. 773	5. 893	6. 869
6	0. 718	0. 906	1. 134	1. 440	1. 943	2. 447	3. 143	3. 707	4. 317	5. 208	5. 959
7	0. 711	0. 896	1. 119	1. 415	1. 895	2. 365	2. 998	3. 499	4. 029	4. 785	5. 408
8	0. 706	0. 889	1. 108	1. 397	1. 860	2. 306	2. 896	3. 355	3. 833	4. 501	5. 041
9	0. 703	0. 883	1. 100	1. 383	1. 833	2. 262	2. 821	3. 250	3. 690	4. 297	4. 781
10	0. 700	0. 879	1. 093	1. 372	1. 812	2. 228	2. 764	3. 169	3. 581	4. 144	4. 587
11	0. 697	0. 876	1. 088	1. 363	1. 796	2. 201	2. 718	3. 106	3. 497	4. 025	4. 437
12	0. 695	0. 873	1. 083	1. 356	1. 782	2. 179	2. 681	3. 055	3. 428	3. 930	4. 318
13	0. 694	0. 870	1. 079	1. 350	1. 771	2. 160	2. 650	3. 012	3. 372	3. 852	4. 221
14	0. 692	0. 868	1. 076	1. 345	1. 761	2. 145	2. 624	2. 977	3. 326	3. 787	4. 140
15	0. 691	0. 866	1. 074	1. 341	1. 753	2. 131	2. 602	2. 947	3. 286	3. 733	4. 073
16	0. 690	0. 865	1. 071	1. 337	1. 746	2. 120	2. 583	2. 921	3. 252	3. 686	4. 015
17	0. 689	0. 863	1. 069	1. 333	1. 740	2. 110	2. 567	2. 898	3. 222	3. 646	3. 965
18	0. 688	0. 862	1. 067	1. 330	1. 734	2. 101	2. 552	2. 878	3. 197	3. 610	3. 922
19	0. 688	0. 861	1. 066	1. 328	1. 729	2. 093	2. 539	2. 861	3. 174	3. 579	3. 883
20	0. 687	0. 860	1. 064	1. 325	1. 725	2. 086	2. 528	2. 845	3. 153	3. 552	3. 850
21	0. 686	0. 859	1. 063	1. 323	1. 721	2. 080	2. 518	2. 831	3. 135	3. 527	3. 819
22	0. 686	0. 858	1. 061	1. 321	1. 717	2. 074	2. 508	2. 819	3. 119	3. 505	3. 792
23	0. 685	0. 858	1. 060	1. 319	1. 714	2. 069	2. 500	2. 807	3. 104	3. 485	3. 768
24	0. 685	0. 857	1. 059	1. 318	1. 711	2. 064	2. 492	2. 797	3. 091	3. 467	3. 745
25	0. 684	0. 856	1. 058	1. 316	1. 708	2. 060	2. 485	2. 787	3. 078	3. 450	3. 725
26	0. 684	0. 856	1. 058	1. 315	1. 706	2. 056	2. 479	2. 779	3. 067	3. 435	3. 707
27	0. 684	0. 855	1. 057	1. 314	1. 703	2. 052	2. 473	2. 771	3. 057	3. 421	3. 690
28	0. 683	0. 855	1. 056	1. 313	1. 701	2. 048	2. 467	2. 763	3. 047	3. 408	3. 674
29	0. 683	0. 854	1. 055	1. 311	1. 699	2. 045	2. 462	2. 756	3. 038	3. 396	3. 659
30	0. 683	0. 854	1. 055	1. 310	1. 697	2. 042	2. 457	2. 750	3. 030	3. 385	3. 646
40	0. 681	0. 851	1. 050	1. 303	1. 684	2. 021	2. 423	2. 704	2. 971	3. 307	3. 551
50	0. 679	0. 849	1. 047	1. 299	1. 676	2. 009	2. 403	2. 678	2. 937	3. 261	3. 496
60	0. 679	0. 848	1. 045	1. 296	1. 671	2. 000	2. 390	2. 660	2. 915	3. 232	3. 460
80	0. 678	0. 846	1. 043	1. 292	1. 664	1. 990	2. 374	2. 639	2. 887	3. 195	3. 416
100	0. 677	0. 845	1. 042	1. 290	1. 660	1. 984	2. 364	2. 626	2. 871	3. 174	3. 390
120	0. 677	0. 845	1. 041	1. 289	1. 658	1. 980	2. 358	2. 617	2. 860	3. 160	3. 373
∞	0. 674	0. 842	1. 036	1. 282	1. 645	1. 960	2. 326	2. 576	2. 807	3. 090	3. 291

附表 A－3　χ^2分布表

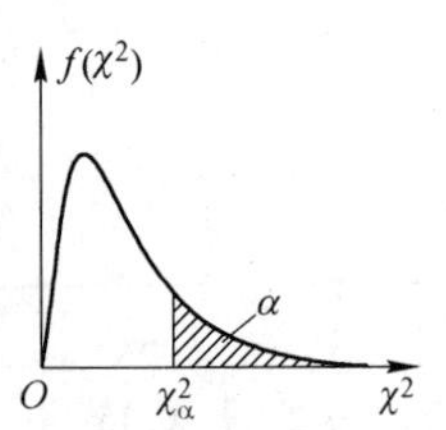

$P(\chi^2 > \chi_\alpha^2) = \alpha$

n \ α	0.995	0.99	0.975	0.95	0.90	0.75	0.50	0.25	0.10	0.05	0.025	0.01	0.005
1	0.00004	0.00016	0.001	0.004	0.016	0.102	0.455	1.323	2.706	3.841	5.024	6.635	7.879
2	0.010	0.020	0.051	0.103	0.211	0.575	1.386	2.773	4.605	5.991	7.378	9.210	10.597
3	0.072	0.115	0.216	0.352	0.584	1.213	2.366	4.108	6.251	7.815	9.348	11.345	12.838
4	0.207	0.297	0.484	0.711	1.064	1.923	3.357	5.385	7.779	9.488	11.143	13.277	14.860
5	0.412	0.554	0.831	1.145	1.610	2.675	4.351	6.626	9.236	11.070	12.833	15.086	16.750
6	0.676	0.872	1.237	1.635	2.204	3.455	5.348	7.841	10.645	12.592	14.449	16.812	18.548
7	0.989	1.239	1.690	2.167	2.833	4.255	6.346	9.037	12.017	14.067	16.013	18.475	20.278
8	1.344	1.646	2.180	2.733	3.490	5.071	7.344	10.219	13.362	15.507	17.535	20.090	21.955
9	1.735	2.088	2.700	3.325	4.168	5.899	8.343	11.389	14.684	16.919	19.023	21.666	23.589
10	2.156	2.558	3.247	3.940	4.865	6.737	9.342	12.549	15.987	18.307	20.483	23.209	25.188
11	2.603	3.053	3.816	4.575	5.578	7.584	10.341	13.701	17.275	19.675	21.920	24.725	26.757
12	3.074	3.571	4.404	5.226	6.304	8.438	11.340	14.845	18.549	21.026	23.337	26.217	28.300
13	3.565	4.107	5.009	5.892	7.042	9.299	12.340	15.984	19.812	22.362	24.736	27.688	29.819
14	4.075	4.660	5.629	6.571	7.790	10.165	13.339	17.117	21.064	23.685	26.119	29.141	31.319
15	4.601	5.229	6.262	7.261	8.547	11.037	14.339	18.245	22.307	24.996	27.488	30.578	32.801
16	5.142	5.812	6.908	7.962	9.312	11.912	15.338	19.369	23.542	26.296	28.845	32.000	34.267
17	5.697	6.408	7.564	8.672	10.085	12.792	16.338	20.489	24.769	27.587	30.191	33.409	35.718
18	6.265	7.015	8.231	9.390	10.865	13.675	17.338	21.605	25.989	28.869	31.526	34.805	37.156
19	6.844	7.633	8.907	10.117	11.651	14.562	18.338	22.718	27.204	30.144	32.852	36.191	38.582
20	7.434	8.260	9.591	10.851	12.443	15.452	19.337	23.828	28.412	31.410	34.170	37.566	39.997
21	8.034	8.897	10.283	11.591	13.240	16.344	20.337	24.935	29.615	32.671	35.479	38.932	41.401
22	8.643	9.542	10.982	12.338	14.041	17.240	21.337	26.039	30.813	33.924	36.781	40.289	42.796
23	9.260	10.196	11.689	13.091	14.848	18.137	22.337	27.141	32.007	35.172	38.076	41.638	44.181

续附表 A – 3

n \ α	0.995	0.99	0.975	0.95	0.90	0.75	0.50	0.25	0.10	0.05	0.025	0.01	0.005
24	9.886	10.856	12.401	13.848	15.659	19.037	23.337	28.241	33.196	36.415	39.364	42.980	45.559
25	10.520	11.524	13.120	14.611	16.473	19.939	24.337	29.339	34.382	37.652	40.646	44.314	46.928
26	11.160	12.198	13.844	15.379	17.292	20.843	25.336	30.435	35.563	38.885	41.923	45.642	48.290
27	11.808	12.879	14.573	16.151	18.114	21.749	26.336	31.528	36.741	40.113	43.195	46.963	49.645
28	12.461	13.565	15.308	16.928	18.939	22.657	27.336	32.620	37.916	41.337	44.461	48.278	50.993
29	13.121	14.256	16.047	17.708	19.768	23.567	28.336	33.711	39.087	42.557	45.722	49.588	52.336
30	13.787	14.953	16.791	18.493	20.599	24.478	29.336	34.800	40.256	43.773	46.979	50.892	53.672
31	14.458	15.655	17.539	19.281	21.434	25.390	30.336	35.887	41.422	44.985	48.232	52.191	55.003
32	15.134	16.362	18.291	20.072	22.271	26.304	31.336	36.973	42.585	46.194	49.480	53.486	56.328
33	15.815	17.074	19.047	20.867	23.110	27.219	32.336	38.058	43.745	47.400	50.725	54.776	57.648
34	16.501	17.789	19.806	21.664	23.952	28.136	33.336	39.141	44.903	48.602	51.966	56.061	58.964
35	17.192	18.509	20.569	22.465	24.797	29.054	34.336	40.223	46.059	49.802	53.203	57.342	60.275
36	17.887	19.233	21.336	23.269	25.643	29.973	35.336	41.304	47.212	50.998	54.437	58.619	61.581
37	18.586	19.960	22.106	24.075	26.492	30.893	36.336	42.383	48.363	52.192	55.668	59.893	62.883
38	19.289	20.691	22.878	24.884	27.343	31.815	37.335	43.462	49.513	53.384	56.896	61.162	64.181
39	19.996	21.426	23.654	25.695	28.196	32.737	38.335	44.539	50.660	54.572	58.120	62.428	65.476
40	20.707	22.164	24.433	26.509	29.051	33.660	39.335	45.616	51.805	55.758	59.342	63.691	66.766
41	21.421	22.906	25.215	27.326	29.907	34.585	40.335	46.692	52.949	56.942	60.561	64.950	68.053
42	22.138	23.650	25.999	28.144	30.765	35.510	41.335	47.766	54.090	58.124	61.777	66.206	69.336
43	22.859	24.398	26.785	28.965	31.625	36.436	42.335	48.840	55.230	59.304	62.990	67.459	70.616
44	23.584	25.148	27.575	29.787	32.487	37.363	43.335	49.913	56.369	60.481	64.201	68.710	71.893
45	24.311	25.901	28.366	30.612	33.350	38.291	44.335	50.985	57.505	61.656	65.410	69.957	73.166
46	25.041	26.657	29.160	31.439	34.215	39.220	45.335	52.056	58.641	62.830	66.617	71.201	74.437
47	25.775	27.416	29.956	32.268	35.081	40.149	46.335	53.127	59.774	64.001	67.821	72.443	75.704
48	26.511	28.177	30.755	33.098	35.949	41.079	47.335	54.196	60.907	65.171	69.023	73.683	76.969
49	27.249	28.941	31.555	33.930	36.818	42.010	48.335	55.265	62.038	66.339	70.222	74.919	78.231
50	27.991	29.707	32.357	34.764	37.689	42.942	49.335	56.334	63.167	67.505	71.420	76.154	79.490

附表 A－4 *F* 分布表

$\alpha = 0.10$

$P(F > F_\alpha) = \alpha$

n_2 \ n_1	1	2	3	4	5	6	7	8	9	10	12	15	20	24	30	40	60	120	∞
1	39.86	49.50	53.59	55.83	57.24	58.20	58.91	59.44	59.86	60.19	60.71	61.22	61.74	62.00	62.26	62.53	62.79	63.06	63.33
2	8.53	9.00	9.16	9.24	9.29	9.33	9.35	9.37	9.38	9.39	9.41	9.42	9.44	9.45	9.46	9.47	9.47	9.48	9.49
3	5.54	5.46	5.39	5.34	5.31	5.28	5.27	5.25	5.24	5.23	5.22	5.20	5.18	5.18	5.17	5.16	5.15	5.14	5.13
4	4.54	4.32	4.19	4.11	4.05	4.01	3.98	3.95	3.94	3.92	3.90	3.87	3.84	3.83	3.82	3.80	3.79	3.78	3.76
5	4.06	3.78	3.62	3.52	3.45	3.40	3.37	3.34	3.32	3.30	3.27	3.24	3.21	3.19	3.17	3.16	3.14	3.12	3.10
6	3.78	3.46	3.29	3.18	3.11	3.05	3.01	2.98	2.96	2.94	2.90	2.87	2.84	2.82	2.80	2.78	2.76	2.74	2.72
7	3.59	3.26	3.07	2.96	2.88	2.83	2.78	2.75	2.72	2.70	2.67	2.63	2.59	2.58	2.56	2.54	2.51	2.49	2.47
8	3.46	3.11	2.92	2.81	2.73	2.67	2.62	2.59	2.56	2.54	2.50	2.46	2.42	2.40	2.38	2.36	2.34	2.32	2.29
9	3.36	3.01	2.81	2.69	2.61	2.55	2.51	2.47	2.44	2.42	2.38	2.34	2.30	2.28	2.25	2.23	2.21	2.18	2.16
10	3.29	2.92	2.73	2.61	2.52	2.46	2.41	2.38	2.35	2.32	2.28	2.24	2.20	2.18	2.16	2.13	2.11	2.08	2.06
11	3.23	2.86	2.66	2.54	2.45	2.39	2.34	2.30	2.27	2.25	2.21	2.17	2.12	2.10	2.08	2.05	2.03	2.00	1.97
12	3.18	2.81	2.61	2.48	2.39	2.33	2.28	2.24	2.21	2.19	2.15	2.10	2.06	2.04	2.01	1.99	1.96	1.93	1.90
13	3.14	2.76	2.56	2.43	2.35	2.28	2.23	2.20	2.16	2.14	2.10	2.05	2.01	1.98	1.96	1.93	1.90	1.88	1.85
14	3.10	2.73	2.52	2.39	2.31	2.24	2.19	2.15	2.12	2.10	2.05	2.01	1.96	1.94	1.91	1.89	1.86	1.83	1.80
15	3.07	2.70	2.49	2.36	2.27	2.21	2.16	2.12	2.09	2.06	2.02	1.97	1.92	1.90	1.87	1.85	1.82	1.79	1.76

续附表 A－4

n_2 \ n_1	1	2	3	4	5	6	7	8	9	10	12	15	20	24	30	40	60	120	∞
16	3.05	2.67	2.46	2.33	2.24	2.18	2.13	2.09	2.06	2.03	1.99	1.94	1.89	1.87	1.84	1.81	1.78	1.75	1.72
17	3.03	2.64	2.44	2.31	2.22	2.15	2.10	2.06	2.03	2.00	1.96	1.91	1.86	1.84	1.81	1.78	1.75	1.72	1.69
18	3.01	2.62	2.42	2.29	2.20	2.13	2.08	2.04	2.00	1.98	1.93	1.89	1.84	1.81	1.78	1.75	1.72	1.69	1.66
19	2.99	2.61	2.40	2.27	2.18	2.11	2.06	2.02	1.98	1.96	1.91	1.86	1.81	1.79	1.76	1.73	1.70	1.67	1.63
20	2.97	2.59	2.38	2.25	2.16	2.09	2.04	2.00	1.96	1.94	1.89	1.84	1.79	1.77	1.74	1.71	1.68	1.64	1.61
21	2.96	2.57	2.36	2.23	2.14	2.08	2.02	1.98	1.95	1.92	1.87	1.83	1.78	1.75	1.72	1.69	1.66	1.62	1.59
22	2.95	2.56	2.35	2.22	2.13	2.06	2.01	1.97	1.93	1.90	1.86	1.81	1.76	1.73	1.70	1.67	1.64	1.60	1.57
23	2.94	2.55	2.34	2.21	2.11	1.05	1.99	1.95	1.92	1.89	1.84	1.80	1.74	1.72	1.69	1.66	1.62	1.59	1.55
24	2.93	2.54	2.33	2.19	2.10	2.04	1.98	1.94	1.91	1.88	1.83	1.78	1.73	1.70	1.67	1.64	1.61	1.57	1.53
25	2.92	2.53	2.32	2.18	2.09	2.02	1.97	1.93	1.89	1.87	1.82	1.77	1.72	1.69	1.66	1.63	1.59	1.56	1.52
26	2.91	2.52	2.31	2.17	2.08	2.01	1.96	1.92	1.88	1.86	1.81	1.76	1.71	1.68	1.65	1.61	1.58	1.54	1.50
27	2.90	2.51	2.30	2.17	2.07	2.00	1.95	1.91	1.87	1.85	1.80	1.75	1.70	1.67	1.64	1.60	1.57	1.53	1.49
28	2.89	2.50	2.29	2.16	2.06	2.00	1.94	1.90	1.87	1.84	1.79	1.74	1.69	1.66	1.63	1.59	1.56	1.52	1.48
29	2.89	2.50	2.28	2.15	2.06	1.99	1.93	1.89	1.86	1.83	1.78	1.73	1.68	1.65	1.62	1.58	1.55	1.51	1.47
30	2.88	2.49	2.28	2.14	2.05	1.98	1.93	1.88	1.85	1.82	1.77	1.72	1.67	1.64	1.61	1.57	1.54	1.50	1.46
40	2.84	2.44	2.23	2.09	2.00	1.93	1.87	1.83	1.79	1.76	1.71	1.66	1.61	1.57	1.54	1.51	1.47	1.42	1.38
60	2.79	2.39	2.18	2.04	1.95	1.87	1.82	1.77	1.74	1.71	1.66	1.60	1.54	1.51	1.48	1.44	1.40	1.35	1.29
120	2.75	2.35	2.13	1.99	1.90	1.82	1.77	1.72	1.68	1.65	1.60	1.55	1.48	1.45	1.4[illegible]	1.37	1.32	1.26	1.19
∞	2.71	2.30	2.08	1.94	1.85	1.77	1.72	1.67	1.63	1.60	1.55	1.49	1.42	1.38	1.34	1.30	1.24	1.17	1.00

续附表 A－4

$\alpha=0.05$

n_2 \ n_1	1	2	3	4	5	6	7	8	9	10	12	15	20	24	30	40	60	120	∞
1	161.4	199.5	215.7	224.6	230.2	234.0	236.8	238.9	240.5	241.9	243.9	246.0	248.0	249.1	250.1	251.1	252.2	253.3	254.3
2	18.51	19.00	19.16	19.25	19.30	19.33	19.35	19.37	19.38	19.40	19.41	19.43	19.45	19.45	19.46	19.47	19.48	19.49	19.50
3	10.13	9.55	9.28	9.12	9.01	8.94	8.89	8.85	8.81	8.79	8.74	8.70	8.66	8.64	8.62	8.59	8.57	8.55	8.53
4	7.71	6.94	6.59	6.39	6.26	6.16	6.09	6.04	6.00	5.96	5.91	5.86	5.80	5.77	5.75	5.72	5.69	5.66	5.63
5	6.61	5.79	5.41	5.19	5.05	4.95	4.88	4.82	4.77	4.74	4.68	4.62	4.56	4.53	4.50	4.46	4.43	4.40	4.36
6	5.99	5.14	4.76	4.53	4.39	4.28	4.21	4.15	4.10	4.06	4.00	3.94	3.87	3.84	3.81	3.77	3.74	3.70	3.67
7	5.59	4.74	4.35	4.12	3.97	3.87	3.79	3.73	3.68	3.64	3.57	3.51	3.44	3.41	3.38	3.34	3.30	3.27	3.23
8	5.32	4.46	4.07	3.84	3.69	3.58	3.50	3.44	3.39	3.35	3.28	3.22	3.15	3.12	3.08	3.04	3.01	2.97	2.93
9	5.12	4.26	3.86	3.63	3.48	3.37	3.29	3.23	3.18	3.14	3.07	3.01	2.94	2.90	2.86	2.83	2.79	2.75	2.71
10	4.96	4.10	3.71	3.48	3.33	3.22	3.14	3.07	3.02	2.98	2.91	2.85	2.77	2.74	2.70	2.66	2.62	2.58	2.54
11	4.84	3.98	3.59	3.36	3.20	3.09	3.01	2.95	2.90	2.85	2.79	2.72	2.65	2.61	2.57	2.53	2.49	2.45	2.40
12	4.75	3.89	3.49	3.26	3.11	3.00	2.91	2.85	2.80	2.75	2.69	2.62	2.54	2.51	2.47	2.43	2.38	2.34	2.30
13	4.67	3.81	3.41	3.18	3.03	2.92	2.83	2.77	2.71	2.67	2.60	2.53	2.46	2.42	2.38	2.34	2.30	2.25	2.21
14	4.60	3.74	3.34	3.11	2.96	2.85	2.76	2.70	2.65	2.60	2.53	2.46	2.39	2.35	2.31	2.27	2.22	2.18	2.13
15	4.54	3.68	3.29	3.06	2.90	2.79	2.71	2.64	2.59	2.54	2.48	2.40	2.33	2.29	2.25	2.20	2.16	2.11	2.07
16	4.49	3.63	3.24	3.01	2.85	2.74	2.66	2.59	2.54	2.49	2.42	2.35	2.28	2.24	2.19	2.15	2.11	2.06	2.01
17	4.45	3.59	3.20	2.96	2.81	2.70	2.61	2.55	2.49	2.45	2.38	2.31	2.23	2.19	2.15	2.10	2.06	2.01	1.96

续附表 A-4

n_2 \ n_1	1	2	3	4	5	6	7	8	9	10	12	15	20	24	30	40	60	120	∞
18	4.41	3.55	3.16	2.93	2.77	2.66	2.58	2.51	2.46	2.41	2.34	2.27	2.19	2.15	2.11	2.06	2.02	1.97	1.92
19	4.38	3.52	3.13	2.90	2.74	2.63	2.54	2.48	2.42	2.38	2.31	2.23	2.16	2.11	2.07	2.03	1.98	1.93	1.88
20	4.35	3.49	3.10	2.87	2.71	2.60	2.51	2.45	2.39	2.35	2.28	2.20	2.12	2.08	2.04	1.99	1.95	1.90	1.84
21	4.32	3.47	3.07	2.84	2.68	2.57	2.49	2.42	2.37	2.32	2.25	2.18	2.10	2.05	2.01	1.96	1.92	1.87	1.81
22	4.30	3.44	3.05	2.82	2.66	2.55	2.46	2.40	2.34	2.30	2.23	2.15	2.07	2.03	1.98	1.94	1.89	1.84	1.78
23	4.28	3.42	3.03	2.80	2.64	2.53	2.44	2.37	2.32	2.27	2.20	2.13	2.05	2.01	1.96	1.91	1.86	1.81	1.76
24	4.26	3.40	3.01	2.78	2.62	2.51	2.42	2.36	2.30	2.25	2.18	2.11	2.03	1.98	1.94	1.89	1.84	1.79	1.73
25	4.24	3.39	2.99	2.76	2.60	2.49	2.40	2.34	2.28	2.24	2.16	2.09	2.01	1.96	1.92	1.87	1.82	1.77	1.71
26	4.23	3.37	2.98	2.74	2.59	2.47	2.39	2.32	2.27	2.22	2.15	2.07	1.99	1.95	1.90	1.85	1.80	1.75	1.69
27	4.21	3.35	2.96	2.73	2.57	2.46	2.37	2.31	2.25	2.20	2.13	2.06	1.97	1.93	1.88	1.84	1.79	1.73	1.67
28	4.20	3.34	2.95	2.71	2.56	2.45	2.36	2.29	2.24	2.19	2.12	2.04	1.96	1.91	1.87	1.82	1.77	1.71	1.65
29	4.18	3.33	2.93	2.70	2.55	2.43	2.35	2.28	2.22	2.18	2.10	2.03	1.94	1.90	1.85	1.81	1.75	1.70	1.64
30	4.17	3.32	2.92	2.69	2.53	2.42	2.33	2.27	2.21	2.16	2.09	2.01	1.93	1.89	1.84	1.79	1.74	1.68	1.62
40	4.08	3.23	2.84	2.61	2.45	2.34	2.25	2.18	2.12	2.08	2.00	1.92	1.84	1.79	1.74	1.69	1.64	1.58	1.51
60	4.00	3.15	2.76	2.53	2.37	2.25	2.17	2.10	2.04	1.99	1.92	1.84	1.75	1.70	1.65	1.59	1.53	1.47	1.39
120	3.92	3.07	2.68	2.45	2.29	2.18	2.09	2.02	1.96	1.91	1.83	1.75	1.66	1.61	1.55	1.50	1.43	1.35	1.25
∞	3.84	3.00	2.60	2.37	2.21	2.10	2.01	1.94	1.88	1.83	1.75	1.67	1.57	1.52	1.46	1.39	1.32	1.22	1.00

续附表 A－4

$\alpha = 0.025$

n_2 \ n_1	1	2	3	4	5	6	7	8	9	10	12	15	20	24	30	40	60	120	∞
1	647.8	799.5	864.2	899.6	921.9	937.1	948.2	956.7	963.3	968.6	976.7	984.9	993.1	997.3	1001	1006	1010	1014	1018
2	38.51	39.00	39.17	39.25	39.30	39.33	39.36	39.37	39.39	39.40	39.41	39.43	39.45	39.46	39.46	39.47	39.48	39.49	39.50
3	17.44	16.04	15.44	15.10	14.88	14.73	14.62	14.54	14.47	14.42	14.34	14.25	14.17	14.12	14.08	14.04	13.99	13.95	13.90
4	12.22	10.65	9.98	9.60	9.36	9.20	9.07	8.98	8.90	8.84	8.75	8.66	8.56	8.51	8.46	8.41	8.36	8.31	8.26
5	10.01	8.43	7.76	7.39	7.15	6.98	6.85	6.76	6.68	6.62	6.52	6.43	6.33	6.28	6.23	6.18	6.12	6.07	6.02
6	8.81	7.26	6.60	6.23	5.99	5.82	5.70	5.60	5.52	5.46	5.37	5.27	5.17	5.12	5.07	5.01	4.96	4.90	4.85
7	8.07	6.54	5.89	5.52	5.29	5.12	4.99	4.90	4.82	4.76	4.67	4.57	4.47	4.41	4.36	4.31	4.25	4.20	4.14
8	7.57	6.06	5.42	5.05	4.82	4.65	4.53	4.43	4.36	4.30	4.20	4.10	4.00	3.95	3.89	3.84	3.78	3.73	3.67
9	7.21	5.71	5.08	4.72	4.48	4.32	4.20	4.10	4.03	3.96	3.87	3.77	3.67	3.61	3.56	3.51	3.45	3.39	3.33
10	6.94	5.46	4.83	4.47	4.24	4.07	3.95	3.85	3.78	3.72	3.62	3.52	3.42	3.37	3.31	3.26	3.20	3.14	3.08
11	6.72	5.26	4.63	4.28	4.04	3.88	3.76	3.66	3.59	3.53	3.43	3.33	3.23	3.17	3.12	3.06	3.00	2.94	2.88
12	6.55	5.10	4.47	4.12	3.89	3.73	3.61	3.51	3.44	3.37	3.28	3.18	3.07	3.02	2.96	2.91	2.85	2.79	2.72
13	6.41	4.97	4.35	4.00	3.77	3.60	3.48	3.39	3.31	3.25	3.15	3.05	2.95	2.89	2.84	2.78	2.72	2.66	2.60
14	6.30	4.86	4.24	3.89	3.66	3.50	3.38	3.29	3.21	3.15	3.05	2.95	2.84	2.79	2.73	2.67	2.61	2.55	2.49
15	6.20	4.77	4.15	3.80	3.58	3.41	3.29	3.20	3.12	3.06	2.96	2.86	2.76	2.70	2.64	2.59	2.52	2.46	2.40
16	6.12	4.69	4.08	3.73	3.50	3.34	3.22	3.12	3.05	2.99	2.89	2.79	2.68	2.63	2.57	2.51	2.45	2.38	2.32
17	6.04	4.62	4.01	3.66	3.44	3.28	3.16	3.06	2.98	2.92	2.82	2.72	2.62	2.56	2.50	2.44	2.38	2.32	2.25

续附表 A-4

n_2 \ n_1	1	2	3	4	5	6	7	8	9	10	12	15	20	24	30	40	60	120	∞
18	5.98	4.56	3.95	3.61	3.38	3.22	3.10	3.01	2.93	2.87	2.77	2.67	2.56	2.50	2.44	2.38	2.32	2.26	2.19
19	5.92	4.51	3.90	3.56	3.33	3.17	3.05	2.96	2.88	2.82	2.72	2.62	2.51	2.45	2.39	2.33	2.27	2.20	2.13
20	5.87	4.46	3.86	3.51	3.29	3.13	3.01	2.91	2.84	2.77	2.68	2.57	2.46	2.41	2.35	2.29	2.22	2.16	2.09
21	5.83	4.42	3.82	3.48	3.25	3.09	2.97	2.87	2.80	2.73	2.64	2.53	2.42	2.37	2.31	2.25	2.18	2.11	2.04
22	5.79	4.38	3.78	3.44	3.22	3.05	2.93	2.84	2.76	2.70	2.60	2.50	2.39	2.33	2.27	2.21	2.14	2.08	2.00
23	5.75	4.35	3.75	3.41	3.18	3.02	2.90	2.81	2.73	2.67	2.57	2.47	2.36	2.30	2.24	2.18	2.11	2.04	1.97
24	5.72	4.32	3.72	3.38	3.15	2.99	2.87	2.78	2.70	2.64	2.54	2.44	2.33	2.27	2.21	2.15	2.08	2.01	1.94
25	5.69	4.29	3.69	3.35	3.13	2.97	2.85	2.75	2.68	2.61	2.51	2.41	2.30	2.24	2.18	2.12	2.05	1.98	1.91
26	5.66	4.27	3.67	3.33	3.10	2.94	2.82	2.73	2.65	2.59	2.49	2.39	2.28	2.22	2.16	2.09	2.03	1.95	1.88
27	5.63	4.24	3.65	3.31	3.08	2.92	2.80	2.71	2.63	2.57	2.47	2.36	2.25	2.19	2.13	2.07	2.00	1.93	1.85
28	5.61	4.22	3.63	3.29	3.06	2.90	2.78	2.69	2.61	2.55	2.45	2.34	2.23	2.17	2.11	2.05	1.98	1.91	1.83
29	5.59	4.20	3.61	3.27	3.04	2.88	2.76	2.67	2.59	2.53	2.43	2.32	2.21	2.15	2.09	2.03	1.96	1.89	1.81
30	5.57	4.18	3.59	3.25	3.03	2.87	2.75	2.65	2.57	2.51	2.41	2.31	2.20	2.14	2.07	2.01	1.94	1.87	1.79
40	5.42	4.05	3.46	3.13	2.90	2.74	2.62	2.53	2.45	2.39	2.29	2.18	2.07	2.01	1.94	1.88	1.80	1.72	1.64
60	5.29	3.93	3.34	3.01	2.79	2.63	2.51	2.41	2.33	2.27	2.17	2.06	1.94	1.88	1.82	1.74	1.67	1.58	1.48
120	5.15	3.80	3.23	2.89	2.67	2.52	2.39	2.30	2.22	2.16	2.05	1.94	1.82	1.76	1.69	1.61	1.53	1.43	1.31
∞	5.02	3.69	3.12	2.79	2.57	2.41	2.29	2.19	2.11	2.05	1.94	1.83	1.71	1.64	1.57	1.48	1.39	1.27	1.00

续附表 A-4

$\alpha = 0.01$

n_2 \ n_1	1	2	3	4	5	6	7	8	9	10	12	15	20	24	30	40	60	120	∞
1	4052	5000	5403	5625	5764	5859	5928	5981	6022	6056	6106	6157	6209	6235	6261	6287	6313	6339	6366
2	98.50	99.00	99.17	99.25	99.30	99.33	99.36	99.37	99.39	99.40	99.42	99.43	99.45	99.46	99.47	99.47	99.48	99.49	99.50
3	34.12	30.82	29.46	28.71	28.24	27.91	27.67	27.49	27.35	27.23	27.05	26.87	26.69	26.60	26.50	26.41	26.32	26.22	26.13
4	21.20	18.00	16.69	15.98	15.52	15.21	14.98	14.80	14.66	14.55	14.37	14.20	14.02	13.93	13.84	13.75	13.65	13.56	13.46
5	16.26	13.27	12.06	11.39	10.97	10.67	10.46	10.29	10.16	10.05	9.89	9.72	9.55	9.47	9.38	9.29	9.20	9.11	9.02
6	13.75	10.92	9.78	9.15	8.75	8.47	8.26	8.10	7.98	7.87	7.72	7.56	7.40	7.31	7.23	7.14	7.06	6.97	6.88
7	12.25	9.55	8.45	7.85	7.46	7.19	6.99	6.84	6.72	6.62	6.47	6.31	6.16	6.07	5.99	5.91	5.82	5.74	5.65
8	11.26	8.65	7.59	7.01	6.63	6.37	6.18	6.03	5.91	5.81	5.67	5.52	5.36	5.28	5.20	5.12	5.03	4.95	4.86
9	10.56	8.02	6.99	6.42	6.06	5.80	5.61	5.47	5.35	5.26	5.11	4.96	4.81	4.73	4.65	4.57	4.48	4.40	4.31
10	10.04	7.56	6.55	5.99	5.64	5.39	5.20	5.06	4.94	4.85	4.71	4.56	4.41	4.33	4.25	4.17	4.08	4.00	3.91
11	9.65	7.21	6.22	5.67	5.32	5.07	4.89	4.74	4.63	4.54	4.40	4.25	4.10	4.02	3.94	3.86	3.78	3.69	3.60
12	9.33	6.93	5.95	5.41	5.06	4.82	4.64	4.50	4.39	4.30	4.16	4.01	3.86	3.78	3.70	3.62	3.54	3.45	3.36
13	9.07	6.70	5.74	5.21	4.86	4.62	4.44	4.30	4.19	4.10	3.96	3.82	3.66	3.59	3.51	3.43	3.34	3.25	3.17
14	8.86	6.51	5.56	5.04	4.69	4.46	4.28	4.14	4.03	3.94	3.80	3.66	3.51	3.43	3.35	3.27	3.18	3.09	3.00
15	8.68	6.36	5.42	4.89	4.56	4.32	4.14	4.00	3.89	3.80	3.67	3.52	3.37	3.29	3.21	3.13	3.05	2.96	2.87
16	8.53	6.23	5.29	4.77	4.44	4.20	4.03	3.89	3.78	3.69	3.55	3.41	3.26	3.18	3.10	3.02	2.93	2.84	2.75
17	8.40	6.11	5.18	4.67	4.34	4.10	3.93	3.79	3.68	3.59	3.46	3.31	3.16	3.08	3.00	2.92	2.83	2.75	2.65

续附表 A－4

n_2 \ n_1	1	2	3	4	5	6	7	8	9	10	12	15	20	24	30	40	60	120	∞
18	8.29	6.01	5.09	4.58	4.25	4.01	3.84	3.71	3.60	3.51	3.37	3.23	3.08	3.00	2.92	2.84	2.75	2.66	2.57
19	8.18	5.93	5.01	4.50	4.17	3.94	3.77	3.63	3.52	3.43	3.30	3.15	3.00	2.92	2.84	2.76	2.67	2.58	2.49
20	8.10	5.85	4.94	4.43	4.10	3.87	3.70	3.56	3.46	3.37	3.23	3.09	2.94	2.86	2.78	2.69	2.61	2.52	2.42
21	8.02	5.78	4.87	4.37	4.04	3.81	3.64	3.51	3.40	3.31	3.17	3.03	2.88	2.80	2.72	2.64	2.55	2.46	2.36
22	7.95	5.72	4.82	4.31	3.99	3.76	3.59	3.45	3.35	3.26	3.12	2.98	2.83	2.75	2.67	2.58	2.50	2.40	2.31
23	7.88	5.66	4.76	4.26	3.94	3.71	3.54	3.41	3.30	3.21	3.07	2.93	2.78	2.70	2.62	2.54	2.45	2.35	2.26
24	7.82	5.61	4.72	4.22	3.90	3.67	3.50	3.36	3.26	3.17	3.03	2.89	2.74	2.66	2.58	2.49	2.40	2.31	2.21
25	7.77	5.57	4.68	4.18	3.85	3.63	3.46	3.32	3.22	3.13	2.99	2.85	2.70	2.62	2.54	2.45	2.36	2.27	2.17
26	7.72	5.53	4.64	4.14	3.82	3.59	3.42	3.29	3.18	3.09	2.96	2.81	2.66	2.58	2.50	2.42	2.33	2.23	2.13
27	7.68	5.49	4.60	4.11	3.78	3.56	3.39	3.26	3.15	3.06	2.93	2.78	2.63	2.55	2.47	2.38	2.29	2.20	2.10
28	7.64	5.45	4.57	4.07	3.75	3.53	3.36	3.23	3.12	3.03	2.90	2.75	2.60	2.52	2.44	2.35	2.26	2.17	2.06
29	7.60	5.42	4.54	4.04	3.73	3.50	3.33	3.20	3.09	3.00	2.87	2.73	2.57	2.49	2.41	2.33	2.23	2.14	2.03
30	7.56	5.39	4.51	4.02	3.70	3.47	3.30	3.17	3.07	2.98	2.84	2.70	2.55	2.47	2.39	2.30	2.21	2.11	2.01
40	7.31	5.18	4.31	3.83	3.51	3.29	3.12	2.99	2.89	2.80	2.66	2.52	2.37	2.29	2.20	2.11	2.02	1.92	1.80
60	7.08	4.98	4.13	3.65	3.34	3.12	2.95	2.82	2.72	2.63	2.50	2.35	2.20	2.12	2.03	1.94	1.84	1.73	1.60
120	6.85	4.79	3.95	3.48	3.17	2.96	2.79	2.66	2.56	2.47	2.34	2.19	2.03	1.95	1.86	1.76	1.66	1.53	1.38
∞	6.63	4.61	3.78	3.32	3.02	2.80	2.64	2.51	2.41	2.32	2.18	2.04	1.88	1.79	1.70	1.59	1.47	1.32	1.00

续附表 A-4

$\alpha = 0.005$

n_2 \ n_1	1	2	3	4	5	6	7	8	9	10	12	15	20	24	30	40	60	120	∞
1	16211	20000	21615	22500	23056	23437	23715	23925	24091	24224	24426	24630	24836	24940	25044	25148	25253	25359	25465
2	198.5	199.0	199.2	199.2	199.3	199.3	199.3	199.4	199.4	199.4	199.4	199.4	199.4	199.5	199.5	199.5	199.5	199.5	199.5
3	55.55	49.80	47.47	46.19	45.39	44.84	44.43	44.13	43.88	43.69	43.39	43.08	42.78	42.62	42.47	42.31	42.15	41.99	41.83
4	31.33	26.28	24.26	23.15	22.46	21.97	21.62	21.35	21.14	20.97	20.70	20.44	20.17	20.03	19.89	19.75	19.61	19.47	19.32
5	22.78	18.31	16.53	15.56	14.94	14.51	14.20	13.96	13.77	13.62	13.38	13.15	12.90	12.78	12.66	12.53	12.40	12.27	12.14
6	18.63	14.54	12.92	12.03	11.46	11.07	10.79	10.57	10.39	10.25	10.03	9.81	9.59	9.47	9.36	9.24	9.12	9.00	8.88
7	16.24	12.40	10.88	10.05	9.52	9.16	8.89	8.68	8.51	8.38	8.18	7.97	7.75	7.64	7.53	7.42	7.31	7.19	7.08
8	14.69	11.04	9.60	8.81	8.30	7.95	7.69	7.50	7.34	7.21	7.01	6.81	6.61	6.50	6.40	6.29	6.18	6.06	5.95
9	13.61	10.11	8.72	7.96	7.47	7.13	6.88	6.69	6.54	6.42	6.23	6.03	5.83	5.73	5.62	5.52	5.41	5.30	5.19
10	12.83	9.43	8.08	7.34	6.87	6.54	6.30	6.12	5.97	5.85	5.66	5.47	5.27	5.17	5.07	4.97	4.86	4.75	4.64
11	12.23	8.91	7.60	6.88	6.42	6.10	5.86	5.68	5.54	5.42	5.24	5.05	4.86	4.76	4.65	4.55	4.45	4.34	4.23
12	11.75	8.51	7.23	6.52	6.07	5.76	5.52	5.35	5.20	5.09	4.91	4.72	4.53	4.43	4.33	4.23	4.12	4.01	3.90
13	11.37	8.19	6.93	6.23	5.79	5.48	5.25	5.08	4.94	4.82	4.64	4.46	4.27	4.17	4.07	3.97	3.87	3.76	3.65
14	11.06	7.92	6.68	6.00	5.56	5.26	5.03	4.86	4.72	4.60	4.43	4.25	4.06	3.96	3.86	3.76	3.66	3.55	3.44
15	10.80	7.70	6.48	5.80	5.37	5.07	4.85	4.67	4.54	4.42	4.25	4.07	3.88	3.79	3.69	3.58	3.48	3.37	3.26
16	10.58	7.51	6.30	5.64	5.21	4.91	4.69	4.52	4.38	4.27	4.10	3.92	3.73	3.64	3.54	3.44	3.33	3.22	3.11
17	10.38	7.35	6.16	5.50	5.07	4.78	4.56	4.39	4.25	4.14	3.97	3.79	3.61	3.51	3.41	3.31	3.21	3.10	2.98

续附表 A－4

n_2 \ n_1	1	2	3	4	5	6	7	8	9	10	12	15	20	24	30	40	60	120	∞
18	10.22	7.21	6.03	5.37	4.96	4.66	4.44	4.28	4.14	4.03	3.86	3.68	3.50	3.40	3.30	3.20	3.10	2.99	2.87
19	10.07	7.09	5.92	5.27	4.85	4.56	4.34	4.18	4.04	3.93	3.76	3.59	3.40	3.31	3.21	3.11	3.00	2.89	2.78
20	9.94	6.99	5.82	5.17	4.76	4.47	4.26	4.09	3.96	3.85	3.68	3.50	3.32	3.22	3.12	3.02	2.92	2.81	2.69
21	9.83	6.89	5.73	5.09	4.68	4.39	4.18	4.01	3.88	3.77	3.60	3.43	3.24	3.15	3.05	2.95	2.84	2.73	2.61
22	9.73	6.81	5.65	5.02	4.61	4.32	4.11	3.94	3.81	3.70	3.54	3.36	3.18	3.08	2.98	2.88	2.77	2.66	2.55
23	9.63	6.73	5.58	4.95	4.54	4.26	4.05	3.88	3.75	3.64	3.47	3.30	3.12	3.02	2.92	2.82	2.71	2.60	2.48
24	9.55	6.66	5.52	4.89	4.49	4.20	3.99	3.83	3.69	3.59	3.42	3.25	3.06	2.97	2.87	2.77	2.66	2.55	2.43
25	9.48	6.60	5.46	4.84	4.43	4.15	3.94	3.78	3.64	3.54	3.37	3.20	3.01	2.92	2.82	2.72	2.61	2.50	2.38
26	9.41	6.54	5.41	4.79	4.38	4.10	3.89	3.73	3.60	3.49	3.33	3.15	2.97	2.87	2.77	2.67	2.56	2.45	2.33
27	9.34	6.49	5.36	4.74	4.34	4.06	3.85	3.69	3.56	3.45	3.28	3.11	2.93	2.83	2.73	2.63	2.52	2.41	2.29
28	9.28	6.44	5.32	4.70	4.30	4.02	3.81	3.65	3.52	3.41	3.25	3.07	2.89	2.79	2.69	2.59	2.48	2.37	2.25
29	9.23	6.40	5.28	4.66	4.26	3.98	3.77	3.61	3.48	3.38	3.21	3.04	2.86	2.76	2.66	2.56	2.45	2.33	2.21
30	9.18	6.35	5.24	4.62	4.23	3.95	3.74	3.58	3.45	3.34	3.18	3.01	2.82	2.73	2.63	2.52	2.42	2.30	2.18
40	8.83	6.07	4.98	4.37	3.99	3.71	3.51	3.35	3.22	3.12	2.95	2.78	2.60	2.50	2.40	2.30	2.18	2.06	1.93
60	8.49	5.79	4.73	4.14	3.76	3.49	3.29	3.13	3.01	2.90	2.74	2.57	2.39	2.29	2.19	2.08	1.96	1.83	1.69
120	8.18	5.54	4.50	3.92	3.55	3.28	3.09	2.93	2.81	2.71	2.54	2.37	2.19	2.09	1.98	1.87	1.75	1.61	1.43
∞	7.88	5.30	4.28	3.72	3.35	3.09	2.90	2.74	2.62	2.52	2.36	2.19	2.00	1.90	1.79	1.67	1.53	1.36	1.00

续附表 A－4

$\alpha=0.001$

n_2 \ n_1	1	2	3	4	5	6	7	8	9	10	12	15	20	24	30	40	60	120	∞
1	4053 +	5000 +	5404 +	5625 +	5764 +	5859 +	5929 +	5981 +	6023 +	6056 +	6107 +	6158 +	6209 +	6235 +	6261 +	6287 +	6313 +	6340 +	6366 +
2	998.5	999.0	999.2	999.3	999.3	999.3	999.4	999.4	999.4	999.4	999.4	999.4	999.5	999.5	999.5	999.5	999.5	999.5	999.5
3	167.0	148.5	141.1	137.1	134.6	132.9	131.6	130.6	129.9	129.3	128.3	127.4	126.4	125.9	125.5	125.0	124.5	124.0	123.5
4	74.14	61.25	56.18	53.44	51.71	50.53	49.66	49.00	48.47	48.05	47.41	46.76	46.10	45.77	45.43	45.09	44.75	44.40	44.05
5	47.18	37.12	33.20	31.09	29.75	28.83	28.16	27.65	27.24	26.92	26.42	25.91	25.39	25.13	24.87	24.60	24.33	24.06	23.79
6	35.51	27.00	23.70	21.92	20.80	20.03	19.46	19.03	18.69	18.41	17.99	17.56	17.12	16.90	16.67	16.44	16.21	15.98	15.75
7	29.25	21.69	18.77	17.20	16.21	15.52	15.02	14.63	14.33	14.08	13.71	13.32	12.93	12.73	12.53	12.33	12.12	11.91	11.70
8	25.41	18.49	15.83	14.39	13.48	12.86	12.40	12.05	11.77	11.54	11.19	10.84	10.48	10.30	10.11	9.92	9.73	9.53	9.33
9	22.86	16.39	13.90	12.56	11.71	11.13	10.70	10.37	10.11	9.89	9.57	9.24	8.90	8.72	8.55	8.37	8.19	8.00	7.80
10	21.04	14.91	12.55	11.28	10.48	9.93	9.52	9.20	8.96	8.75	8.45	8.13	7.80	7.64	7.47	7.30	7.12	6.94	6.76
11	19.69	13.81	11.56	10.35	9.58	9.05	8.66	8.35	8.12	7.92	7.63	7.32	7.01	6.85	6.68	6.52	6.35	6.18	6.00
12	18.64	12.97	10.80	9.63	8.89	8.38	8.00	7.71	7.48	7.29	7.00	6.71	6.40	6.25	6.09	5.93	5.76	5.59	5.42
13	17.82	12.31	10.21	9.07	8.35	7.86	7.49	7.21	6.98	6.80	6.52	6.23	5.93	5.78	5.63	5.47	5.30	5.14	4.97
14	17.14	11.78	9.73	8.62	7.92	7.44	7.08	6.80	6.58	6.40	6.13	5.85	5.56	5.41	5.25	5.10	4.94	4.77	4.60
15	16.59	11.34	9.34	8.25	7.57	7.09	6.74	6.47	6.26	6.08	5.81	5.54	5.25	5.10	4.95	4.80	4.64	4.47	4.31
16	16.12	10.97	9.01	7.94	7.27	6.80	6.46	6.19	5.98	5.81	5.55	5.27	4.99	4.85	4.70	4.54	4.39	4.23	4.06
17	15.72	10.66	8.73	7.68	7.02	6.56	6.22	5.96	5.75	5.58	5.32	5.05	4.78	4.63	4.48	4.33	4.18	4.02	3.85

续附表 A－4

n_2 \ n_1	1	2	3	4	5	6	7	8	9	10	12	15	20	24	30	40	60	120	∞
18	15.38	10.39	8.49	7.46	6.81	6.35	6.02	5.76	5.56	5.39	5.13	4.87	4.59	4.45	4.30	4.15	4.00	3.84	3.67
19	15.08	10.16	8.28	7.27	6.62	6.18	5.85	5.59	5.39	5.22	4.97	4.70	4.43	4.29	4.14	3.99	3.84	3.68	3.51
20	14.82	9.95	8.10	7.10	6.46	6.02	5.69	5.44	5.24	5.08	4.82	4.56	4.29	4.15	4.00	3.86	3.70	3.54	3.38
21	14.59	9.77	7.94	6.95	6.32	5.88	5.56	5.31	5.11	4.95	4.70	4.44	4.17	4.03	3.88	3.74	3.58	3.42	3.26
22	14.38	9.61	7.80	6.81	6.19	5.76	5.44	5.19	4.99	4.83	4.58	4.33	4.06	3.92	3.78	3.63	3.48	3.32	3.15
23	14.20	9.47	7.67	6.70	6.08	5.65	5.33	5.09	4.89	4.73	4.48	4.23	3.96	3.82	3.68	3.53	3.38	3.22	3.05
24	14.03	9.34	7.55	6.59	5.98	5.55	5.23	4.99	4.80	4.64	4.39	4.14	3.87	3.74	3.59	3.45	3.29	3.14	2.97
25	13.88	9.22	7.45	6.49	5.89	5.46	5.15	4.91	4.71	4.56	4.31	4.06	3.79	3.66	3.52	3.37	3.22	3.06	2.89
26	13.74	9.12	7.36	6.41	5.80	5.38	5.07	4.83	4.64	4.48	4.24	3.99	3.72	3.59	3.44	3.30	3.15	2.99	2.82
27	13.61	9.02	7.27	6.33	5.73	5.31	5.00	4.76	4.57	4.41	4.17	3.92	3.66	3.52	3.38	3.23	3.08	2.92	2.75
28	13.50	8.93	7.19	6.25	5.66	5.24	4.93	4.69	4.50	4.35	4.11	3.86	3.60	3.46	3.32	3.18	3.02	2.86	2.69
29	13.39	8.85	7.12	6.19	5.59	5.18	4.87	4.64	4.45	4.29	4.05	3.80	3.54	3.41	3.27	3.12	2.97	2.81	2.64
30	13.29	8.77	7.05	6.12	5.53	5.12	4.82	4.58	4.39	4.24	4.00	3.75	3.49	3.36	3.22	3.07	2.92	2.76	2.59
40	12.61	8.25	6.59	5.70	5.13	4.73	4.44	4.21	4.02	3.87	3.64	3.40	3.14	3.01	2.87	2.73	2.57	2.41	2.23
60	11.97	7.77	6.17	5.31	4.76	4.37	4.09	3.86	3.69	3.54	3.32	3.08	2.83	2.69	2.55	2.41	2.25	2.08	1.89
120	11.38	7.32	5.78	4.95	4.42	4.04	3.77	3.55	3.38	3.24	3.02	2.78	2.53	2.40	2.26	2.11	1.95	1.77	1.54
∞	10.83	6.91	5.42	4.62	4.10	3.74	3.47	3.27	3.10	2.96	2.74	2.51	2.27	2.13	1.99	1.84	1.66	1.45	1.00

注：+表示要将所列数乘以100。

附表 A-5 β分布表

$P(\beta > \beta_\alpha) = \alpha$

n	α	m=5	6	7	8	9	10	20	30	40	50	60	70	80	90	120	150	200	250	500
0.5	0.999	0.0000	0.0000	0.0000	0.0000	0.0000	0.0000	0.0000	0.0000	0.0000	0.0000	0.0000	0.0000	0.0000	0.0000	0.0000	0.0000	0.0000	0.0000	0.0000
	0.75	0.0106	0.0088	0.0075	0.0065	0.0058	0.0052	0.0026	0.0017	0.0013	0.0010	0.0008	0.0007	0.0006	0.0006	0.0004	0.0003	0.0003	0.0002	0.0001
	0.1	0.2473	0.2093	0.1814	0.1600	0.1431	0.1295	0.0662	0.0445	0.0335	0.0268	0.0224	0.0192	0.0168	0.0150	0.0112	0.0090	0.0067	0.0054	0.0027
	0.05	0.3318	0.2835	0.2473	0.2193	0.1969	0.1787	0.0927	0.0625	0.0472	0.0379	0.0316	0.0272	0.0238	0.0212	0.0159	0.0127	0.0096	0.0077	0.0038
	0.025	0.4096	0.3532	0.3103	0.2765	0.2493	0.2269	0.1194	0.0810	0.0612	0.0492	0.0412	0.0354	0.0310	0.0276	0.0208	0.0166	0.0125	0.0100	0.0050
	0.0125	0.4800	0.4178	0.3694	0.3309	0.2996	0.2736	0.1461	0.0995	0.0755	0.0608	0.0509	0.0437	0.0384	0.0342	0.0257	0.0206	0.0155	0.0124	0.0062
	0.01	0.5011	0.4374	0.3876	0.3478	0.3152	0.2882	0.1546	0.1055	0.0801	0.0645	0.0540	0.0465	0.0407	0.0363	0.0273	0.0219	0.0165	0.0132	0.0066
	0.005	0.5619	0.4948	0.4413	0.3979	0.3621	0.3321	0.1808	0.1240	0.0944	0.0761	0.0638	0.0549	0.0482	0.0430	0.0324	0.0260	0.0195	0.0157	0.0079
	0.001	0.6778	0.6084	0.5505	0.5019	0.4607	0.4256	0.2397	0.1664	0.1273	0.1031	0.0866	0.0747	0.0656	0.0585	0.0442	0.0355	0.0267	0.0214	0.0108
1.0	0.999	0.0002	0.0002	0.0001	0.0001	0.0001	0.0001	0.0001	0.0000	0.0000	0.0000	0.0000	0.0000	0.0000	0.0000	0.0000	0.0000	0.0000	0.0000	0.0000
	0.75	0.0559	0.0468	0.0403	0.0353	0.0315	0.0284	0.0143	0.0095	0.0072	0.0057	0.0048	0.0041	0.0036	0.0032	0.0024	0.0019	0.0014	0.0012	0.0006
	0.1	0.3690	0.3187	0.2803	0.2501	0.2257	0.2057	0.1087	0.0739	0.0559	0.0450	0.0377	0.0324	0.0284	0.0253	0.0190	0.0152	0.0115	0.0092	0.0046
	0.05	0.4507	0.3930	0.3482	0.3123	0.2831	0.2589	0.1391	0.0950	0.0722	0.0582	0.0487	0.0419	0.0368	0.0327	0.0247	0.0198	0.0149	0.0119	0.0060
	0.025	0.5218	0.4593	0.4096	0.3694	0.3363	0.3085	0.1684	0.1157	0.0881	0.0711	0.0596	0.0513	0.0451	0.0402	0.0303	0.0243	0.0183	0.0147	0.0074
	0.0125	0.5837	0.5183	0.4653	0.4218	0.3855	0.3548	0.1968	0.1359	0.1038	0.0839	0.0704	0.0607	0.0533	0.0475	0.0359	0.0288	0.0217	0.0174	0.0087
	0.01	0.6019	0.5358	0.4821	0.4377	0.4005	0.3690	0.2057	0.1423	0.1087	0.0880	0.0739	0.0637	0.0559	0.0499	0.0377	0.0302	0.0228	0.0183	0.0092
	0.005	0.6534	0.5865	0.5309	0.4843	0.4450	0.4113	0.2327	0.1619	0.1241	0.1005	0.0845	0.0729	0.0641	0.0572	0.0432	0.0347	0.0261	0.0210	0.0105
	0.001	0.7488	0.6838	0.6272	0.5783	0.5358	0.4988	0.2921	0.2057	0.1586	0.1290	0.1087	0.0940	0.0827	0.0739	0.0559	0.0450	0.0340	0.0273	0.0137

续附表 A－5

n	α	m																		
		5	6	7	8	9	10	20	30	40	50	60	70	80	90	120	150	200	250	500
1.5	0.999	0.0023	0.0019	0.0017	0.0015	0.0013	0.0012	0.0006	0.0004	0.0003	0.0002	0.0002	0.0002	0.0002	0.0001	0.0001	0.0001	0.0001	0.0000	0.0000
	0.75	0.1093	0.0926	0.0803	0.0709	0.0635	0.0575	0.0295	0.0198	0.0150	0.0120	0.0100	0.0086	0.0075	0.0067	0.0050	0.0040	0.0030	0.0024	0.0012
	0.1	0.4500	0.3944	0.3509	0.3158	0.2871	0.2631	0.1431	0.0982	0.0747	0.0603	0.0506	0.0435	0.0382	0.0340	0.0257	0.0206	0.0155	0.0124	0.0062
	0.05	0.5266	0.4660	0.4174	0.3778	0.3450	0.3173	0.1755	0.1212	0.0925	0.0748	0.0628	0.0541	0.0475	0.0424	0.0320	0.0257	0.0193	0.0155	0.0078
	0.025	0.5915	0.5280	0.4761	0.4332	0.3972	0.3666	0.2062	0.1432	0.1096	0.0888	0.0747	0.0644	0.0566	0.0505	0.0381	0.0306	0.0231	0.0185	0.0093
	0.0125	0.6468	0.5821	0.5283	0.4831	0.4447	0.4118	0.2353	0.1644	0.1262	0.1024	0.0862	0.0744	0.0654	0.0584	0.0442	0.0355	0.0268	0.0215	0.0108
	0.01	0.6628	0.5981	0.5438	0.4981	0.4591	0.4255	0.2444	0.1710	0.1315	0.1068	0.0899	0.0776	0.0683	0.0609	0.0461	0.0371	0.0279	0.0224	0.0113
	0.005	0.7080	0.6437	0.5887	0.5417	0.5012	0.4660	0.2718	0.1912	0.1474	0.1199	0.1011	0.0873	0.0769	0.0687	0.0520	0.0418	0.0316	0.0253	0.0128
	0.001	0.7902	0.7298	0.6758	0.6281	0.5858	0.5485	0.3309	0.2358	0.1830	0.1494	0.1263	0.1093	0.0964	0.0862	0.0654	0.0527	0.0398	0.0320	0.0161
2.0	0.999	0.0083	0.0070	0.0060	0.0053	0.0048	0.0043	0.0022	0.0015	0.0011	0.0009	0.0008	0.0006	0.0006	0.0005	0.0004	0.0003	0.0002	0.0002	0.0001
	0.75	0.1612	0.1380	0.1206	0.1072	0.0964	0.0876	0.0458	0.0310	0.0235	0.0189	0.0158	0.0135	0.0119	0.0106	0.0079	0.0064	0.0048	0.0038	0.0019
	0.1	0.5103	0.4526	0.4062	0.3684	0.3368	0.3102	0.1729	0.1198	0.0916	0.0741	0.0623	0.0537	0.0472	0.0421	0.0313	0.0255	0.0192	0.0154	0.0077
	0.05	0.5818	0.5207	0.4707	0.4291	0.3942	0.3644	0.2067	0.1441	0.1106	0.0897	0.0754	0.0651	0.0572	0.0511	0.0385	0.0310	0.0234	0.0188	0.0094
	0.025	0.6412	0.5787	0.5265	0.4825	0.4450	0.4128	0.2382	0.1670	0.1286	0.1045	0.0880	0.0760	0.0669	0.0597	0.0452	0.0363	0.0274	0.0220	0.0111
	0.0125	0.6913	0.6287	0.5755	0.5299	0.4906	0.4566	0.2677	0.1888	0.1458	0.1187	0.1001	0.0865	0.0762	0.0681	0.0515	0.0415	0.0313	0.0252	0.0127
	0.01	0.7057	0.6434	0.5899	0.5440	0.5044	0.4698	0.2768	0.1957	0.1512	0.1232	0.1039	0.0899	0.0792	0.0707	0.0535	0.0432	0.0326	0.0262	0.0132
	0.005	0.7460	0.6849	0.6315	0.5850	0.5443	0.5086	0.3043	0.2163	0.1677	0.1368	0.1156	0.1000	0.0882	0.0788	0.0598	0.0482	0.0364	0.0292	0.0147
	0.001	0.8186	0.7625	0.7113	0.6651	0.6237	0.5866	0.3630	0.2613	0.2039	0.1671	0.1416	0.1228	0.1084	0.0970	0.0738	0.0595	0.0450	0.0362	0.0183

续附表 A－5

n	α	m																	
		5	6	7	8	9	10	20	30	40	50	60	70	80	90	120	150	200	250	500
	0. 999	0. 0182	0. 0155	0. 0135	0. 0120	0. 0108	0. 0097	0. 0051	0. 0034	0. 0026	0. 0021	0. 0017	0. 0015	0. 0013	0. 0012	0. 0009	0. 0007	0. 0005	0. 0004	0. 0002
	0. 75	0. 2092	0. 1808	0. 1592	0. 1422	0. 1286	0. 1173	0. 0625	0. 0426	0. 0323	0. 0260	0. 0218	0. 0187	0. 0164	0. 0146	0. 0110	0. 0088	0. 0066	0. 0053	0. 0027
	0. 1	0. 5577	0. 4994	0. 4517	0. 4122	0. 3789	0. 3505	0. 1997	0. 1395	0. 1072	0. 0870	0. 0732	0. 0632	0. 0556	0. 0496	0. 0375	0. 0302	0. 0227	0. 0183	0. 0092
	0. 05	0. 6245	0. 5641	0. 5137	0. 4713	0. 4351	0. 4040	0. 2344	0. 1648	0. 1271	0. 1034	0. 0871	0. 0753	0. 0663	0. 0592	0. 0448	0. 0361	0. 0272	0. 0218	0. 0110
2. 5	0. 025	0. 6793	0. 6185	0. 5668	0. 5225	0. 4844	0. 4512	0. 2663	0. 1884	0. 1457	0. 1188	0. 1002	0. 0867	0. 0764	0. 0683	0. 0518	0. 0417	0. 0315	0. 0253	0. 0127
	0. 0125	0. 7250	0. 6649	0. 6129	0. 5676	0. 5282	0. 4936	0. 2960	0. 2107	0. 1635	0. 1335	0. 1128	0. 0977	0. 0861	0. 0770	0. 0585	0. 0471	0. 0356	0. 0286	0. 0144
	0. 01	0. 7381	0. 6785	0. 6264	0. 5810	0. 5413	0. 5063	0. 3052	0. 2177	0. 1690	0. 1381	0. 1168	0. 1011	0. 0892	0. 0798	0. 0606	0. 0488	0. 0369	0. 0296	0. 0150
	0. 005	0. 7746	0. 7167	0. 6652	0. 6196	0. 5792	0. 5435	0. 3326	0. 2386	0. 1858	0. 1522	0. 1288	0. 1116	0. 0985	0. 0882	0. 0670	0. 0540	0. 0409	0. 0329	0. 0166
	0. 001	0. 8398	0. 7875	0. 7388	0. 6944	0. 6541	0. 6176	0. 3906	0. 2839	0. 2226	0. 1831	0. 1554	0. 1350	0. 1193	0. 1069	0. 0814	0. 0658	0. 0498	0. 0401	0. 0203
	0. 999	0. 0316	0. 0270	0. 0237	0. 0210	0. 0189	0. 0172	0. 0090	0. 0061	0. 0046	0. 0037	0. 0031	0. 0027	0. 0024	0. 0021	0. 0016	0. 0013	0. 0009	0. 0008	0. 0004
	0. 75	0. 2531	0. 2206	0. 1955	0. 1756	0. 1593	0. 1459	0. 0790	0. 0542	0. 0413	0. 0333	0. 0279	0. 0240	0. 0211	0. 0188	0. 0142	0. 0114	0. 0086	0. 0069	0. 0034
	0. 1	0. 5962	0. 5382	0. 4901	0. 4496	0. 4152	0. 3855	0. 2242	0. 1579	0. 1218	0. 0991	0. 0836	0. 0722	0. 0636	0. 0568	0. 0430	0. 0346	0. 0261	0. 0210	0. 0106
	0. 05	0. 6587	0. 5997	0. 5496	0. 5069	0. 4701	0. 4381	0. 2595	0. 1839	0. 1424	0. 1162	0. 0981	0. 0849	0. 0748	0. 0669	0. 0507	0. 0408	0. 0308	0. 0248	0. 0125
3. 0	0. 025	0. 7096	0. 6509	0. 6001	0. 5561	0. 5178	0. 4841	0. 2916	0. 2081	0. 1616	0. 1321	0. 1117	0. 0968	0. 0853	0. 0763	0. 0580	0. 0467	0. 0353	0. 0284	0. 0143
	0. 0125	0. 7517	0. 6942	0. 6436	0. 5990	0. 5598	0. 5251	0. 3214	0. 2307	0. 1798	0. 1473	0. 1247	0. 1081	0. 0954	0. 0854	0. 0649	0. 0524	0. 0396	0. 0318	0. 0161
	0. 01	0. 7637	0. 7068	0. 6563	0. 6117	0. 5723	0. 5373	0. 3305	0. 2377	0. 1855	0. 1520	0. 1288	0. 1117	0. 0986	0. 0883	0. 0671	0. 0542	0. 0410	0. 0329	0. 0166
	0. 005	0. 7970	0. 7422	0. 6926	0. 6482	0. 6085	0. 5729	0. 3577	0. 2588	0. 2026	0. 1663	0. 1411	0. 1225	0. 1082	0. 0969	0. 0738	0. 0596	0. 0451	0. 0363	0. 0183
	0. 001	0. 8562	0. 8073	0. 7612	0. 7185	0. 6793	0. 6436	0. 4151	0. 3042	0. 2397	0. 1977	0. 1682	0. 1463	0. 1295	0. 1161	0. 0886	0. 0717	0. 0543	0. 0438	0. 0222

续附表 A－5

n	α	m = 5	6	7	8	9	10	20	30	40	50	60	70	80	90	120	150	200	250	500
3.5	0.999	0.0474	0.0408	0.0359	0.0320	0.0289	0.0264	0.0140	0.0095	0.0072	0.0058	0.0049	0.0042	0.0037	0.0033	0.0025	0.0020	0.0015	0.0012	0.0006
	0.75	0.2929	0.2572	0.2294	0.2070	0.1886	0.1732	0.0954	0.0659	0.0503	0.0407	0.0341	0.0294	0.0259	0.0231	0.0174	0.0140	0.0105	0.0084	0.0042
	0.1	0.6282	0.5711	0.5230	0.4821	0.4470	0.4165	0.2468	0.1751	0.1356	0.1107	0.0935	0.0809	0.0713	0.0637	0.0484	0.0390	0.0294	0.0236	0.0119
	0.05	0.6870	0.6296	0.5802	0.5376	0.5005	0.4681	0.2824	0.2018	0.1569	0.1283	0.1085	0.0940	0.0829	0.0742	0.0564	0.0454	0.0344	0.0276	0.0139
	0.025	0.7344	0.6778	0.6282	0.5848	0.5466	0.5128	0.3147	0.2263	0.1765	0.1447	0.1226	0.1063	0.0939	0.0840	0.0639	0.0516	0.0390	0.0314	0.0159
	0.0125	0.7734	0.7184	0.6694	0.6258	0.5870	0.5524	0.3444	0.2492	0.1950	0.1602	0.1359	0.1180	0.1042	0.0934	0.0711	0.0574	0.0435	0.0350	0.0177
	0.01	0.7845	0.7302	0.6814	0.6379	0.5990	0.5642	0.3534	0.2562	0.2008	0.1650	0.1400	0.1216	0.1075	0.0963	0.0734	0.0593	0.0449	0.0361	0.0183
	0.005	0.8152	0.7632	0.7156	0.6724	0.6335	0.5984	0.3804	0.2774	0.2181	0.1796	0.1526	0.1327	0.1173	0.1052	0.0802	0.0648	0.0491	0.0396	0.0200
	0.001	0.8695	0.8235	0.7797	0.7387	0.7007	0.6658	0.4370	0.3228	0.2556	0.2114	0.1802	0.1570	0.1390	0.1248	0.0954	0.0773	0.0586	0.0473	0.0240
4.0	0.999	0.0648	0.0562	0.0496	0.0444	0.0402	0.0368	0.0198	0.0135	0.0103	0.0083	0.0069	0.0060	0.0052	0.0047	0.0035	0.0028	0.0021	0.0017	0.0009
	0.75	0.3291	0.2910	0.2609	0.2364	0.2162	0.1991	0.1114	0.0774	0.0593	0.0481	0.0404	0.0348	0.0306	0.0273	0.0207	0.0166	0.0125	0.0100	0.0050
	0.1	0.6554	0.5994	0.5517	0.5108	0.4753	0.4443	0.2678	0.1914	0.1488	0.1217	0.1030	0.0892	0.0787	0.0704	0.0535	0.0431	0.0326	0.0262	0.0132
	0.05	0.7108	0.6551	0.6066	0.5644	0.5273	0.4946	0.3036	0.2185	0.1706	0.1398	0.1185	0.1028	0.0908	0.0813	0.0618	0.0499	0.0378	0.0304	0.0153
	0.025	0.7551	0.7007	0.6525	0.6097	0.5719	0.5381	0.3359	0.2433	0.1906	0.1566	0.1329	0.1154	0.1020	0.0914	0.0696	0.0562	0.0426	0.0343	0.0173
	0.0125	0.7915	0.7389	0.6915	0.6489	0.6107	0.5764	0.3654	0.2664	0.2094	0.1724	0.1465	0.1274	0.1127	0.1010	0.0770	0.0623	0.0472	0.0380	0.0192
	0.01	0.8018	0.7500	0.7029	0.6604	0.6222	0.5878	0.3745	0.2735	0.2152	0.1773	0.1508	0.1311	0.1160	0.1040	0.0794	0.0642	0.0486	0.0392	0.0198
	0.005	0.8303	0.7809	0.7351	0.6933	0.6552	0.6206	0.4012	0.2947	0.2327	0.1921	0.1636	0.1424	0.1261	0.1131	0.0864	0.0699	0.0530	0.0427	0.0217
	0.001	0.8804	0.8371	0.7954	0.7559	0.7192	0.6851	0.4569	0.3401	0.2703	0.2242	0.1915	0.1670	0.1481	0.1331	0.1019	0.0826	0.0628	0.0506	0.0257

续附表 A-5

n	α	m=5	6	7	8	9	10	20	30	40	50	60	70	80	90	120	150	200	250	500
4.5	0.999	0.0834	0.0727	0.0644	0.0579	0.0526	0.0481	0.0262	0.0180	0.0137	0.0111	0.0093	0.0080	0.0070	0.0063	0.0047	0.0038	0.0029	0.0023	0.0011
	0.75	0.3620	0.3220	0.2901	0.2640	0.2422	0.2238	0.1271	0.0888	0.0683	0.0554	0.0467	0.0403	0.0354	0.0316	0.0239	0.0193	0.0145	0.0117	0.0059
	0.1	0.6787	0.6241	0.5770	0.5362	0.5006	0.4693	0.2874	0.2068	0.1614	0.1324	0.1122	0.0973	0.0859	0.0769	0.0585	0.0472	0.0357	0.0287	0.0145
	0.05	0.7311	0.6771	0.6297	0.5880	0.5512	0.5185	0.3234	0.2343	0.1836	0.1509	0.1281	0.1113	0.0983	0.0881	0.0671	0.0542	0.0411	0.0331	0.0167
	0.025	0.7728	0.7204	0.6735	0.6317	0.5942	0.5607	0.3555	0.2593	0.2040	0.1680	0.1428	0.1242	0.1099	0.0985	0.0752	0.0608	0.0461	0.0371	0.0188
	0.0125	0.8068	0.7565	0.7107	0.6692	0.6316	0.5977	0.3849	0.2825	0.2229	0.1841	0.1567	0.1364	0.1208	0.1083	0.0828	0.0670	0.0508	0.0409	0.0207
	0.01	0.8165	0.7669	0.7215	0.6802	0.6427	0.6087	0.3938	0.2897	0.2288	0.1890	0.1610	0.1402	0.1242	0.1114	0.0852	0.0689	0.0523	0.0421	0.0214
	0.005	0.8430	0.7960	0.7520	0.7115	0.6743	0.6403	0.4203	0.3109	0.2464	0.2040	0.1740	0.1517	0.1344	0.1207	0.0924	0.0748	0.0568	0.0458	0.0232
	0.001	0.8896	0.8487	0.8089	0.7710	0.7354	0.7022	0.4752	0.3561	0.2842	0.2363	0.2022	0.1766	0.1568	0.1410	0.1082	0.0878	0.0668	0.0539	0.0274
5.0	0.999	0.1025	0.0898	0.0800	0.0721	0.0656	0.0602	0.0331	0.0229	0.0175	0.0141	0.0119	0.0102	0.0090	0.0080	0.0060	0.0049	0.0037	0.0029	0.0015
	0.75	0.3920	0.3507	0.3173	0.2898	0.2668	0.2471	0.1424	0.1001	0.0771	0.0628	0.0529	0.0457	0.0403	0.0360	0.0272	0.0219	0.0165	0.0133	0.0067
	0.1	0.6990	0.6458	0.5995	0.5590	0.5234	0.4920	0.3059	0.2215	0.1735	0.1426	0.1210	0.1051	0.0929	0.0832	0.0634	0.0512	0.0388	0.0312	0.0158
	0.05	0.7486	0.6965	0.6502	0.6091	0.5726	0.5400	0.3418	0.2493	0.1961	0.1615	0.1373	0.1194	0.1057	0.0947	0.0723	0.0585	0.0443	0.0357	0.0181
	0.025	0.7880	0.7376	0.6921	0.6511	0.6143	0.5810	0.3738	0.2745	0.2167	0.1789	0.1524	0.1327	0.1175	0.1054	0.0805	0.0652	0.0494	0.0398	0.0202
	0.0125	0.8200	0.7718	0.7275	0.6871	0.6503	0.6168	0.4030	0.2978	0.2358	0.1952	0.1664	0.1451	0.1286	0.1154	0.0883	0.0715	0.0543	0.0438	0.0222
	0.01	0.8290	0.7817	0.7378	0.6976	0.6609	0.6274	0.4118	0.3049	0.2418	0.2002	0.1708	0.1489	0.1320	0.1185	0.0908	0.0735	0.0558	0.0450	0.0229
	0.005	0.8539	0.8091	0.7668	0.7275	0.6913	0.6579	0.4379	0.3262	0.2595	0.2153	0.1840	0.1606	0.1424	0.1280	0.0981	0.0795	0.0605	0.0488	0.0248
	0.001	0.8975	0.8587	0.8206	0.7841	0.7497	0.7173	0.4920	0.3712	0.2974	0.2479	0.2125	0.1859	0.1652	0.1486	0.1142	0.0928	0.0706	0.0570	0.0290

续附表 A－5

n	α	m=5	6	7	8	9	10	20	30	40	50	60	70	80	90	120	150	200	250	500
6.0	0.999	0.1413	0.1249	0.1120	0.1016	0.0929	0.0857	0.0482	0.0335	0.0257	0.0209	0.0176	0.0152	0.0133	0.0119	0.0090	0.0072	0.0055	0.0044	0.0022
	0.75	0.4445	0.4016	0.3663	0.3368	0.3117	0.2902	0.1717	0.1220	0.0946	0.0773	0.0653	0.0566	0.0499	0.0446	0.0339	0.0273	0.0206	0.0166	0.0084
	0.1	0.7327	0.6823	0.6377	0.5982	0.5631	0.5317	0.3397	0.2490	0.1964	0.1621	0.1380	0.1202	0.1064	0.0954	0.0729	0.0590	0.0448	0.0361	0.0183
	0.05	0.7776	0.7288	0.6848	0.6452	0.6096	0.5774	0.3754	0.2772	0.2195	0.1817	0.1550	0.1351	0.1197	0.1075	0.0823	0.0666	0.0506	0.0408	0.0207
	0.025	0.8129	0.7662	0.7233	0.6842	0.6486	0.6162	0.4070	0.3026	0.2405	0.1995	0.1705	0.1488	0.1320	0.1186	0.0909	0.0737	0.0560	0.0452	0.0230
	0.0125	0.8415	0.7972	0.7557	0.7174	0.6822	0.6498	0.4356	0.3259	0.2600	0.2161	0.1849	0.1616	0.1434	0.1290	0.0990	0.0803	0.0611	0.0493	0.0251
	0.01	0.8496	0.8060	0.7651	0.7271	0.6920	0.6597	0.4443	0.3330	0.2659	0.2213	0.1894	0.1655	0.1470	0.1322	0.1015	0.0824	0.0627	0.0506	0.0258
	0.005	0.8717	0.8307	0.7915	0.7546	0.7201	0.6882	0.4698	0.3542	0.2838	0.2366	0.2028	0.1774	0.1577	0.1419	0.1091	0.0886	0.0675	0.0545	0.0278
	0.001	0.9102	0.8751	0.8401	0.8062	0.7738	0.7432	0.5222	0.3987	0.3217	0.2695	0.2317	0.2032	0.1809	0.1630	0.1257	0.1023	0.0781	0.0631	0.0322
7.0	0.999	0.1794	0.1599	0.1443	0.1316	0.1209	0.1119	0.0643	0.0451	0.0348	0.0283	0.0239	0.0206	0.0182	0.0162	0.0123	0.0099	0.0075	0.0060	0.0030
	0.75	0.4889	0.4453	0.4090	0.3782	0.3518	0.3289	0.1994	0.1431	0.1117	0.0916	0.0776	0.0673	0.0594	0.0532	0.0405	0.0327	0.0247	0.0199	0.0101
	0.1	0.7595	0.7118	0.6691	0.6309	0.5965	0.5654	0.3700	0.2742	0.2177	0.1805	0.1541	0.1345	0.1192	0.1071	0.0821	0.0665	0.0506	0.0408	0.0207
	0.05	0.8004	0.7547	0.7130	0.6750	0.6404	0.6090	0.4054	0.3027	0.2413	0.2006	0.1716	0.1499	0.1331	0.1196	0.0918	0.0745	0.0567	0.0457	0.0233
	0.025	0.8325	0.7891	0.7487	0.7114	0.6771	0.6457	0.4365	0.3281	0.2626	0.2188	0.1874	0.1640	0.1457	0.1311	0.1008	0.0818	0.0623	0.0503	0.0256
	0.0125	0.8583	0.8173	0.7785	0.7422	0.7085	0.6773	0.4644	0.3513	0.2821	0.2356	0.2022	0.1771	0.1575	0.1418	0.1091	0.0887	0.0676	0.0546	0.0279
	0.01	0.8656	0.8254	0.7871	0.7512	0.7177	0.6866	0.4729	0.3584	0.2882	0.2408	0.2067	0.1811	0.1611	0.1451	0.1118	0.0909	0.0693	0.0560	0.0286
	0.005	0.8855	0.8478	0.8113	0.7766	0.7439	0.7132	0.4977	0.3794	0.3060	0.2563	0.2204	0.1933	0.1721	0.1551	0.1196	0.0973	0.0743	0.0600	0.0307
	0.001	0.9201	0.8880	0.8557	0.8241	0.7936	0.7645	0.5485	0.4234	0.3440	0.2894	0.2496	0.2194	0.1957	0.1766	0.1366	0.1114	0.0851	0.0689	0.0353

续附表 A－5

n	α	m=5	6	7	8	9	10	20	30	40	50	60	70	80	90	120	150	200	250	500
8.0	0.999	0.2159	0.1938	0.1759	0.1612	0.1487	0.1381	0.0809	0.0573	0.0444	0.0362	0.0306	0.0265	0.0233	0.0209	0.0158	0.0128	0.0096	0.0077	0.0039
	0.75	0.5269	0.4833	0.4465	0.4150	0.3877	0.3638	0.2255	0.1635	0.1282	0.1055	0.0896	0.0779	0.0689	0.0618	0.0471	0.0381	0.0289	0.0232	0.0118
	0.1	0.7813	0.7363	0.6954	0.6585	0.6250	0.5945	0.3974	0.2976	0.2377	0.1979	0.1694	0.1481	0.1316	0.1184	0.0909	0.0738	0.0562	0.0454	0.0231
	0.05	0.8190	0.7760	0.7364	0.7000	0.6666	0.6360	0.4323	0.3262	0.2616	0.2183	0.1873	0.1640	0.1458	0.1313	0.1010	0.0821	0.0626	0.0506	0.0258
	0.025	0.8483	0.8078	0.7696	0.7341	0.7012	0.6708	0.4628	0.3516	0.2831	0.2368	0.2035	0.1784	0.1588	0.1430	0.1103	0.0897	0.0684	0.0553	0.0282
	0.0125	0.8719	0.8338	0.7973	0.7629	0.7307	0.7006	0.4902	0.3746	0.3027	0.2538	0.2185	0.1917	0.1708	0.1540	0.1189	0.0968	0.0739	0.0598	0.0306
	0.01	0.8785	0.8412	0.8053	0.7713	0.7393	0.7094	0.4984	0.3817	0.3087	0.2591	0.2231	0.1959	0.1745	0.1574	0.1216	0.0990	0.0756	0.0612	0.0313
	0.005	0.8966	0.8617	0.8276	0.7949	0.7638	0.7344	0.5226	0.4025	0.3266	0.2747	0.2369	0.2082	0.1857	0.1676	0.1296	0.1056	0.0808	0.0654	0.0335
	0.001	0.9279	0.8984	0.8684	0.8388	0.8101	0.7824	0.5718	0.4458	0.3644	0.3078	0.2663	0.2347	0.2097	0.1895	0.1470	0.1201	0.0920	0.0745	0.0382
9.0	0.999	0.2503	0.2262	0.2064	0.1899	0.1760	0.1639	0.0978	0.0698	0.0543	0.0445	0.0376	0.0326	0.0288	0.0258	0.0196	0.0158	0.0120	0.0096	0.0049
	0.75	0.5597	0.5165	0.4796	0.4478	0.4199	0.3954	0.2500	0.1830	0.1443	0.1191	0.1015	0.0884	0.0782	0.0702	0.0537	0.0434	0.0330	0.0266	0.0135
	0.1	0.7995	0.7568	0.7178	0.6822	0.6496	0.6198	0.4224	0.3194	0.2566	0.2144	0.1841	0.1613	0.1435	0.1292	0.0995	0.0809	0.0617	0.0499	0.0255
	0.05	0.8343	0.7939	0.7563	0.7214	0.6892	0.6594	0.4567	0.3479	0.2807	0.2351	0.2023	0.1775	0.1581	0.1425	0.1099	0.0895	0.0683	0.0553	0.0282
	0.025	0.8614	0.8234	0.7873	0.7535	0.7219	0.6924	0.4867	0.3732	0.3022	0.2538	0.2187	0.1921	0.1713	0.1545	0.1194	0.0973	0.0744	0.0602	0.0308
	0.0125	0.8831	0.8475	0.8131	0.7805	0.7497	0.7207	0.5134	0.3961	0.3219	0.2710	0.2339	0.2057	0.1836	0.1657	0.1283	0.1046	0.0800	0.0648	0.0332
	0.01	0.8892	0.8543	0.8205	0.7883	0.7578	0.7290	0.5214	0.4031	0.3279	0.2762	0.2385	0.2099	0.1873	0.1692	0.1310	0.1069	0.0818	0.0662	0.0339
	0.005	0.9058	0.8733	0.8413	0.8103	0.7807	0.7526	0.5449	0.4236	0.3458	0.2919	0.2525	0.2224	0.1987	0.1795	0.1392	0.1137	0.0871	0.0705	0.0362
	0.001	0.9344	0.9071	0.8791	0.8513	0.8240	0.7977	0.5926	0.4663	0.3833	0.3251	0.2821	0.2491	0.2229	0.2017	0.1570	0.1284	0.0985	0.0799	0.0411

续附表 A－5

n	α	m																		
		5	6	7	8	9	10	20	30	40	50	60	70	80	90	120	150	200	250	500
10	0.999	0.2827	0.2568	0.2355	0.2176	0.2023	0.1890	0.1148	0.0826	0.0645	0.0530	0.0449	0.0390	0.0345	0.0309	0.0235	0.0190	0.0144	0.0116	0.0059
	0.75	0.5883	0.5457	0.5091	0.4771	0.4490	0.4241	0.2732	0.2017	0.1599	0.1325	0.1131	0.0986	0.0875	0.0786	0.0602	0.0488	0.0371	0.0299	0.0152
	0.1	0.8149	0.7744	0.7371	0.7027	0.6712	0.6421	0.4452	0.3397	0.2744	0.2301	0.1981	0.1739	0.1549	0.1397	0.1079	0.0879	0.0671	0.0543	0.0278
	0.05	0.8473	0.8091	0.7733	0.7399	0.7088	0.6799	0.4790	0.3682	0.2986	0.2511	0.2166	0.1904	0.1698	0.1533	0.1185	0.0967	0.0739	0.0599	0.0307
	0.025	0.8724	0.8366	0.8025	0.7702	0.7398	0.7114	0.5083	0.3933	0.3202	0.2699	0.2332	0.2053	0.1833	0.1656	0.1283	0.1047	0.0802	0.0649	0.0333
	0.0125	0.8925	0.8591	0.8266	0.7956	0.7661	0.7382	0.5344	0.4159	0.3399	0.2872	0.2485	0.2190	0.1958	0.1770	0.1373	0.1122	0.0860	0.0697	0.0358
	0.01	0.8981	0.8654	0.8335	0.8029	0.7737	0.7460	0.5422	0.4228	0.3459	0.2925	0.2532	0.2232	0.1996	0.1805	0.140[illegible]	0.1145	0.0878	0.0712	0.0366
	0.005	0.9134	0.8830	0.8529	0.8236	0.7953	0.7684	0.5651	0.4431	0.3637	0.3082	0.2672	0.2359	0.2111	0.1910	0.1485	0.1215	0.0932	0.0756	0.0389
	0.001	0.9398	0.9143	0.8881	0.8619	0.8361	0.8110	0.6113	0.4851	0.4010	0.3413	0.2970	0.2627	0.2356	0.2135	0.1665	0.1365	0.1049	0.0852	0.0439
15	0.999	0.4144	0.3846	0.3591	0.3370	0.3176	0.3004	0.1963	0.1462	0.1166	0.0970	0.0831	0.0726	0.0645	0.0581	0.0445	0.0363	0.0276	0.0223	0.0114
	0.75	0.6895	0.6516	0.6177	0.5874	0.5600	0.5351	0.3712	0.2846	0.2308	0.1941	0.1675	0.1473	0.1315	0.1187	0.0920	0.0750	0.0574	0.0465	0.0239
	0.1	0.8661	0.8341	0.8038	0.7752	0.7482	0.7228	0.5361	0.4245	0.3511	0.2991	0.2605	0.2307	0.2071	0.1878	0.1467	0.1204	0.0927	0.0754	0.0389
	0.05	0.8901	0.8604	0.8318	0.8044	0.7784	0.7536	0.5668	0.4519	0.3753	0.3206	0.2798	0.2482	0.2230	0.2024	0.1585	0.1302	0.1004	0.0817	0.0423
	0.025	0.9085	0.8811	0.8541	0.8280	0.8029	0.7789	0.5930	0.4758	0.3965	0.3397	0.2970	0.2638	0.2372	0.2155	0.1691	0.1391	0.1073	0.0874	0.0453
	0.0125	0.9231	0.8977	0.8724	0.8476	0.8235	0.8003	0.6161	0.4971	0.4157	0.3570	0.3126	0.2780	0.2503	0.2276	0.1788	0.1472	0.1138	0.0927	0.0481
	0.01	0.9272	0.9025	0.8777	0.8532	0.8295	0.8065	0.6230	0.5035	0.4216	0.3622	0.3174	0.2824	0.2543	0.2313	0.1818	0.1498	0.1157	0.0943	0.0490
	0.005	0.9383	0.9154	0.8922	0.8690	0.8463	0.8241	0.6430	0.5224	0.4387	0.3778	0.3315	0.2953	0.2662	0.2422	0.1907	0.1573	0.1217	0.0992	0.0516
	0.001	0.9573	0.9384	0.9184	0.8980	0.8776	0.8573	0.6830	0.5609	0.4743	0.4103	0.3612	0.3226	0.2913	0.2655	0.2098	0.1733	0.1344	0.1097	0.0572

续附表 A－5

n	α	m=5	6	7	8	9	10	20	30	40	50	60	70	80	90	120	150	200	250	500
20	0.999	0.5080	0.4778	0.4515	0.4282	0.4074	0.3887	0.2683	0.2057	0.1670	0.1407	0.1215	0.1069	0.0955	0.0863	0.0669	0.0547	0.0419	0.0339	0.0174
	0.75	0.7510	0.7176	0.6872	0.6595	0.6340	0.6105	0.4465	0.3524	0.2913	0.2482	0.2163	0.1916	0.1720	0.1560	0.1221	0.1003	0.0772	0.0628	0.0325
	0.1	0.8950	0.8688	0.8434	0.8191	0.7958	0.7736	0.6009	0.4893	0.4122	0.3560	0.3131	0.2795	0.2523	0.2300	0.1816	0.1501	0.1164	0.0951	0.0496
	0.05	0.9141	0.8899	0.8662	0.8432	0.8209	0.7995	0.6286	0.5152	0.4358	0.3774	0.3326	0.2973	0.2688	0.2452	0.1941	0.1606	0.1247	0.1019	0.0533
	0.025	0.9287	0.9064	0.8843	0.8625	0.8412	0.8206	0.6522	0.5376	0.4564	0.3962	0.3498	0.3131	0.2834	0.2587	0.2052	0.1700	0.1322	0.1081	0.0566
	0.0125	0.9402	0.9197	0.8990	0.8784	0.8581	0.8384	0.6728	0.5575	0.4748	0.4131	0.3654	0.3275	0.2967	0.2711	0.2154	0.1786	0.1390	0.1138	0.0597
	0.01	0.9434	0.9235	0.9032	0.8830	0.8630	0.8435	0.6789	0.5634	0.4804	0.4182	0.3701	0.3319	0.3007	0.2749	0.2185	0.1813	0.1411	0.1156	0.0606
	0.005	0.9521	0.9337	0.9148	0.8958	0.8768	0.8580	0.6966	0.5809	0.4967	0.4334	0.3841	0.3448	0.3127	0.2861	0.2278	0.1891	0.1474	0.1208	0.0634
	0.001	0.9669	0.9518	0.9358	0.9191	0.9022	0.8852	0.7317	0.6162	0.5303	0.4647	0.4132	0.3719	0.3380	0.3097	0.2474	0.2059	0.1609	0.1320	0.0695
25	0.999	0.5766	0.5476	0.5218	0.4987	0.4777	0.4587	0.3304	0.2595	0.2139	0.1821	0.1586	0.1404	0.1260	0.1143	0.0894	0.0734	0.0566	0.0460	0.0238
	0.75	0.7921	0.7626	0.7354	0.7103	0.6869	0.6650	0.5059	0.4089	0.3432	0.2958	0.2599	0.2318	0.2092	0.1906	0.1505	0.1243	0.0964	0.0787	0.0411
	0.1	0.9137	0.8914	0.8697	0.8486	0.8282	0.8086	0.6496	0.5407	0.4625	0.4038	0.3583	0.3219	0.2922	0.2676	0.2134	0.1775	0.1386	0.1137	0.0598
	0.05	0.9295	0.9091	0.8889	0.8691	0.8497	0.8309	0.6748	0.5651	0.4852	0.4248	0.3777	0.3399	0.3089	0.2831	0.2263	0.1885	0.1474	0.1210	0.0638
	0.025	0.9415	0.9229	0.9041	0.8854	0.8670	0.8490	0.6961	0.5860	0.5049	0.4432	0.3947	0.3557	0.3236	0.2969	0.2378	0.1982	0.1552	0.1275	0.0674
	0.0125	0.9510	0.9339	0.9164	0.8988	0.8814	0.8642	0.7146	0.6045	0.5225	0.4596	0.4100	0.3699	0.3370	0.3093	0.2482	0.2072	0.1624	0.1335	0.0707
	0.01	0.9537	0.9370	0.9199	0.9027	0.8855	0.8685	0.7201	0.6100	0.5278	0.4646	0.4146	0.3743	0.3410	0.3131	0.2514	0.2099	0.1646	0.1354	0.0717
	0.005	0.9608	0.9455	0.9296	0.9134	0.8971	0.8809	0.7359	0.6262	0.5433	0.4792	0.4283	0.3871	0.3530	0.3244	0.2608	0.2180	0.1712	0.1409	0.0747
	0.001	0.9729	0.9605	0.9470	0.9329	0.9185	0.9040	0.7672	0.6587	0.5750	0.5093	0.4567	0.4137	0.3780	0.3480	0.2808	0.2352	0.1851	0.1526	0.0812

附录 B　Matlab 核心代码

函数 1：F 检验

function [F, Falpha] = FCheck (X, Y, alpha)

（1）函数功能：通过最小二乘法建立多元线性回归模型，并对模型进行 F 检验。

（2）输入变量：

X——n * p 的自变量数据矩阵，n 代表样本点个数，p 代表变量个数；

Y——n * 1 的因变量数据矩阵，n 代表样本点个数，1 代表 1 个因变量；

alpha——显著性水平。

（3）输出变量：

F——F 统计量的值；

Falpha——在显著性水平为 alpha 时，F 统计量的临界值。

（4）函数正文：

```
% 建立多元线性回归模型
[n, p] = size (X);
X = [ones (n, 1), X];
B = inv (X'* X) * X'* Y;
% 计算 F 统计量，进行 F 检验
SSE = sum ((X * B - Y) .^2);
SSR = sum ((X * B - mean (Y)) .^2);
F = (SSR/p) / (SSE/ (n - p - 1));
Falpha = finv (1 - alpha, p, n - p - 1);
if F > Falpha
    disp ('F 检验通过')
else
    disp ('F 检验未通过')
end
end
```

===

函数 2：t 检验

function [t, talpha] = tCheck (X, Y, alpha)

（1）函数功能：通过最小二乘法建立多元线性回归模型，并对模型的回归系数进行 t 检验。

（2）输入变量：

X——n * p 的自变量数据矩阵，n 代表样本点个数，p 代表变量个数；
Y——n * 1 的因变量数据矩阵，n 代表样本点个数，1 代表 1 个因变量；
alpha——显著性水平。
（3）输出变量：
t——t 统计量的值；
talpha——在显著性水平为 alpha 时，t 统计量的临界值。
（4）函数正文：

```
% 建立多元线性回归模型
[n, p] = size (X);
X = [ones (n, 1), X];
B = inv (X'* X) * X'* Y;
% 计算 t 统计量，进行 t 检验
SSE = sum ( (X * B - Y) .^2);
MSE = SSE/ (n - p - 1);
cii = diag (inv (X'* X));
s_ bi = sqrt (MSE * cii (2: p + 1));
t = B (2: p + 1) ./s_ bi;
talpha = tinv (1 - alpha/2, n - p - 1)
for j = 1: p
    if t (j) > talpha
        disp ( ['第', num2str (j),'个变量的回归系数通过了 t 检验'])
    else
        disp ( ['第', num2str (j),'个变量的回归系数未通过 t 检验'])
    end
end
end
```

==

函数 3：绘制单值 - 极差控制图

function [Rm, X_ args, Rm_ args] = X_ Rm (x)
（1）函数功能：绘制单变量数组的单值 - 极差控制图。
（2）输入变量：
x——n * 1 的单变量数组，n 为样本点个数。
（3）输出变量：
X_ args——单值控制图的控制限，X_ args = [UCL_ X, CL_ X, LCL_ X]；
Rm_ args——极差控制图的控制限，Rm_ args = [UCL_ Rm, CL_ Rm, LCL_ Rm]；
Rm——样本点的极差。
（4）函数正文：

```
% 计算极差
n = size (x, 1);
Rm = abs (x (2: n) - x (1: n - 1));
```

```
z=1: n;
mean_ x=mean (x);
mean_ Rm=mean (Rm);

% 绘制单值控制图
figure ('units','normalized','position', [0.1, 0.1, 0.6, 0.6])
subplot (211)
set (gca,'FontSize', 14);
CL_ X=mean_ x;
UCL_ X=CL_ X+2.66*mean_ Rm;
LCL_ X=CL_ X-2.66*mean_ Rm;
plot ( [0, n], [CL_ X, CL_ X],'r','linewidth', 2);
hold on
plot ( [0, n], [UCL_ X, UCL_ X],'r--','linewidth', 2)
hold on
plot ( [0, n], [LCL_ X, LCL_ X],'r--','linewidth', 2)
hold on
%绘制 1 倍 sigma 线
UCL_ sigma1=CL_ X+0.886*mean_ Rm;
LCL_ sigma1=CL_ X-0.886*mean_ Rm;
plot ( [0, n], [UCL_ sigma1, UCL_ sigma1],'g--','linewidth', 2)
hold on
plot ( [0, n], [LCL_ sigma1, LCL_ sigma1],'g--','linewidth', 2)
hold on
%绘制 2 倍 sigma 线
UCL_ sigma2=CL_ X+1.77*mean_ Rm;
LCL_ sigma2=CL_ X-1.77*mean_ Rm;
plot ( [0, n], [UCL_ sigma2, UCL_ sigma2],'g--','linewidth', 2)
hold on
plot ( [0, n], [LCL_ sigma2, LCL_ sigma2],'g--','linewidth', 2)
hold on
%绘制数据点折线图
plot (z, x,'bo-','linewidth', 2)
hold on
xlabel ('样本序号')
ylabel ('单值')
X_ args= [UCL_ X, CL_ X, LCL_ X];
text (n+0.5, CL_ X, ['CL=', num2str (sprintf ('%.2f', CL_ X))],'FontSize', 14);
text (n+0.5, UCL_ X, ['UCL=', num2str (sprintf ('%.2f', UCL_ X))],'FontSize', 14);
text (n+0.5, LCL_ X, ['LCL=', num2str (sprintf ('%.2f', LCL_ X))],'FontSize', 14);
% 绘制极差控制图
subplot (212)
set (gca,'FontSize', 14);
```

```
CL_ Rm = mean_ Rm;
UCL_ Rm = 3. 2676 * mean_ Rm;
LCL_ Rm = 0;
plot ( [0, n], [CL_ Rm, CL_ Rm],'r','linewidth', 2)
hold on
plot ( [0, n], [UCL_ Rm, UCL_ Rm],'r - -','linewidth', 2)
hold on
plot ( [0, n], [LCL_ Rm, LCL_ Rm],'r - -','linewidth', 2)
hold on
%绘制1倍sigma线
UCL_ sigma1 = 1. 7555 * mean_ Rm;
LCL_ sigma1 = 0. 2445 * mean_ Rm;
plot ( [0, n], [UCL_ sigma1, UCL_ sigma1],'g - -','linewidth', 2)
hold on
plot ( [0, n], [LCL_ sigma1, LCL_ sigma1],'g - -','linewidth', 2)
hold on
%绘制2倍sigma线
UCL_ sigma2 = 2. 511 * mean_ Rm;
plot ( [0, n], [UCL_ sigma2, UCL_ sigma2],'g - -','linewidth', 2)
hold on
%绘制数据点折线图
plot (z (1: n - 1), Rm,'bo -','linewidth', 2)
hold on
xlabel ('样本序号')
ylabel ('移动极差')
Rm_ args = [UCL_ Rm, CL_ Rm, LCL_ Rm];
text (n + 0. 5, CL_ Rm, ['CL =', num2str (sprintf ('%.2f', CL_ Rm))],'FontSize', 14);
text (n + 0. 5, UCL_ Rm, ['UCL =', num2str (sprintf ('%.2f', UCL_ Rm))],'FontSize', 14);
text (n + 0. 5, LCL_ Rm, ['LCL =', num2str (sprintf ('%.2f', LCL_ Rm))],'FontSize', 14);
end
==========================================================================
```

函数4：主成分分析

function model = pca (X)

（1）函数功能：提取出数据矩阵 X 的主方向和主成分。需要说明的是该函数针对的数据矩阵 X 是经过标准化处理的矩阵。

（2）输入变量：

X——n * p 的自变量数据矩阵，n 为样本点个数，p 为自变量个数。

（3）输出变量：

model. L——数据矩阵 X 的主方向矩阵，每一列代表一个主方向；

model. T——数据矩阵 X 的主成分矩阵，每一列代表一个主成分；

model. Q——前 i 个特征值加起来的累积贡献率，i = 1，2，…，p；

model. lamda——协方差矩阵的 p 个特征值。

（4）函数正文：

```
% 计算出数据矩阵 X 的协方差矩阵 S，并对 S 进行奇异值分解
[n, p] = size (X);
S = cov (X);
[L, V, D] = svd (S);
lamda = diag (V);
T = X * L;
% 计算累积贡献率
for j = 2: p
    Q (1) = lamda (1);
    Q (j) = Q (j - 1) + lamda (j);
end
Q = Q/sum (lamda);
model. L = L;
model. T = T;
model. lamda = lamda;
model. Q = Q;
end
```

==

函数 5：偏最小二乘分析

```
function model = pls (X, Y, h)
% （1）函数功能：利用偏最小二乘法提取出数据矩阵 X 的主成分矩阵 T，并建立 X 和 Y
        的回归模型，进行预测。
% 例如：对于新来的 X1，可以按下式预测 Y1：
% Y1 = T * B * Q' 或者 Y1 = X1 * W_ star * B * Q' = X1 * (W * inv (P' * W) * inv (T' *
T) * T' * Y)
% 利用该函数进行 PLS 建模时，一般要先对数据进行标准化处理。
% （2）输入变量：
% X——n * p 的自变量数据矩阵，n 为样本点个数，p 为自变量个数；
% Y——n * q 的因变量数据矩阵，n 为样本点个数，q 为因变量个数；
% h——主成分的个数，可用交叉验证确定。
% （3）输出变量：
% model. T——数据矩阵 X 的得分矩阵；
% model. P——数据矩阵 X 的载荷矩阵      X = T * P' + E;
% model. W——数据矩阵 X 的权重矩阵；
% model. W_ star——直接通过 X 求主成分矩阵 T 的方法：可以将 W_ star 当作数据矩阵 X
                  的投影方向矩阵      T = X * W_ star;
% model. U——数据矩阵 Y 的得分矩阵；
```

```
% model. Q——数据矩阵 Y 的载荷矩阵          Y = U * Q' + F * ;
% model. B——U 和 T 之间的回归系数矩阵      Y = T * B * Q' + F;
% model. Bx——Y 和 X 之间的回归系数矩阵     Y = X * Bx。
% (4) 函数正文:
% 输入变量个数检查
error (nargchk (1, 3, nargin));
error (nargoutchk (0, 6, nargout));
if nargin < 2
    Y = X;
end
tol = 1e - 10;
if nargin < 3
    tol2 = 1e - 10;
end
% 样本点个数检查
[rX, cX] = size (X);
[rY, cY] = size (Y);
assert (rX == rY, 'Sizes of X and Y mismatch. ');
n = max (cX, cY);
T = [];
P = [];
U = [];
Q = [];
B = [];
W = P;
C = Q;
k = 0;
% 迭代法建立 PLS 模型
for k = 1: h
    [dummy, tidx] = max (sum (X. * X));
    [dummy, uidx] = max (sum (Y. * Y));
    t1 = X (:, tidx);
    u = Y (:, uidx);
    t = zeros (rX, 1);
    while norm (t1 - t) > tol
        w = X' * u;
        w = w/norm (w);% X 的权重向量
        t = t1;
        t1 = X * w;
        c = Y' * t1;
        c = c/norm (c);% Y 的权重向量
        u = Y * c;
```

```
    end
    t = t1;
    p = X' * t/ (t' * t);
    q = Y' * u/ (u' * u);
    b = u' * t/ (t' * t);
    X = X - t * p';
    Y = Y - b * t * q';
    T (:, k) = t;
    P (:, k) = p;
    U (:, k) = u;
    Q (:, k) = q;
    W (:, k) = w;
    C (:, k) = c;
    B (k, k) = b;
end
W_ star = W * inv (P' * W);
Bx = W_ star * B * Q'
model. T = T;
model. P = P;
model. U = U;
model. Q = Q;
model. B = B;
model. W = W;
model. C = C;
model. W_ star = W_ star;
model. Bx = Bx;
======================================================================
```

函数6：绘制 hotelling T2 统计控制图

function [T2, UCL_ T2] = Hotelling T2 (X, alpha)

（1）函数功能：计算出 hotelling T2 统计量和控制限，绘制出 hotelling T2 控制图。

（2）输入变量：

X——n * p 的自变量数据矩阵，n 为样本点个数，p 为自变量个数；

Y——n * 1 的因变量数据矩阵；

alpha——显著性水平。

（3）输出变量：

T2——hotelling T2 统计量；

UCL_ T2——hotelling T2 控制图的控制限。

（4）函数正文：

```
% 计算 hotelling T2 统计量及其控制限
[n, p] = size (X);
```

```
muX = mean (X);
S = cov (X);
for i = 1: n
    T2 (i) = (X (i,:) - muX) * inv (S) * (X (i,:) - muX)';
end
UCL_ T2 = (n - 1) ^2/n * betainv (1 - alpha, p/2, (n - p - 1) /2);
% 绘制 hotelling T2 控制图
figure (1)
set (gca,'FontSize', 14);
plot (1: n, T2,'b * -','linewidth', 2);
hold on
plot ([0, n], [UCL_ T2, UCL_ T2],'r','linewidth', 2);
hold on
title ('霍特林 T2 控制图')
xlabel ('样本点序号')
ylabel ('霍特林 T2 值')
switch (alpha)
   case 0.01
       legend ('霍特林 T2','99% 控制限');
           case 0.05
       legend ('霍特林 T2','95% 控制限');
           case 0.1
       legend ('霍特林 T2','90% 控制限');
end
end
==================================================================
```

函数 7：MYT 分解，计算条件项和非条件项

function [T_ 1, T_ 2, T_ 1_ 2, T_ 2_ 1] = MYT (X, alpha)

（1）函数功能：对 hotelling T2 统计量进行 MYT 分解，得到条件项和非条件项，绘制相应的控制图。

（2）输入变量：

X——n * p 的自变量数据矩阵，n 为样本点个数，p 为自变量个数，该函数只针对 2 个变量的数据矩阵；

alpha——显著性水平。

（3）输出变量：

T_ 1——变量 X1 的非条件项；

T_ 2——变量 X2 的非条件项；

T_ 1_ 2——变量 X2 已知时，变量 X1 的条件项；

T_ 2_ 1——变量 X1 已知时，变量 X2 的条件项；

UCL_ no——非条件项的控制限；

UCL_ yes——条件项的控制限。

（4）函数正文：

```
% 对 hotelling T2 统计量进行 MYT 分解，计算出所有样本点非条件项和条件项
[n, p] =size (X);
muX = mean (X);
S = cov (X);
[T2, UCL_ T2] =Hotelling T2 (X, alpha);
for i =1: n
    T_ 1 (i) = (X (i, 1) -muX (1)) ^2/S (1, 1);
    T_ 2 (i) = (X (i, 2) -muX (2)) ^2/S (2, 2);
    T_ 2_ 1 (i) =T2 (i) -T_ 1 (i);
    T_ 1_ 2 (i) =T2 (i) -T_ 2 (i);
end
%计算非条件项和条件项的控制限
UCL_ no = (n+1) /n*finv (1-alpha, 1, n-1);
UCL_ yes = (n+1) * (n-1) / (n* (n-2)) *finv (1-alpha, 1, n-2);
% 绘制非条件项的控制图
figure (2)
set (gca,'FontSize', 14);
plot (1: n, T_ 1,'b*-','linewidth', 2);
hold on
plot (1: n, T_ 2,'k*--','linewidth', 2);
hold on
plot ( [0, n], [UCL_ no, UCL_ no],'r','linewidth', 2)
title ('非条件项控制图')
xlabel ('样本点序号')
ylabel ('非条件项的值')
switch (alpha)
    case 0.01
        legend ('非条件项 T_ 1','非条件项 T_ 2','99%控制限');
            case 0.05
        legend ('非条件项 T_ 1','非条件项 T_ 2','95%控制限');
            case 0.1
        legend ('非条件项 T_ 1','非条件项 T_ 2','90%控制限');
end
% 绘制条件项的控制图
figure
set (gca,'FontSize', 14);
plot (1: n, T_ 2_ 1,'b*-','linewidth', 2);
hold on
plot (1: n, T_ 1_ 2,'k*--','linewidth', 2);
hold on
plot ( [0, n], [UCL_ yes, UCL_ yes],'r','linewidth', 2)
```

```
title ('条件项控制图'); xlabel ('样本点序号'); ylabel ('条件项的值')
switch (alpha)
    case 0.01
        legend ('条件项 T_ 1','条件项 T_ 2','99% 控制限');
            case 0.05
        legend ('条件项 T_ 1','条件项 T_ 2','95% 控制限');
            case 0.1
        legend ('条件项 T_ 1','条件项 T_ 2','90% 控制限');
end
end
```

==

函数 8：绘制 T2_ PCA 控制图

function [T2_ PCA, UCL_ T2PCA] = PCA_ T2 (X, Xt, alpha, h)

(1) 函数功能：计算 PCA_ T2 统计量及其控制限，绘制出 PCA_ T2 控制图。

(2) 输入变量：

X——n * p 的自变量训练数据矩阵，n 为样本点个数，p 为自变量个数，X 是经过标准化处理后的矩阵；

Xt——nt * p 的自变量预测数据矩阵，nt 为样本点个数，p 为自变量个数，Xt 是用训练数据的均值和标准差进行标准化处理后的矩阵；

h——保留的主成分数目，由累积贡献率确定；

alpha——显著性水平。

(3) 输出变量：

T2_ PCA——训练样本和测试样本的 PCA_ T2 统计量；

UCL_ T2PCA——PCA_ T2 控制图的控制限。

(4) 函数正文：

```
% 进行主成分分析
[n, p] = size (X);
[nt, p] = size (Xt);
model = pca (X);
T = model. T;
L = model. L;
T = T (:, 1: h);
% 计算 PCA_ T2 统计量及其控制限
Tt = Xt * L (:, 1: h);
stdT = std (T);
for i = 1: n
    T2_ PCA (i) = sum (T (i,:) .^2. /stdT. ^2);
end
for i = 1: nt
    T2_ PCA (n + i) = sum (Tt (i,:) .^2. /stdT. ^2);
```

```
end
UCL_ T2PCA =h * (n-1) / (n-h) * finv (1-alpha, h, n-1);
% 绘制 T2_ PCA 控制图
figure (2)
set (gca,'FontSize', 14);
plot (1: n+nt, T2_ PCA,'b * -','linewidth', 2);
hold on
plot ( [1, n+nt], [UCL_ T2PCA, UCL_ T2PCA],'r','linewidth', 2)
xlabel ('样本点序号')
ylabel ('T2^P^C^A')
switch (alpha)
   case 0.01
       legend ('T2^P^C^A','99%控制限');
           case 0.05
       legend ('T2^P^C^A','95%控制限');
           case 0.1
       legend ('T2^P^C^A','90%控制限');
end
end
```

===

函数9：绘制基于PCA的SPE控制图

function [SPE, UCL_ SPE] =SPE_ PCA (X, Xt, alpha, h)

（1）函数功能：计算 SPE_ PCA 统计量及其控制限，绘制出基于 PCA 的 SPE 控制图。

（2）输入变量：

X——n * p 的自变量训练数据矩阵，n 为样本点个数，p 为自变量个数，X 是经过标准化处理后的矩阵；

Xt——nt * p 的自变量预测数据矩阵，nt 为样本点个数，p 为自变量个数，Xt 是用训练数据的均值和标准差进行标准化处理后的矩阵；

h——保留的主成分数目，由累积贡献率确定；

alpha——显著性水平。

（3）输出变量：

SPE——训练样本和测试样本的 SPE 统计量；

UCL_ SPE——SPE 控制图的控制限。

（4）函数正文：

```
% 进行主成分分析
[n, p] = size (X);
[nt, p] = size (Xt);
model = pca (X);
T = model.T;
L = model.L;
```

```
lamda = model.lamda;
T = T (:, 1: h);
L = L (:, 1: h);
Tt = Xt * L;
% 计算 SPE 统计量
X_ estimate = T * L';
Xt_ estimate = Tt * L';
Error = X - X_ estimate;
Errort = Xt - Xt_ estimate;
for i = 1: n
    SPE (i) = sum (Error (i,:) .^2);
end
for i = 1: nt
    SPE (n + i) = sum (Errort (i,:) .^2);
end
theta1 = sum (lamda (h + 1: p));
theta2 = sum (lamda (h + 1: p) .^2);
theta3 = sum (lamda (h + 1: p) .^3);
h0 = 1 - 2 * theta1 * theta3/ (3 * theta2^2);
u_ alpha = norminv (1 - alpha, 0, 1);
UCL_ SPE = theta1 * (u_ alpha * sqrt (2 * theta2 * h0^2) /theta1 + 1 + theta2 * h0 * (h0 - 1) /theta1^2)
^ (1/h0);
%绘制基于 PCA 的 SPE 控制图
figure
set (gca,'FontSize', 14);
plot (1: n + nt, SPE,'b * -','linewidth', 2);
hold on
plot ( [1, n + nt], [UCL_ SPE, UCL_ SPE],'r','linewidth', 2)
xlabel ('样本点序号')
ylabel ('SPE 统计量')
switch (alpha)
   case 0.01
       legend ('SPE','99% 控制限');
   case 0.05
       legend ('SPE','95% 控制限');
   case 0.1
       legend ('SPE','90% 控制限');
end
end
============================================================
```

函数 10：PCA 控制器

```
function [deltaX] = controller_ PCA (X, Y, h, deltaY)
```

（1）函数功能：对质量偏差 deltaY，利用 PCA 控制器计算出工艺参数调整量。

（2）输入变量：

X——n * p 的自变量训练数据矩阵，n 为样本点个数，p 为自变量个数，X 是经过标准化处理后的矩阵；

Y——n * q 的因变量训练数据矩阵，n 为样本点个数，q 为自变量个数，Y 是经过标准化处理后的矩阵；

deltaY——用训练数据的均值和标准差处理后的质量偏差；

h——保留的主成分数目，由累积贡献率确定。

（3）输出变量：

deltaX——未经过反标准化的工艺参数偏差，可在函数外部进行反标准化处理。

（4）函数正文：

```
建立 PCA 模型，求取回归系数
[n, p] = size (X);
model = pca (X);
T = model.T;    T = T (:, 1: h);
L = model.L;    L = L (:, 1: h);
B = inv (T' * T) * T' * Y;
Bx = L * B;
% 计算工艺参数调整量
deltaT = deltaY * pinv (B);
deltaX = deltaT * pinv (L);
end
```

==

函数 11：PLS 控制器

function [deltaX] = controller_ PLS (X, Y, h, deltaY)

（1）函数功能：对质量偏差 deltaY，利用 PLS 控制器计算出工艺参数调整量。

（2）输入变量：

X——n * p 的自变量训练数据矩阵，n 为样本点个数，p 为自变量个数，X 是经过标准化处理后的矩阵；

Y——n * q 的因变量训练数据矩阵，n 为样本点个数，q 为自变量个数，Y 是经过标准化处理后的矩阵；

deltaY——用训练数据的均值和标准差处理后的质量偏差；

h——保留的主成分数目，由累积贡献率确定。

（3）输出变量：

deltaX——未经过反标准化的工艺参数偏差，可在函数外部进行反标准化处理。

（4）函数正文：

```
% 建立 PLS 模型，求取回归系数
[n, p] = size (X);
model = pls (X, Y, h);
```

```
T = model. T;
B = model. B;
Q = model. Q;
L = inv (XN' * XN) * XN' * T;
Bt = B * Q';
BxN = L * B * Q';
% 计算工艺参数调整量
deltaT = deltaY * pinv (Q') * pinv (B);
deltaX = deltaT * pinv (L);
end
```

==

函数 12：核矩阵

function [K] = kernel (ker, X1, X2)

（1）函数功能：计算核矩阵。

（2）输入变量：

X1——输入样本，n1 * p 的矩阵，n1 为样本个数，p 为样本维数；

X2——输入样本，n2 * p 的矩阵，n2 为样本个数，p 为样本维数；

ker——核参数（结构体变量）；

type——线性核函数：k (x, y) = x' * y

多项式核函数：k (x, y) = (x' * y + c) ^d

高斯核函数：k (x, y) = exp (-0.5 * (norm (x - y) /s) ^2)

Sigmoid 核函数：k (x, y) = tanh (g * x' * y + c)

degree——多项式核函数的核参数 d；

offset——多项式核函数和的 Sigmoid 核函数的核参数 c；

sigma——高斯核函数的核参数 s；

gamma——Sigmoid 核函数的核参数 g；

ker = struct ('type','linear');

ker = struct ('type','ploy','degree', d,'offset', c);

ker = struct ('type','gauss','sigma', s);

ker = struct ('type','tanh','gamma', g,'offset', c)。

（3）输出变量：

K——n1 × n2 的核矩阵。

（4）函数正文：

```
switch ker. type
   case'linear'
        K = X1 * X2';
   case'ploy'
        d = ker. degree;
        c = ker. offset;
```

```
        K = (X1 * X2' + c) .^d;
    case'gauss'
        s = ker. sigma;
        n1 = size (X1, 1);
        n2 = size (X2, 1);
        tmp = zeros (n1, n2);
        for i = 1: n1
            for j = 1: n2
                tmp (i, j) = norm (X1 (i,:) - X2 (j,:));
            end
        end
        K = exp ( - 0.5 * (tmp/s) .^2);
    case'tanh'
        g = ker. gamma;
        c = ker. offset;
        K = tanh (g * X1 * X2' + c);
    otherwise
        K = 0;
end
```

==

函数 13：核偏最小二乘 KPLS

function [model] = KPLS (X, Y, h, ker)

(1) 函数功能：求取测试数据的主成分矩阵。

(2) 输入变量：

X——n * p 的自变量数据矩阵，其中 n 为样本点个数，p 为自变量个数，经过标准化处理；

Y——n * q 的因变量数据矩阵，其中 n 为样本点个数，q 为因变量个数，经过标准化处理；

Fac——KPLS 核主成分的数目。

(3) 输出变量：

model. T——数据矩阵 X 的 KPLS 核主成分矩阵：

model. U——数据矩阵 Y 的 PLS 主成分矩阵；

model. C——回归系数矩阵；

model. Q——数据矩阵 X 的载荷矩阵；

model. K——核矩阵。

(4) 函数正文：

```
% 求核矩阵
[n, p] = size (X);
[K] = kernel (ker, X, X);
% 利用迭代法进行 KPLS 建模
In = eye (n);
T = [];
```

```
U = [];
Q = [];
KY = K * Y;
iSS = Y' * KY;
SS = iSS;
for i = 1: h
    [q, s] = eigs (SS, 1);
    if i > 1
        A = (In - KT * iTKT * T');
        t = A * (K * (Y * q));
    else
        t = KY * q;
    end
    normT (i, i) = 1/norm (t);
    t = t * normT (i, i);
    c = Y' * t;
    u = Y * c;
    u = u/norm (u);
    T = [T t];
    U = [U u];
    Q = [Q, q];
    KT = K * T;
    iTKT = inv (T' * KT);
    SS = iSS - Y' * KT * iTKT * KT' * Y;
end
Q = Q * normT;
C = T' * Y;
model.T = T;
model.U = U;
model.C = C;
model.Q = Q;
model.K = K;
end
```

==

函数 14：k－邻接矩阵

function G = knn (X, k)

（1）函数功能：利用 k－邻域法求邻接矩阵。

（2）输入变量：

X——n * p 的数据矩阵，其中 n 为样本点个数，p 为变量个数；

k——整数，表示最近邻的个数。

（3）输出变量：

G——邻接矩阵。

(4) 函数正文:

```
%计算每个样本点间欧氏距离
[n, p] =size (X);
for j=1: n
    for i=1: n
        d (i, j) =norm (X (i,:) -X (j,:));
        d (i, i) =inf;
    end
end
%按距离的大小排序，取k个最近邻，求得邻接矩阵
[a, lab] =sort (d);
Lab=lab (2: k+1,:);
G=zeros (n);
for i=1: n
    for j=1: k
        G (Lab (j, i), i) =1;
        G (i, Lab (j, i)) =1;
    end
end
```

==

函数15: 热核权重矩阵

function W=heatK (G, kc, X)

(1) 函数功能: 根据邻接矩阵求取，热核权重矩阵。

(2) 输入变量:

X——n*p的数据矩阵，n为样本点个数，p为变量个数;

G——邻接矩阵;

kc——热核函数的参数: k (x, y) =exp (-0.5* (norm (x-y)) /kc)

(3) 输出变量:

W——热核权重矩阵: W (i, j) =exp (-norm (X (i) -X (j)) /kc) .*G

(4) 函数正文:

```
n=size (X, 1);
for i=1: n
    for j=1: n
        heat (i, j) =exp ( -norm (X (i,:) -X (j,:)) /kc);
    end
end
W=heat.*G;
```

==

函数 16：基于流行学习的半监督核岭回归 SKRR

function ［a，K］ = SKRR（XL，Xu，YL，k，kc，ker，lamda，gama）

（1）函数功能：基于流形学习的半监督核岭回归（SKRR）建模。

（2）输入变量：

XL——L * p 的有标签样本的自变量数据矩阵，其中 L 为样本点个数，p 为自变量个数，经过标准化处理；

Xu——u * p 的无标签样本的自变量数据矩阵，其中 u 为样本点个数，p 为自变量个数，经过标准化处理；

YL——L * q 的有标签样本的因变量数据矩阵，其中 L 为样本点个数，q 为因变量个数，经过标准化处理；

k——整数，k - 邻域法中最近邻点的个数；

kc——求热核权重矩阵时，热核参数；

ker——求核矩阵时，核参数；

lamda——控制岭回归的正则化程度的参数；

gama——控制模型内在几何结构光滑性的参数。

（3）输出变量：

a——模型系数；

K——核矩阵。

（4）函数正文：

```
% 求取热核权重矩阵 W，拉普拉斯矩阵 L，核矩阵 K
X = [XL; Xu];
[L, p] = size (XL);
[u, p] = size (Xu);
[L, q] = size (YL);
[n, p] = size (X);
I = eye (n);
G = knn (X, k);
W = heatK (G, kc, X);
for i = 1: n
    D (i, i) = sum (W (i,:));
end
LE = D - W;
K = kernel (ker, X, X);
% 进行 SKRR 建模
y = zeros (n, q);
y (1: L,:) = YL;
J = zeros (1, n);
J (1: L) = ones (1, L);
J = diag (J);
a = inv (J * K + lamda * L * I + (gama * L/n^2) * LE * K) * y;
end
```

参考文献

[1] 殷瑞钰．冶金流程工程学［M］．北京：冶金工业出版社，2004.

[2] 袁卫，庞皓，曾五一．统计学［M］．北京：高等教育出版社，2000.

[3] 张杰，阳宪惠．多变量统计过程控制［M］．北京：化学工业出版社，2000.

[4] 韩之俊，许前．质量管理［M］．北京：科学出版社，2003.

[5] 张公绪．两种质量诊断理论及其应用［M］．北京：科学出版社，2001.

[6] Shewhart W A. Statistical Method from the Viewpoint of Quality Control［M］. New York：Dover，1986.

[7] Page E S. Continuous inspection schemes［J］. Biometrika，1954，41：100～114.

[8] Roberts S W. Control chart tests based on geometric moving average［J］. Technometrics，1959，1：239～250.

[9] Page E S. Cumulative sum control charts［J］. Technometrics，1961，3（1）：1～9.

[10] McGuire S A. Statistical Process Control for Quality Improvement［J］. Technometrics，1994，36（4）：419～420.

[11] Bissel D. Statistical Methods for SPC and TQM［M］. London：Chapman and Hall，1994.

[12] Kano M，Hasebe S，Hashimoto I，et al. A new multivariatestatistical process monitoring method using principal component analysis［J］. Computers and Chemical Engineering，2001，25（7）：1103～1113.

[13] Ypma A，Tax D M，Duin R P. Robust Machine Fault Detection with Independent Component Analysis and Support Vector Data Description［C］. Proc. IEEE Neural Networks for Signal Processing，1999：67～76.

[14] Liu X，Kruger U，Littler T，et al. Moving window kernel PCA for adaptive monitoring of nonlinear processes［J］. Chemometrics and Intelligent Laboratory Systems，2009，96（2）：132～143.

[15] Li Jing. Causation－based T2 decomposition for multivariate process monitoring and diagnosis［J］. Journal of Quality Technology，2008，40（1）：46～58.

[16] 高惠璇．应用多元统计分析［M］．北京：北京大学出版社，2005.

[17] 王学民．应用多元分析［M］．3 版．上海：上海财经大学出版社，2009.

[18] Anderson T W. An Introduction to Multivariate Statistical Analysis［M］. 2th ed. New York：Wiley，1984.

[19] Johnson R A，Wichern D W. Applied Multivariate Statistical Analysis［M］. Englewood Cliffs NJ：Prentice－Hall，1998.

[20] Powers Daniel A，Xie Yu. Statistical Methods for Categorical Data Analysis［M］. 2nd ed. Howard House，England：Emerald，2009.

[21] Kutner Michael H，Christopher J. Applied Linear Regression Models［M］. 4th ed. Boston：McGraw－Hill/lrwin，2004.

[22] Lehman E L，Casella G. Theory of Point Estimation［M］. 2nd ed. New York：Springer，1998.

[23] 王静龙．多元统计分析［M］．北京：科学出版社，2008.

[24] 张润楚．数理统计学［M］．北京：科学出版社，2010.

[25] Mason R L，Tracy N D，Young J C. Decomposition of T2 for multivariate control chart interpretation［J］. Quality Technology，1995，27（2）：99～108.

[26] Wade M R，Woodall W H. A review and analysis of cause－selecting control charts［J］. Quality Technology，1993，25（3）：161～169.

[27] Mason R L，Champ C W，Tracy N D，et al. Assessment of multivariate process control techniques［J］. Quality Technology，1997，29（2）：140～143.

[28] Hotelling H. The generalization of student's ratio［J］. Ann. Math. Statist，1931：360～378.

[29] Fuchs C，Kenett R S. Multivariate Quality Control［M］. New York：Dekker，1998.

[30] Tracy N D, Young J C, Mason R L. Multivariate control charts for individual observations [J]. Quality Technology, 1992 (24): 88 ~ 95.

[31] David H A. Order Statistics [M]. New York: Wiley, 1970.

[32] Hawkins D M. A new test for multivariate normality and homoscedasticity [J]. Technometrics, 1981 (23): 105 ~ 110.

[33] Geladi P. Notes on the history and nature of partial least squares (PLS) modeling [J]. Journal of Chemometrics, 1998 (2): 231 ~ 246.

[34] Wold H. Nonlinea Estimation by Iterative Least Squares Procedures, Research Papers in Statistics [M]. New York: Wiley, 1966.

[35] Wold S, Kettaneh - Wold N, Skagerberg B. Nonlinear PLS modeling [J]. Chemometrics and Intelligent Laboratory Systems, 1989 (7): 53 ~ 65.

[36] Geladi P, Kowalski B R. Partial least - squares regression: a tutorial [J]. Analytica CHimica Acta, 1986, 185: 1 ~ 17.

[37] Höskuldsson A. PLS regression methods [J]. Journal of Chemometrics, 1998 (2): 211 ~ 228.

[38] Lorber A, Wangen L E, Kowalski B R. A theoretical foundation for the PLS algorithm [J]. Journal of Chemometrics, 1987 (1): 19 ~ 31.

[39] Svante W, Michael S, Lennart E. PLS - regression: a basic tool of chemometrics [J]. Chemometrics and Intelligent Laboratory Systems, 2001 (58): 109 ~ 130.

[40] Mason R L, Young J C. Multivariate Statistical Process Control with Industrial Applications [M]. Philadelphia, Pennsylvania: Society for Industrial and Applied Mathematics, 1987.

[41] 周东华，李钢，李元. 数据驱动的工业过程故障诊断技术：基于主元分析与偏最小二乘的方法 [M]. 北京：科学出版社，2011.

[42] Little R, Rubin D B. Statistical Analysis with Missing Data [M]. New York: Wiley, 2002.

[43] Belsley D A, Kuh E, Welsch R E. Regression Diagnostics: Identifying Influential Data and Sources of Collinearity [M]. New York: Wiley, 1980.

[44] Chatterjee S, Price B. Regression Analysis by Example [M]. 3rd ed. New York: Wiley, 1999.

[45] Jackson J E. A User' s Guide to Principal Components [M]. New York: Wiley, 1991.

[46] Mason R L, Racy N D, Young J C. Monitoring a multivariate step process [J]. Quality Technology, 1996 (28): 39 ~ 50.

[47] Montgomery D C, Mastrangelo C M. Some Statistical Process Control Methods for Autocorrelatod Date [J]. Quality Technology, 1991, 23 (3): 179 ~ 204.

[48] Mason R L, Tracy N D, Young J C. A practical approach for interpreting multivariate T^2 control chart signals [J]. Quality Technology, 1997 (29): 396 ~ 406.

[49] Montgomery D, Mastrangelo C, Faltin F W, et al. Some statistical process control methods for autocorrelated data [J]. Journal of Quality Technology, 1991, 23 (3): 179 ~ 204.

[50] Barnett V, Lewis T. Outliers in Statistical Data [M]. 3rd ed. New York: Wiley, 1994.

[51] Gnanadesikan R. Methods for Statistical Data Analysis of Multivariate Observations [M]. New York: Wiley, 1977.

[52] Hawkins D M. Identification of Outliers [M]. New York: Chapman and Hall, 1980.

[53] Polansky A M, Baker E R. Multistage plug - in bandwidth selection for kernel distribution function estimates [J]. Statist. Comput. Simulation, 2000 (65): 63 ~ 80.

[54] Tong H. Threshold Models in Nonlinear Time Series Analysis [M]. New York: Springer Verlag, 1983.

[55] Tong H. Nonlinear Time Series: A Dynamical Systems Approach [M]. Oxford: Oxford University

Press, 1990.

[56] Andrews R, Diederich J, Tickle A B. Andrews survey and critique of techniques for extracting rules from trained artificial neural networks [J]. Knowledge - Based Systems, 1995, 8 (6): 373 ~ 389.

[57] Saito K, Nakano R. Rule Extraction from Facts and Neural Networks [C]. Proc of International Neural Network Conference, San Diego, CA, 1990: 379 ~ 382.

[58] Sestito S, Dillon T. Knowledge acquisition of conjunctive rules using multilayered neural networks [J]. International Journal of Intelligent Systems, 1993, 8 (7): 779 ~ 805.

[59] Stone M. Cross - validatory choice and assessment of statistical predictions [J]. Journal of the Royal Statistical Society, 1974, 36 (2): 111 ~ 147.

[60] Schenker B, Agarwal M. Cross - validated structure selection for neural networks [J]. Computers Chem, 1996, 20 (2): 175 ~ 186.

[61] Andersen T, Martinez T. Cross Validation and MLP Architecture Selection [C]. Proceedings of the IEEE International Joint Conference on Neural Network, Washington DC: IEEE, 1999: 1614 ~ 1619.

[62] Setiono R. A penalty - function approach for pruning feedforward neural networks [J]. Neural Computation, 1997, 9 (1): 185 ~ 204.

[63] Sanchez A P, Blanco I D, Vega A A C, et al. Virtual Sensor Design for Coating Thickness Estimation in a Hot Dip Galvanising Line Based on Interpolated SOM Local Models [C]. IEEE Industrial Electronics Society, 2002 28th Annual Conference of the Industrial Electronics Society, New York: IEEE, 2002: 1584 ~ 1589.

[64] 万百五. 工业大系统优化与产品质量控制 [M]. 北京: 科学出版社, 2003.

[65] 柴天佑. 多变量自适应解耦控制及应用 [M]. 北京: 科学出版社, 2001.

[66] KasPar M H, Ray W H. Chemometrics methods for process monitoring and high - performance controller design [J]. AIChE Journal, 1992, 38 (10): 1593 ~ 1608.

[67] KasPar M H, Ray W H. Dynamic PLS modelling for process control [J]. Chemical Engineering Science, 1993, 48 (20): 3447 ~ 3461.

[68] Chen G, McAvoy T J, Piovoso M J. A multivariate statistical controller for on - line quality improvement [J]. Journal of Process Control, 1998, 8 (2): 139 ~ 149.

[69] 孙静, 王胜先, 杨穆尔. 过程能力分析 [M]. 北京: 清华大学出版社, 2013.

[70] Scholkopf B, Smola A, Muller K. Nonlinear component analysis as a kernel eigenvalue problem [J]. Neural Computation, 1998, 10 (5): 1299 ~ 1319.

[71] Mika S, Rtsch G, Weston J, et al. Fisher discriminant analysis with kernels [J]. Neural Networks for Signal Processing, 1999, 4: 41 ~ 48.

[72] Lai P L, Fyfe C. Kernel and nonlinear canonical correlation analysis [J]. International Journal of Neural Systems, 2000, 10 (5): 365 ~ 377.

[73] Rosipal R, Trejo L J. Kernel partial last squares regerssion in reproducing kernel hilbert space [J]. Journal of Machine Learning Research, 2001, 2: 97 ~ 123.

[74] Bach F, Jordan M. Kernel independent component analysis [J]. Journal of Machine Leaning Research, 2002, 3: 1 ~ 4.

[75] Wahba G., Spline Models for Observation Data [M]. Siam, 1990.

[76] Williams C K. Prediction with Gaussian Processes: From Linear Regression to Linear Prediction and Beyond, in Learning and Inference in Graphical Models [M]. Learning in graphical models Springer, 1998.

[77] Hur B, Horn D, Siegelmann H T, et al. Support vector clustering [J]. Journal of Machine Learning Research, 2001, 2: 125 ~ 137.

[78] John Shawe - Taylor, Nello Christianini. 模式分析的核方法 [M]. 赵玲玲, 翁苏明, 曾华军, 等译. 北京: 机械工业出版社, 2006.

[79] Lee J, Yoo C, Choi S W, et al. Nonlinear process monitoring using kernel principal component analysis [J]. Chemical Engineering Science, 2004, 59 (1): 223 ~ 234.

[80] Jia F, Martin E B, Morris A J. Non - linear principal components analysis with application to process fault detection [J]. International Journal of Systems Science, 2000, 31 (11): 1473 ~ 1487.

[81] Choi S W, Lee C, Lee J, et al. Fault detection and identification of nonlinear processes based on kernel PCA [J]. Chemometrics and Intelligent Laboratory Systems, 2005, 75 (1): 55 ~ 67.

[82] Rosipal R, Girolami M, Trejo L J. Kernel PCA for feature extraction and denoising in nonlinear regression [J]. Neural Comput & Applic, 2001, 10 (3): 231 ~ 243.

[83] Twining C J, Taylor C J. The use of kernel principal component analysis to model data distributions [J]. Pattern Recognition, 2003, 36: 217 ~ 227.

[84] Mika S, Schölkopf B, Smola A J, et al. Kernel PCA and De - Noising in Feature Spaces [C] //NIPS, 1998, 11: 536 ~ 542.

[85] Jackson J E, Mudhalkar G S. Control procedures for residuals associated with principal component analysis [J]. Technometrics, 1979, 21: 341 ~ 349.

[86] 王惠文, 吴载斌, 孟洁. 偏最小二乘回归的线性与非线性方法 [M]. 北京: 国防工业出版社, 2006.

[87] 王桂增, 叶昊. 主元分析与偏最小二乘法 [M]. 北京: 清华大学出版社, 2012.

[88] Ciosek P, Wroblewski W. The analysis of sensor array data with various pattern recognition techniques [J]. Sensors and Actuators, 2006, 114 (1): 85 ~ 93.

[89] Rosipal R, Trejo L J, Cichocki A. Kernel Principal Component Regression with EM Approach to Nonlinear Principal Component Extraction [M]. Paisley, Scotland, UK: School of Information and Communication Technologies, University of Paiseley, 2000: 1 ~ 38.

[90] Lindgren F, Geladi P, Wold S. The kernel algorithm for PLS [J]. Journal of Chemometrics, 1993, 7: 45 ~ 59.

[91] Rosipal R, Trejo L J. Kernel partial least squares regression in reproducing kernel hilbert space [J]. Journal of Machine Learning Research, 2001, 2: 97 ~ 123.

[92] Rosipal R. Kernel partial least squares regression for nonlinear regression and discrimination [J]. Neural Network World, 2003, 13: 291 ~ 300.

[93] Bennet K P, Embrechts M J. An optimization perspective on kernel partial least squares regression [J]. Advaces in Learning Theory: Methods, Models and Applications. NAto Science Series Ⅲ: Computer & Systems Sciences, Amsterdam: IOS Press, 2003, 190: 227 ~ 250.

[94] Scholkopf B, Smola A J. Learning with Kernels - Support Vector Machines, Regularization, Optimization and Beyond [M]. Massachusetts Institute of Technology, 2002.

[95] Letouzey F, Denis F, Gilleron R. Learning from Positive and Unlabeled Examples [C]. In 11th Intl. Conf. on Algorithmic Learning Theory, Sydney, Australia, 2000: 71 ~ 85.

[96] Chapelle O, Weston J. Cluster Kernels for Semi - Supervised Learning [C]. Advances in Neural Information Processing Systems 15, Editors: suzanna Becker, Sebastian Thrun and Klaus Obermayer, MIT PRESS, 2002: 585 ~ 592.

[97] Blum A, Chawla S. Learning from Labeled and Unlabeled Data using Graph Mincuts [C]. Proc. 18th International Conf. on Machine Learning, San Mateo: Morgan Kaufmann, 2001: 19 ~ 26.

[98] Little R J, Rubin D B. Statistical Analysis with Missing Data [M]. Wiley, New York, 1987.

[99] Belkin M, Niyogi P. Laplacian eigenmaps for dimensionality reduction and data representation [J]. Neural Computation, 15 (6): 1373 ~ 1396.

[100] Muslea I, Minton S, Craig K A. Active + Semi – Supervised Learning = Robust Multi – View Learning [C]. 19th International Conference. on Machine Learning, Sydney, Australia: Morgan Kaufmann Publishers, 2002: 435 ~ 442.

[101] Belkin M, Niyogi P. Laplacian Eigenmaps and Spectral Tech – niques for Embedding and Clustering [C]. In: Advances in NIPS14. Cambridge, MA: MIT Press, 2001: 585 ~ 591.

[102] Brand M. Charting a Manifold [C]. In: Advances in NIPS15. Cambridge, MA: MIT Press, 2002: 961 ~ 968.

[103] 吴今培，孙德山．现代数据分析 [M]．北京：机械工业出版社，2006.

[104] Scholkopf B, Smola A J. Learning with Kernels: Support Vector Machines, Regularization, Optimization, and Beyond [M]. London: The MIT Press, 2001.

[105] Cortes C, Vapnik V. Support vector networks [J]. Machine Learning, 1995, 20: 273 ~ 297.

[106] Smola A J, Scholkopf B. A tutorial on support vector regression [J]. Statistics and Computing, 2004, 14: 199 ~ 222.

[107] 王定成．支持向量机建模预测与控制 [M]．北京：气象出版社，2009.

[108] He Fei, Li Min, Yang Jianhong, Xu Jinwu. Research on nonlinear process monitoring and fault diagnosis based on kernel principal component [J]. Key Engineering Materials, 2009, 413 ~ 414: 583 ~ 590.

[109] He Fei, Li Min, Yang Jianhong, Xu Jinwu. Adaptive Clustering of Production State Based on Kernel Entropy Component Analysis [C]. International Joint Conference on Neural Networks, IJCNN 2010, July 18 ~ 23, Barcelona, Spain.

[110] 何飞，黎敏，阳建宏，徐金梧．基于小波相关向量机的产品质量建模 [J]．北京科技大学学报，2009, 31 (7): 934 ~ 938.

[111] 姚林，阳建宏，何飞，徐金梧．基于核偏最小二乘的锌层重量预测模型 [J]．控制工程，2008, 15 (2): 154 ~ 158.

[112] He Fei, Li Min, Wang Baojian. Multi – model acid concentration prediction models of cold – rolled strip steel pickling process [J]. Journal of Process Control, 2014, 24 (6): 916 ~ 923.

[113] 何飞，徐金梧，阳建宏，黎敏．基于核主成分分析的热轧带钢头部拉窄分析 [J]．北京科技大学学报，2012, 34 (4): 77 ~ 83.

[114] He Fei, Xu Jinwu, Li Min, Yang Jianhong. Product quality modelling and prediction based on wavelet relevance vector machines [J]. Chemometrics and Intelligent Laboratory Systems, 2013, 121: 33 ~ 41.

[115] 何飞，黎敏，阳建宏，徐金梧．基于核费希尔判别的生产状态诊断方法 [J]．计算机工程，2010, 36 (24): 15 ~ 17.

[116] 赵晨熙，徐金梧，黎敏，阳建宏．基于决策树算法规则抽取的 COREX 燃料配比模型 [J]．计算机应用研究，2012, 29 (12): 4567 ~ 4570.

[117] Zhao Chenxi, Xu Jinwu, Li Min, Yang Jianhong. Time delay estimation on COREX parameters based on dynamic time warping method [J]. Applied Mechanics and Materials, 2013, 241 ~ 244: 1168 ~ 1175.

[118] Wang Jianguo, Yang Jianhong, Zhang Wenxing, Xu Jinwu. Rule Extraction from Artificial Neural Network with Optimized Activation Functions [C]. Proceedings of International Conference of Intelligent System & Knowledge Engineering, Xiamen, China, IEEE Press, 2008: 873 ~ 879.

[119] 王建国，阳建宏，云海滨，徐金梧．改进粒子群优化神经网络及其在产品质量建模中的应用 [J]．北京科技大学学报，2008 (10): 1188 ~ 1193.

[120] 王建国，阳建宏，张文兴，等．基于神经网络规则抽取的带钢热镀锌质量监控模型 [J]．过程工

程学报，2008（5）：957～961.

［121］姚林，阳建宏，徐金梧，等. 基于偏最小二乘回归模型的带钢热镀锌质量监控方法［J］. 北京科技大学学报，2007（6）：627～631.

［122］姚林，黎敏，阳建宏，等. 热镀锌带钢表面粗糙度的多变量统计过程质量监控［J］. 冶金自动化，2007（4）：23～27.

［123］Ning Y，Min L，Jianhong Y，et al. Production Quality Modeling Based on Regression Rules Extracted from Trained Artificial Neural Networks：Fourth International Conference on Systems ICONS 2009［Z］. Gosier，FRANCE：2009.